Koordinationschemie

Birgit Weber

Koordinationschemie

Grundlagen und aktuelle Trends

2. Auflage

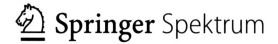 Springer Spektrum

Birgit Weber
Anorganische Chemie IV
Universität Bayreuth
Bayreuth, Deutschland

ISBN 978-3-662-63818-7   ISBN 978-3-662-63819-4   (eBook)
https://doi.org/10.1007/978-3-662-63819-4

Die Deutsche Nationalbibliothek verzeichnet diese Publikation in der Deutschen Nationalbibliografie;
detaillierte bibliografische Daten sind im Internet über http://dnb.d-nb.de abrufbar.

Planung/Lektorat: Désirée Claus
Springer Spektrum ist ein Imprint der eingetragenen Gesellschaft Springer-Verlag GmbH, DE und ist ein Teil
von Springer Nature.
Die Anschrift der Gesellschaft ist: Heidelberger Platz 3, 14197 Berlin, Germany

Lernen ist wie das Rudern gegen den Strom,
wenn man aufhört, treibt man zurück.

Lǎozǐ

Danksagung

Zunächst einmal möchte ich mich bei allen Lesern der ersten Auflage dieses Buches für das doch durchweg positive Feedback bedanken, das mich erreicht hat. Ohne dieses Feedback wäre ich nicht so motiviert gewesen, an einer zweiten Auflage zu arbeiten. Ein besonderer Dank gilt dabei all jenen Studierenden, die mich auf Fehler und Unstimmigkeiten im Buch hingewiesen haben, die in dieser neuen Auflage ausgemerzt wurden. Dafür danke ich ganz herzlich, in alphabetischer Reihenfolge: J. Breternitz, S. Freund, F. Gruschwitz, J. Lipp, C. Memmel, A. Methfessl, N. Müller, J. Petry, T. Rößler, O. Scharold, J. Simon, K. Soliga, H. von Wedel, P. Weiss.

Meinen Mitarbeitern, vor allem Hannah Kurz, Sophie Schönfeld und Andreas Dürrmann, sowie Dana Dopheide danke ich dafür, dass sie für das ganze Skript als Korrekturenleser zur Verfügung standen und klaglos akzeptiert haben, dass ich Zeit in dieses Projekt gesteckt habe (und dafür andere Sachen liegen geblieben sind).

Für umfangreiche fachliche Hinweise, vor allem zu den neuen Abschnitten Lumineszenz und Photokatalyse, bedanke ich mich bei Prof. Dr. Katja Heinze, Prof. Dr. Roland Marschall, Prof. Dr. Peter Klüfers und Dr. Gerald Hörner.

Wie auch bei der ersten Auflage gilt mein ganz besonderer Dank meiner Familie, meinem Ehemann Jan und meinen drei Kindern Carl, Emma und Lisa. Es gilt nach wie vor: Ohne Euch wäre das Leben nicht halb so schön! Danke, dass es Euch gibt!

Anmerkungen zur ersten Auflage

Dieses Lehrbuch basiert auf Vorlesungen zur Koordinationschemie, die an der Universität Bayreuth von mir gehalten werden. Die Zielstellung war es, ein grundlegendes Lehrbuch mit einem einfachen und leicht verständlichen Einstieg in die Koordinationschemie zu verfassen. Es soll die Lücke füllen zwischen den Büchern zur Koordinationschemie für fortgeschrittene Studierende, und den kurzen, aber nicht so umfassenden Einführungen in die Koordinationschemie aus Lehrbüchern zur allgemeinen und anorganischen Chemie. Dieses Lehrbuch ist gedacht für Studierende der Chemie, aber auch für Nebenfächler wie Lehramtsstudenten, Biologen, Biochemiker und alle anderen, die ihr Wissen im Bereich Koordinationschemie erweitern wollen. Aus diesem Grund ist das Buch so konzipiert, dass es aus sich heraus verständlich ist. In den drei letzten Kapiteln werden kurze Einblicke in aktuelle Trends und Forschungsrichtungen gewährt.

Anmerkungen zur zweiten Auflage

In der zweiten überarbeiteten Auflage dieses Lehrbuches wurden Fehler und Ungenauigkeiten, die innerhalb der letzten sieben Jahre zusammengetragen wurden, ausgemerzt. Zusätzlich wurde das Buch um zwei Abschnitte erweitert. Im neuen Kap. 11 werden die Grundlagen zur Lumineszens bei Koordinationsverbindungen gelegt. Zusätzlich wurde das Kapitel Katalyse um einen Abschnitt zur Photokatalyse erweitert. Beide neu dazugekommenen Abschnitte behandeln sehr aktuelle Forschungsgebiete und richten sich an bereits fortgeschrittene Studierende, sollten aber im Zusammenspiel mit den anderen Kapiteln des Buches gut verständlich sein.

Die Originalversion des Buchs wurde revidiert. Ein Erratum ist verfügbar unter
https://doi.org/10.1007/978-3-662-63819-4_14

Inhaltsverzeichnis

Was sind Komplexe?

Mit Komplexen bzw. Koordinationsverbindungen haben wir Kontakt im täglichen Leben. Sie begegnen uns als Farben, wie das Berliner Blau, und sind essentiell für die Prozesse des Lebens, die in unserem Körper ablaufen. In verschiedenen großtechnischen Verfahren spielen Komplexe eine zentrale Rolle. Beispiele sind die Cyanidlaugerei, die Darstellung von hochreinem Aluminiumoxid nach dem Bayer-Verfahren oder die Reinigung von Nickel nach dem Mondverfahren. Unterschiedliche Stabilitäten und Löslichkeiten von Komplexen werden bei der Trennung von Metallen angewandt, unter anderem bei den immer wichtiger werdenden Seltenerdmetallen, ohne die viele der elektronischen Hochleistungsgeräte nicht denkbar wären. Die Darstellung von Polymeren unter milden Bedingungen wäre ohne den Einsatz von (metallorganischen) Komplexen als Katalysatoren nicht denkbar. Und auch die qualitative und quantitative Analyse wie sie zu Beginn des Studiums oder ansatzweise schon in den Schulen gelehrt wird, ist ohne Komplexe nicht möglich (komplexometrische Titration, Nickel-Gravimetrie, spezifische Kationen-Nachweisreaktionen) [1–3]. Zum Einstieg betrachten wir die folgenden Beispiele:

1. Warum fällt bei Zugabe von NaOH zu einer Al^{3+}-Lösung zuerst ein Niederschlag aus, der sich bei weiterer Zugabe wieder auflöst? (Bayer-Verfahren zur Aufreinigung von Bauxit für die Aluminiumdarstellung.)
2. Warum löst sich AgCl bei Zugabe von NH_3 auf? (Nachweis von Chloridionen.)
3. Warum ist wasserfreies $CuSO_4$ farblos, eine wässrige Lösung hellblau, bei Cl^--Zugabe hellgrün? Warum bildet sich bei Zugabe von NH_3 ein Niederschlag, der sich bei weiterer Zugabe von NH_3 mit tiefblauer Farbe auflöst? (Abb. 1.1).

Die Originalversion dieses Kapitels wurde revidiert. Ein Erratum ist verfügbar unter https://doi.org/10.1007/978-3-662-63819-4_14

Ergänzende Information Die elektronische Version dieses Kapitels enthält Zusatzmaterial, auf das über folgenden Link zugegriffen werden kann (https://doi.org/10.1007/978-3-662-63819-4_1)

© Der/die Autor(en), exklusiv lizenziert durch Springer-Verlag GmbH, DE, ein Teil von Springer Nature 2021, Korrigierte Publikation 2022
B. Weber, *Koordinationschemie*, https://doi.org/10.1007/978-3-662-63819-4_1

Abb. 1.1 Farben von Kupfersalzen und -komplexen. Von links nach rechts: $[CuCl_2(H_2O)_4]$, $CuSO_4$ (wasserfrei), $[Cu(H_2O)_6]^{2+}$, $Cu(OH)_2$ und $[Cu(H_2O)_2(NH_3)_4]^{2+}$. Die vielfältigen Farben von Metallionen haben die Chemiker des 19. Jahrhunderts fasziniert

Wir sehen uns die Reaktionsgleichungen zu den bisher erwähnten Verfahren und Fragen und die darin vorkommenden Komplexe an:

- $Ni + 4\,CO \rightleftharpoons [Ni(CO)_4]$

$[Ni(CO)_4]$ ist der Komplex. Die farblose, gut sublimierbare, neutrale Verbindung ermöglicht eine selektive Abtrennung des Nickels von Nebenprodukten. Mit diesem nach seinem Entdecker *Mond* benannten Mondverfahren wird großtechnisch hochreines Nickel hergestellt.

- $Al^{3+} + 3\,OH^- \rightleftharpoons Al(OH)_3\downarrow$ $Al(OH)_3 + OH^- \rightleftharpoons [Al(OH)_4]^-$

$[Al(OH)_4]^-$ ist der Komplex. Das farblose komplexe Anion bildet mit Na^+ bzw. K^+ (von der zugegebenen Base NaOH bzw. KOH) ein gut in Wasser lösliches Salz. Auf diese Weise wird Aluminiumhydroxid von dem nicht amphoteren Eisenhydroxid abgetrennt und zur Darstellung von hochreinem Aluminiumoxid verwendet. Ein amphoteres Hydroxid kann sowohl als Säure als auch als Base reagieren. Aluminiumhydroxid ist eine Base und kann protoniert werden (z. B. $Al(OH)_3 + H^+ \rightleftharpoons Al(H_2O)(OH)_2^+$), es kann aber auch als Säure mit Hydroxid-Ionen reagieren, wie in der oben stehenden Gleichung gegeben. Eisen(III)hydroxid kann nur als Base reagieren und ist deswegen nicht amphoter. Diesen Unterschied macht man sich beim Bayer-Verfahren zur Darstellung von hochreinem Aluminumoxid zu Nutze.

- $Ag^+ + Cl^- \rightleftharpoons AgCl\downarrow$ $AgCl + 2\,NH_3 \rightleftharpoons [Ag(NH_3)_2]^+ + Cl^-$

$[Ag(NH_3)_2]^+$ ist der Komplex. Das farblose komplexe Kation bildet mit den in der Lösung noch vorhandenen Chloridionen ein gut in Wasser lösliches Salz. Das gleiche Prinzip wird bei der Cyanidlaugerei angewandt, wobei hier als Liganden Cyanidionen, CN^-, zum Einsatz kommen, die einen noch wesentlich stabileren Komplex ($[Ag(CN)_2]^-$, ein Anion) bilden. Auf diese Weise lassen sich schwer lösliche Silbersalze (Halogenide, Silbersulfid Ag_2S), aber auch elementares Silber (die Reaktionsbedingungen ermöglichen die Oxidation durch Luftsauerstoff zu Ag^+) sowie die anderen Edelmetalle und deren Verbindungen in Lösung bringen und von dem Begleitmaterial abtrennen.

- $CuSO_4 + 6\,H_2O \longrightarrow [Cu(H_2O)_6]^{2+} + SO_4^{2-}$
  $[Cu(H_2O)_6]^{2+} + 2\,Cl^- \rightleftharpoons [CuCl_2(H_2O)_4] + 2\,H_2O$
  $[Cu(H_2O)_6]^{2+} + 2\,OH^- \rightleftharpoons Cu(OH)_2 \downarrow + 6\,H_2O$
  $NH_3 + H_2O \rightleftharpoons NH_4^+ + OH^-$
  $Cu(OH)_2 + 4\,NH_3 + 2\,H_2O \rightleftharpoons [Cu(H_2O)_2(NH_3)_4]^{2+} + 2\,OH^-$

Komplexe sind $[Cu(H_2O)_6]^{2+}$ (hellblau), $[CuCl_2(H_2O)_4]$ (hellgrün) und $[Cu(H_2O)_2(NH_3)_4]^{2+}$ (tiefblau). Das Tetraamminkupfer(II)-Ion ist die erste wissenschaftlich erwähnte Koordinationsverbindung [4].

1.1 Geschichte

Der Komplexbegriff lässt sich am besten anhand seiner historischen Entwicklung definieren [5]. Komplexe sind schon seit über 400 Jahren bekannt [4]. Die vermutlich älteste, später als Komplex beschriebene Verbindung, ist ein hellrotes Alizarin-Pigment, das bereits von den antiken Persern und Ägyptern verwendet wurde. Es handelt sich dabei um einen Calcium-Aluminium-Chelatkomplex mit Hydroxyantrachinon, der unter anderem auch im Kationen-Trennungsgang als Aluminiumnachweis verwendet wird (Nachweis als Alizarin-S-Farblack). Ein Chelatkomplex besitzt Liganden, die an mehreren Stellen an das Metallzentrum koordinieren. Die erste wissenschaftlich erwähnte Koordinationsverbindung ist das blaue Tetraamminkupfer(II)-Ion, das bei der Reaktion von Kupferionen mit Ammoniak entsteht. Die Verbindung wurde 1597 erstmals vom deutschen Chemiker, Arzt und Alchemisten *Andreas Libavius* beschrieben, allerdings noch nicht als Komplex erkannt [4]. Das Berliner Blau (oder auch Preußisch Blau bzw. Turnbulls Blau) wurde erstmals um 1706 von dem Farbhersteller *Diesbach* in Berlin hergestellt. Das Pigment ersetzte den sehr teuren Lapis lazuli und wurde in mehreren wissenschaftlichen Briefen erwähnt [6, 7]. Seit 1709 wurde es von Händlern unter dem Namen Berlinerisch Blau bzw. Preußisch Blau vertrieben [4]. Erst Ende des 20. Jahrhunderts gelang der Nachweis, dass das auf einem anderen Weg hergestellte Turnbulls Blau die gleiche Struktur wie das Berliner Blau besitzt [8, 9]. Einhundert Jahre später, 1798, entdeckte der französische Chemiker *B. M. Tassaert,* dass ammoniakhaltige Lösungen von Cobaltchlorid sich an der Luft bräunlich verfärben [4]. Die

Isolierung des dabei entstehenden orangen komplexen Kations gelang 1822 *Gmelin* als [Co(NH₃)₆]₂(C₂O₄)₃. Diese Verbindung gehört zu einer seit Mitte des 19. Jahrhunderts intensiv untersuchten Verbindungsklasse, den Ammoniak-Addukten von Cobalt(III)-Salzen der allgemeinen Zusammensetzung CoX₃ · n NH₃, mit n = 3, 4, 5, 6. Bei diesen Verbindungen konnten unterschiedliche (aber nicht alle!) Ammoniakgehalte realisiert werden, die die Eigenschaften der Verbindungen signifikant beeinflusst haben. Die offensichtlichste Eigenschaft war die Farbigkeit, was sich in der Namensgebung niedergeschlagen hat (luteo = gelb, pupureo = rot, praseo = grün, violeo = violett).

Zu jener Zeit haben sich die Theorien zur Konstitution von Komplexverbindungen stark an der Chemie des Kohlenstoffs orientiert, bei der von einer Übereinstimmung von Valenz (= Wertigkeit) und Bindigkeit (= Koordinationszahl) ausgegangen wurde. *Blomstrand* schlug 1870 vor, die Ammoniakmoleküle in diesen Verbindungen wie die CH₂-Gruppen in Kohlenwasserstoffen zu Ketten zu verknüpfen. Inspiriert wurde diese Idee von der Struktur von Diazoverbindungen, bei denen *Kekulé* eine Stickstoff-Stickstoff-Bindung postuliert hatte. Diese sogenannte „Kettentheorie" war einer der erfolgreichsten und am weitesten akzeptieren Ansätze zur Erklärung der Komplexchemie und wurde unter anderem von *Jørgensen* weiterentwickelt. Seine sehr systematischen Arbeiten auf diesem Gebiet sollten die Idee *Blomstrands* bestätigen und ausbauen. Nach diesem Ansatz ergab sich als Struktur für Cobalt(III)-Komplexe mit unterschiedlichen NH₃-Gehalten ein Bild, bei dem die Bindigkeit des Cobalts (3, bedingt durch die Oxidationsstufe) berücksichtigt und der Stickstoff als formal fünfbindig formuliert wurde [4]. In Abb. 1.2 sind einige Beispiele dargestellt. Wir erinnern uns daran, dass im vorletzten Jahrhundert ausgefeilte Techniken wie die Kristallstrukturanalyse noch nicht zur Verfügung standen. Der Aufbau von Verbindungen konnte nur

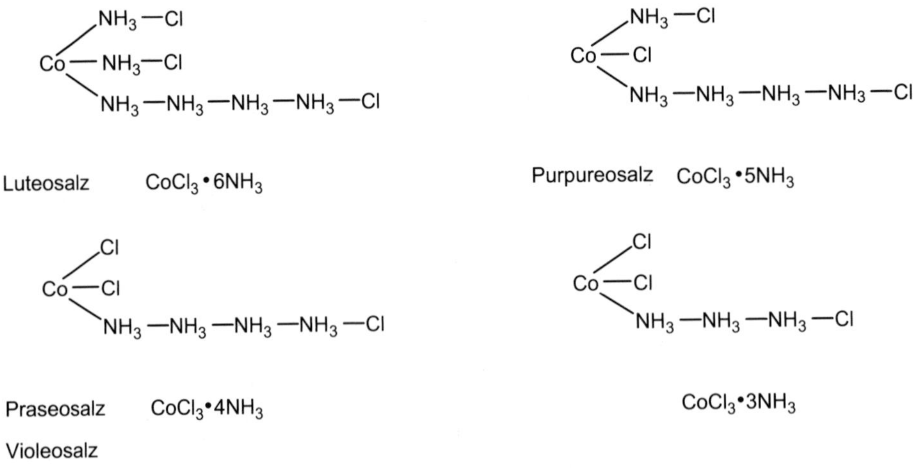

Luteosalz   CoCl₃ • 6NH₃   Purpureosalz   CoCl₃ • 5NH₃

Praseosalz   CoCl₃ • 4NH₃   CoCl₃ • 3NH₃
Violeosalz

Abb. 1.2 Strukturen von Cobalt(III)-Komplexen nach *Jørgensen* basierend auf der „Kettentheorie". *Jørgensen* ging davon aus, dass das am Ammoniak gebundene Chlorid nur schwach gebunden ist und das direkt am Cobalt gebundene Chlorid sehr fest. So konnte er einige, aber nicht alle, der Eigenschaften der Cobalt(III)-Salze mit unterschiedlichem Ammoniakgehalt erklären

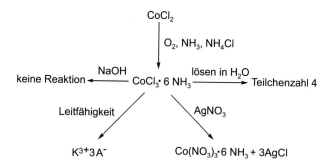

Abb. 1.3 Physikalische und chemische Eigenschaften von CoCl$_3$·6 NH$_3$, die den Chemikern zu Beginn des 19. Jahrhunderts ein Rätsel waren

von deren chemischer Reaktivität und den physikalischen Eigenschaften abgeleitet werden. Die folgenden Beobachtungen wurden für das Luteosalz des Cobalts gemacht, aus denen sich die Fragen ableiten lassen, die es in der Koordinationschemie zu lösen galt.

Wenn man durch eine wässrige Lösung von CoCl$_2$, NH$_4$Cl und NH$_3$ Luftsauerstoff leitet, entsteht die bereits erwähnte Verbindung der Zusammensetzung CoCl$_3$·6 NH$_3$. Diese Verbindung war schon durch ihre Zusammensetzung für die Chemiker am Ende des vorletzten Jahrhunderts ein Problem. Es war ihnen unverständlich, durch welche Bedingungen das NH$_3$, also ein neutrales Molekül, in einem Salz gebunden ist. Außerdem konnten sie sich nicht erklären, warum das Cobalt schon mit Luftsauerstoff aus der zweiwertigen in die dreiwertige Stufe oxidiert werden konnte – in jedem Lehrbuch für allgemeine und/oder anorganische Chemie lässt sich nachlesen, dass die stabile Oxidationsstufe für Cobalt im Wässrigen +2 ist. Noch unverständlicher wurde diese Verbindung bei der Untersuchung ihrer Eigenschaften und Reaktionen, die in Abb. 1.3 zusammengefasst sind.

- Obwohl die Verbindung aus zehn Teilchen besteht, dissoziiert sie beim Lösen in Wasser nur in vier Teilchen.
- Bei der Messung der elektrischen Leitfähigkeit dieser Lösung stellt man fest, dass diese dem erwarteten Wert von einem dreiwertigen Kation und drei einwertigen Anionen entspricht.
- Völlig unerwartet ist das Verhalten gegen verdünnte Natronlauge, wo eine Fällung von Cobalthydroxid und die Entwicklung von NH$_3$ erwartet wurde, aber keine Reaktion eintritt (sondern erst beim Erhitzen).
- Mit AgNO$_3$-Lösung werden die drei Cl$^-$-Ionen als AgCl gefällt. Aus der Lösung wird die Verbindung Co(NO$_3$)$_3$·6 NH$_3$ isoliert.

Wird bei der oben beschriebenen Reaktion die Menge an NH$_3$ und NH$_4$Cl herabgesetzt, erhält man die anderen bereits erwähnten Cobaltkomplexe mit einem niedrigeren NH$_3$-Gehalt, nämlich CoCl$_3$·5 NH$_3$, CoCl$_3$·4 NH$_3$ und CoCl$_3$·3 NH$_3$. Verbindungen mit einem geringeren Ammoniakgehalt konnten nicht isoliert werden, genauso wie Verbindungen mit

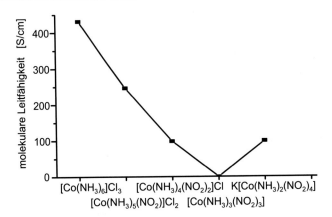

Abb. 1.4 Molekulare Leitfähigkeit von Ammincobalt-Komplexen in Wasser nach [4]

einem höheren Gehalt als sechs NH_3 – unabhängig vom verwendeten Überschuss. Weiterhin beeinflusst der Ammoniakgehalt deutlich die Eigenschaften der Komplexe, neben der bereits erwähnten Farbigkeit z. B. die elektrische Leitfähigkeit der Lösungen. Diese ist in Abb. 1.4 dargestellt und nimmt mit abnehmendem NH_3-Gehalt bis zum $Co(NO_2)_3 \cdot 3\ NH_3$ hin ab, das fast ein Nicht-Elektrolyt ist. Bei der Reaktion mit Silbernitrat sind die Eigenschaften ebenfalls sehr verschieden. So kann bei $CoCl_3 \cdot 4\ NH_3$ nur eins der Chloridionen gefällt werden, bei $CoCl_3 \cdot 5\ NH_3$ sind es zwei und bei $CoCl_3 \cdot 6\ NH_3$ alle drei. Der Gehalt an NH_3-Molekülen bestimmt also, was für ein Elektrolyttyp vorliegt und wie viele der Ionen des Elektrolyten fällbar sind, obwohl NH_3 selbst kein Ion ist und eigentlich an einer ionischen Bindung keinen Anteil haben kann.

Mit der Kettentheorie konnten einige der Fragen erklärt werden. Die Erklärung war, dass die Reaktivität der über das Ammoniak gebundenen Chloridionen sich von denen direkt an das Cobalt gebundenen unterscheidet. Die Bindung an das Metall sollte sehr fest sein, während die Wechselwirkung zwischen Ammoniak und Chlor nur lose ist. Mit dieser Annahme können die Eigenschaften von $CoCl_3 \cdot 6\ NH_3$ zufriedenstellend erklärt werden, sie versagte aber bei der Verbindung $CoCl_3 \cdot 3\ NH_3$ – es war einfach nicht erklärbar, warum eine wässrige Lösung dieser Verbindung nahezu keine Leitfähigkeit zeigte. Damit war es klar, dass die Kettentheorie nur ein vorübergehender Erklärungsansatz sein konnte.

1.1.1 Synthese von Cobaltamminkomplexen

Die Synthese der Cobaltamminkomplexe ist nicht trivial und ein exaktes Einhalten der Reaktionsvorschrift ist Voraussetzung für den Erfolg. Als Beispiel sind im Folgenden drei Vorschriften für die in Abb. 1.5 abgebildeten Komplexe gegeben.

Luteocobaltchlorid [10] In einem 50-mL Becherglas werden 2.7 g NH_4Cl in 6 mL Wasser bei $100\,°C$ gelöst. Im Anschluss werden 4 g $CoCl_2$ portionsweise zu der Lösung gege-

Abb. 1.5 Foto von drei Cobaltamminkomplexen. Von oben nach unten: Luteocobaltchlorid $[Co(NH_3)_6]Cl_3$, orange; Purpureocobaltchlorid $[CoCl(NH_3)_5]Cl_2$, purpur; und Praseocobaltchlorid *trans*-$[CoCl_2(en)_2]Cl$, grün, mit en anstelle von NH_3

ben. In einem 100 mL Erlenmeyerkolben wird eine Spatelspitze Aktivkohle vorgelegt und die siedende $CoCl_2$-Lösung wird in einer Portion dazugegeben. Nach dem Abkühlen auf Raumtemperatur werden 10 mL 25 %iger wässriger Ammoniak zugegeben und die Suspension wird im Eisbad auf 10 °C gekühlt. Unter kräftigem Rühren werden 15 mL 30 %ige Wasserstoffperoxidlösung zugetropft. Nach Abklingen der Gasentwicklung (1–2 h) wird die Mischung für 10 min auf 60 °C im Wasserbad erhitzt. Der entstehende Niederschlag wird nach Abkühlen im Eisbad abfiltriert, in 30 mL 2 %iger wässriger HCl in der Siedehitze gelöst und heiß filtriert. Nach der Zugabe von 5 mL konz. HCl (37 %) wird die Lösung kalt gestellt. Der entstandene orange Niederschlag wird abfiltriert und an der Luft getrocknet.

Purpureocobaltchlorid In einem 125 mL Erlenmeyerkolben werden 1 g NH_4Cl in 9 mL konzentrierter Ammoniaklösung (25 %) gelöst. Im Anschluss werden 2 g $CoCl_2 \cdot 6H_2O$ portionsweise zugegeben und im Folgenden 2 mL 30 %ige Wasserstoffperoxidlösung. Die resultierende Lösung wird langsam auf 70 °C erhitzt und es werden tropfenweise 6 mL konzentrierte Salzsäure (37 %) zugegeben. Die Lösung wird nun 15 min bei 70 °C gerührt und im Anschluss auf Raumtemperatur abgekühlt. Der entstandene violette Niederschlag wird abfiltriert, je dreimal mit Eiswasser und 6 M eiskalter HCl gewaschen und bei 80 °C getrocknet.

Praseocobaltchlorid (mit Ethylendiamin = en, anstelle von NH3) [10] In 5 mL destilliertem Wasser werden 1.67 g $CoCl_2 \cdot 6H_2O$ im Eisbad unter Rühren gelöst. Im Anschluss werden in der folgenden Reihenfolge 6 g einer 10 %igen wässrigen Ethylendiaminlösung, 1.67 mL 30 %ige Wasserstoffperoxidlösung und 3.5 mL konzentrierte Salzsäure (37 %) zugegeben. Die Lösung wird nun auf dem Wasserbad eingedampft, bis sich am Rand der Lösung grüne Kristalle bilden. Zur Vervollständigung der Kristallisation wird die Lösung über Nacht im Kühlschrank aufbewahrt. Der grüne Niederschlag von *trans*-$CoCl_3 \cdot 2$ en·HCl wird abfiltriert, zweimal mit wenig Ethanol und dreimal mit Diethylether gewaschen und bei 110 °C getrocknet (HCl-Abgabe).

Violeocobaltchlorid (mit Ethylendiamin = en, anstelle von NH₃) [10] Der entsprechende *cis*-Komplex entsteht aus der neutralen wässrigen Lösung des *trans*-Produktes beim Erhitzen. Eventuell nicht umgewandeltes *trans*-Produkt einer auf dem Wasserbad eingedampften Lösung kann mit wenig kaltem Wasser ausgewaschen werden.

1.1.2 Komplexe nach Werner – Eine geniale Frechheit

Der Beginn der Koordinationschemie, wie wir sie heute kennen, ist eng mit dem Namen *Alfred Werner* verbunden und seine 1893 veröffentlichte Koordinationstheorie [11] wurde im Nachhinein von Kollegen als „eine geniale Frechheit" bezeichnet [5], für die er 1913 den Nobelpreis für Chemie erhielt. Bemerkenswert ist, dass *Werner* seine Theorie zu einem Zeitpunkt aufstellte, als er noch kein einziges Experiment selbst durchgeführt hatte. Der Privatdozent am Eidgenössischen Polytechnikum in Zürich hatte sich bereits seit einiger Zeit intensiv mit den offenen Fragen der anorganischen Chemie beschäftigt. Die Überlieferung besagt, dass er eines Nachts jäh aus dem Schlaf gerissen wurde und die Lösung des Problems vor Augen hatte. Sich mit starkem Kaffee gewaltsam wach haltend, schrieb er bis zum darauffolgenden Nachmittag seine Gedanken in einem Aufsatz nieder, mit dem die heutige Koordinationschemie begründet wurde. Er verbrachte sein wissenschaftliches Lebenswerk damit, die Theorie auf eine sichere experimentelle Grundlage zu stellen. Der große Durchbruch bei *Werners* Koordinationstheorie war die Aufgabe der Beschränkung Oxidationszahl = Bindigkeit, indem er für Komplexe neben dieser „Hauptvalenz" (= Oxidationszahl) noch eine „Nebenvalenz" einführte, die der Koordinationszahl (= Bindigkeit) entspricht. Dies führt zu einer allgemeinen Definition von Koordinationsverbindungen:

> Komplexe oder Koordinationsverbindungen sind Moleküle oder Ionen ZL_n, in denen an ein ungeladenes oder geladenes Zentralatom Z entsprechend seiner Koordinationszahl **n** mehrere ungeladene oder geladene, ein- oder mehratomige Gruppen = Liganden L angelagert sind.

Diese Definition ist sehr allgemein. Eine Besonderheit der Komplexe ist, dass das Zentralteilchen mehr Liganden hat, als es nach seiner Ladung bzw. Stellung im Periodensystem zu erwarten wäre. Dies ist in der folgenden Definition berücksichtigt.

> Ein Komplex ist eine chemische Verbindung, in der ein Zentralteilchen an eine bestimmte Zahl von Bindungspartnern gebunden ist und das Zentralteilchen mehr Bindungspartner bindet, als dies nach seiner Ladung oder Stellung im Periodensystem zu erwarten wäre.

Auch diese Definition hat noch Schwächen. Sie würde z. B. dazu führen, dass NH_4^+ oder H_3O^+ per Definition ein Komplex wären, weil sie mehr Bindungspartner (H^+) haben, als aufgrund ihrer Ladung (N^{-3} bzw. O^{-2}) zu erwarten wäre. Noch genauer wird es, wenn man die Eigenschaften des Zentralatoms (eine Lewis-Säure) und der Liganden (Lewis-Base) berücksichtigt (siehe Kap. 1.2). Verfeinert lautet die Definition dann:

> Ein Komplex ist eine chemische Verbindung, in der ein Zentralteilchen, das eine Lewis-Säure ist, an eine bestimmte Zahl von Bindungspartnern (Lewis-Basen) gebunden ist und das Zentralteilchen mehr Bindungspartner bindet, als dies nach seiner Ladung oder Stellung im Periodensystem zu erwarten wäre.

1.2 Bindungsverhältnisse

Um einen ersten Zugang zu den Bindungsverhältnissen in Komplexen zu erhalten, wiederholen wir zunächst noch einmal die grundlegenden Eigenschaften und Unterschiede zwischen einer kovalenten Bindung (Molekülbindung) und der Ionenbindung.

- Kovalente Bindungen liegen in vielen Molekülen und einigen Festkörpern vor. Einfache Beispiele sind zweiatomige Moleküle wie H_2 oder Cl_2. Beide Atome stellen eines der Valenzelektronen für die Ausbildung eines gemeinsamen Elektronenpaars zur Verfügung. Da beiden Atomen das gemeinsame Elektronenpaar voll zugeordnet wird, erreicht jedes Edelgaskonfiguration. Die Bindung ist gerichtet. $Cl + Cl \rightarrow Cl–Cl$ (Abb. 1.6 oben).
- Ionische Bindungen (Ionenbindung) liegen in Salzen (z. B. NaCl) vor. Auch hier erreichen beide Atome eine Edelgaskonfiguration. Im Gegensatz zur kovalenten Bindung liegt ein hoher Elektronegativitätsunterschied zwischen beiden Reaktionspartnern vor (per Definition gilt $\Delta E_N > 1.7$). Deswegen gibt ein Reaktionspartner ein (oder mehrere) Elektron(en) ab und der andere Partner nimmt es (sie) auf. Bei NaCl gibt das Natrium (Elektronenkonfiguration [Ne] $3s^1$) ein Elektron ab und es entsteht das Kation Na^+ mit der Edelgaskonfiguration [Ne]. Das Chlor-Atom hat die Elektronenkonfiguration [Ne] $3s^2\,3p^5$; durch die Aufnahme von einem Elektron entsteht das Chlorid-Anion Cl^- mit der Edelgaskonfiguration von Argon. Zwischen dem Anion und dem Kation liegen anziehende, elektrostatische Wechselwirkungen vor. Diese sind nicht gerichtet (Abb. 1.6 Mitte).
- Bei der koordinativen Bindung dient der Ligand als Elektronenpaar-Donor – er ist also eine Lewis-Base. Damit haben wir schon die wichtigste Eigenschaft von Liganden festgestellt: Sie müssen über mindestens ein freies Elektronenpaar verfügen. Beim Zentralteilchen handelt es sich um eine Elektronenmangelverbindung, also eine Lewis-Säure. Die koordinative Bindung lässt sich als Lewis-Säure-Base-Bindung beschreiben. Achtung! Nicht jede Lewis-Säure-Base-Bindung ist eine koordinative Bindung ($H_3C^+ + |CH_3^-$ $\rightarrow H_3C–CH_3$). Wir werden später feststellen, das auch bei dieser Bindung das Zen-

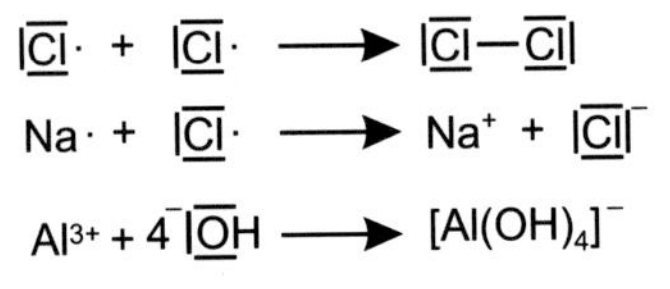

$$|\overline{Cl}\cdot \;+\; |\overline{Cl}\cdot \;\longrightarrow\; |\overline{Cl}-\overline{Cl}|$$

$$Na\cdot \;+\; |\overline{Cl}\cdot \;\longrightarrow\; Na^+ \;+\; |\overline{Cl}|^-$$

$$Al^{3+} \;+\; 4\,{}^-|\overline{O}H \;\longrightarrow\; [Al(OH)_4]^-$$

Abb. 1.6 Beispiel für die Ausbildung einer kovalenten Bindung (oben), einer Ionenbindung (Mitte) und einer koordinativen Bindung (Lewis Säure-Base Addukt, unten). In allen Fällen erreichen die beteiligten Reaktionspartner eine abgeschlossene Elektronenschale

tralteilchen das Ziel hat, zur Edelgaskonfiguration zu kommen. Ähnlich wie bei einer kovalenten Bindung liegt ein gemeinsames Elektronenpaar vor, das sich beide Reaktionspartner teilen, wodurch beide eine Edelgaskonfiguration erreichen. Alternativ lässt sich die koordinative Bindung auch über anziehende, elektrostatische Wechselwirkungen zwischen einem positiv geladenen Zentralteilchen und negativ geladenen Liganden erklären. Allerdings sind hier die Wechselwirkungen im Vergleich zu der Ionenbindung gerichtet. Als Beispiel haben wir bereits die Reaktion der Lewis-Säure Aluminium(3+) mit der Lewis-Base Hydroxid betrachtet (Abb. 1.6 unten). Es werden drei kovalent koordinative und eine koordinative Bindung ausgebildet.

Bei Komplexen koordinieren die Liganden unter Ausbildung einer Lewis-Säure-Base-Bindung an das Metallzentrum, weswegen Komplexe auch als Koordinationsverbindungen bezeichnet werden. Wir wiederholen noch einmal den Unterschied zwischen Lewis- und Brønsted-Säuren und -Basen. In der Definition nach Brønsted ist eine Säure ein Protonen-Donator und eine Base ein Protonen-Akzeptor. Das Oxonium-Ion H_3O^+ kann ein Proton abgeben und ist deswegen eine Säure, das Hydroxid-Ion OH^- kann ein Proton aufnehmen und ist deswegen eine Base. Wasser (H_2O) kann sowohl als Säure als auch als Base reagieren. Solche Stoffe bezeichnet man als Ampholyte. In der Definition nach Lewis sind Säuren Elektronenmangelverbindungen und Basen besitzen freie Elektronenpaare. In diesem Fall ist die Säure das Proton H^+, die Base ist, wie bei der Definition nach Brønsted, das Hydroxid-Ion, das über freie Elektronenpaare verfügt.

Um den Unterschied zwischen einer kovalenten Bindung und einer kovalent koordinativen Bindung besser herauszustellen, vergleichen wir die C-C-Bindung in Ethan (H_3C-CH_3) mit der N-B-Bindung in Amminboran ($H_3N \rightarrow BH_3$). Beide Verbindungen sind isoelektronisch, das heißt, sie sind analog aufgebaut und besitzen die gleiche Anzahl von Atomen und Valenzelektronen; in diesem besonderen Fall ist auch die Gesamtelektronenzahl gleich. In beiden Verbindungen liegt eine gerichtete Bindung vor. Sowohl das Kohlenstoffatom als auch das Stickstoffatom sind sp^3-hybridisiert, es liegen vier sp^3-Hybridorbitale vor. Im Fall vom Kohlenstoffatom mit vier Valenzelektronen sind die vier Orbitale einfach besetzt. Drei von ihnen bilden eine kovalente Bindung mit den einfach besetzten s-Orbitalen von den Wasserstoffatomen aus, das Vierte steht für die kovalente Bindung zwischen den beiden

Kohlenstoffatomen zur Verfügung. Bei allen Bindungen kommt es zur Paarung von vorher ungepaarten Elektronen.

Das Stickstoffatom im Amminboran hat fünf Valenzelektronen. Von den vier sp^3-Hybridorbitalen sind drei einfach und eines doppelt mit Elektronen besetzt. Die drei einfach besetzten Hybridorbitale sind für die drei kovalenten Bindungen mit den einfach besetzten s-Orbitalen der Wasserstoffatome verantwortlich. Im vierten Hybridorbital liegt ein freies Elektronenpaar vor. Das Ammoniak-Molekül ist eine Lewis-Base. Das Boratom besitzt ein Valenzelektron weniger als das Kohlenstoffatom. Die drei Valenzelektronen befinden sich in drei sp^2-Hybridorbitalen, die für die drei kovalenten Bindungen zu den drei Wasserstoffatomen zuständig sind. Das dritte p-Orbital am Boratom ist leer. Beim Ammoniak-Molekül kommt das Stickstoffatom durch die Ausbildung von drei kovalenten Bindungen zu den drei Wasserstoffatomen insgesamt auf vier Elektronenpaare (drei Elektronenpaare in kovalenten Bindungen + ein freies Elektronenpaar) und hat damit eine abgeschlossene Edelgasschale mit acht Valenzelektronen. Das Boratom im Boran besitzt nur die drei Elektronenpaare von den drei kovalenten Bindungen. Es hat nur sechs Valenzelektronen und ist deswegen eine Elektronenmangelverbindung, eine Lewis-Säure. Im Amminboran stellt das Stickstoffatom sein freies Elektronenpaar dem Boratom zum Auffüllen seiner Valenzelektronenzahl zur Verfügung. Es wird eine kovalente koordinative Bindung ausgebildet, bei der das gemeinsame Elektronenpaar von der Lewis-Base Ammoniak zur Verfügung gestellt wird. Das Boratom der Lewis-Säure BH_3 erreicht durch diese Bindung eine abgeschlossene Valenzelektronenschale mit acht Valenzelektronen. Die Unterschiede gibt es zusätzlich bei der Bindungsspaltung. Die C-C-Bindung wird homolytisch gespalten, aus dem gemeinsamen Elektronenpaar werden wieder zwei ungepaarte Elektronen. Die B-N-Bindung wird heterolytisch gespalten, das gemeinsame Elektronenpaar der B-N-Bindung bleibt beim Stickstoffatom. Das bedeutet nicht zwangsläufig, dass kovalente Bindungen immer homolytisch gespalten werden.

Um eine koordinative Bindung von einer kovalenten Bindung zu unterscheiden, wird diese häufig mit einem Pfeil gekennzeichnet (wie beim Amminboran gezeigt) oder als gestrichelte Linie dargestellt. In vielen Büchern wird auf eine Unterscheidung verzichtet und beide Bindungen werden als durchgezogene Linie dargestellt. Diese Variante wird auch in diesem Lehrbuch angewandt.

1.3   Fragen

1. Definieren Sie den Begriff Komplex möglichst allgemein! Verwenden Sie hierbei bereits bekannte Konzepte!
2. Nennen Sie typische Eigenschaften von Liganden!
3. Überlegen Sie, welche der folgenden Verbindungen als Komplexe aufgefasst werden können! Wenden Sie dabei die unterschiedlichen Definitionen für einen Komplex an! H_2O, H_3O^+, NH_4^+, NH_2^-, ICl, ICl_3, SF_6, SO_4^{2-}, MnO_4^-, $BeCl_4^{2-}$, $BeCl_2(OR_2)_2$ (R = organischer Rest).

4. Suchen Sie nach Strukturen biologisch wichtiger Übergangsmetall-Verbindungen (Komplexe), die Sie jetzt schon annähernd verstehen können!

5. Nennen Sie die Eigenschaften einer Lewis-Base und einer Lewis-Säure. Was versteht man unter einem Lewis-Säure-Base-Addukt?

6. Vergleichen Sie die koordinative Bindung mit der ionischen und der kovalenten Bindung. Was gibt es für Gemeinsamkeiten und Unterschiede?

7. Warum ist die stabilste Oxidationsstufe von Cobalt im wässrigen Medium +2?

Struktur und Nomenklatur

2

Von Anfang an hatte die Farbe von Koordinationsverbindungen die Forscher fasziniert und die Farbenvielfalt hat sich in der Namensgebung der neuen Verbindungsklasse widergespiegelt. Bei der heute bekannten Vielzahl von Komplexen reicht dieses Kriterium für die Nomenklatur nicht mehr aus und neue Regeln sind notwendig, um die verschiedenen Komplexe und deren Strukturen eindeutig zu beschreiben.

2.1 IUPAC-Nomenklatur von Koordinationsverbindungen

Die IUPAC (International Union of Pure and Applied Chemistry) gibt regelmäßig Richtlinien für die Nomenklatur von Verbindungen heraus. 2005 wurden neue Empfehlungen zur Nomenklatur von anorganischen Verbindungen herausgegeben, die auch die Koordinationschemie betreffen. Im Falle von Komplexen gibt es Regeln für die Aufstellung der Komplexformeln und Regeln für die systematische Benennung der Komplexe [12].

2.1.1 Aufstellung von Komplexformeln

Ein Komplex besteht aus dem Zentralatom und einer bestimmten Anzahl von Liganden. Die Beispiele aus der Einleitung haben bereits gezeigt, dass Komplexe anionisch, kationisch oder neutral sein können. Diese vier Punkte müssen in der Komplexformel enthalten sein: Zentralatom, Liganden, Anzahl und Ladung. Um Komplexe von anderen Verbindungen unterscheiden zu können, wird die Koordinationseinheit in eckige Klammern geschrieben, die Ladung wird, wenn vorhanden, als Exponent angegeben. In den Klammern kommt das Zentralatom vor den Liganden. Letztere folgen in alphabetischer Reihenfolge, wobei Abkürzungen (z. B. py für Pyridin oder en für Ethylendiamin) genauso behandelt werden wie Formeln. Für eine bessere Übersicht werden Abkürzungen und mehratomige Liganden

B. Weber, *Koordinationschemie*, https://doi.org/10.1007/978-3-662-63819-4_2

in runden Klammern angegeben. Wir sehen uns noch einmal die Beispiele aus der Einleitung an:

$$[Al(OH)_4]^-; [Ag(NH_3)_2]^+; [Cu(H_2O)_6]^{2+}; [CuCl_2(H_2O)_4]; [Cu(H_2O)_2(NH_3)_4]^{2+}$$

Die Regeln wurden in allen Fällen eingehalten. Unter bestimmten Voraussetzungen kann es vorkommen, dass zwei oder mehr Isomere für ein und dieselbe Koordinationseinheit möglich sind. Ein klassisches Beispiel dafür ist der Cobalt(III)-chlorid-Komplex mit vier Ammoniak-Liganden bzw. zwei Ethylendiamin (en)-Liganden, wo eine grüne (praseo) und eine violette (violeo) Variante isoliert wurde. Die beiden Komplexe unterscheiden sich in der Stellung der zwei am Cobalt gebundenen Chloridionen zueinander. Die stehen im ersten Fall nebeneinander, das heißt sie sind *cis*-ständig, also *cis*-$[CoCl_2(en)_2]Cl$, während sie sich bei der violetten Verbindung gegenüber stehen, das nennt man *trans*, also *trans*-$[CoCl_2(en)_2]Cl$. Solche Strukturinformationen stehen vor der Komplexformel und werden kursiv gesetzt. Im Folgenden sind die Regeln noch einmal zusammengefasst:

- Koordinationseinheit in eckige Klammern, ggf. Ladung als Exponent
- Zentralatom vor Liganden
- Alphabetische Reihenfolge bei den Liganden (Abkürzungen wie Formeln)
- Mehratomige Liganden sowie Abkürzungen in runde Klammern
- Oxidationszahl als Exponent hinter dem Zentralatom
- Strukturinformationen vor die Komplexformel mit Hilfe von Vorsilben *cis-, trans-, fac-* (facial), *mer-* (meridional).

2.1.2   Nomenklatur der Komplexe

Die Nomenklatur betrifft den systematischen Namen der Komplexe, das heißt, wie wir den Namen aussprechen bzw. ausschreiben. Da wird $[Al(OH)_4]^-$ *nicht* wie in der Formel ausgeschrieben – dieser Name würde Zuhörer bzw. Leser in die Irre führen. Der systematische Name ist Tetrahydroxidoaluminat(III) bzw. Tetrahydroxidoaluminat(1−). Wir sehen, dass im Gegensatz zur Formel die Liganden vor dem Zentralatom angegeben werden und deren Anzahl in griechischen Zahlen vorangestellt wird – das ist analog zur organischen Chemie, wo die Anzahl der Substituenten genauso angegeben wird. Ein Beispiel wäre das 1,2-Dichlorethan.

Um nun bei komplizierteren Liganden nicht durcheinander zu kommen, werden diese in Klammern angegeben und mit den Präfixen bis, tris, tetrakis, …versehen. Ein gutes Beispiel sind die beiden Kupfer-Komplexe $[Cu(H_2O)_2(NH_3)_4]^{2+}$ und $[Cu(H_2O)_2(CH_3NH_2)_4]^{2+}$. Beim ersten Komplex sind Wasser (aqua) und Ammoniak (ammin) die Liganden und der Name lautet Tetraammindiaquakupfer(II) – beides sind einfache Liganden und der Name ist eindeutig. Beim zweiten Komplex wurde anstelle von Ammoniak Methylamin als Ligand verwendet. Nun lautet der Name Diaquatetrakis(methylamin)kupfer(II). Hätten wir Tetramethylamin geschrieben, könnten wir damit auch das Kation $N(CH_3)_4{}^+$ meinen.

Anhand der bisher aufgeführten Beispiele sehen wir, dass keine Leerzeichen zwischen den Namen einer Koordinationseinheit gelassen werden. Die Liganden werden konsequent in alphabetischer Reihenfolge angegeben – dabei kann sich die Reihenfolge im Vergleich zur Komplexformel ändern! Anionische Liganden enden auf *-o* (z. B. hydrox*ido*), bei neutralen oder formal positiv geladenen Liganden gibt es keine bezeichnende Endung (z. B. methylamin). Neutralliganden werden i. d. R. in runde Klammern eingeschlossen. Bei dieser Regel gibt es Ausnahmen, nämlich die häufig verwendeten Liganden ammin (NH_3), aqua (H_2O), carbonyl (CO) und nitrosyl (NO). Für diese Liganden werden auch „spezielle" Namen verwendet – also aqua anstelle von Wasser.

Wenn die Benennung der Liganden abgeschlossen ist, kommt der Name des Zentralatoms. Bei anionischen Komplexen gibt es wieder eine bezeichnende Endung – in diesem Fall *-at*. Das haben wir bereits im ersten Beispiel gesehen, den Tetrahydroxidoalumin*at*(III) bzw. Tetrahydroxidoalumin*at*(1−). Damit ist es schon fast geschafft. Es fehlt noch die Ladung des Komplexes, die in runden Klammern hinter dem Namen kommt. Allerdings kann beim Namen alternativ auch die Oxidationsstufe des Metallatoms hinter dem Namen in runden Klammern mit römischen Ziffern angegeben werden – die Ladung des Komplexes wird mit arabischen Ziffern angegeben. Was angegeben wird ist egal – aus der Oxidationsstufe des Metallatoms kann die Ladung des Komplexes bestimmt werden und anders herum. In diesem Buch wird, abgesehen von den einführenden Beispielen, konsequent die Oxidationsstufe des Metallatoms angegeben.

Nun fehlt nur noch die zusätzliche Strukturinformation, die genauso wie bei der Formel vor dem Namen des Komplexes angegeben wird. Unsere zwei Cobaltkomplexe heißen *cis*- bzw. *trans*-Tetraammindichloridocobalt(III)chlorid. Im Folgenden sind die Regeln noch einmal kurz zusammengefasst und in Tab. 2.1 ist eine Übersicht über die Namen einfacher,

Tab. 2.1 Übersicht über die Namen häufig verwendeter anionischer und neutraler Liganden. Die alte Formulierung entspricht den Regeln vor 2005, die noch in vielen Lehrbüchern zu finden ist, aber nicht mehr verwendet werden sollte

Anionische Liganden			Neutrale Liganden	
Abkürzung	Alt	Neu	Abkürzung	
F^-	fluoro	fluorido	H_2O	aqua
Cl^-	chloro	chlorido	NH_3	ammin
OH^-	hydroxo	hydroxido	CO	carbonyl
CN^-	cyano	cyanido	NO	nitrosyl
NCO^-		cyanato		
O^{2-}	oxo, oxido	oxido		
NH_2^-		amido		
H^-		hydrido		

Tab. 2.2 Benennung von Metallatomen in anionischen Komplexen

Sc	-scandat	La	-lanthanat	Ac	-actinat
Ti	-titanat	Zr	-zirkonat	Hf	-hafnat
V	-vanadat	Nb	-niobat	Ta	-tantalat
Cr	-chromat	Mo	-molybdat	W	-wolframat
Mn	-manganat	Tc	-technat	Re	-rhenat
Fe	-ferrat	Ru	-ruthenat	Os	-osmat
Co	-cobaltat	Rh	-rhodat	Ir	-iridat
Ni	-niccolat/-nickelat	Pd	-palladat	Pt	-platinat
Cu	-cuprat	Ag	-argentat	Au	-aurat
Zn	-zinkat	Cd	-cadmat	Hg	-mercurat

häufig verwendeter anionischer und neutraler Liganden gegeben. In Tab. 2.2 ist die Benennung der Metallatome in anionischen Komplexen zusammengefasst. Es sei kurz darauf hingewiesen, dass vor der Neuauflage der Regeln zur IUPAC Nomenklatur von anorganischen Verbindungen in 2005 einige Liganden anders benannt wurden, und diese Namen noch in vielen Lehrbüchern sowie in der älteren Literatur zu finden sind. In Tab. 2.3 werden die Nomenklaturregeln noch einmal durch einige weitere Beispiele verdeutlicht.

- Liganden in alphabetischer Reihenfolge vor dem Namen des Zentralatoms, unabhängig von der Anzahl. Die Zahl der Liganden wird in griechischen Zahlwörtern vorangestellt.
- Die Präfixe di, tri, tetra, penta, hexa …werden bei einfachen Liganden verwendet, die Präfixe bis, tris, tetrakis, etc. werden bei komplizierten Ligandennamen verwendet, die dann in Klammern geschrieben werden. Zum Beispiel diammin für $(NH_3)_2$, aber bis(methylamin) für $(NH_2CH_3)_2$, um eine Unterscheidung vom Dimethylamin $(NH(CH_3)_2)$ zu gewährleisten.
- Es werden keine Leerzeichen zwischen den Namen gelassen, die zur selben Koordinationseinheit gehören.
- Anionische Liganden enden auf -o, neutrale und formal kationische Liganden ohne den Ladungszustand bezeichnende Endung.
- Neutralliganden werden in runde Klammern eingeschlossen, Ausnahmen: ammin, aqua, carbonyl, nitrosyl.
- Nach dem Liganden kommt die Bezeichnung des Zentralatoms. Bei anionischen Komplexen wird die Endung -at angehängt.
- Oxidationszahl des Zentralatoms (römische Ziffern) oder Ladung der Koordinationseinheit (arab. Ziffern + Ladung) hinter den Namen in runden Klammern.
- Strukturinformationen vor den Komplexnamen mit Hilfe von Vorsilben *cis, trans, fac* (facial), *mer* (meridional). Wenn ein Ligand grundsätzlich verschiedene Atome zur koordinativen Bindung mit dem Zentralatom zur Verfügung stellen kann, werden die am

Tab. 2.3 Beispiele zur Veranschaulichung der Nomenklatur von Komplexen

Komplexformel	Systematischer Name
$Na[Al(OH)_4]$	Natriumtetrahydroxidoaluminat(III) oder Natriumtetrahydroxidoaluminat(1−)
$K[CrF_5O]$	Kaliumpentafluoridooxidochromat(VI) oder Kaliumpentafluoridooxidochromat(1−)
$(NH_4)_2[PbCl_6]$	Ammoniumhexachloridoplumbat(IV) oder Ammoniumhexachloridoplumbat(2−)
$[CoCl(NH_3)_5]Cl_2$	Pentaamminchloridocobalt(III)chlorid oder Pentaamminchloridocobalt(2+)chlorid
$[Al(H_2O)_5(OH)]Cl_2$	Pentaaquahydroxidoaluminium(III)chlorid oder Pentaaquahydroxidoaluminium(2+)chlorid
$[PtCl_4(NH_3)_2]$	Diammintetrachloridoplatin(IV) oder Diammintetrachloridoplatin(0)

Zentralatom gebundenen Atome durch ihre kursiv gedruckten Symbole nach dem Ligandennamen angezeigt, z. B. Dithiooxalat-Dianion ($C_2S_2O_2^{2-}$) wird dithiooxalato-*S,S* genannt, wenn das Zentralatom über die beiden S-Atome koordiniert ist.

2.2 Nomenklatur von metallorganischen Verbindungen

Basierend auf Eigenschaften und Reaktivitäten gibt es keine klare Abgrenzung zwischen Koordinationsverbindungen und metallorganischen Verbindungen. Im folgenden Kapitel werden wir lernen, dass metallorganische Verbindungen – per Definition nach IUPAC – eine Metall-Kohlenstoff-Bindung besitzen. Diese Definition spiegelt nicht immer die Eigenschaften der Verbindung wider. Klassische Beispiele sind das Hexacyanidoferrat(II) und Hexacyanidoferrat(III), die komplexen Anionen vom sogenannten gelben und roten Blutlaugensalz, $[Fe(CN)_6]^{4-}$ und $[Fe(CN)_6]^{3-}$. Bei beiden Verbindungen koordiniert das Cyanid-Anion über den Kohlenstoff an das Eisenzentrum – sie besitzen also eine Metall-Kohlenstoff-Bindung. Die Eigenschaften und Bindungsverhältnisse lassen sich aber besser mit den Modellen für „Werner"-Komplexe erklären. Der in der Einleitung vorgestellte Nickelcarbonyl-Komplex vom Mond-Verfahren zur Aufreinigung von Nickel, $[Ni(CO)_4]$, das Tetracarbonylnickel(0), ist eine „klassische" metallorganische Verbindung. Das Beispiel zeigt, dass bei metallorganischen Verbindungen die selben Nomenklaturregeln wie bei den Komplexen angewandt werden können und die IUPAC empfiehlt uns, dieses auch zu tun. Konsequenterweise schreiben wir in diesem Buch die Formel in eckige Klammern. Es ist jedoch bei metallorganischen Verbindungen durchaus üblich diese Klammern wegzulassen, also $Ni(CO)_4$ zu schreiben. Dies ist dann nicht im Einklang mit den IUPAC-Regeln.

Die bei den Komplexen angewandte und laut IUPAC auch für metallorganische Verbindungen empfohlene Nomenklatur wird als Additionsnomenklatur bezeichnet. Alternativ können metallorganische Verbindungen aufgrund der Metall-Kohlenstoff-Bindung auch als Derivate von organischen Verbindungen aufgefasst werden und eine Nomenklatur im Einklang mit den Regeln der organischen Chemie ist möglich. Diese Substitutionsnomenklatur wird im Folgenden nur an ein paar ausgewählten Beispielen der Vollständigkeit halber vorgeführt.

Nach der **Additionsnomenklatur** werden metallorganische Verbindungen als Koordinationsverbindungen betrachtet, die durch Alkyl- oder Arylliganden stabilisiert werden. Diese Nomenklatur wird v. a. bei den Übergangsmetallen angewandt, um die es uns in diesem Buch auch geht. Die Verbindung $[Ti(C_2H_5)_2(CH_3)_2]$ nennen wir Diethyldimethyltitan. Die Komplexformel wird in eckige Klammern geschrieben und die Reihenfolge der Ligandennamen ist alphabetisch. Kationen und Anionen werden in Analogie zu den Komplexen durch die Ladung oder die Oxidationszahl des Zentralatoms klassifiziert. Anionen erhalten die Endung -at. $[Ti(C_2H_5)_2(CH_3)]^+$ ist Diethylmethyltitan(1+) oder -(IV) und $[Fe(CO)_4]^{2-}$ ist Tetracarbonylferrat(2−) oder -(−II). Bei metallorganischen Verbindungen ist es häufig schwierig, die Oxidationsstufe des Metallzentrums genau zu bestimmen. In diesen Fällen empfiehlt es sich, die Gesamtladung der metallorganischen Einheit anzugeben. Sie ist immer eindeutig.

Bei der **Substitutionsnomenklatur** werden metallorganische Verbindungen als Metallorganyle, also als Derivate binärer Hydride aufgefasst. Sie werden in Analogie zu den Alkanen mit der Endung -an bezeichnet. Diese Variante findet v. a. bei Hauptgruppenmetallen ihre Anwendung. Da wir hier nicht mehr von einer Koordinationsverbindung ausgehen, wird die Formel ohne eckige Klammern geschrieben. $(C_2H_5)_2(CH_3)_2Sn$ ist Diethyldimethylstannan, nach der Additionsnomenklatur wäre der Name Diethyldimethylzinn. Bei der Substitutionsnomenklatur ist es auch möglich, metallorganische Verbindungen als organische Moleküle aufzufassen, in denen Metalle und auch andere Elemente anstelle von Kohlenstoff substituiert worden sind. In der Abb. 2.1 sehen wir so ein Beispiel, bei dem das Zirkonium als Teil eines Fünfrings aufgefasst wird.

Abb. 2.1 Mit der Substitutionsnomenklatur lautet der Name Bis(cyclopentandienyl)-2,3,4,5-tetraethyl-1-zirconacyclopenta-2,4-dien, mit der Additionsnomenklatur Bis(cyclopentadienyl)-1:4-η-1,2,3,4-tetraethylbuta-1,3-dienylzirkonium(IV)

Im weiteren Verlauf wenden wir für alle metallorganischen Verbindungen mit Übergangsmetallen konsequent die von der IUPAC empfohlene Additionsnomenklatur an. Wir fassen
die wichtigsten Punkte noch einmal zusammen:

- Sowohl beim Aufstellen der Formeln als auch beim Namen werden bei metallorganischen
  Verbindungen die gleichen Regeln wie bei Koordinationsverbindungen angewandt. Das
  nennt man die Additionsnomenklatur.
- Mehrfachbindungen werden bei der Bestimmung der Koordinationszahl nicht berücksichtigt.
- Wenn sich die Oxidationsstufe des Metallzentrums nicht eindeutig bestimmen lässt, wird
  beim systematischen Namen bevorzugt die Ladung der gesamten Einheit angegeben.

2.2.1 Ligandennamen bei metallorganischen Verbindungen

Bei den bisher vorgestellten Liganden handelt es sich um Anionen (OH^-) oder neutrale
Verbindungen (NH_3). Bei metallorganischen Verbindungen ist die genaue Zuordnung von
Oxidationsstufen für Metall und Ligand schwieriger und kann sich auch in Abhängigkeit
von verwendeten Liganden oder Metallzentrum umkehren. Ausschlaggebend dafür, wie die
Bindung betrachtet wird, sind die Elektronegativitätsunterschiede zwischen dem Metallzentrum und dem koordinierten Kohlenstoffatom. Entsprechend kann der Ligand neutral oder
als Anion am Metallzentrum koordinieren. In der IUPAC-Nomenklatur werden beide Varianten unterschieden und im Folgenden werden beide kurz vorgestellt, um die Unterschiede
aufzuzeigen. Im alltäglichen Gebrauch hat sich, wegen der Schwierigkeiten die Oxidationsstufen genau zu bestimmen, die neutrale Beschreibung durchgesetzt und diese wird auch im
weiteren Verlauf angewandt.

Werden die organischen Liganden als **Anionen** betrachtet, dann bekommen sie die
Endung -ido in Analogie zu den anorganischen Anionen. Die Bezeichnung ist auf den ersten
Blick vielleicht gewöhnungsbedürftig, dafür aber sehr systematisch. Wir vergleichen Chlor
und Methan: Cl ist das Chlor-(atom), Cl^- nennen wir Chlorid und als Ligand in Komplexen sagen wir Chlorido. CH_4 heißt Methan, das entsprechende Anion CH_3^- heißt Methanid
und der anionische Ligand in Komplexen wäre dann Methanido. Damit lautet der Name für
den Komplex [$TiCl_3Me$] Trichloridomethanidotitan(IV). Aufgrund des großen Elektrone-
gativitätsunterschiedes zwischen Titan (EN = 1.3) und einem sp^3-hybridisierten Kohlenstoff
(EN = 2.5) kann man bei dieser Verbindung davon ausgehen, dass die Methylgruppe als
Anion vorliegt und Titan die Oxidationsstufe +IV hat.

Ein anderer sehr häufig verwendeter anionischer Ligand für metallorganische Verbindungen ist das Anion des Cyclopentadiens, $C_5H_5^-$, das Cyclopentadienid. Eine unter dem
Trivialnamen Ferrocen bereits sehr lange bekannte Verbindung mit diesem Liganden ist das
[$Fe(C_5H_5)_2$], das Bis(cyclopentadienido)eisen(II). Wie schon erwähnt ist die Zuordnung der
Oxidationsstufen bei diesen Verbindungen häufig nicht eindeutig. In der Literatur werden

Tab. 2.4 Systematische Namen ausgewählter metallorganischer Liganden als anionische und neutrale Liganden

Ligand	Name Anion	Name neutral	Alternativer Name
CH_3-	methanido	methyl	
CH_3-CH_2-	ethanido	ethyl	
CH_3-CH_2-CH_2-	propan-1-ido	propyl	
$(CH_3)_2$-CH-	propan-2-ido	propan-2-yl 1-methylethyl	isopropyl
CH_2=CH-CH_2-	prop-2-en-1-ido	prop-2-en-1-yl	allyl
C_6H_5-	benzenido	phenyl	
C_5H_5-	cyclopentadienido	cyclopentadienyl	
CH_3-C(O)-	1-oxoethan-1-ido	ethanoyl	acetyl
CH_2=CH-	ethenido	ethenyl	vinyl

Tab. 2.5 Beispiele zur Veranschaulichung der Nomenklatur von metallorganischen Verbindungen

Komplexformel	Systematischer Name
$[OsEt(NH_3)_5]Cl$	Pentaammin(ethyl)osmium(+1)-chlorid
$Li[CuMe_2]$	Lithiumdimethylcuprat(−1)
$[Rh(py)(PPh_3)_2(C{\equiv}CPh)]$	(Phenylethinyl)(pyridin)bis(triphenylphosphan)rhodium(0)

bei den Ligandennamen i. d. R. die Bezeichnungen für **neutrale Liganden** verwendet. Sie bekommen dann die kennzeichnende Endung *-yl*. Unsere zwei Beispiele heißen nun Trichloridomethyltitan(IV) und Bis(cyclopentadienyl)eisen(II). Alle bisherigen Beispiele wurden mit dieser Variante der Nomenklatur benannt. Prinzipiell sind beide Möglichkeiten richtig und IUPAC-konform, solange nichts gegen eine negative Ladung beim Liganden spricht. In Tab. 2.4 sind für einige wenige Beispiele noch einmal die systematischen Namen als anionischer und neutraler Ligand gegeben. In Tab. 2.5 werden die Nomenklaturregeln anhand einiger weiterer Beispiele verdeutlicht.

2.3 Angaben zur Struktur

Gerade bei metallorganischen Verbindungen gibt es häufig viele verschiedene Varianten, wie ein Ligand an das Metall koordinieren kann. Während bei den Koordinationsverbindungen die Donoratome der Liganden häufig eindeutig sind, können bei metallorganischen Verbindungen alle oder nur ausgewählte Kohlenstoffatome am Metallzentrum koordinieren und der Bindungsmodus kann sich auch bei einer Verbindung ändern bzw. unterscheiden. Um diesem Umstand Rechnung zu tragen, gibt es zusätzliche Bezeichnungsweisen unterschiedlicher Aussagekraft, die je nach Komplexität der Struktur angewandt werden können und auch sollten. Solche Strukturangaben sind nicht nur für metallorganische Verbindungen wichtig, auch bei vielen Koordinationsverbindungen, besonders wenn mehrere Metallzentren in einem Komplex vorkommen, sind zusätzliche Informationen notwendig, um aus den Namen die tatsächliche räumliche Struktur abzuleiten. In diesem Buch werden die μ-Notation und die η-Notation eingeführt. Die für deutlich komplexere Systeme gut geeignete κ-Notation wird kurz vorgestellt.

2.3.1 Die μ-Notation

Sowohl bei Koordinationsverbindungen wie auch bei metallorganischen Verbindungen treten häufig Liganden auf, die zwei oder mehr Donoratome besitzen. Diese können alle an dasselbe Metallatom koordinieren. In diesem Fall fungiert der Ligand als Chelatligand. Alternativ können an den Liganden zwei oder mehrere Metallatome gebunden sein. In diesem Fall liegt ein verbrückender Ligand (oder auch Brückenligand) vor. Dieser verbrückende Bindungsmodus wird mit dem griechischen Buchstaben μ (gesprochen mü) gekennzeichnet. Die Anzahl der mit einem Liganden verbrückten Metallzentren gibt eine tiefgestellte Zahl n mit $n \geq 2$ an, wobei auf den Index 2 normalerweise verzichtet wird. Der von Propan abgeleitete Ligand -CH_2-CH_2-CH_2- kann über die 1- und 3-Position an das gleiche Metallzentrum als ein Chelatligand koordinieren. Dann handelt es sich um das Propan-1,3-diyl. Werden zwei Metallzentren verbrückt, lautet der Name μ-Propan-1,3-diyl.

Als verbrückende Liganden können auch einatomige Liganden dienen. So sind Komplexe mit μ-Hydrido- oder μ-Halogenido-Liganden keine Seltenheit. Es folgen drei Beispiele, um diese Regeln zu verdeutlichen. Der verbrückende Ligand wird häufig zuerst angegeben.

Beim ersten Beispiel (Abb. 2.2a) handelt es sich um einen zweikernigen Cobaltcarbonylkomplex mit zwei verbrückenden Carbonylliganden. Die hier auftretende Metall-Metallbindung wird nach dem Namen mit zusätzlicher Klammer und in Kursivschrift gekennzeichnet. Der Name lautet Bis(μ-carbonyl)bis[tricarbonylcobalt(0)] *(Co-Co)*. Zwei Cobaltatome mit je drei einzähnigen Carbonylliganden werden durch zwei verbrückende Carbonylliganden und eine Cobalt-Cobalt-Bindung zusammengehalten.

Das zweite Beispiel in Abb. 2.2 ist ein Ausschnitt aus der Festkörperstruktur von Eisen(II)-acetat. In der Summenformel liegen pro Eisen zwei Acetationen vor und die Koordinationszahl vom Eisen(II)-ion ist sechs. Das funktioniert nur, weil die Acetat-Ionen zwei bis vier Eisenionen verbrücken, wobei die Sauerstoffatome entweder einzähnig sind oder eine μ_2-Verbrückung ausbilden. Der tiefgestellte Lokant „zählt" die Anzahl der verbrückten Metallzentren pro Acetat-Einheit. In Abb. 2.2c sind die vier unterschiedlichen Verbrückungsmodi, die im Festkörper realisiert wurden, gezeigt. Sie können als μ_2-acetato, chelatisierend μ_2-acetato, μ_3-acetato und μ_4-acetato klassifiziert werden.

Bei der dritten Verbindung handelt es sich um eine zehnkernige Thoriumverbindung mit dem Namen Ditriakontaamminhexadeca-μ-fluoridotetra-μ_3-oxidotetra-μ_4

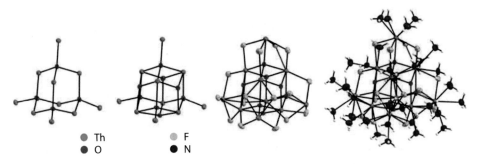

Abb. 2.2 **a** Struktur von Bis(μ-carbonyl)bis[tricarbonylcobalt(0)] *(Co-Co)*. **b** Ausschnitt aus der Kristallstruktur von Eisen(II)-acetat. **c** unterschiedliche Verbrückungsmodi des Acetat-Liganden [13]

Abb. 2.3 Systematischer Aufbau einer zehnkernigen Thoriumverbindung mit μ_4- und μ_3-verbrückenden Oxidionen und μ-verbrückenden Fluoridionen [14]

-oxidodecathorium(IV) und der Summenformel $[\mathrm{Th}_{10}(\mu\text{-}\mathrm{F}_{16})(\mu_3\text{-}\mathrm{O}_4)(\mu_4\text{-}\mathrm{O}_4)(\mathrm{NH}_3)_{32}]^{8+}$ (Abb. 2.3). Die Thoriumatome sind durch vier Sauerstoffatome μ_4-verbrückt. Dabei bilden sechs Thoriumatome mit den vier Sauerstoffatomen ein Adamantangerüst. Das gleiche Strukturmotiv ist auch in der Diamantstruktur und den Phosphoroxid-Strukturen ($\mathrm{P}_4\mathrm{O}_6$ und $\mathrm{P}_4\mathrm{O}_{10}$) zu finden. Die vier übrigen Thoriumatome besetzen die jeweils vierte Position über den Sauerstoffatomen (Abb. 2.3 ganz links). Immer drei Thoriumatome vom Adamantangrundgerüst werden von weiteren vier Sauerstoffatomen μ_3-verbrückt und die äußeren Thoriumatome werden mit dem Grundgerüst durch die μ_2-verbrückenden Fluoridionen verbunden (Abb. 2.3 mitte). Die Koordinationssphäre um das Thorium wird nun durch 32 Ammoniakmoleküle abgesättigt. Dabei erreicht das Thorium die Koordinationszahlen 9 und 10, die selten sind, bei einem so großen Ion aber nicht unerwartet (Abb. 2.3 rechts).

2.3.2 Die η-Notation

Ungesättigte Kohlenwasserstoffe als Liganden können über die π-Elektronen anstelle vom freien Elektronenpaar an das Zentralatom koordinieren. Dabei sind verschiedene Modi möglich, die mit der „hapto"-Nomenklatur unterschieden werden können. Als Beispiel betrachten wir das 1-Ethenylcyclopenta-2,4-dien-1-yl. Das Metall kann über die π-Elektronen am Ethen oder am Cyclopenta-2,4-dien-1-yl koordiniert werden. Bei der ersten Variante wäre der Ligand das Cyclopenta-2,4-dien-1-yl-η^2-ethen und bei der anderen das Vinyl-η^5-cyclopentadienyl. Beide Varianten sind in Abb. 2.4 gegeben.

Die Anzahl der am Metall koordinierten ungesättigten C-Atome wird durch die hochgestellte Zahl hinter dem griechischen Buchstaben η (Eta) angegeben. Gelesen wird η^n dann als n-hapto also trihapto (n = 3), tetrahapto (n = 4) usw. Koordinieren beim Benzen alle C-Atome, dann ist es als η^6-Benzen gebunden. Genauso ist ein über alle fünf C-Atome koordiniertes Cyclopentadienyl als η^5-cyclopentadienyl gebunden. Wird anstelle der π-Bindungen eine σ-Bindung zu einem der C-Atome ausgebildet, bezeichnen wir den Liganden als σ-cyclopentadienyl oder η^1-cyclopentadienyl. Sind an einer Bindung nicht alle ungesättigten Zentren eines Liganden beteiligt oder lässt ein Ligand mehrere Bindungsvarianten zu, so werden vor dem Zeichen η die entsprechenden Lokanten, also Zahlen, die das Atom beschreiben, eingeführt. Mit einem Bindestrich lassen sich mehrere aufeinanderfolgende C-Atome zusammenfassen. Wenn zwischendurch welche ausgelassen werden, wird dieses mit einem Doppelpunkt zwischen den Lokanten verdeutlicht, wie bei den folgenden Beispielen in Abb. 2.5 zu sehen.

2.3.3 Die κ-Notation

Mit zunehmender Komplexität der Moleküle hat sich auch die κ-Notation bewährt: $m\kappa^n Elementsymbol^I$ wird dem Ligandennamen nachgestellt (mit m = Lokant, der in Mehrkernkomplexen die Metallzentren „zählt"; n = Lokant, der die Anzahl identischer Ligatoratome anzeigt; I = Lokant, der die Nummerierung des koordinierenden Atoms beinhaltet

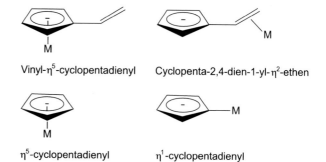

Abb. 2.4 Mögliche Bindungsmodi von ungesättigten Kohlenwasserstoffen am Beispiel von 1-Ethenylcyclopenta-2,4-dien-1-yl (oben) und Cyclopenta-2,4-dien-1-yl (unten)

Vinyl-η^5-cyclopentadienyl

Cyclopenta-2,4-dien-1-yl-η^2-ethen

η^5-cyclopentadienyl

η^1-cyclopentadienyl

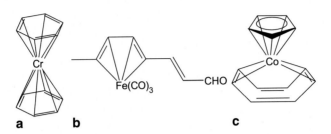

Abb. 2.5 a Di(η^6-benzen)chrom(0), **b** Tricarbonyl(4-7-η-octa-2,4,6-trienal)eisen(0) und **c** (1,2:5,6-η-cyclooctatetraen)-(η^5-cyclopentadienyl)cobalt(I)

und kursiv geschriebenem Elementsymbol des Ligatoratomes). Dabei ist I von besonderer Wichtigkeit. Bei der in Abb. 2.6 gezeigten Verbindung gibt es nur ein Metallzentrum, so dass der Lokant m entfällt. Pro Liganden gibt es keine identischen Ligatoratome, so dass n auch entfällt. Die κ-Notation beschränkt sich in diesen Fall darauf anzugeben, dass einer der zwei Triphenylphosphan-Liganden nur über das P-Atom am Nickel koordiniert, während beim zweiten Triphenylphosphan der Ligand zusätzlich über C^1 von einem der drei Phenylringe koordiniert.

Die Angaben zur Struktur können sowohl im Namen, als auch in der Formel der Verbindung angegeben werden, wie in Abb. 2.7 am Beispiel des als Dimer auftretenden Aluminiumtrichlorid gezeigt.

Abb. 2.6 [2-(Diphenylphosphanyl-κP)-phenyl-κC^1]hydrido(triphenylphosphan-κP)nickel(II)

Abb. 2.7 [Al$_2$Cl$_4$(μ-Cl)$_2$] oder [Cl$_2$Al(μ-Cl)$_2$AlCl$_2$] bzw. Di-μ-chlorido-tetrachlorido-1κ^2Cl,2κ^2Cl-dialuminium

2.4 Struktur von Komplexen

Die Komplexverbindungen sind so zahlreich und in ihrer Zusammensetzung, ihren Eigenschaften und ihrem chemischen Verhalten so verschieden, dass es ganz unmöglich und auch völlig sinnlos wäre, sich alle Komplexe einprägen zu wollen. Sehr viel wichtiger ist es, *Strukturmerkmale* und Eigenschaften zu finden, die eine *Klassifizierung* der Komplexe erlauben und eine Ordnung, ein System, in dieses scheinbar so unübersichtliche Gebiet zu bringen. Eine Möglichkeit Komplexe zu systematisieren ist es, sie nach der Koordinationszahl und den dazu gehörenden Koordinationspolyedern zu gruppieren. Eine andere Variante wäre die Liganden zu sortieren. Hierbei hat sich das Konzept der Zähnigkeit besonders bewährt. Im Folgenden werden beide Konzepte vorgestellt, da die Eigenschaften von Komplexen neben dem Zentralatom stark von der Koordinationszahl und der Art der Liganden beeinflusst wird.

2.4.1 Liganden und ihre Zähnigkeit

Liganden sind Moleküle oder Atome mit mindestens einem freien Elektronenpaar. Diese Definition trifft auf ein sehr breites Spektrum von Verbindungen zu. Es bietet sich daher an, eine zusätzliche Unterteilung der Liganden einzuführen. Hierbei hat sich das Konzept der Zähnigkeit besonders bewährt. Damit wird die Anzahl der Donoratome in einem Liganden beschrieben, die an ein Metallzentrum koordinieren können. Von den so erhaltenen Ligandentypen lassen sich mehrzähnige Liganden noch in Kategorien wie *offenkettig* (z. B. Diethylentriamin, dien), *verzweigt offenkettig* (z. B. edta) und *cyclisch* (z. B. Phtalocyanin) unterteilen. Einige der einzähnigen Liganden sind uns sicherlich schon während des Studiums begegnet und wurden in der Einleitung bereits vorgestellt (Hydroxid, Cyanid, Kohlenstoffmonoxid). Von den mehrzähnigen Liganden ist das Anion der Ethylendiamintetraessigsäure (edta) vielleicht bereits aus der quantitativen Maßanalyse (komplexometrische Titration, Komplexometrie) sowie wegen seiner Bedeutung für die Schwermetallentgiftung bekannt.

Einzähnige Liganden sind Ionen oder Moleküle, die zwar z. T. mehrere freie Elektronenpaare besitzen, aber nur eine Bindung zu einem Metallzentrum ausbilden. Beispiele sind Halogenid- und Pseudohalogenid-Anionen, Wasser, Ammoniak, aliphatische Alkohole, Amine. Sind mehrere freie Elektronenpaare vorhanden, können einzähnige Liganden Mehrfachbindungen ausbilden oder für zwei Metallzentren als Brückenligand fungieren. Dies wird dann mit der bereits vorgestellten μ-Notation gekennzeichnet.

Zweizähnige Liganden sind Ionen oder Moleküle, die mehrere freie Elektronenpaare haben und bei denen zwei davon zu einer koordinativen Bindung an ein Metallzentrum benutzt werden. Die in Abb. 2.8 gezeigten Beispiele sind zweizähnige Liganden, die auch schon im Rahmen des Studiums vorgekommen sein können. Das wäre z. B. das Diace-

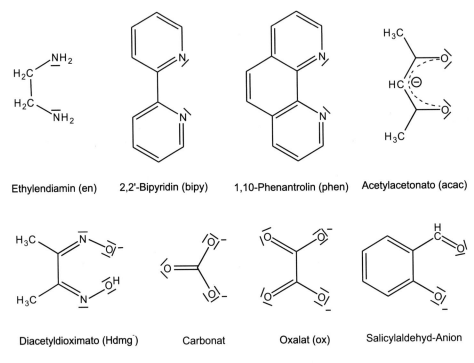

Ethylendiamin (en)   2,2'-Bipyridin (bipy)   1,10-Phenantrolin (phen)   Acetylacetonato (acac)

Diacetyldioximato (Hdmg⁻)   Carbonat   Oxalat (ox)   Salicylaldehyd-Anion

Abb. 2.8 Ausgewählte zweizähnige Liganden

tyldioximato, dass bei der quantitativen Bestimmung von Nickel eingesetzt wird. Der Bis(diacetyldioximato)nickel(II)-Komplex zeichnet sich durch eine besondere Stabilität aus. Das wird unter anderem durch zusätzliche stabilisierende Wasserstoffbrückenbindungen zwischen den beiden koordinierenden Liganden erreicht. In Abb. 2.9 ist der Komplex schematisch dargestellt. Voraussetzung für die hohe Stabilität ist die quadratisch planare Struktur des Komplexes, die beim entsprechenden Cobalt-Komplex z. B. nicht beobachtet wird. Die hohe Stabilität und geringe Löslichkeit des Bis(diacetyldioximato)nickel(II)-Komplexes ermöglicht einen quantitativen Nachweis von Nickel neben Cobalt, etwas was mit edta, einem sechszähnigen Liganden, nicht möglich ist. Warum gerade der Nickel(II)-Komplex quadratisch planar ist, wird bei den Bindungsmodellen (Ligandenfeldtheorie) erklärt.

Die abgebildeten zweizähnigen Liganden fungieren als Chelatliganden. Der Begriff Chelatligand kommt vom lateinischen chelae bzw. dem griechischen chele, die beide Krebsschere bedeuten.

> Mehrzähnige Liganden, die mit dem Zentralatom geschlossene, n-gliedrige Einheiten = Chelatringe bilden (bevorzugt 5- und 6-gliedrige, 5-gliedrige sind besonders stabil), heißen Chelatliganden.

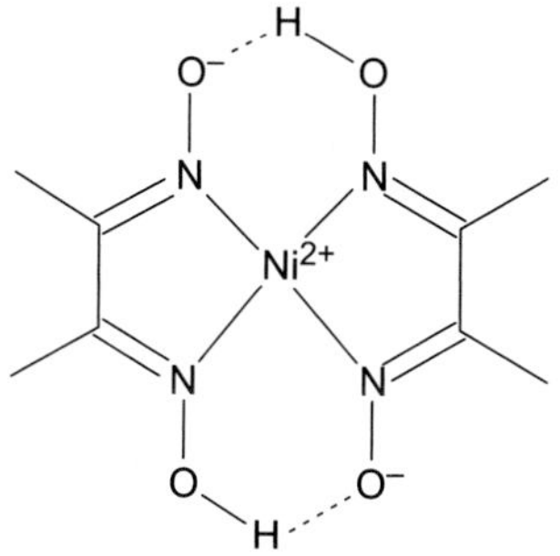

Abb. 2.9 Struktur des Bis(diacetyldioximato)nickel(II)-Komplexes. Die intramolekularen Wasserstoffbrückenbindungen führen zu einer deutlichen Erhöhung der Stabilität des quadratisch planaren Komplexes, der als sehr selektiver Nickelnachweis verwendet wird

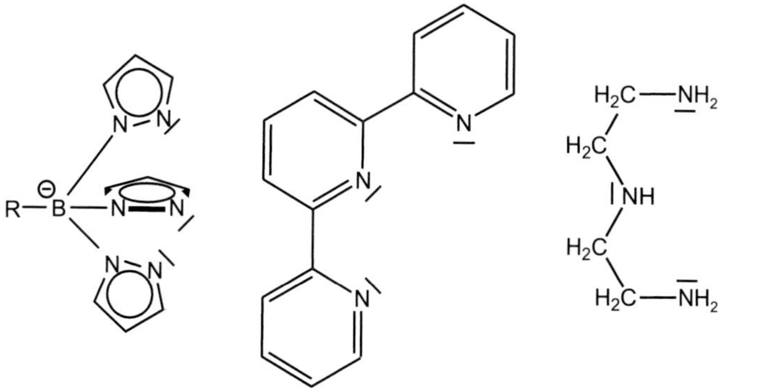

Trispyrazolylborat (tp)   2,2':6',2''-Terpyridin (terpy)   Diethylentriamin (dien)

Abb. 2.10 Ausgewählte dreizähnige Liganden

Dreizähnige Liganden stellen drei freie Elektronenpaare zu einer koordinativen Bindung an ein Metallzentrum zur Verfügung. Häufig verwendete Beispiele sind das in Abb. 2.10 abgebildete Trispyrazolylborat und das Terpyridin. Die beiden Liganden können aufgrund ihrer relativ starr vorgegebenen Struktur bei oktaedrischen Komplexen verschiedene Isomerieformen erzwingen: eine *fac-* (Trispyrazolylborat) bzw. *mer-* (Terpyridin) Konformation (siehe Isomerie).

Vierzähnige Liganden Bei den vierzähnigen Liganden spielen neben offenkettigen Liganden wie Polyaminen oder Pyridin-Derivaten auch makrocyclische Liganden eine wichtige Rolle. Eine Auswahl ist in Abb. 2.11 gegeben. Die meisten wurden hergestellt, um biologisch relevante Makrocyclen wie das Protoporphyrin IX vom Hämoglobin (roter Blutfarbstoff und relevant für den Sauerstofftransport in unserem Körper) zu modellieren. Viele biologisch relevante katalytische Prozesse basieren auf Komplexen mit makrocyclischen Liganden.

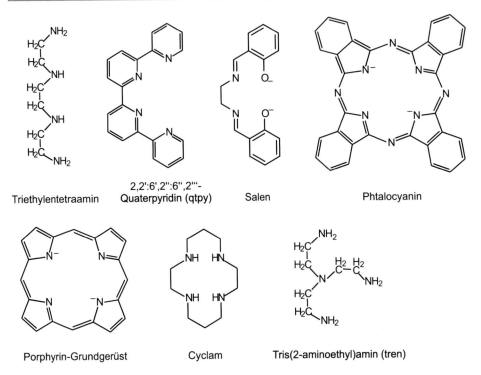

Triethylentetraamin   2,2':6',2'':6'',2'''-   Salen   Phtalocyanin
                              Quaterpyridin (qtpy)

Porphyrin-Grundgerüst   Cyclam   Tris(2-aminoethyl)amin (tren)

Abb. 2.11 Ausgewählte vierzähnige offenkettige, verzweigt offenkettige (tren) und makrocyclische Liganden (Porphyrin, Phtalocyanin, cyclam)

Teilweise ist die Modellierung solcher Prozesse auch mit offenkettigen Liganden möglich, dazu gehören Schiff'sche Basen wie der Salen-Ligand.

Fünfzähnige Liganden sind, ähnlich wie die Koordinationszahl, im Vergleich zu den bisher besprochenen Beispielen selten. Viele Komplexe mit der Koordinationszahl fünf bestehen aus einem vierzähnigen und einem einzähnigen Liganden. Ein Beispiel ist in Abb. 2.12 gegeben.

Ein klassisches Beispiel für einen **sechszähnigen Liganden** ist das Ethylendiamintetraacetat (edta), ein nicht-selektiver Ligand, der stabile 1:1-Komplexe mit einer Vielzahl ein- bis vierfach geladener Metallionen bildet. Die Komplexbildung ist stark pH-Wert-abhängig. Als Ligand fungiert das tetra-Anion der Ethylendiamintetraessigsäure und die Konzentration dieses Anions in Lösung ist stark von deren pH-Wert abhängig.

Viele in der Koordinationschemie verwendete Liganden sind zu kompliziert, um sie in eindeutiger Weise mit ihrer Summenformel in eine Komplexformel aufzunehmen. Für diese Liganden werden i. d. R. Abkürzungen verwendet, ähnlich denen, die in der organischen Chemie für bestimmte strukturelle Gruppen verwendet werden. Für die Abkürzungen

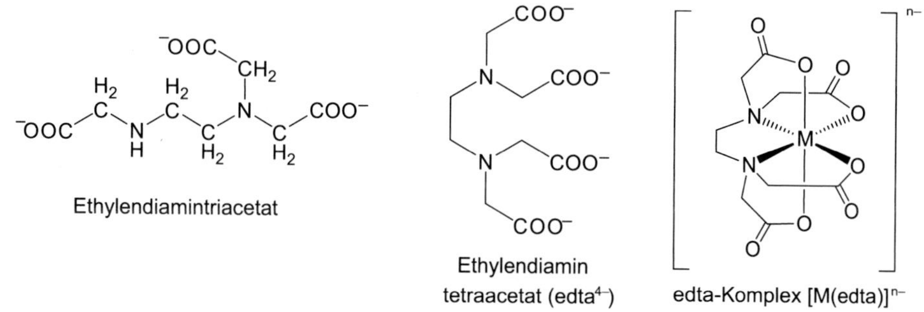

Abb. 2.12 Beispiel für einen fünfzähnigen Liganden (Anion der Ethylendiamintriessigsäure) und einen sechszähnigen Liganden (Anion der Ethylendiamintetraessigsäure, $edta^{4-}$) sowie allgemeine Struktur eines edta-Komplexes

Tab. 2.6 Abkürzungen ausgewählter Liganden

Abkürzung	Ligandenname	Abkürzung	Ligandenname
$acac^-$	Acetylacetonat	py	Pyridin
thf	Tetrahydrofuran	Hpz	$1H$-Pyrazol
bipy (bpy)	2,2′-Bipyridin	terpy	2,2′:6′,2″-Terpyridin
$edta^{4-}$	Ethylendiamintetraacetat	en	Ethylendiamin
tren	Tris(2-aminoethyl)amin	tmeda	Tetramethylethylendiamin
phen	Phenanthrolin	dabco	1,4-Diazabicyclo[2.2.2]octan
$salen^{2-}$	Bis(salicyliden)ethylendiamin	cyclam	1,4,8,12-Tetraazacyclotetradecan
dmg^{2-}	Diacetyldioximat		

sollten Kleinbuchstaben verwendet werden und sie sollten in den Komplexformeln in runden Klammern stehen. In Tab. 2.6 ist eine Auswahl gegeben.

2.4.2 Koordinationszahlen und Koordinationspolyeder

Eines der wichtigsten Strukturmerkmale eines Komplexes ist die Koordinationszahl (KZ), d. h. die Zahl der an das Zentralatom gebundenen Liganden bzw. bei mehrzähnigen Liganden die Anzahl der koordinierenden Donoratome. Die tatsächlichen Bindungsverhältnisse zwischen Metall und Ligand spielen für die Bestimmung der Koordinationszahl keine Rolle. Besonders bei metallorganischen Verbindungen können potentiell Mehrfachbindungen zwischen Metall und Ligand auftreten. Bei der Bestimmung der Koordinationszahl werden diese potentiellen π- und δ-Bindungen nicht berücksichtigt. [Ir(CO)Cl(PPh$_3$)$_2$], [RhI$_2$(Me)(PPh$_3$)$_2$] und [W(CO)$_6$] sind Beispiele für metallorganische Verbindungen mit den Koordinationszahlen 4, 5 und 6. Eng mit der Koordinationszahl verknüpft ist das Koordinationspolyeder, d. h. die geometrische Figur, in der sich die Liganden um das Zentralion anordnen. Im Folgenden werden die Koordinationszahlen 2 bis 6 und die jeweils zuzuordnenden Koordinationspolyeder besprochen.

Koordinationszahl 2 Die Koordinationszahl 2 (Abb. 2.13) ist recht selten und auf Zentralionen wie Cu^+, Ag^+ oder Au^+ beschränkt. Der Koordinationspolyeder wird als *linear* bezeichnet. Ein Beispiel wäre $[Ag(NH_3)_2]^+$.

Koordinationszahl 3 Die Koordinationszahl 3 (Abb. 2.14) tritt selten auf, das entsprechende Koordinationspolyeder ist *trigonal planar.* Beispiele sind $[HgI_3]^-$ und $[Pt(P(C_6H_5)_3)_3]$.

Koordinationszahl 4 Die Koordinationszahl 4 (Abb. 2.15, links) tritt sehr häufig in Form von *quadratisch planaren* und *tetraedrischen* Komplexen auf. Beispiele für tetraedrische Komplexe sind $[Zn(OH)_4]^{2-}$ oder $[Cd(CN)_4]^{2-}$; sie treten häufig bei d^0 oder d^{10}-Metallzentren auf. Beispiele für quadratisch planare Komplexe sind $[PtCl_4]^{2-}$ und $[AuF_4]^-$. Diese Koordinationsgeometrie tritt häufig bei d^8-Metallzentren auf. Einige Verbindungen, bei denen nach Zusammensetzung die KZ 3 zu erwarten wäre, treten mit KZ 4 auf (Abb. 2.15, rechts). Zwei Beispiele sind gasförmiges $[(AlCl_3)_2]$ und $[(AuCl_3)_2]$, bei denen durch Dimerisierung die KZ 4 erreicht wird. Beim Aluminium ist die Koordinationsumgebung tetraedrisch und beim Gold quadratisch planar, was wieder mit der d-Elektronenzahl erklärt werden kann.

Koordinationszahl 5 Die Koordinationszahl 5 tritt relativ selten in Form von *trigonal bipyramidalen* und *tetragonal pyramidalen* Komplexen auf (Abb. 2.16). Die von den Liganden oberhalb und unterhalb der Ebene in der trigonalen Bipyramide besetzten Positionen nennt

Abb. 2.13 Koordinationszahl 2

Abb. 2.14 Koordinationszahl 3

Abb. 2.15 Links: Bei der Koordinationszahl 4 sind die Koordinationspolyeder *quadratisch planar* (oben) und *tetraedrisch* (unten) anzutreffen. Rechts: Bei einigen Verbindungen der Zusammensetzung ML_3 kann durch Dimerisierung die KZ 4 erreicht werden

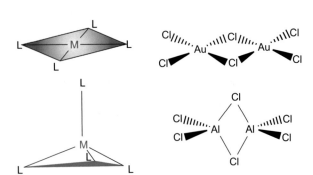

Abb. 2.16 Bei der Koordinationszahl 5 sind die Koordinationspolyeder *trigonal bipyramidal* (links) und *tetragonal pyramidal* (rechts) anzutreffen

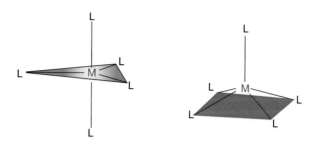

man axial, die Positionen der drei Liganden in der Ebene äquatorial. Beispiele für trigonal bipyramidale Komplexe sind $[SnCl_5]^-$ und $[Fe(CO)_5]$; ein Beispiel für einen tetragonal pyramidalen Komplex ist $[VO(acac)_2]$ mit acac = acetylacetonat. Die energetischen Unterschiede zwischen der trigonalen Bipyramide und der tetragonalen Pyramide sind gering und beide können durch geringfügige Deformation ineinander überführt werden. Bei trigonal bipyramidalen Komplexen sind die axiale und die äquatoriale Postition nicht äquivalent und können durch Deformationsschwingungen ineinander überführt werden. Als Zwischenstufe wird dabei eine tetragonal pyramidale Anordnung erhalten. Diesen Vorgang bezeichnet man als Berry-Pseudorotation.

Koordinationszahl 6 Bei der Koordinationszahl 6 sind die Koordinationspolyeder Oktaeder, trigonales Prisma, trigonales Antiprisma oder planares Sechseck denkbar (Abb. 2.17 a). In zahlreichen Versuchen konnten *A. Werner* und seine Mitarbeiter nachweisen, dass nur das Oktaeder auftritt. Das Oktaeder ist ein Spezialfall des trigonalen Antiprismas, bei dem alle Kanten gleich lang sind (Abb. 2.17b). Allerdings ist das ideale Oktaeder selten und es treten bei den meisten oktaedrischen Komplexen Abweichungen von der idealen Oktaedersymme-

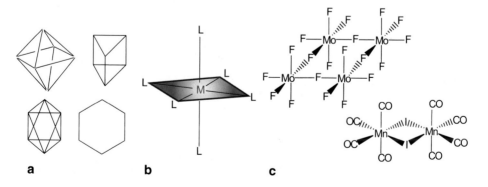

a   **b**   **c**

Abb. 2.17 a Bei der Koordinationszahl 6 sind die Koordinationspolyeder Oktaeder, trigonales Prisma, trigonales Antiprisma oder planares Sechseck denkbar. **b** Alle Komplexe mit Koordinationszahl 6 treten als Oktaeder auf. **c** Bei einigen Verbindungen der Zusammensetzung ML_5 kann durch Ausbildung größerer Aggregate die KZ 6 erreicht werden

trie auf (häufig entlang der 4-zähligen Achse gestreckt oder gestaucht). Eine zunehmende Entfernung der Liganden auf der z-Achse führt zur Erniedrigung der KZ von 6 auf 4 und der quadratisch planaren Geometrie. Einige Verbindungen, bei denen nach Zusammensetzung die KZ 5 zu erwarten wäre, treten mit der KZ 6 auf. Zwei Beispiele für ein solches Verhalten sind das dimere $[Mn_2I_2(CO)_8]$ und das tetramere $[(MoF_5)_4]$ (Abb. 2.17c).

Höhere Koordinationszahlen Bei den höheren Koordinationszahlen treten immer mehrere mögliche Koordinationspolyeder auf, die sich teilweise nur geringfügig voneinander unterscheiden. Generell sind höhere Koordinationszahlen selten und nur bei großen Zentralionen anzutreffen. Beispiele dafür sind Komplexe der Lanthanoide und Actinoide, wie z. B. der bereits erwähnte Thorium-Cluster (Abb. 2.3), bei dem die Koordinationszahlen 9 und 10 auftreten.

2.5   Isomerie bei Koordinationsverbindungen

Als Isomerie bezeichnet man die Erscheinung, dass chemische Verbindungen mit gleicher Zusammensetzung aber unterschiedlicher Anordnung der Atome existieren. Diese Erscheinung tritt auch in der Komplexchemie in verschiedenen Formen auf, von denen einige hier kurz angesprochen werden. Bei den ersten Beispielen handelt es sich um Konstitutionsisomere mit unterschiedlichen Verknüpfungsfolgen der Atome. Typische Beispiele dafür aus der organischen Chemie wären *n*-Octan/*iso*-Octan oder *ortho–*/*meta–*/*para–*Nitrotoluol. Die Isomere haben unterschiedliche chemische und physikalische Eigenschaften.

Ionisationsisomerie: Viele Anionen können im Komplex oder außerhalb des Komplexes gebunden sein, so dass in der Lösung verschiedene Ionen mit häufig sehr unterschiedlichen Eigenschaften vorliegen.

$$[CoCl(NH_3)_5]SO_4 \text{ und } [Co(NH_3)_5SO_4]Cl$$

Hydratisomerie: Die Hydratisomerie ist eine spezielle Form der Ionisationsisomerie, wobei H_2O gegen andere Liganden ausgetauscht wird. Ein bekanntes Beispiel ist $CrCl_3 \cdot 6 H_2O$, von dem vier verschiedene Isomere bekannt sind. Eine wässrige Lösung von $CrCl_3 \cdot 6 H_2O$ ist zunächst dunkelgrün, beim Stehen wird sie langsam heller und ändert die Farbe über ein helles blaugrün bis hin zum violett. Dabei treten die verschiedenen Isomere in der nachfolgenden Reihenfolge auf, wobei die ersten zwei grün, das dritte blaugrün und das vierte violett ist. Durch Erwärmen der Lösung lässt sich der Vorgang wieder umkehren.

$$[CrCl_3(H_2O)_3] \cdot 3 H_2O \rightleftharpoons [CrCl_2(H_2O)_4]Cl \cdot 2 H_2O \rightleftharpoons [CrCl(H_2O)_5]Cl_2 \cdot H_2O \rightleftharpoons$$
$$[Cr(H_2O)_6]Cl_3$$

Tab. 2.7 Ligandennamen ausgewählter Salzisomere

M——$\overline{\underline{S}}$——C≡≡N| Thiocyanato-S-Komplex

|$\overline{\underline{S}}$——C≡≡N——M   Thiocyanato-N-Komplex

M——$\overline{\underline{O}}$——$\overline{N}$══$\underline{O}$ Nitrito-Komplex

M——N   Nitrito-N-Komplex (alt: Nitro-Komplex)

M——$\overline{C}$≡≡N| Cyanido-Komplex

|$\overline{C}$≡≡N——M   Isocyanido-Komplex

Koordinationsisomerie: Wenn Kation und Anion komplexe Teilchen sind, können verschiedene Isomere erhalten werden, indem das Zentralion oder die Liganden (teilweise) ausgetauscht werden. Ein Beispiel wäre die Verbindung $[Co(NH_3)_6][Fe(CN)_6]$. Durch einen (partiellen) Austausch der Liganden würden sich die Eigenschaften der Verbindung signifikant ändern.

Salzisomerie: Die Bindung eines Liganden an das Zentralteilchen geht von einem der freien Elektronenpaare eines Atoms aus. Wenn ein Ligand zwei oder mehr Atome mit freien Elektronenpaaren besitzt, so kann die Bindung zum Zentralion von verschiedenen Atomen ausgehen. Diese Fähigkeit eines Liganden, durch verschiedene Atome an ein Zentralion zu koordinieren, führt zur Salzisomerie. Die entsprechenden Liganden bezeichnet man als ambident (beidseitig zähnig). Im Tab. 2.7 sind die jeweils zwei möglichen Isomere für die Liganden Thiocyanat, Nitrit und Cyanid gegeben. In der Regel werden die Donoratome kursiv gedruckt nach dem Ligandennamen angegeben. Beim Nitrit und Cyanid werden unterschiedliche Bezeichnungen für den Liganden verwendet.

2.5.1 Stereoisomerie

Bei Stereoisomeren ist die Verküpfungsfolge der Atome gleich und der Unterschied liegt in der räumlichen Anordnung. Ein typisches Beispiel aus der organischen Chemie sind die Fumarsäure und die Maleinsäure, das *trans*- und *cis*-Isomer der Butendisäure (oder auch Ethylendicarbonsäure). Bei Komplexen unterscheiden sich Stereoisomere lediglich in der räumlichen Anordnung ihrer Liganden. Die Isomere haben unterschiedliche chemische und physikalische Eigenschaften.

cis-trans-**Isomerie:** Diese Isomerie tritt bei quadratisch planaren Komplexen der allgemeinen Formel $[MA_2B_2]$ und oktaedrischen Komplexen der allgemeinen Formel $[MA_2B_4]$ auf.

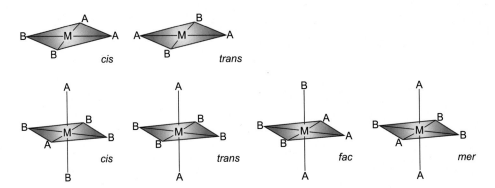

Abb. 2.18 *cis-trans*-Isomerie bei quadratisch planaren und oktaedrischen Komplexen und *fac-mer*-Isomerie bei oktaedrischen Komplexen

Im *cis*-Isomer stehen gleiche Liganden nebeneinander und im *trans*-Isomer stehen sie sich gegenüber. In Abb. 2.18 sind beide Beispiele für einen oktaedrischen und einen quadratisch planaren Komplex schematisch dargestellt.

fac-mer-**Isomerie:** Beobachtet man bei oktaedrischen Komplexen mit der Zusammensetzung $[MA_3B_3]$ oder oktaedrischen Komplexen mit zwei dreizähnigen Liganden. Die Vorsilbe *fac* steht für facial (Fläche), das heißt, gleiche Liganden bilden eine Dreiecksfläche des Oktaeders. Bei der Vorsilbe *mer* für meridional sind die drei gleichen Liganden jeweils entlang zwei benachbarter Oktaederkanten angeordnet. Bei zwei dreizähnigen Liganden kann durch Wahl des Liganden eine Kontrolle darüber erzielt werden, ob eine faciale oder meridionale Koordination stattfindet. Zwei Beispiele dafür sind in Abb. 2.10 gegeben. In Abb. 2.18 sind beide Varianten schematisch dargestellt.

2.5.2 Enantiomere

In der organischen Chemie sind Enantiomere Verbindungen mit einem asymmetrisch substituierten Kohlenstoffatom. Ein sp³-hybridisiertes Kohlenstoffatom mit vier unterschiedlichen Substituenten kann in zwei unterschiedlichen Isomeren auftreten, die sich wie Bild und Spiegelbild zueinander verhalten, aber nicht ineinander überführbar sind. Diese Enantiomere unterscheiden sich nicht in ihren chemischen/physikalischen Eigenschaften außer im Vorzeichen des Drehwinkels von linear polarisiertem Licht. Bei Verbindungen mit zwei optisch aktiven Zentren (z. B. Komplex und Gegenion oder Komplex und Ligand) werden Enantiomere oder Diastereomere erhalten. Diastereomere verhalten sich zueinander nicht mehr wie Bild und Spiegelbild und unterscheiden sich dann wieder in ihren chemischen und physikalischen Eigenschaften. Diesen Umstand kann man zur Trennung von Enantiomeren verwenden.

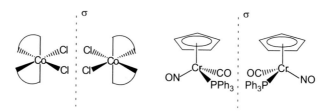

Abb. 2.19 Spiegelbild-Isomerie beim oktaedrischen Komplex *cis*-[CoCl$_2$(en)$_2$]$^+$ (en = Ethylendiamin) und beim tetraedrischen Komplex [Cr(CO)(cp)(NO)(PPh$_3$)] (cp = cyclopentadienyl)

Spiegelbildisomerie tritt bei oktaedrischen Komplexen mit zwei zweizähnigen und zwei einzähnigen Liganden oder drei zweizähnigen Liganden und bei tetraedrischen Komplexen mit vier unterschiedlichen Liganden (Analogie zum Kohlenstoff) auf. Bei oktaedrischen Komplexen wurde zur Unterscheidung der beiden Varianten die Λ-Δ-Konvention (Konvention der „windschiefen Geraden") eingeführt. Im linken Teil der Abb. 2.19 ist links das Λ-Isomer (linkshändig helikal) und rechts das Δ-Isomer (rechtshändig helikal) abgebildet.

2.6 Fragen

1. Bestimmen Sie den IUPAC-Namen folgender Verbindungen und Ionen: [Fe(CO)$_5$], [Ni(CO)$_4$], [Co(H$_2$O)$_6$]$^{2+}$, [Cu(NH$_3$)$_4$(H$_2$O)$_2$]$^{2+}$, [Fe(CN)$_6$]$^{3-}$.
2. Stellen Sie die Formel der folgenden Verbindungen und Ionen auf: Hexacyanidoferrat(II), Tetraamminplatin(II), Tetrahydroxidozinkat(II), Hexacarbonylchrom(0).
3. Benennen Sie die folgenden Komplexe nach dem IUPAC-Nomenklatursystem: [Co(CO$_3$)(NH$_3$)$_4$]NO$_3$, K[MnO$_4$], [CrCl(H$_2$O)$_5$]Cl$_2$, [CrCl$_2$(H$_2$O)$_4$]Cl, Ba[FeO$_4$], Na$_2$[TiO$_3$], [Pt(NH$_3$)$_6$]Cl$_4$, K$_2$[PtCl$_6$].
4. Geben Sie die Formeln folgender Verbindungen an: Natriumhexafluoridoaluminat(III), Pentacarbonyleisen(0), Kaliumhexacyanidoferrat(II), Kaliumhexacyanidoferrat(III).
5. Mn(CO)$_4$(SCF$_3$) ist dimer und das Mangan wird in diesem Komplex oktaedrisch von sechs Liganden umgeben. Welche Struktur erwarten Sie? Welche Strukturen wären bei einem monomeren Komplex zu erwarten?
6. Aus der wässrigen Lösung eines Komplexes der Zusammensetzung CoClSO$_4$· 5NH$_3$ fällt mit BaCl$_2$ ein Niederschlag aus, mit AgNO$_3$ nicht. Welcher Komplex liegt vor? Gibt es andere Isomere und wie heißt diese Isomerieart?
7. Überlegen Sie, welche Isomere bei einem oktaedrisch gebauten Komplex [ZA$_3$X$_3$] zu erwarten sind.
8. Wie unterscheiden sich spiegelbildisomere Komplexe? Wie kann man sie trennen?

Was sind metallorganische Verbindungen?

3

Der Unterschied zwischen einer metallorganischen Verbindung und einem Komplex (oder auch Koordinationsverbindung) ist durch die IUPAC definiert [12, 15]. Sie sagt:

> Metallorganische Verbindungen ([engl.] *organometallics*) sind durch eine direkte Bindung zwischen Metall und Kohlenstoff gekennzeichnet.

Diese Regel ist eindeutig, kann aber auch verwirrend sein. Von den in der Einleitung genannten Verbindungen sind die Metallcarbonyle wie das Tetracarbonylnickel(0) des Mondverfahrens klassische metallorganische Verbindungen. Eine strikte Auslegung der IUPAC-Definition führt aber auch dazu, dass klassische Komplexe wie das gelbe und rote Blutlaugensalz $[Fe(CN)_6]^{4-/3-}$ wegen des über den Kohlenstoff koordinierenden Cyanid-Liganden formal zu den metallorganischen Verbindungen gezählt werden.

Im sprachlichen Gebrauch wird häufig keine klare Unterscheidung getroffen und beide Begriffe – Komplex und metallorganische Verbindung – werden teilweise synonym verwendet. Das liegt an den Begriffen *organometallic* und *metal organic* aus dem englischsprachigen Raum. Ersterer steht für metallorganische Verbindungen, also Verbindungen mit einer Metall-Kohlenstoff-Bindung. Der Begriff *metal organic* bedeutet übersetzt organometallisch – ein Begriff, der für organische Verbindungen mit einem Metall, egal wie gebunden, steht. Ein prominentes Beispiel dafür ist der Begriff MOF, der für *metal organic framework,* auf deutsch metall-organische Gerüstverbindung, steht. Hier sind Verbindungen gemeint, die aus Metall(-komplex)-Fragmenten und organischen Liganden aufgebaut sind, also Komplexe.

Das zentrale Element einer metallorganischen Verbindung ist die Metall-Kohlenstoff-Bindung. Diese kann mehr oder weniger polar sein. Es ist darauf zu achten, dass das Metall das elektropositivere Element ist! Also $M^{\delta+} - C^{\delta-}$. Die Polarität einer Bindung hängt von den Elektronegativitätsunterschieden der Bindungspartner ab. In Abb. 3.1 ist das

B. Weber, *Koordinationschemie,* https://doi.org/10.1007/978-3-662-63819-4_3

Elektronegativität (EN) Allred-Rochow/Pauling

1	2	3	4	5	6	7	8	9	10	11	12	13	14	15	16	17	18
H 2.20/2.1																	**He** 5.5
Li 0.97/1.0	**Be** 1.47/1.5											**B** 2.01/2.0	**C** 2.50/2.5	**N** 3.07/3.0	**O** 3.50/3.7	**F** 4.10/4.3	**Ne** 4.8
Na 1.01/0.9	**Mg** 1.23/1.2											**Al** 1.47/1.5	**Si** 1.74/1.8	**P** 2.06/2.1	**S** 2.44/2.5	**Cl** 2.83/3.0	**Ar** 3.2
K 0.91/0.8	**Ca** 1.04/1.0	**Sc** 1.20/1.3	**Ti** 1.32/1.5	**V** 1.45/1.6	**Cr** 1.56/1.6	**Mn** 1.60/1.5	**Fe** 1.64/1.8	**Co** 1.70/1.8	**Ni** 1.75/1.8	**Cu** 1.75/1.9	**Zn** 1.66/1.6	**Ga** 1.82/1.6	**Ge** 2.02/1.8	**As** 2.20/2.0	**Se** 2.48/2.4	**Br** 2.74/2.8	**Kr** 2.9
Rb 0.89/0.8	**Sr** 0.99/1.0	**Y** 1.11/1.2	**Zr** 1.22/1.4	**Nb** 1.23/1.6	**Mo** 1.30/1.8	**Tc** 1.36/1.9	**Ru** 1.42/2.2	**Rh** 1.45/2.2	**Pd** 1.3/2.2	**Ag** 1.42/1.9	**Cd** 1.46/1.7	**In** 1.49/1.7	**Sn** 1.72/1.8	**Sb** 1.82/1.9	**Te** 2.01/2.1	**I** 2.21/2.5	**Xe** 2.4
Cs 0.86/0.7	**Ba** 0.97/0.9	**La** 1.08	**Hf** 1.23/1.3	**Ta** 1.33/1.5	**W** 1.40/1.7	**Re** 1.46/1.9	**Os** 1.52/2.2	**Ir** 1.55/2.2	**Pt** 1.42/2.2	**Au** 1.42/2.4	**Hg** 1.44/1.9	**Tl** 1.44/1.8	**Pb** 1.55/1.9	**Bi** 1.67/1.9	**Po** 1.76/2.0	**At** 1.96/2.2	**Rn** 2.1
Fr 0.86/0.7	**Ra** 0.97/0.9	**Ac** 1.00															

Lanthanoide: 1.1 – 1.3   C(sp^3): 2.5   C(sp^2): 2.75   C(sp): 3.29
Actinoide: 1.1 – 1.3

Abb. 3.1 Periodensystem der Elemente mit Elektronegativitäten nach Allred-Rochow und nach Pauling. Die Elektronegativitäten der Hybridorbitale wurden nach Mulliken berechnet

Periodensytem der Elemente mit den Elektronegativitäten nach den am weitesten verbreiteten Skalen – nach Allred-Rochow und nach Pauling – gegeben. Zusätzlich muss berücksichtigt werden, dass der Kohlenstoff je nach Liganden unterschiedlich hybridisiert ist. Die Elektronegativität des Kohlenstoffs ist stark vom Hybridisierungsgrad abhängig. Grund dafür ist, dass die s-Elektronen einer stärkeren Kernanziehung unterliegen als die p-Elektronen (bei gleicher Hauptquantenzahl). Dadurch steigt die Elektronegativität (EN) des Kohlenstoffs mit zunehmendem s-Charakter im Hybridorbital und ist, wie in Abb. 3.1 gegeben, für ein sp-hybridisiertes Kohlenstoffatom am größten. Dieser Umstand erklärt übrigens, warum Alkane so reaktionsträge sind. Die EN vom sp^3-hybridisierten Kohlenstoff (2.5) und von Wasserstoff (2.2) sind sich sehr ähnlich und die C-H-Bindung ist sehr unpolar. In der organischen Chemie werden häufig Reagenzien wie Butyllithium (BuLi) oder ein Magnesiumalkylhalogenid (Grignard-Reagenz) eingesetzt. Diese Hauptgruppen-metallorganischen Verbindungen werden in diesem Buch nicht näher behandelt. Das Gleiche gilt für andere Verbindungen mit einer Element-Kohlenstoffbindung zu einem Nicht- oder Halbmetall. Solche Verbindungen werden elementorganische Verbindungen genannt und sind auch keine metallorganischen Verbindungen im engeren Sinn.

3.1   Geschichte

Formal ist die erste metallorganische Verbindung das Berliner Blau, das im 17. Jahrhundert von Farbhersteller *Diesbach* in Berlin hergestellt wurde. Der Komplex besitzt eine Metall-Kohlenstoff-Bindung, wird aber, wie die Blutlaugensalze, nicht zu den klassischen metallorganischen Verbindungen, sondern eher zu den Komplexen gezählt. Grund dafür ist, dass das Cyanid als Pseudohalogenid in seiner Reaktivität mit den Halogeniden vergleichbar ist. Der Beginn der metallorganischen Chemie wird mit dem Namen *Zeise* in Verbindung gebracht. Das *Zeise*sche Salz $Na[PtCl_3(C_2H_4)]$ wurde im Jahre 1827 hergestellt und ist der erste Olefinkomplex. Zeise hatte die Reaktion von $PtCl_4$ mit Ethanol untersucht [16]. Der dabei erhaltene Komplex konnte später auch durch Erhitzen des Komplexes $Na_2[PtCl_4]$ in Ethanol dargestellt werden. Bei der Reaktion wird das Ethanol dehydratisiert; es entsteht Ethen, das einen der Chlorido-Liganden am Platin ersetzt, wodurch es zur Ausbildung einer Metall-Kohlenstoff-Bindung kommt (Abb. 3.2) [15].

Die nächste Verbindung war das Diethylzink (Abb. 3.2) von *Frankland* im Jahr 1849, eine Zufallsentdeckung – Ziel war die Herstellung des Ethylradikals – der eine Reihe von Hauptgruppenmetallorganylen folgten. Von *Frankland* wurde der Begriff „organometallic" geprägt. Es folgte 1890 das bereits erwähnte Tetracarbonylnickel(0), der erste homoleptische Metallcarbonylkomplex, der bis heute in der Nickelraffination in dem nach dem Entdecker *L. Mond* benannten Mondverfahren eingesetzt wird. Eine Möglichkeit zur C-C-Bindungsknüpfung entwickelte *V. Grignard* über die Synthese von Alkylmagnesiumhalogeniden durch Umsetzung von Alkylhalogeniden mit Magnesium – eine Entdeckung, für die er 1912 mit dem Nobelpreis ausgezeichnet wurde. 1931 wurde von *W. Hieber* der erste Hydridkomplex $[Fe(CO)_4H_2]$ hergestellt [17]. Bei der sogenannten *Hieber*schen *Basenreaktion* wird Pentacarbonyleisen(0) im Basischen umgesetzt. Im ersten Schritt entsteht dabei das Ferrat $[Fe(CO)_4]^{2-}$, bei dem das Eisen die formale Oxidationsstufe $-II$ hat. Das Anion ist eine starke Base und lagert unter den Reaktionsbedingungen ein Proton an, wobei formal die Oxidationsstufe am Eisen auf 0 erhöht wird und wir den Hydridkomplex $[Fe(CO)_4H]^-$ erhalten. Nach Ansäuern erhält man den Komplex $[Fe(CO)_4H_2]$ [15].

Im weiteren Verlauf wurde eine Vielzahl von verschiedenen metallorganischen Verbindungen hergestellt. Ein Highlight ist das Ferrocen, das 1951 von *P. Pauson* und *S. A. Miller* hergestellt wurde. Die Entdeckung der Sandwich-Struktur dieser Verbindung im Jahr 1953 unabhängig von *E. O. Fischer* und *G. Wilkinson* wurde 1973 mit dem Nobelpreis gewürdigt (Abb. 3.2). Weitere Nobelpreise auf dem Gebiet der metallorganischen Chemie wurden für technisch hochrelevante Verfahren wie die Darstellung von Polyolefinen aus Ethylen und Propylen (*K. Ziegler* und *G. Natta*, Entdeckung 1955, Nobelpreis 1963) und

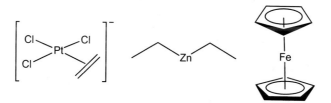

Abb. 3.2 Von links nach rechts: Struktur vom *Zeise*schem Salz $Na[PtCl_3(C_2H_4)]$, Diethylzink und Ferrocen mit seiner Sandwich-Struktur

die Hydroborierung (*H. C. Brown*, Entdeckung 1956, Nobelpreis 1979) vergeben. Es folgte ein Nobelpreis für die Röntgenstrukturanalyse vom Coenzym B_{12} (*D. Crowfoot Hodgkin*, Aufklärung 1961, Nobelpreis 1964). Die im Coenzym vorhandene Co-C-Bindung ist die einzige bekannte Metall-Kohlenstoff-Bindung in einem biologisch relevanten System, die unter physiologischen Bedingungen stabil ist. Die nach wie vor rege Forschung auf dem Gebiet der metallorganischen Chemie (und der damit eng verbundenen Katalyse) spiegelt sich in den Nobelpreisen von 2001 (*K. B. Sharpless, W. S. Knowles* und *R. Noyori* für Pionier-arbeiten auf dem Gebiet der enantioselektiven Katalyse), 2005 (*Y. Chauvin, R. H. Grubbs, R. R. Schrock* für ihre Arbeiten zur Olefinmetathese) und 2010 (*R. F. Heck, E.-I. Negishi* und *A. Suzuki* für Palladium-katalysierte Kreuzkupplungen in der organischen Synthese) wider.

3.2 Die 18-Valenzelektronen (18-VE)-Regel

Die Edelgasregel war historisch nach der *Wernerschen* Theorie das nächste Modell, das zum Verständnis der chemischen Bindung in Komplexen bzw. in metallorganischen Verbindungen einen wesentlichen Beitrag geleistet hat. Die Edelgasregel (oder moderner: 18-VE-Regel) basiert auf der *Lewisschen* Oktett-Regel, nach der die Hauptgruppenelemente Elektronen aufnehmen oder abgeben, bis sie eine Außenschale von acht Elektronen, also eine Edelgasschale, erreicht haben. *Sidgwick* erklärt die Komplexverbindungen ebenfalls mit dem Prinzip der Edelgasregel. Die Bindung kommt danach dadurch zustande, dass jeder Ligand sich ein Elektronenpaar mit dem Zentralion teilt und dadurch dessen Elektronen-schale bis zur Edelgasschale auffüllt. Im Falle der metallorganischen Verbindungen ist die 18-VE-Regel eine ausgezeichnete Möglichkeit um schnell abzuschätzen, ob eine Verbindung stabil ist. Was ein stabiler Komplex ist, wird ausführlich in Kap. 6 erklärt. Viele Eigenschaften und Reaktionen von metallorganischen Verbindungen lassen sich mit ihr erklären. Im Folgenden werden wir die grundlegenden Aspekte näher betrachten.

Der Unterschied zwischen der Edelgasregel, bei der wir (zumindest für die Elemente der ersten drei Perioden) 8 Valenzelektronen für eine abgeschlossene Schale benötigen, und der 18-VE-Regel ist die Anzahl der benötigten Valenzelektronen. Dieser Unterschied lässt sich leicht mit der unterschiedlichen Elektronenkonfiguration der Metalle erklären. In der Tat ist es so, dass es auch Komplexe mit einer 8-VE-Edelgasschale gibt. Ein Beispiel hierfür ist der im Bayer-Verfahren zur Darstellung von hochreinem Aluminium vorkommende Komplex $[Al(OH)_4]^-$, bei dem eine Edelgasschale mit 8 VE erreicht wird. Das Al^{3+} hat keine Valen-zelektronen und jeder OH^--Ligand stellt zwei Elektronen vom freien Elektronenpaar zur Verfügung. Damit bekommt das Aluminium 8 zusätzliche Valenzelektronen und erreicht so die nächste Edelgasschale, die von Argon. Die Metallcarbonyle eignen sich hervorragend, um die 18-VE-Regel einzuführen. Wir betrachten als Beispiel das Pentacarbonyleisen(0). Die Verbindung entsteht aus Eisen und Kohlenstoffmonoxid in einer exothermen Reak-tion. Bei der Beschreibung der Bindungsverhältnisse hatten wir bereits festgestellt, dass der Ligand als Lewis-Base dem Metallzentrum (der Lewis-Säure) ein Elektronenpaar für die Bindung zur Verfügung stellt. Die 18-VE-Regel geht nun davon aus, dass das Metallion diese Elektronen nutzt, um die Edelgaskonfiguration zu erreichen. Dafür benötigt es 18 Valenzelektronen (8 kennen wir schon von den Hauptgruppen und 10 kommen von den d-Orbitalen dazu). Das Eisen liegt in der Oxidationsstufe 0 vor, wir bestimmen aus der Elektronenkonfiguration die Anzahl der Außenelektronen.

$$\begin{array}{ll} \text{Fe: [Ar] } 3d^6\, 4s^2 & \hat{=} 8\,e^- \\ 5\,|C \equiv O| & \hat{=} 5\,\times\,2\,e^- \\ \text{Summe} & \overline{18\,e^-} \end{array}$$

Bis zur 18 fehlen damit 10 Elektronen, die von den fünf CO-Liganden zur Verfügung gestellt werden. Pentacarbonyleisen(0) ist demzufolge ein 18-VE-Komplex und stabil. Als weiteres Beispiel betrachten wir das Tetracarbonylnickel(0), das wir vom Mond-Verfahren her kennen.

$$\begin{array}{ll} \text{Ni: [Ar] } 3d^8 4s^2 & \hat{=} 10\,e^- \\ 4\,|C \equiv O| & \hat{=} 4\,\times\,2\,e^- \\ \text{Summe} & \overline{18\,e^-} \end{array}$$

Bis zur 18 fehlen damit 8 Elektronen, die von den vier CO-Liganden zur Verfügung gestellt werden. Auch diese Verbindung ist ein stabiler 18-VE-Komplex. Wenn wir vom Eisen aus zwei Elemente weiter nach links gehen, kommen wir zum Chrom. Hier haben wir zwei d-Elektronen weniger und um zu einem stabilen 18-Elektronenkomplex zu gelangen, brauchen wir 6 Carbonylliganden, was in der Tat auch beobachtet wird. Zwischen Eisen und Chrom steht Mangan, das einen Komplex mit fünf CO-Liganden pro Mangan bildet. Werden hier die Elektronen gezählt ($7 + 5 \times 2 = 17$) lautet die Vorhersage, dass dieser Komplex nicht stabil sein kann, weil ihm ein Elektron zur abgeschlossenen Edelgasschale fehlt. Das ist in der Tat der Fall, der Komplex dimerisiert unter Ausbildung einer Metall-Metall-Bindung. Auf diese Weise teilen sich beide Metallzentren ein Elektronenpaar und jedes kommt jeweils auf 18 Valenzelektronen.

Wir betrachten noch ein letztes Beispiel, nämlich das gelbe und rote Blutlaugensalz, $[Fe(CN)_6]^{4-}$ und $[Fe(CN)_6]^{3-}$, und fragen uns, welcher der beiden Komplexe stabiler ist. (Der Name Blutlaugensalz rührt übrigens daher, dass die Komplexe erstmals durch das Auslaugen von Blut mit Basen (Laugen) gewonnen wurden.) Wir zählen die Elektronen und kommen zu dem Ergebnis:

$$\text{Fe}^{2+} : 3d^6 + 6 \times 2 = 18$$
$$\text{Fe}^{3+} : 3d^5 + 6 \times 2 = 17$$

Der Eisen(II)-Komplex (gelbes Blutlaugensalz) ist stabiler. In der Tat könnte man die Verbindung essen, ohne sich eine Cyanid-Vergiftung zuzuziehen (bitte trotzdem nicht gleich ausprobieren), während der Eisen(III)-Komplex ein gutes Oxidationsmittel und insgesamt instabiler ist.

Auf der Grundlage der 18-VE-Regel lässt sich die Existenz einer Vielzahl stabiler Organometallkomplexe voraussagen. Es ist nur ein notwendiges, jedoch kein hinreichendes Kriterium. Für f-Elementorganyle der Lanthanoide und Actinoide führt ein entsprechendes Vorgehen nicht zum Ziel. Bei der Behandlung von Bimetallkomplexen als 18-VE-Komplexe mit einer Metall-Metall-Bindung ist zu beachten, dass eine so berechnete Metall-Metall-Bindung nicht zwangsläufig bedeutet, dass auch wirklich eine Metall-Metall-Bindung vorliegt. Hier stößt die 18-VE-Regel schnell an ihre Grenzen.

3.2.1 Elektronen zählen

Es gibt mehrere Möglichkeiten, die Elektronen zu zählen, die die Metallzentren und Liganden zur Valenzschale eines Übergangsmetallkomplexes beitragen. Eine Möglichkeit ist die Annahme, dass alle Metallatome und Liganden in der formalen Oxidationsstufe Null bzw. ladungsneutral vorliegen. Die Gesamtelektronenzahl ergibt sich durch Addition der Valenzelektronen der Metallatome und der Elektronen, die die Liganden zu den M-L-Bindungen beisteuern. Die dadurch erhaltene Elektronenzahl wird dann noch um die Komplexladung korrigiert. So ist bspw. ein einfach gebundenes Cl-Atom ein Einelektronen-Donor, während es als μ_2-Brückenligand als Dreielektronen-Donor fungiert, der – im Sinne der Valence-Bond-Theorie – sein ungepaartes Elektron in eine kovalente Bindung und eines der freien Elektronenpaare in eine dativ-kovalente (koordinative) Bindung einbringt.

Die zweite Variate berücksichtigt die formale Oxidationsstufe bzw. Ladung. Hier wird in einem ersten Schritt jedem Liganden seine von der IUPAC festgelegte Ladung zugewiesen. Dann wird die daraus resultierende Oxidationsstufe des Metalls bestimmt und anschließend werden die Elektronenzahlen von Zentralmetall und Liganden addiert. Von den bisher betrachteten Beispielen ist der Rechenweg bei den Metallcarbonylen der gleiche, weil Metall und Ligand die formale Oxidationsstufe bzw. Ladung 0 besitzen. Bei den Eisenkomplexen haben wir die von der IUPAC zugewiesene Ionenladung des Cyanid-Ions berücksichtigt. Hätten wir das nicht getan, müssten wir Cyanid als neutralen Einelektronendonor betrachten. Das Eisen hätte dann die Oxidationsstufe 0 und 8 Außenelektronen. Pro Cyanid wird ein Elektron dazu gerechnet – wir kommen für beide Komplexe auf $8 + 6 = 14$ Valenzelektronen – und müssen in einem letzten Schritt noch die Ladung des Komplexes dazurechnen. Das Ergebnis ist zum Schluss mit 17 VE und 18 VE für das rote (Eisen(III)-Komplex, dreifach negativ geladen) und das gelbe (Eisen(II)-Komplex, vierfach negativ geladen) Blutlaugensalz das Gleiche wie bei der ionischen Zählweise. Auf den ersten Blick mag die ionische Variante als sinnvoller erscheinen. Bei manchen Komplexen fällt die Zuordnung von Oxidationsstufen und Ionenladungen von Liganden jedoch schwer, besonders wenn mehrere Metallzentren involviert sind. Dann wird die erste Variante attraktiver. Letztendlich muss jeder die Entscheidung für sich selbst treffen!

Bei der ionischen Zählweise gehen in die Rechnung geläufige Neutralmoleküle wie Amine, Phosphane, Wasser, CO, Alkene, etc. als 2e-Donoren ein; mehrzähnige Liganden werden sinngemäß behandelt. NO ist nach Definition von IUPAC ein neutraler 3e-Donor. Da hier die Bestimmung der Ladung häufig sehr schwierig ist, sollte dieser Ligand immer so behandelt werden. Anionen wie Hydrid, Halogenid, Chalkogenid, Amid, Phosphanid, Alkyl, Alkylen, Alkyliden, etc. tragen 2 Elektronen je Zentralmetall bei. Es können aber auch mehr sein. Maximal dürfen es so viele sein, wie sie freie Elektronenpaare in geeigneter räumlicher Ausrichtung aufweisen; π-Hinbindungen werden üblicherweise nicht mitgezählt. Ein Oxido-Ligand ist daher 2e-Donor im terminalen Bindungsmodus, 4e-Donor als μ_2-Ligand und 6e-Donor als μ_3-Ligand; der Hydrido-Ligand ist 2e-Donor in allen Bindungsmodi. Ein η^5-Cyclopentadienyl-Ligand ist ein anionischer 6e-Donor, η^6-Benzen ist ein neutraler 6e-Donor. Diese ionische Zählweise spiegelt die tatsächlichen Bindungsverhältnisse besser wider und ist eher im Einklang mit den Modellvorstellungen. Es ist zu berücksichtigen, dass die formalen IUPAC-Oxidationsstufen nicht immer die tatsächlichen Oxidationsstufen widerspiegeln. Das ist insbesondere bei sogenannten „*non innocent ligands*" der Fall. In Tab. 3.1 sind noch einmal wichtige Valenzelektronenzahlen übersichtlich zusammengefasst.

Zwei Rechenbeispiele Prinzipiell muss sich jeder selbst entscheiden, welche Zählweise angewandt wird. In diesem Buch wird ausschließlich die ionische Zählweise verwendet, es sei denn, es wird explizit darauf hingewiesen. Bei den folgenden Beispielen wird demonstriert, dass mit beiden Varianten die selben Ergebnisse erhalten werden.

Tetracarbonyldiiodoeisen(II), [Fe(CO)$_4$I$_2$]

neutral:		ionisch:	
Eisen(0)	8	Eisen(2+)	6
4 CO	4 × 2	4 CO	4 × 2
2I(0)	2 × 1	2I(1−)	2 × 2
Summe	18	Summe	18

Tab. 3.1 Valenzelektronenzahl ausgewählter Liganden in Abhängigkeit vom Bindungsmodus

Ligand	Koordinationsform	Valenzelektronenzahl	
		Neutral	Ionisch
H	μ_1, μ_2, μ_3	1, 1, 1	2, 2, 2
F, Cl, Br, I	μ_1, μ_2, μ_3	1, 3, 5	2, 4, 6
PR$_3$	μ_1	2	2
CO	μ_1, μ_2, μ_3	2, 2, 2	2, 2, 2
SR/OR	μ_1, μ_2, μ_3	1, 3, 5	2, 4, 6

Tris(μ-bromido)hexacarbonyldimanganat(1-), [(CO)$_3$Mn(μ-Br)$_3$Mn(CO)$_3$]$^-$

neutral:		ionisch:	
2 Mangan(0)	$2 \times 7 = 14$	2 Mangan(1+)	$2 \times 6 = 12$
6 CO	$6 \times 2 = 12$	6 CO	$6 \times 2 = 12$
3 μ_2 Br(0)	$3 \times 3 = 9$	3 μ_2 Br(1-)	$3 \times 4 = 12$
Ladung []$^{-1}$	1		
Summe	36	Summe	36

Es sei noch einmal darauf hingewiesen, dass wir bei dem Metallzentrum die Valenzelektronenzahl bestimmen. Das entspricht meist der Anzahl der d-Elektronen, es kann jedoch sein, dass auch, ausgehend von der Elektronenkonfiguration des Atoms, noch s-Elektronen vorhanden sind, die dann mit berücksichtigt werden müssen. Dies ist z. B. bei Metallen in der formalen Oxidationsstufe 0 der Fall. In Verbindungen werden alle Valenzelektronen erst den d-Orbitalen zugeteilt, die in diesem Fall energetisch unter den s-Orbitalen liegen. Das Eisen(0) in einer Verbindung ist damit kein $3d^6\, 4s^2$-Element, wie man es für die Elektronenkonfiguration des Atoms gewohnt ist, sondern ein $3d^8$-Element. Bei allen in diesem Abschnitt aufgeführten Komplexen gilt die 18-Valenzelektronenregel. Bei vielen anderen Komplexen spielt sie keine Rolle.

3.3   Die Elementarreaktionen in der metallorganischen Chemie

Die Auflistung der historischen Höhepunkte der metallorganischen Chemie hat bereits gezeigt, dass viele Errungenschaften eng mit katalytischen Verfahren verknüpft sind, die bis heute in großtechnischen Prozessen weit verbreitet sind und eine enorme gesellschaftliche Relevanz haben. Alle diese katalytischen Prozesse lassen sich in wenige grundlegende Reaktionen unterteilen, die charakteristisch für die metallorganische Chemie sind. Die Kenntnis dieser Grundreaktionen hilft beim Verständnis katalytischer Prozesse. Aus diesem Grund werden die fünf wichtigsten Reaktionen im Folgenden vorgestellt. Es sei schon einmal von vornherein darauf hingewiesen, dass es sich bei allen Reaktionen um Gleichgewichtsreaktionen handelt. Die Grundreaktionen sind an einem charakteristischen Wechsel der Valenzelektronenzahl (VE) des Metallions, der Koordinationszahl (KZ) und der formalen Oxidationsstufe (OZ) des Metalles zu erkennen. In den folgenden Gleichungen steht [M] für ein Komplexfragment, an dem die Reaktion stattfindet. Die erste Reaktion ist eine ganz generelle Reaktion, die auch für Komplexe wichtig ist.

3.3.1   Koordination und Abspaltung von Liganden

Bei der Koordination eines Liganden an ein Metall bzw. Komplexfragment (Abb. 3.3) erhöht sich die Koordinationszahl (KZ) des Metalls um eins und die Valenzelektronenzahl (VE) um zwei, da der neue Ligand zwei weitere Elektronen für das Metallzentrum zur Verfügung stellt. Ein häufiger Reaktionstyp sind Ligandensubstitutionen. Diese bestehen aus der Abspaltung und Anlagerung eines Liganden. Die Reihenfolge kann unterschiedlich oder synchronisiert, innerhalb eines Elementarschritts sein. In Abb. 3.4 sind die drei möglichen Mechanismen gegeben.

Bei Mechanismus a) ist der geschwindigkeitsbestimmende Schritt die Abspaltung eines Liganden, die Koordination des neuen Liganden erfolgt schnell. Dieser Mechanismus wird als dissoziativer Mechanismus bezeichnet. Bei Variante b) wird erst der neue Ligand L_B unter Erhöhung der Koordinationszahl am Metallzentrum gebunden und dann Ligand L_A abgespalten. Dieser Mechanismus, bei dem der geschwindigkeitsbestimmende Schritt die Anlagerung des neuen Liganden ist, wird als assoziativer Mechanismus bezeichnet. Die dritte Variante c) ist ein synchroner Mechanismus, bei dem die Anlagerung von L_B und Abspaltung von L_A gleichzeitig erfolgen. Welcher Mechanismus stattfindet, hängt stark vom Komplexfragment (Erhöhung der Koordinationszahl möglich oder nicht) ab. Quadratisch planare Komplexe mit 16 Valenzelektronen bevorzugen häufig den assoziativen Mechanismus, da hier die Koordinationszahl gut erhöht werden kann. Bei oktaedrischen Komplexen, insbesondere mit 18 Valenzelektronen, findet eher der dissoziative Mechanismus statt.

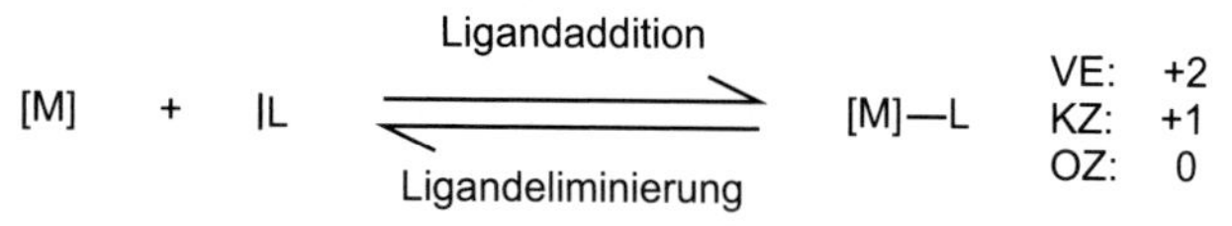

Abb. 3.3   Koordination und Abspaltung von einem Liganden an ein Komplexfragment

Abb. 3.4   Die Ligandensubstitutionsreaktionen können nach verschiedenen Mechanismen ablaufen: **a** dissoziativ, **b** assoziativ und **c** synchron (analog zum S_N2-Mechanismus aus der organischen Chemie)

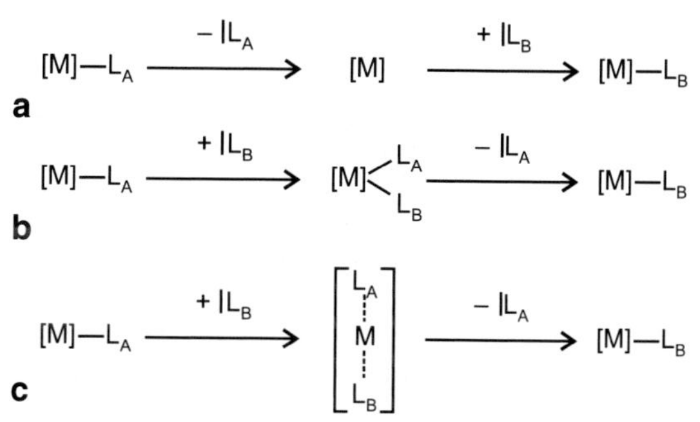

3.3.2 Oxidative Addition und reduktive Eliminierung

Bei der oxidativen Addition einer Verbindung A-B an ein Metallzentrum (Abb. 3.5) erhöht sich die Oxidationsstufe am Metallzentrum um zwei und die Koordinationszahl nimmt ebenfalls um zwei zu. Demzufolge sind für diese Reaktion Metallzentren in niedrigen Oxidationsstufen mit einer niedrigen Koordinationszahl geeignet. Sehr häufig sind sie bei d^8-Komplexen (M = Pd^{II}, Pt^{II}, Rh^{I}, Ir^{I}) und d^{10}-Komplexen (M = Pd^0, Pt^0, Au^{I}) anzutreffen. Bei den dafür geeigneten Metallen muss sich die Oxidationsstufe um zwei erhöhen lassen. Für die oxidative Addition geeignete Komplexe besitzen weniger als 18 Valenzelektronen und haben freie Koordinationsstellen. Dabei erfolgt ein Wechsel von einer quadratisch-planaren Koordinationsgeometrie (KZ 4) in eine oktaedrische (KZ 6) bzw. von einer linearen/gewinkelten in eine quadratisch-planare. Typische Substrate A-B für die Additionsreaktion sind Substrate wie H$_2$, X$_2$ (X = Cl, Br, I), HX und Halogenkohlenwasserstoffe RX (R = Alkyl, Aryl, Vinyl, Alkinyl, …). Bei Kohlenwasserstoffen und Silanen können oxidative Additionen zur Aktivierung von C-H- bzw. Si-H-Bindungen, ggf. auch zu C-C- bzw. Si-Si-Bindungsaktivierung führen. Typische Produkte der reduktiven Eliminierung sind H$_2$, X$_2$, HX und RX. Sie entsprechen der Umkehrung der zuvor beschriebenen oxidativen Additionsreaktionen. Für die reduktive Eliminierung müssen die Substituenten *cis* zueinander stehen. Die reduktive Eliminierung unter C-C-Bindungsbildung ist ein wichtiger Schritt bei einer Vielzahl von katalytischen Reaktionen.

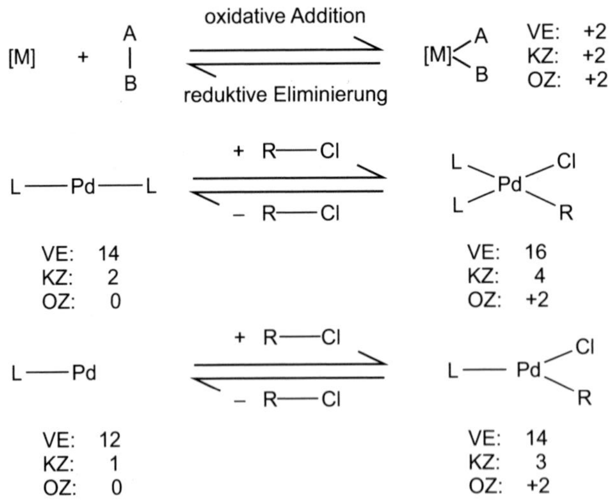

Abb. 3.5 Oxidative Addition und reduktive Eliminierung

3.3.3 Insertion von Olefinen und β-H-Eliminierung

Die Insertion von Olefinen in eine Metall-Wasserstoff- oder eine Metall-Kohlenstoff-Bindung ist ein wichtiger Schritt in vielen katalytischen Verfahren, wie z. B. bei der Polymerisationskatalyse. In einem ersten Schritt koordiniert ein Olefin an eine freie Koordinationsstelle des Metalls (Addition des Liganden), das in einem zweiten Schritt in die M-H- bzw. M-C-Bindung insertiert wird. Dabei wird wieder eine freie Koordinationsstelle generiert, an die ein neues Olefin koordinieren kann. Die Insertion erfolgt über einen viergliedrigen Übergangszustand. Bei der Insertion eines Olefins in eine M-C- bzw. M-H-Bindung bleibt die Oxidationsstufe des Metallzentrums konstant, die Koordinationszahl erniedrigt sich um eins und die Valenzelektronenzahl um zwei, da im Produkt ein Ligand weniger an das Metallzentrum gebunden ist. Die Rückreaktion ist die β-H-Eliminierung, bei der ein Hydrid unter Ausbildung einer C-C-Doppelbindung abgespalten wird.

Voraussetzung für die β-Hydrideliminierung sind agostische Wechselwirkungen zwischen Wasserstoff am β-Kohlenstoff und dem Metallion. Agostische Wechselwirkungen bezeichnen bindende Wechselwirkungen zwischen einem Lewis-sauren Atom und Bindungselektronen in Komplexen. Bei der β-Hydrid-Eliminierung sind das die C-H-Bindungselektronen. Es folgt ein viergliedriger, zyklischer, nicht planarer Übergangszustand, der zur Ausbildung der C-C-Doppelbindung führt. In Abb. 3.6 ist der Mechanismus der β-H-Eliminierung bzw. Olefininsertion gezeigt.

Bei einigen Katalysezyklen sollen β-Eliminierungen, die meist reversibel verlaufen, unterdrückt werden. Der Reaktionsmechanismus zeigt, dass dies durch Liganden erreicht werden kann, die kein β-ständiges Wasserstoffatom tragen. Eine zweite Möglichkeit ist ein koordinativ abgesättigtes Metallzentrum, das keine Möglichkeit zur Ausbildung einer agostischen Wechselwirkung hat. Eine dritte Variante ist, dass die Bildung des austretenden Alkens sterisch oder energetisch ungünstig ist. Der Mechanismus der β-H-Eliminierung konnte unter anderem durch Markierungsexperimente mit Deuterium nachgewiesen werden (Deuterium an β-Kohlenstoff wird im Eliminierungsprodukt gefunden).

Neben der abgebildeten 1,2-Insertion können auch 1,1-Insertionen ablaufen.

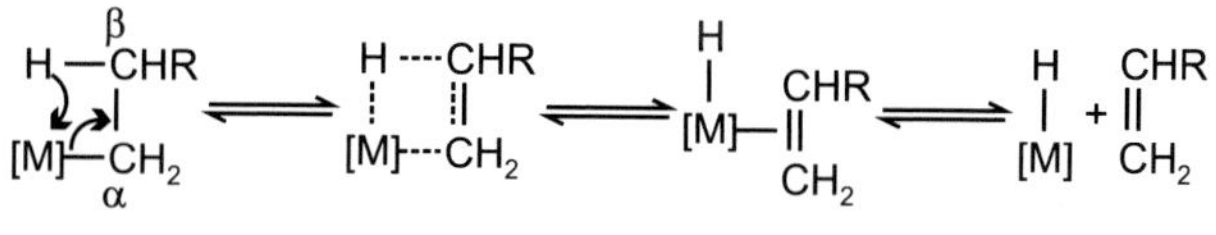

Abb. 3.6 Mechanismus der β-H-Eliminierung sowie der Rückreaktion, der Olefininsertion. Der cyclische Übergangszustand ist nicht planar

3.3.4 Oxidative Kupplung und reduktive Spaltung

Bei der oxidativen Kupplung werden zwei Alkene oder Alkine unter Ausbildung einer C-C-Bindung gekoppelt (Abb. 3.7). Wie bei der oxidativen Addition erhöht sich bei dieser Reaktion die formale Oxidationsstufe um zwei, allerdings ändert sich die Koordinationszahl nicht. Die Reaktion ist relevant für Ethylenoligomerisierungen.

3.3.5 α-H-Eliminierung und Carbeninsertion

In einigen Fällen kann anstelle des β-ständigen Wasserstoffes ein α-ständiger Wasserstoff eliminiert werden. Die entsprechende Reaktion ist die α-H-Eliminierung (Abb. 3.8). Bei dieser Reaktion wird ein am Metallzentrum gebundenes Carben erzeugt, das z. B. bei der Olefinmetathese zum Einsatz kommt. Die α-H-Eliminierung wird unter anderem dann beobachtet, wenn kein β-ständiger Wasserstoff vorhanden ist. Das Carben wird häufig nur als Intermediat beobachtet, ist schwierig isolierbar und sehr reaktiv. Die Reaktion ist reversibel und die Rückreaktion ist die Carbeninsertion.

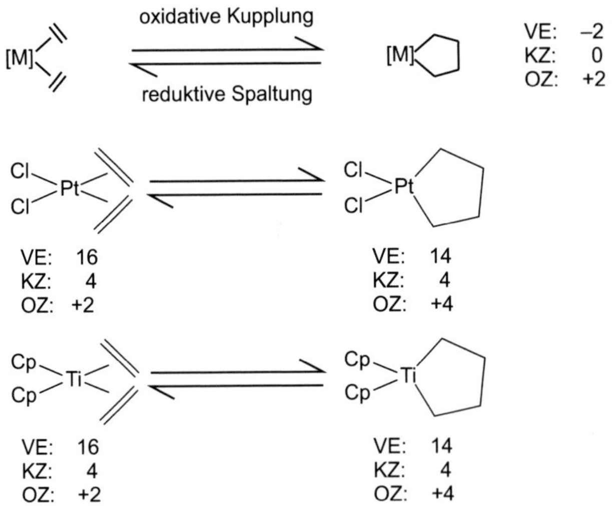

Abb. 3.7 Oxidative Kupplung und reduktive Spaltung

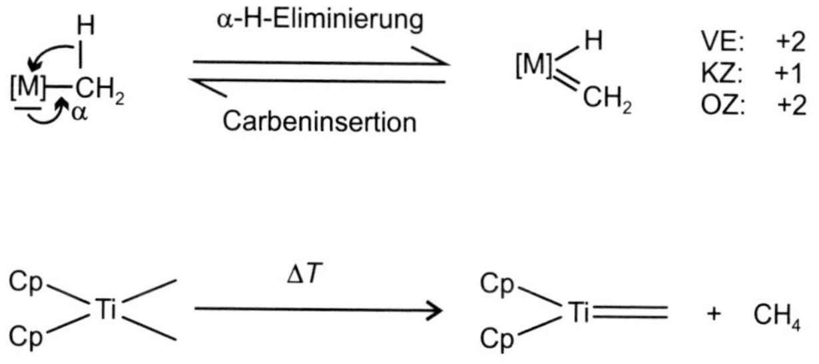

Abb. 3.8 α-H-Eliminierung und Carbeninsertion

3.4 Fragen

1. Diskutieren Sie die Stabilität der in Auf. 1–4 im Kap. 2 genannten Komplexe mit Hilfe der 18-Elektronen-Regel (Rechenweg)!
2. Welche der Komplexe aus Kap. 1 und 2 gehören nach IUPAC zu den metallorganischen Verbindungen?
3. Welche Voraussetzungen muss ein Metallzentrum erfüllen, damit eine oxidative Addition/ reduktive Eliminierung stattfinden kann?
4. Nennen Sie die fünf Elementarreaktionen der metallorganischen Chemie.

Bindungsmodelle

4

Im Folgenden muss man immer im Hinterkopf behalten, dass ein Modell nur ein Modell und nicht die Wirklichkeit ist. In einem Modell werden verschiedene Annahmen und Vereinfachungen verwendet, um zentrale Eigenschaften eines Systems zu erklären. Die Wirklichkeit ist beliebig kompliziert! Wir werden jedes Modell im Hinblick auf das Erklärungspotential für die verschiedenen Eigenschaften der Komplexe beleuchten, seine Stärken und seine Grenzen aufzeigen. Bereits erklärt wurde die 18-Valenzelektronen-(18 VE)-Regel, mit der man Aussagen zur Koordinationszahl von metallorganischen Verbindungen treffen kann. Im Folgenden werden die Valenz-Bindungs-Theorie (VB-Theorie, [engl.] *valence bond theory*), die Ligandenfeld-(LF-) Theorie und die Molekülorbital-(MO-) Theorie in der Reihenfolge ihrer historischen Entwicklung vorgestellt. Zu den Komplexeigenschaften mit Erklärungsbedarf gehören die Koordinationszahl (KZ), die Koordinationsgeometrie, die Stabilität von Komplexen, deren Farbigkeit und Magnetismus. Für die im Folgenden besprochenen Modelle ist es notwendig, die Valenzelektronenkonfiguration der Metallzentren zu kennen bzw. zu bestimmen. Aus diesem Grund beginnen wir mit einer Wiederholung der wesentlichen Grundlagen zur Elektronenkonfiguration und den Termsymbolen, die wir für ein Verständnis der weiteren Kapitel benötigen.

4.1 Elektronenkonfiguration und Termsymbole

4.1.1 Quantenzahlen

Unsere Vorstellung für ein Atom ist, dass es aus einem positiv geladenen Atomkern aufgebaut ist, um den herum sich die negativ geladenen Elektronen bewegen. Die Gestalt, Ausdehnung und Energie des Elektronaufenthaltsraums, den wir als *Orbital* bezeichnen, wird durch die Quantenzahlen festgelegt. Die erste Quantenzahl ist die Hauptquantenzahl n, die die Energie und räumliche Ausdehnung der Orbitale beschreibt. Mit zunehmender

Hauptquantenzahl n (ein ganzzahliger Wert; $n = 1, 2, 3, \ldots$) steigt die Energie des Orbitals. Die zweite Quantenzahl ist die Nebenquantenzahl l, die auch als Bahndrehimpulsquantenzahl bezeichnet wird. Sie nimmt ganzzahlige Werte im Bereich von 0 bis $n - 1$ ein. Das bedeutet, dass für $n = 2$ Nebenquantenzahlen mit den Werten 0 und 1 erhalten werden. Die Bahndrehimpulsquantenzahl beschreibt die räumliche Gestalt der Orbitale, genauer gesagt die Anzahl der Knotenebenen. An einer Knotenebene ändert sich das Vorzeichen der Wellenfunktion, die das Orbital beschreibt. Mit zunehmender Anzahl von Knotenebenen erhöht sich die Energie der Orbitale, allerdings nicht im selben Ausmaß wie für die Zunahme der Hauptquantenzahl n. Die Nebenquantenzahl wird mit Buchstaben bezeichnet. Für $l = 0$, 1, 2, 3, $\ldots$ werden die Buchstaben s, p, d, f (weiter in alphabetischer Reihenfolge) verwendet. Das 2s-Orbital ist ein Orbital mit $n = 2$ und $l = 0$, während beim 3p-Orbital $n = 3$ und $l = 1$ ist. Die energetische Reihenfolge der durch die Haupt- und Nebenquantenzahl bestimmten Orbitale ist in Abb. 4.1 gegeben. Die dritte Quantenzahl ist die magnetische Bahndrehimpulsquantenzahl m_l. Sie beschreibt die Orientierung der Orbitale im Raum. Die Zahlenwerte gehen von $l, l - 1, \ldots, 0, \ldots, -l + 1, -l$; für eine Nebenquantenzahl l gibt es $2l + 1$ magnetische Bahndrehimpulsquantenzahlen. Für $l = 1$ gibt es demzufolge drei magnetische Bahndrehimpulsquantenzahlen mit den Werten 1, 0 und -1. Diese werden als p_x-, p_y- und p_z-Orbital bezeichnet. Orbitale mit gleicher Haupt- und Nebenquantenzahl und unterschiedlichen magnetischen Bahndrehimpulsquantenzahlen besitzen die gleiche Energie. Man sagt dann, die Orbitale sind entartet. In Gegenwart eines externen Magnetfeldes (in z-Richtung) wird diese Entartung aufgehoben und die Elektronen in Orbitalen mit unterschiedlichem m_l haben unterschiedliche potentielle Energien. Das führte zu dem Namen *magnetische* Bahndrehimpulsquantenzahl. Durch die ersten drei Quantenzahlen werden die Orbitale, also die Elektronenbahnen, beschrieben. In Abb. 4.2 ist die räumliche Gestalt und Orientierung der einzelnen Orbitale gegeben. Jedes Orbital kann mit maximal zwei Elektronen besetzt werden. Entsprechend ihrer energetischen Lage werden die energetisch tiefer liegenden Orbitale zuerst besetzt. Die Notwendigkeit von vier Quantenzahlen wurde erstmals von *Pauli* erkannt. Das nach ihm benannte *Pauli-Prinzip* fordert, dass sich zwei Elektronen in

Abb. 4.1 Energieniveauschema der durch Haupt- und Nebenquantenzahl definierten Orbitale

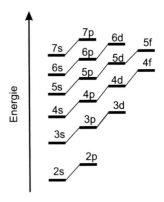

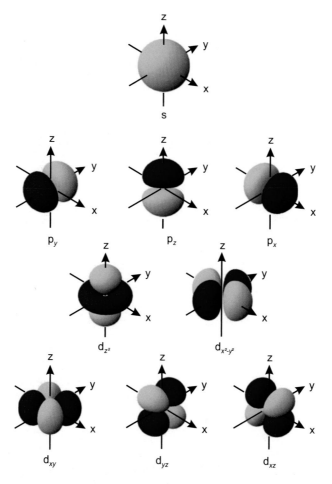

Abb. 4.2 Darstellung der 1s-, 2p- und 3d-Orbitale. Eine Knotenebene entsteht beim Wechsel des Vorzeichens zwischen den Orbitallappen. Wir sehen, dass das 1s-Orbital mit der Nebenquantenzahl 0 keine Knotenebene hat, die 2p-Orbitale mit der Nebenquantenzahl 1 eine Knotenebene haben und die 3d-Orbitale mit der Nebenquantenzahl 2 zwei Knotenebenen haben [18]

einem Atom in mindestens einer Quantenzahl unterscheiden müssen. Keine zwei Elektronen in einem Atom können in allen vier Quantenzahlen übereinstimmen. Dieser Umstand wird durch die vierte Quantenzahl, die magnetische Spinquantenzahl m_s gewährleistet. Diese Quantenzahl beschreibt die Orientierung des Elektronenspins s und kann den Wert $+\frac{1}{2}$ oder $-\frac{1}{2}$ einnehmen. Um das zu symbolisieren, wird das Elektron als Pfeil dargestellt, der nach oben ($\uparrow$, spin up) oder nach unten ($\downarrow$, spin down) zeigt. Das Elektron gehört zu den Teilchen mit halbzahligem Spin, die als Fermionen bezeichnet werden. Alle Fermionen gehorchen dem Pauli'schen Ausschlussprinzip.

Die Elektronenkonfiguration eines Elementes gibt an, wie die Elektronen auf die einzelnen Orbitale verteilt sind. Die Anzahl der Elektronen (und Protonen) ist durch die Ordnungszahl des Elementes, z. B. ^{11}Na oder ^{26}Fe, festgelegt. Mit diesen Elektronen werden nun die Orbitale dem Energieniveauschema entsprechend aufgefüllt. Es ist dabei darauf zu achten, dass ein s-Orbital zwei, die drei entarteten p-Orbitale sechs, die fünf d-Orbitale 10 und die sieben f-Orbitale 14 Elektronen aufnehmen können. Bei der Besetzung der d- und f-Orbitale gibt es manchmal Abweichungen bei der Elektronenkonfiguration, die auf die Regel zurückzuführen sind, dass voll- und halbbesetzte Schalen besonders stabil sind. Im Folgenden sind als Beispiel die Elektronenkonfigurationen von Natrium, Eisen und Chrom gegeben (wir beschränken uns auf Metalle). Wir sehen, dass beim Chrom das 4s-Orbital, das laut Energieniveauschema zuerst mit zwei Elektronen aufgefüllt wird, nur einfach besetzt ist. Dafür ist die 3d-Schale mit fünf Elektronen halbbesetzt und diese Elektronenkonfiguration ist etwas stabiler (liegt energetisch etwas tiefer), als die Variante mit zwei Elektronen im 4s-Orbital und vier Elektronen in den fünf 3d-Orbitalen.

$$\text{Na (11) } 1s^2\, 2s^2\, 2p^6\, 3s^1 = [\text{Ne}]\, 3s^1$$
$$\text{Fe (26) } 1s^2\, 2s^2\, 2p^6\, 3s^2\, 3p^6\, 3d^6\, 4s^2 = [\text{Ar}]\, 3d^6\, 4s^2$$
$$\text{Cr (24) } 1s^2\, 2s^2\, 2p^6\, 3s^2\, 3p^6\, 3d^5\, 4s^1 = [\text{Ar}]\, 3d^5\, 4s^1$$

Die Valenzelektronen sind die Elektronen in den äußersten Schalen nach der letzten abgeschlossenen Edelgasschale. Abgeschlossene Schalen sind immer besonders stabil. Deswegen sind die Edelgase, wie schon der Name sagt, sehr edel, also wenig reaktiv. Die Valenzelektronen werden leicht abgegeben und sind für die Bindungen wichtig. Alle Reaktionen, egal ob sie zur Ausbildung von Salzen, Molekülverbindungen oder Komplexen führen, haben das Ziel, für die beteiligten Atome eine abgeschlossene Edelgasschale zu erreichen (siehe 18-VE-Regel oder Bindungsverhältnisse). Die Regel, dass voll besetzte Schalen besonders stabil sind, lässt sich abgeschwächt auch auf halbbesetzte Schalen übertragen. Das hilft bei der Bestimmung wichtiger Oxidationsstufen für die Elemente – ein wichtiger Schritt, wenn wir Komplexe betrachten. Hier wollen wir häufig wissen, wie viele d-Elektronen das Metallzentrum hat. Bei unseren Beispielen ist die wichtigste Oxidationsstufe für das Natrium +I, bei der es Edelgaskonfiguration hat. Beim Eisen ist die wichtigste Oxidationsstufe (in der es bei den natürlich vorkommenden Verbindungen weit verbreitet ist) +III.

An dieser Stelle ein wichtiger Exkurs zur Besetzung der 3d- und 4s-Orbitale, da es genau hier zu Komplikationen kommen kann. Folgt man dem in Abb. 4.1 skizzierten Aufbauprinzip, welches noch auf N. Bohr zurück geht, findet man eine scheinbar bevorzugte Besetzung von 4s vor 3d. Diese Abfolge hat keine theoretische Grundlage, sondern ist rein phänomenologisch begründet. Sie rührt aus Bohrs Analyse der Atomspektren her, die eindeutig so genannte s-Zustände zeigt. Erzeugt man nun die chemisch relevanten und uns wohl vertrauten Metallionen (z. B. die zweiwertigen Kationen M^{2+}), so ist es wieder die Spektroskopie, die nun eindeutig auf d-Zustände weist.

Metall: $d^{n+2}s^0 \leftrightarrow \mathbf{d^n s^2}$ (mit Ausnahmen, z. B. Cu, Cr)

M^{2+}: $\mathbf{d^n s^0} \leftrightarrow d^{n-2}s^2$ (ohne Ausnahmen)

Es existiert hier also ein scheinbarer Widerspruch, indem sich die Besetzung mit Elektronen und die Abgabe von Elektronen beides bevorzugt in den s-Orbitalen abspielen. Zur Klärung sei zunächst gesagt, dass Bohrs Aufbauprinzip zwar weitgehend richtig die finalen Konfigurationen der Metallatome wiedergibt, aber keine Aussage über die Reihenfolge der Besetzung zulässt. Dies sei am Beispiel des Scandiums gezeigt, für das man findet:

Sc(III): [Ar] $3d^0 4s^0$
Sc(II): [Ar] $3d^1 4s^0$
Sc(I): [Ar] $3d^1 4s^1$
Sc(0): [Ar] $3d^1 4s^2$

Orbitalenergien sind variabel und hängen bei gleichbleibender Kernladung von der Zahl der vorhandenen Elektronen ab. Tatsächlich wird beim Übergang Sc(III) → Sc(II) tatsächlich zunächst ein 3d-Orbital besetzt und erst danach zwei Elektronen in das 4s-Orbital. In vielen Lehrbüchern findet man dazu die folgende (nicht ganz korrekte) Erklärung: Sobald das erste Elektron das 3d-Niveau besetzt, „sinkt" dieses ab und liegt im besetzten Zustand energetisch unter dem vollen 4s-Niveau. Je mehr Elektronen in dem 3d-Niveau vorhanden sind, umso größer wird die Energiedifferenz. So wird der experimentelle Befund, dass bei den Ionen die 4s-Orbitale nicht besetzt sind, erklärt. Auch der Umstand, dass gerade bei den späten 3d-Elementen (wenn das 3d-Niveau schon relativ voll ist und der Abstand zum 4s-Niveau groß) die Oxidationsstufe +II die wichtigste ist (Co, Ni, Cu, Zn), kann so anschaulich erklärt werden. Beim Eisen(III)-Ion wird zusätzlich noch ein Elektron aus der 3d-Schale abgegeben. Dadurch ist diese halb gefüllt und besonders stabil. Wichtige Oxidationsstufen beim Chrom sind +III und +VI. Mit der Elektronenkonfiguration lässt sich nur die Oxidationsstufe +IV (in Chromaten) gut erklären. Bei ihr wird wieder die Edelgaskonfiguration erreicht. Um die Oxidationsstufe +III zu erklären, brauchen wir die Ligandenfeldtheorie.

4.1.2 Termsymbole

Es gibt Fälle, in denen die Elektronenkonfiguration alleine nicht aussagekräftig genug ist, um beobachtete Phänomene zu erklären. Das liegt daran, dass es bei teilweise besetzten entarteten Orbitalen verschiedene Möglichkeiten gibt, die Elektronen auf die Orbitale zu verteilen. Die abgeschlossenen Schalen haben keinen Beitrag (1. Hundsche Regel). Wir betrachten als Beispiel das Titan(III)-Ion. Es besitzt eine d^1-Elektronenkonfiguration. Das bedeutet, das einzige Valenzelektron besetzt eines der d-Orbitale. Die Frage, die sich nun stellt, ist, welches der Orbitale besetzt wird. Da wir fünf d-Orbitale haben, gibt es fünf mögliche Elektronenkonfigurationen. Jeder dieser Zustände wird als Mikrozustand bezeichnet. Da die fünf

d-Orbitale alle die gleiche Energie haben, ist auch die Energie der fünf verschiedenen Mikrozustände gleich. Die Mikrozustände sind entartet. Mikrozustände gleicher Energie werden
in einem Term zusammengefasst, der durch ein Termsymbol charakterisiert wird. Um herauszufinden, welche Mikrozustände von einem Element zum Grundzustand und welche zu
angeregten Zuständen gehören, benötigen wir die Hundschen Regeln.

Hundsche Regeln

1. Der Grundzustand eines Systems ist derjenige Zustand, bei dem möglichst viele Elektronen einen parallelen Spin besitzen. Oder: Entartete Orbitale werden so aufgefüllt, dass
   sie zunächst einfach mit Elektronen gleichen Spins besetzt werden. Kurz zusammengefasst bedeutet das für den Grundzustand, der Gesamtspin S des Systems soll maximal
   sein.
2. Der Grundzustand eines Systems ist derjenige Zustand, bei dem der Gesamtbahndrehimpuls L maximal ist. Das bedeutet, dass entartete Orbitale so aufgefüllt werden, dass
   zunächst die mit einer hohen magnetischen Bahndrehimpulsquantenzahl besetzt werden.
3. Der Grundzustand eines Systems ist derjenige Zustand, bei dem bei weniger als halbgefüllter Schale der Gesamtdrehimpuls J minimal ist, bzw. bei mehr als halbgefüllter
   Schale der Gesamtdrehimpuls J maximal ist.

Der Gesamtspin S sowie der Gesamtbahndrehimpuls L eines Systems lässt sich einfach
durch aufsummieren der Spinquantenzahlen bzw. magnetischen Bahndrehimpulsquantenzahlen der einzelnen Elektronen bestimmen. $S = \sum m_s$ und $L = \sum m_l$. Der Drehimpuls
j beschreibt die Spin-Bahn Kopplung zwischen dem Eigendrehimpuls und dem Bahndrehimpuls des Elektrons. Der Gesamtdrehimpuls J wird nun aus L und S berechnet. Er nimmt
alle Werte zwischen $L + S$ und $L - S$ an.

Bestimmung von Termsymbolen

Das Termsymbol $^M L_J$ besteht aus einem großen Buchstaben für den Gesamtbahndrehimpuls L. Für $L = 0, 1, 2, 3, \ldots$ werden die Buchstaben S, P, D, F,…(weiter in
alphabetischer Reihenfolge) verwendet. Es sind die gleichen Buchstaben wie für den
Bahndrehimpuls l, also die Orbitale, nur dass sie diesmal großgeschrieben sind.

Links oben wird die Multiplizität M des Terms angegeben. Die berechnen wir
aus dem Gesamtspin S nach der Formel $M = 2S + 1$. Es sei kurz auf die doppelte
Verwendung von S hingewiesen – einmal als Gesamtspin S kursiv geschrieben und
für $L = 0$ als „normales" S.

Rechts unten wird der Gesamtdrehimpuls J angegeben.

Als erstes Beispiel betrachten wir das Natriumatom im Grundzustand und angeregten Zustand. Im Grundzustand ist ein ungepaartes Elektron im 3s-Orbital. Der Gesamtspin $S = s = \frac{1}{2}$, der Gesamtbahndrehimpuls $L = l = 0$ und für den Gesamtdrehimpuls J gibt es nur einen möglichen Zahlenwert, nämlich $\frac{1}{2}$. Für das Termsymbol berechnen wir aus dem Gesamtspin S die Multiplizität $M = 2$. Nun haben wir alle Informationen und können das Termsymbol aufschreiben. Es lautet $^2S_{\frac{1}{2}}$. Im ersten angeregten Zustand befindet sich das Valenzelektron im nächst höheren Orbital, dem 3p-Orbital. Der Gesamtspin bzw. die Multiplizität ändern sich nicht. Da sich das ungepaarte Elektron nun in einem p-Orbital befindet, kann es die Bahndrehimpulsquantenzahl 1, 0 oder −1 annehmen. Auch für diesen angeregten Zustand können wir die 2. Hundsche Regel anwenden. Sie sagt uns, dass L maximal sein soll. Für die Bestimmung des Termsymbols gehen wir deswegen davon aus, dass sich das Elektron im Orbital mit $l = 1$ befindet. Damit ist der Gesamtbahndrehimpuls $L = 1$. Das bedeutet, dass dieser Zustand $2L + 1 = 3$-fach entartet ist. Das stimmt mit unseren bisherigen Annahmen überein. Wir hatten gesagt, dass die drei p-Orbitale alle die gleiche Energie haben. Es sollte also egal sein, in welchem der drei Orbitale das Elektron ist. Die drei möglichen Mikrozustände haben in Abwesenheit eines externen Magnetfeldes die gleiche Energie und gehören zum gleichen Termsymbol. Wird ein äußeres Magnetfeld angelegt, gilt die zweite Hundsche Regel und der Zustand, bei dem L maximal ist, ist der Grundzustand. Die Gesamtdrehimpulsquantenzahl kann nun zwei mögliche Werte einnehmen: $L + S = \frac{3}{2}$ und $L - S = \frac{1}{2}$. Die dritte Hundsche Regel sagt uns, dass bei weniger als halbgefüllter Schale (das ist hier der Fall) J im Grundzustand minimal ist. Auch sie lässt sich auf angeregte Zustände anwenden. Das Termsymbol des ersten angeregten Zustands lautet $^2P_{\frac{1}{2}}$ und energetisch etwas darüber liegt der zweite angeregte Zustand $^2P_{\frac{3}{2}}$. Der energetische Unterschied zwischen den beiden angeregten Zuständen ist nicht groß, weswegen beide Übergänge angeregt werden und wir z. B. im Natrium-Emmisionsspektrum zwei Linien beobachten. An dieser Stelle sei darauf hingewiesen, dass die Hundschen Regeln der Bestimmung des Grundzustandes dienen und für angeregte Zustände nicht immer geeignet sind.

Als zweites Beispiel betrachten wir das Eisen(III)-Ion im Grundzustand. Die fünf Valenzelektronen sind auf die fünf d-Orbitale verteilt. Der Gesamtspin $S = 5 \times \frac{1}{2} = \frac{5}{2}$. Damit erhalten wir als Multiplizität $M = 6$. Der Gesamtbahndrehimpuls $L = 2 + 1 + 0 + -1 + -2 = 0$. Es gibt nur einen möglichen Gesamtdrehimpuls mit dem Wert $J = \frac{5}{2}$. Das Termsymbol lautet $^6S_{\frac{5}{2}}$. Als letztes Beispiel betrachten wir ein Chrom(III)-Ion. Hier haben wir 3 d-Elektronen, die auf die fünf Orbitale verteilt werden, und es gibt wieder mehrere Möglichkeiten, dies zu realisieren. Bei der Bestimmung des Grundzustandes helfen uns wieder die Hundschen Regeln; S und L sollten maximal sein. Wir erhalten als Werte $S = \frac{3}{2}$, $M = 4$ und $L = 3$. Der Zustand ist siebenfach entartet hinsichtlich des Bahndrehimpulses, das heißt, es gibt sieben Möglichkeiten, die drei Elektronen mit erhaltenem Spin auf die fünf Orbitale zu verteilen, die alle die gleiche Energie haben. Der Gesamtdrehimpuls kann die Werte $J = \frac{9}{2}, \frac{7}{2}, \frac{5}{2}$ und $\frac{3}{2}$ annehmen. Da die 3d-Schale weniger als halb gefüllt ist, ist das Termsymbol für den Grundzustand $^4F_{\frac{3}{2}}$.

Im Verlauf dieses Buches werden wir immer wieder auf die Terme und die dazu gehörenden Termsymbole zurückkommen.

4.2   Die Valenz-Bindungs-(VB-)Theorie

Die Valenz-Bindungs-Theorie geht von den selben Annahmen wie die 18-VE-Regel aus: Die Liganden stellen dem Metallion je zwei Elektronen zum Auffüllen der Elektronenschalen zur Verfügung. Im Gegensatz zur 18-VE-Regel werden die Elektronen nicht einfach zusammengezählt, sondern es werden die leeren Orbitale des Metallzentrums aufgefüllt. Vor dem Auffüllen der Orbitale bildet man aus den s-, p- und d-Orbitalen die benötigte Anzahl von Hybridorbitalen. Das Prinzip der Hybridisierung kennen wir bereits aus der Kohlenstoffchemie. Aus Orbitalen unterschiedlicher Energie werden „Mischorbitale" gleicher Energie erzeugt, die auch die gleiche räumliche Gestalt besitzen. Dieses Modell wird beim Kohlenstoff verwendet, um für Methan, CH_4, gleiche C-H-Bindungen zu konstruieren, obwohl das Kohlenstoffatom die Valenzelektronenkonfiguration $2s^2\ 2p^2$ besitzt. Es werden vier sp^3-Hybridorbitale erzeugt, die für die vier Bindungen benötigt werden. Beim Kohlenstoff wird dafür zunächst ein Elektron aus dem s-Orbital in das letzte leere p-Orbital angehoben, bevor die Hybridorbitale gebildet werden. Die VB-Theorie zeigt Parallelen zur Organischen Chemie und funktioniert dann, wenn die Bindungen vorwiegend kovalent sind. Bei Komplexen wo die Bindungen überwiegend ionisch sind, ist sie nicht anwendbar. Bei ihr werden nicht halbbesetzte Orbitale für die Erzeugung von Hybridorbitalen verwendet, sondern leere. Bevor die benötigte Anzahl an Hybridorbitalen gebildet wird, können die Elektronen in den 3d-Orbitalen gepaart werden, um so leere Orbitale für die Hybridisierung zu erzeugen. Als Alternative kann man auf die Spinpaarung verzichten und stattdessen auf einen Teil der 4d-Orbitale zurückgreifen. Es entstehen die sogenannten Durchdringungs- (Innensphären-, [eng.] *inner sphere*, Spinpaarung) und Anlagerungs- (Außensphären-, [eng.] *outer sphere*, keine Spinpaarung) Komplexe. Die jetzt geläufigeren Varianten zur Bezeichnung der beiden verschiedenen Spinzustände sind low-spin und high-spin – diese Bezeichnungen kommen von der Ligandenfeldtheorie. Über die Art der Hybridorbitale lassen sich in gewissem Maße Aussagen zur Koordinationsgeometrie machen. Sechs d^2sp^3-Orbitale bilden ein Oktaeder und vier sp^3-Orbitale genauso wie beim Kohlenstoff ein Tetraeder. Im Gegensatz dazu sind vier dsp^2-Orbitale für eine quadratisch planare Koordinationsumgebung verantwortlich. Ein großer Nachteil des VB-Modells ist, dass es keine Aussagen für die Farbigkeit der Komplexe gibt und auch nicht erklärt, warum in manchen Fällen Spinpaarung eintritt und in anderen nicht. Aus diesem Grund wird es heute kaum noch angewandt und ist auch in diesem Buch nur der Vollständigkeit halber erwähnt. Als Beispiele werden im Folgenden die Elektronenkonfigurationen für einen Eisen(III)-Komplex mit sechs Liganden (Abb. 4.3) und einen Nickel(II)-Komplex mit vier Liganden (Abb. 4.4) in der bei diesem Modell verwendeten Kästchenschreibweise vorgestellt. Bei gegebener Anzahl von Liganden und bekannter Oxidationsstufe lassen sich Struktur und Magnetismus der Komplexe miteinander korrelieren.

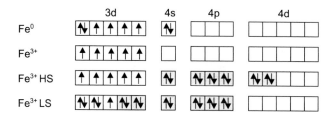

Abb. 4.3 Von oben nach unten in der Kästchenschreibweise: Elektronenkonfiguration von Eisen(0), Elektronenkonfiguration vom Eisen(III)-Ion, Elektronenkonfiguration eines Eisen(III)-Außensphären-Komplexes mit sechs Liganden (sechs sp^3d^2-Hybridorbitale, Oktaeder) und Elektronenkonfiguration eines Eisen(III)-Innensphären-Komplexes mit sechs Liganden (sechs d^2sp^3-Hybridorbitale, Oktaeder). Hybridisierte Orbitale sind grau gekennzeichnet, weitere Erläuterung siehe Text

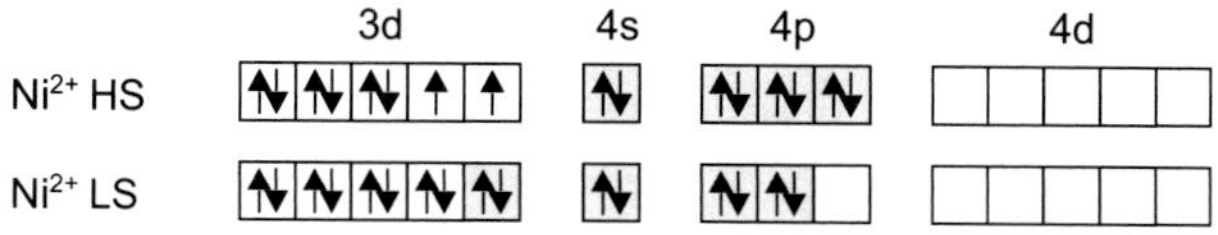

Abb. 4.4 Von oben nach unten in der Kästchenschreibweise: Elektronenkonfiguration eines Nickel(II)-Außensphären-Komplexes mit vier Liganden (vier sp^3-Hybridorbitale, Tetraeder) und Elektronenkonfiguration eines Nickel(II)-Innensphären-Komplexes mit vier Liganden (vier dsp^2-Hybridorbitale, quadratisch planar). Hybridisierte Orbitale sind grau gekennzeichnet, weitere Erläuterung siehe Text

Ausgangspunkt ist die Elektronenkonfiguration des Metallzentrums. Wir betrachten als Beispiel einen Eisen(III)-Komplex, die Elektronenkonfiguration von Eisen(0) lautet [Ar] $3d^6$ $4s^2$ und für die dreiwertige Oxidationsstufe [Ar] $3d^5$. Gehen wir davon aus, dass ein Außensphären-Komplex vorliegt, werden in einem nächsten Schritt die leeren Orbitale mit den Elektronen von den Liganden aufgefüllt. Ausgehend von sechs Liganden müssen 12 Elektronen verteilt werden. Die energetisch am tiefsten liegenden Orbitale werden zuerst aufgefüllt. Das bedeutet, zwei Elektronen besetzen das 4s-Orbital, sechs Elektronen die drei 4p-Orbitale und die letzten vier Elektronen zwei 4d-Orbitale. Das Konzept der Hybridisierung wird verwendet um gleichwertige Orbitale für die Koordination der Liganden zu erhalten. Es werden sechs sp^3d^2-Hybridorbitale gebildet, die ein Oktaeder bilden. Wird ein Innensphären-Komplex gebildet, werden die fünf Elektronen in den 3d-Orbitalen zunächst gepaart. Dadurch entstehen zwei leere 3d-Orbitale, die zusammen mit den 4s- und 4p-Orbitalen aufgefüllt werden. Dafür werden die zwei 4d-Orbitale nicht benötigt. Es werden sechs d^2sp^3-Hybridorbitale gebildet, die ebenfalls ein Oktaeder bilden.

Der Nickel(II)-Komplex hat vier Liganden. Für den Außensphären-Komplex werden diesmal das 4s-Orbital und die drei 4p-Orbitale benötigt. Es entstehen vier sp^3-Hybridorbitale für die acht Elektronen der Liganden und die Koordinationsumgebung ist, analog zum Kohlenstoff, ein Tetraeder. Geht man von einem Innensphären-Komplex aus, dann werden die Elektronen in den 3d-Orbitalen gepaart und es steht ein leeres 3d-Orbital zur Verfügung. Dazu werden noch das 4s und zwei der 4p-Orbitale zur Ausbildung der vier dsp^2-Hybridorbitale benötigt. Diese Kombination bewirkt eine quadratisch planare Koordinationsumgebung für das Nickel. In der Tat sind Nickel(II)-Komplexe diamagnetisch, wenn sie eine quadratisch-planare Koordinationsumgebung besitzen. Alle Elektronen sind gepaart. Bei einer tetraedrischen oder oktaedrischen Koordinationsumgebung liegt ein paramagnetischer Komplex vor.

Im Vergleich zur 18-VE-Regel ist die VB-Theorie ein Fortschritt. Mit ihr lässt sich eine Korrelation zwischen Struktur und Magnetismus herstellen. Sie gibt jedoch keine Erklärung, warum in manchen Fällen ein Außensphären-Komplex und in anderen Fällen ein Innensphären-Komplex ausgebildet wird. Bei der Erklärung der Farbigkeit von Koordinationsverbindungen versagt sie. Die im historischen Ablauf folgende Ligandenfeldtheorie behebt diese beiden Mängel und hat sich deswegen gegenüber der VB-Methode durchgesetzt. Bei der VB-Methode ist der Fortschritt gegenüber der 18-VE-Regel so gering (wenn man die Ligandenfeldtheorie dagegen hält), dass sie nur noch historische Bedeutung hat und nicht mehr verwendet wird.

4.3   Die Ligandenfeldtheorie

Die Einführung zur Ligandenfeldtheorie beginnen wir am besten damit, alles bisher Erlernte über Bord zu werfen. Die Ligandenfeldtheorie ist eine Weiterentwicklung der Kristallfeldtheorie für Übergangsmetallsalze. Bei diesem Modell werden ausschließlich elektrostatische Wechselwirkungen betrachtet. Im Rahmen der Ligandenfeldtheorie wird diese Betrachtung um weitere Parameter (z. B. der Racah-Parameter) ergänzt. Wir entfernen uns damit von der Vorstellung des Lewis-Säure-Base-Adduktes und der Bereitstellung von Elektronenpaaren von Seiten der Liganden und betrachten nur noch die elektrostatischen Wechselwirkungen zwischen den positiv geladenen Zentralatomen, den negativ geladenen Liganden und den negativ geladenen Elektronen in den d-Orbitalen. Neutrale Liganden wie Wasser oder Ammoniak werden als Dipolmoleküle betrachtet, die in Richtung zum Metallzentrum negativ polarisiert sind. Zur Vereinfachung nehmen wir an, dass die Liganden und das Zentralatom als Punktladungen (negativ und positiv geladen) dargestellt werden. Diese Annahme ist gleichzeitig eine Schwäche des Modells, denn es lässt sich dadurch nicht auf Verbindungen wie z. B. Metallcarbonyle anwenden, bei denen sowohl das Metallzentrum wie auch der Ligand ungeladen sind. Trotzdem werden wir feststellen, dass dieses Modell bestens geeignet ist, um die weiter oben aufgeführten Eigenschaften der Komplexe (insbesondere die Farbigkeit, Struktur und Magnetismus) zufriedenstellend zu erklären. Die Eigenschaften der Metallcarbonyle, insbesondere deren Stabilität, lassen sich in vielen Fällen bereits mit der 18-VE-Regel erklären.

Da jeder Ligand einer Punktladung gleichgesetzt wird und somit ein elektrisches Feld erzeugt, überlagern sich die Felder komplexgebundener Liganden und bilden ein gemeinsames Ligandenfeld aus. Durch die Wechselwirkung des Zentralions mit dem Ligandenfeld werden die äußeren Elektronenbahnen, also die (3)d-Elektronen, besonders stark beeinflusst. Es sei jedoch darauf hingewiesen, dass zur Vereinfachung der Ligandenfeldtheorie die Liganden zunächst als punktförmige Ladungen angenommen werden, was dazu führt, dass elektronische Effekte in der Elektronenhülle der Liganden zunächst unberücksichtigt bleiben. Die Liganden (negative Punktladungen) werden so um das Metallzentrum (positive Punktladung) angeordnet, dass sie möglichst weit voneinander entfernt sind. Damit haben wir – bis auf die quadratisch planare Koordinationsgeometrie, zu der wir später kommen, – schon einmal die meisten Koordinationsgeometrien vorgegeben. Die Anzahl und Anordnung (Polyeder, Abstand) der Liganden ergibt das sogenannte *Ligandenfeld*. Der Gleichgewichtsabstand zwischen Metallzentrum und Liganden beruht auf den anziehenden (unterschiedliche Ladung) und abstoßenden (gleiche Ladung der negativ geladene Elektronen in den d-Orbitalen und der Ligand-Punktladungen) Wechselwirkungen. Dieser Abstand hängt vom Metallzentrum (Oxidationsstufe, Stellung im Periodensystem) und den Liganden (Ladung bzw. Stärke) ab. Aufgrund der unterschiedlichen räumlichen Ausrichtung der d-Orbitale sind die abstoßenden Wechselwirkungen zwischen den Liganden und den Elektronen in den Orbitalen unterschiedlich groß. Um dies besser zu verstehen, sehen wir uns noch einmal die Struktur der d-Orbitale in Abb. 4.2 genauer an.

Als erstes fällt uns auf, dass sich das d_{z^2}-Orbital in seiner Struktur von den anderen vier Orbitalen unterscheidet. Die anderen vier Orbitale bestehen jeweils aus vier Orbitallappen, zwei mit positivem und zwei mit negativem Vorzeichen, immer alternierend in einer Ebene angeordnet, so dass jeweils zwei Knotenebenen erhalten werden. Der Orbitalname gibt Auskunft über die Lage der Knotenebenen (und damit auch über die Lage der Orbitallappen). Beim d_{xy}-Orbital liegen die Knotenebenen in der xz- und der yz-Ebene und die Orbitallappen liegen dazwischen in der xy-Ebene. Das gleiche Prinzip beobachten wir bei d_{xz}- und d_{yz}-Orbital. Das $d_{x^2-y^2}$-Orbital ist im Vergleich zum d_{xy}-Orbital um 45° um die z-Achse gedreht. Die Orbitallappen liegen nach wie vor in der xy-Ebene, hier jedoch genau auf der x- und y-Achse und die Knotenebenen liegen dazwischen. Das d_{z^2}-Orbital scheint aus dem Rahmen zu fallen. Es gibt zwar zwei Orbitallappen auf der z-Achse (in Analogie zum $d_{x^2-y^2}$-Orbital), die zwei Knotenebenen sind jedoch keine Ebenen sondern kegel- bzw. trichterförmig entlang der z-Achse. Anstelle der anderen zwei Orbitallappen haben wir einen Ring in der xy-Ebene. Die Ursache dafür ist, dass man in Analogie zum $d_{x^2-y^2}$-Orbital noch zwei weitere Orbitale formulieren könnte, die in Ihrer Gestalt dem ersten folgen, nämlich das $d_{x^2-z^2}$- und das $d_{y^2-z^2}$-Orbital. Da wir aufgrund der Quantenzahlen jedoch nur fünf d-Orbitale benötigen, wird für das letzte Orbital eine Linearkombination der beiden übrig gebliebenen Varianten zu benutzt. Eine korrekte Bezeichnung dafür wäre $d_{2z^2-x^2-y^2}$-Orbital, was der Einfachheit halber als d_{z^2} abgekürzt wird. In der Abb. 4.5 erkennen wir, dass sich die Gestalt nun schlüssig erklärt.

Abb. 4.5 Herleitung der
Gestalt eines d_{z^2}-Orbitals

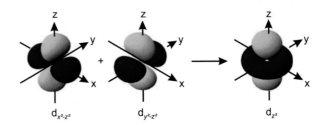

$d_{x^2-z^2}$ + $d_{y^2-z^2}$ → d_{z^2}

4.3.1 Oktaedrisches Ligandenfeld

Nachdem wir diese Fragestellung geklärt haben, können wir zu den abstoßenden Wechselwirkungen zwischen den d-Orbitalen und den Liganden zurückkommen. Als erstes Beispiel
betrachten wir ein oktaedrisches Ligandenfeld. Die sechs Liganden nähern sich in unserer
Vorstellung entlang der drei Achsen des Koordinatensystems, wie in Abb. 4.6 gegeben. In
Abb. 4.7 ist die Energie der d-Orbitale in Abhängigkeit von der Umgebung gegeben. Für
das freie Ion sind die fünf Orbitale entartet. Wird das Ion in ein zunächst einmal kugelsymmetrisches (sphärisches) Ligandenfeld gebracht, werden die 3d-Orbitale aufgrund der
abstoßenden Wechselwirkung zwischen den Elektronen in den d-Orbitalen und der negativen Ladung des Ligandenfeldes angehoben. Dieses Energieniveau dient uns als Referenz
für alle weiteren Betrachtungen. In Abb. 4.6 sehen wir, dass der Abstand zwischen den

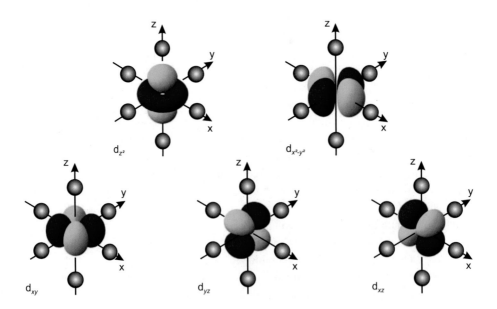

Abb. 4.6 Wechselwirkung der d-Orbitale mit den sechs Liganden eines oktaedrischen Ligandenfeldes

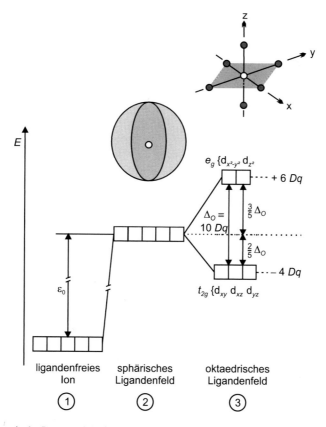

Abb. 4.7 Energetische Lage und Aufspaltung der d-Orbitale im oktaedrischen Ligandenfeld

Orbitallappen der d-Orbitale und den Liganden bei festem Gleichgewichtsabstand unterschiedlich groß ist, was zu unterschiedlich starken abstoßenden Wechselwirkungen führt. Im oktaedrischen Ligandenfeld ist bei den Orbitalen, deren Orbitallappen auf den Achsen liegen, die Abstoßung besonders groß (d_{z^2}- und $d_{x^2-y^2}$-Orbital). Diese Orbitale werden als die e_g-Orbitale bezeichnet. Bei den anderen drei Orbitalen (d_{xy}-, d_{xz}- und d_{yz}-Orbital) ist die Abstoßung erheblich kleiner. Diese Orbitale werden als t_{2g}-Orbitale bezeichnet. Hier zeigen die Orbitallappen zwischen die Achsen des Koordinatensystems und die Wechselwirkung mit den negativen Punktladungen unserer Liganden ist schwächer. Das führt zu einer energetischen Aufspaltung der Orbitale in für die Elektronen energetisch günstige (d_{xy}-, d_{xz}- und d_{yz}-Orbitale, hier sind die abstoßenden Wechselwirkungen für die Elektronen nicht so groß) und energetisch ungünstige (d_{z^2}- und $d_{x^2-y^2}$-) Orbitale. Diese energetische Aufspaltung der Orbitale im Ligandenfeld ist das zentrale Element der Ligandenfeldtheorie. Die Art der Aufspaltung (welche Orbitale sind günstig und welche ungünstig) wird von der Koordinationsgeometrie gesteuert. Die Stärke der Aufspaltung (Energiedifferenz zwischen den d-Orbitalen) wird von den Liganden und dem Metallzentrum beeinflusst. Im oktaedrischen Ligandenfeld wird die Aufspaltung als Δ_O bzw. 10 Dq bezeichnet. Die zwei e_g-Orbitale werden um 6 Dq angehoben, während die drei t_{2g}-Orbitale um jeweils –4 Dq abgesenkt werden. Sind alle Orbitale gleich besetzt (einfach, doppelt oder leer), dann gibt es keinen Energiegewinn für das System.

Wir fassen noch einmal den in Abb. 4.7 gegebenen Vorgang zusammen. Ein Zentralion mit feldfreien und entarteten d-Orbitalen (Abb. 4.7 (1)) wird in ein sphärisches (= kugelsymmetrisches) Ligandenfeld gebracht. Die Elektronen in den d-Orbitalen erfahren vom Ligandenfeld eine abstoßende Kraft und die Energie aller Orbitale wird gegenüber dem feldfreien Zustand um die Energie ε_0 angehoben (Abb. 4.7 (2)). Wegen der Kugelsymmetrie des Feldes tritt keine Aufspaltung ein, die Orbitale bleiben entartet. Bilden die Liganden jedoch ein Feld, das in einem bestimmten Koordinationspolyeder erzeugt wird und deshalb nicht mehr kugelsymmetrisch ist, erfahren die d-Orbitale je nach ihrer Orientierung im Feld eine energetische Aufspaltung. Bei oktaedrisch gebauten Komplexen (Abb. 4.7 (3)) [ML_6] nähern sich die Liganden entlang der drei Achsen des Koordinatensystems. Orbitale, deren Orbitallappen ebenfalls auf den Achsen liegen und damit auf die Liganden zeigen ($d_{x^2-y^2}$, d_{z^2}) erfahren dabei eine stärkere Abstoßung und werden energetisch angehoben, wohingegen Orbitale, welche zwischen den Achsen (bzw. Liganden) liegen (d_{xy}, d_{xz}, d_{yz}), energetisch abgesenkt werden. Die geometrischen Betrachtungen zeigen also: im oktaedrischen Ligandenfeld wird die Entartung der d-Orbitale teilweise aufgehoben, wobei das $d_{x^2-y^2}$- und d_{z^2}-Orbital energetisch angehoben (e_g-Orbitale) und das d_{xy}-, d_{xz}- und d_{yz}-Orbital (t_{2g}-Orbitale) energetisch abgesenkt wird. Die Größe der Aufspaltung der Orbitale im oktaedrischen Ligandenfeld, bezeichnet mit Δ_O oder auch 10 Dq, hängt von der Stärke des Ligandenfelds ab und liegt in der Größenordnung von 7000 bis 40000 cm^{-1}. Das Verhältnis von Anhebung und Absenkung ist jedoch unabhängig vom Ligandenfeld und ein gemäß dem Schwerpunktsatz gewichteter Betrag, da ein Orbital nur um den Energiebetrag abgesenkt (angehoben) werden kann, um den ein anderes angehoben (abgesenkt) wurde. Das Verhältnis ist somit nach dem Schwerpunktsatz genau festgelegt. Das bedeutet also, ausgehend von den fünf d-Orbitalen, die energetische Anhebung der zwei e_g-Orbitale beträgt $\frac{3}{5}\Delta_O$ oder 6 Dq, die Absenkung der drei t_{2g}-Orbitale beträgt $\frac{2}{5}\Delta_O$ oder 4 Dq.

4.3.2 Ligandenfeldstabilisierungsenergie und die Spektrochemische Reihe

Durch die Aufspaltung der d-Orbitale im Ligandenfeld sowie dem Umstand, dass zunächst die energetisch tiefer liegenden Orbitale besetzt werden, kommt es für einen Komplex zu einem Energiegewinn im Vergleich zum gleichen System im sphärischen Ligandenfeld mit entarteten d-Orbitalen. Der Energiegewinn ist für den jeweiligen Komplex charakteristisch und hängt vom Zentralion, den Liganden und deren geometrischen Anordnung, also dem

Ligandenfeld, ab. Zur quantitativen Beschreibung dieses Effektes hat man den Begriff *Ligandenfeldstabilisierungsenergie, LFSE* definiert:

> Als Ligandenfeldstabilisierungsenergie (LFSE) definiert man die Energie, um die ein im Ligandenfeld aufgespaltenes System stabiler ist als ϵ_0. Dabei ist ϵ_0 die Energie der Elektronen im Feld vor der Aufspaltung der d-Orbitale, also im sphärischen Ligandenfeld mit entarteten d-Orbitalen.

Zum Beispiel wird bei einem d^1-Zentralion ($= d^1$-Spinsystem) in einem oktaedrischen Ligandenfeld das d-Elektron eines der energetisch tieferliegenden t_{2g}-Orbitale besetzen. Die Konfiguration wird als $(t_{2g})^1$ bezeichnet. Die Energie in einem solchen System gegenüber dem nicht-aufgespaltenen Zustand entspricht $-4\,Dq$ – die Ligandenfeldstabilisierungsenergie eines d^1-Systems. Bei einem d^2- bzw. d^3-System erhöht sich der Betrag auf -8 bzw. $-12\,Dq$. Ab einer Anzahl von 4d-Elektronen gibt es zwei Varianten, wie sich die Elektronen auf die d-Orbitale verteilen lassen. In Abb. 4.8 sind beide Varianten gegenübergestellt. Im high-spin-Fall werden alle Orbitale einzeln besetzt und die LFSE entspricht $3(-4) + 6 = -6\,Dq$. Im low-spin-Fall werden alle vier Elektronen in t_{2g}-Orbitale gesetzt und die LFSE entspricht $-16\,Dq$. Hier ist zu berücksichtigen, dass die Spinpaarungsenergie P aufgebracht werden muss, die von der LFSE abgezogen wird. Die Spinpaarungsenergie ist die Energie, die aufgebracht werden muss, wenn ein Orbital mit einem zweiten Elektron besetzt wird. Eine einfache Vorstellung wäre, dass abstoßende Wechselwirkungen zwischen den beiden Elektronen dafür verantwortlich sind. Die Frage, welche der zwei Möglichkeiten eintritt, hängt von der Größe der Aufspaltung der d-Orbitale ab.

Die Größe der Aufspaltung (und damit die Farbigkeit und das Elektronenspektrum der Komplexe, siehe Farbigkeit der Komplexe) hängt von der Art der Liganden und dem

Abb. 4.8 LFSE für ein d^4-Ion im oktaedrischen Ligandenfeld mit und ohne Spinpaarung

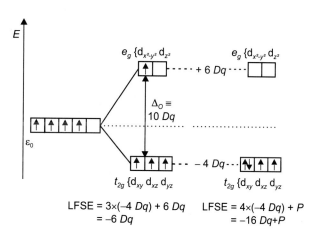

Zentralion ab. Folgende Trends wurden bei systematisch vergleichenden Untersuchungen festgestellt:

- Bei gleichen Liganden steigen die Dq-Werte mit der Oxidationsstufe des Zentralions.
- Bei gleichen Liganden nehmen die Dq-Werte beim Übergang von einer Übergangsmetallreihe zur anderen um 30 bis 40 % zu.
- Komplexe mit Zentralionen der gleichen Übergangsmetall-Reihe zeigen bei gleicher Oxidationsstufe und bei gleichen Liganden ähnliche Dq-Werte.

Wenn man die Dq-Werte bei Komplexen des gleichen Zentralions mit verschiedenen Liganden nach steigenden Werten sortiert, so erhält man folgende *Spektrochemische Reihe*:

$$I^- < Br^- < \underline{S}CN^- < Cl^- < N_3{}^- \approx F^- < OH^- < O^{2-} < H_2O < \underline{N}CS^- < NH_3$$
$$\approx C_5H_5N \text{ (py)} < NH_2CH_2CH_2NH_2 \text{ (en)} < bipy \approx phen < \underline{N}O_2{}^- < H^- < \underline{C}N^-$$
$$< PR_3 < CO$$

Eine ähnliche Reihe wie für die Liganden existiert auch für die Metallionen. Ordnet man die Komplexe [ZL$_6$] mit gleichen Liganden nach steigenden Dq-Werten, so erhält man folgende *Spektrochemische Reihe* der Metallionen:

$$Mn^{2+} < Ni^{2+} < Co^{2+} < V^{2+} < Fe^{3+} < Cr^{3+} < Co^{3+} < Ru^{2+} < Mn^{4+} < Mo^{3+}$$
$$< Rh^{3+} < Ir^{3+} < Re^{4+} < Pt^{4+}$$

Die Größe der Ligandenfeldaufspaltung $10\,Dq$ hängt vom Metallion und von den Liganden ab. Sie lässt sich aus dem Produkt von einem Faktor f_L, der nur vom Liganden abhängig ist, und einem Faktor g_M, der nur vom Metallzentrum abhängig ist, abschätzen. In Tab. 4.1 sind einige Werte zusammengefasst [3].

$$10Dq = g_M \times f_L$$

Wir sehen, dass die Werte die *Spektrochemische Reihe* der Liganden und der Metallionen widerspiegeln. Als Beispiel schätzen wir die Ligandenfeldaufspaltung für ein Hexacyanidochromat(III)-Ion und ein Hexafluoridochromat(III)-Ion ab. Als Zahlenwerte erhalten wir $17 \times 1.7 \times 1000\,\text{cm}^{-1} = 28900\,\text{cm}^{-1}$ für den Cyanido-Komplex und $17 \times 0.9 \times 1000\,\text{cm}^{-1} = 15300\,\text{cm}^{-1}$ für den Fluorido-Komplex. Die spektroskopisch bestimmten Werte für Δ lauten $26600\,\text{cm}^{-1}$ und $15060\,\text{cm}^{-1}$. Wir sehen, dass für beide Komplexe der berechnete Wert ganz gut mit dem spektroskopisch bestimmten Wert übereinstimmt. Die Grenzen dieser einfachen Abschätzung werden aufgezeigt, wenn wir das Hexacyanidoferrat(III)-Ion vom roten Blutlaugensalz betrachten. Hier gibt es eine große Diskrepanz zwischen dem berechneten ($14 \times 1.7 \times 1000\,\text{cm}^{-1} = 23800\,\text{cm}^{-1}$) und dem experimentell bestimmten ($32200\,\text{cm}^{-1}$) Wert. Das liegt daran, dass bei oktaedrischen Eisen(III)-Komplexen unterschiedliche Spinzustände möglich sind, die hier nicht berücksichtigt wurden.

Tab. 4.1 g_M-Werte ausgewählter Metallionen und f_L-Werte ausgewählter Liganden (für sechs Liganden) [3]

M	$g_M/1000\,\mathrm{cm}^{-1}$	L	f_L
Mn^{2+}	8.5	Br^-	0.72
Ni^{2+}	8.9	SCN^-	0.73
Co^{2+}	9.3	Cl^-	0.80
Fe^{3+}	14.0	F^-	0.90
Cr^{3+}	17.0	ox^{2-}	0.99
Co^{3+}	19.0	H_2O	1.00
Ru^{2+}	20.0	py	1.23
Rh^{3+}	27.0	NH_3	1.25
Ir^{3+}	32.0	en	1.28
		bipy	1.33
		CN^-	1.70

4.3.3 High-spin und low-spin

Die energetische Aufspaltung der d-Orbitale ermöglicht es uns, die magnetischen Eigenschaften der Komplexe genauer zu erklären. Wir nehmen wieder einen Eisen(III)-Komplex mit sechs Liganden. Ein high-spin-Komplex wird erhalten, wenn die Aufspaltung der d-Orbitale im Ligandenfeld Δ_O deutlich kleiner ist als die Spinpaarungsenergie P (die Energie, die aufgebracht werden muss, wenn sich zwei Elektronen ein Orbital teilen müssen). Umgekehrt wird ein low-spin-Komplex erhalten, wenn Δ_O deutlich größer ist als P. In diesem Fall ist es energetisch günstiger, die Elektronen in den energetisch tiefer liegenden Orbitalen zu paaren. Da die Spinpaarungsenergie P immer in derselben Größenordnung ist, hängt der beobachtete Spinzustand v. a. von der Größe der Aufspaltung des Ligandenfeldes ab. Diese wird, wie bereits erwähnt, von den Liganden und dem Metallzentrum beeinflusst. Ein Eisen(III)-Komplex mit sechs Wassermolekülen als Liganden liegt im high-spin-Zustand vor, während das gleiche Metallzentrum mit sechs Cyanid-Ionen ein low-spin-Komplex ist. Das Hexaaquacobalt(II)-Ion ist ein high-spin-Komplex, während das Hexaaquacobalt(III)-Ion ein low-spin-Komplex ist.

4.3.4 Nicht-oktaedrische Ligandenfelder

Quadratisch planares Ligandenfeld Bei der VB-Theorie wurde bereits erwähnt, dass d^8-Komplexe häufig quadratisch planar und diamagnetisch sind. Beispiele hierfür sind $[Ni(CN)_4]^{2-}$, $[PtCl_2(NH_3)_2]$ oder $[AuCl_4]^-$. Um diesen Sachverhalt zu erklären, müssen wir uns die Aufspaltung der d-Orbitale im quadratisch planaren Ligandenfeld ansehen.

Dieses kann vom oktaedrischen Ligandenfeld abgeleitet werden, indem man davon ausgeht, dass die Liganden in z-Richtung entfernt werden. Das führt zu einer Stabilisierung aller Orbitale mit z-Anteil, während die anderen um den entsprechenden gewichteten Betrag destabilisiert werden. Dadurch wird das d_{z^2}-Orbital im Vergleich zum oktaedrischen Feld energetisch stark abgesenkt, die Orbitale, welche in der xy-Ebene liegen, also $d_{x^2-y^2}$ und d_{xy}, dafür angehoben. Die Orbitale d_{xz} und d_{yz} werden nur leicht abgesenkt. Der Schwerpunktsatz muss wieder berücksichtigt werden. Wie in Abb. 4.9 zu sehen ist, führt dies zu einer sehr ausgeprägten Destabilisierung des $d_{x^2-y^2}$-Orbitals, während die anderen vier Orbitale relativ eng beieinander liegen. Welche Reihenfolge die energetisch tiefer liegenden Orbitale einnehmen, hängt stark von den Liganden ab. Sie entscheiden darüber, ob z. B. das

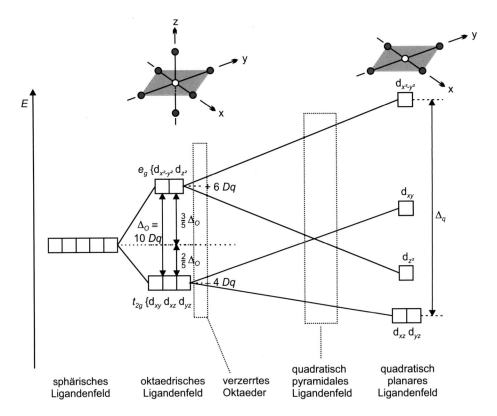

Abb. 4.9 Aufspaltung der d-Orbitale im oktaedrischen und quadratisch planaren Ligandenfeld. Das quadratisch planare Ligandenfeld geht aus dem oktaedrischen hervor, indem die beiden Liganden entlang der z-Achse entfernt werden. Dadurch sinken die Orbitale mit z-Anteil energetisch ab und die Orbitale in der x–y-Ebene werden energetisch angehoben. Beim verzerrten Oktaeder (gestreckt entlang der z-Achse) und einem quadratisch pyramidalen Ligandenfeld (nur ein Ligand auf der z-Achse wird entfernt) kann die Aufspaltung der d-Orbitale analog generiert werden. Die Aufspaltung ist in diesen beiden Fällen nicht so groß wie bei der quadratisch planaren Koordinationsumgebung

d_{z^2}-Orbital energetisch über oder unter dem d_{xy}-Orbital liegt. Für die besondere Stabilität von quadratisch planaren d^8-Systemen ist die genaue Reihenfolge der Orbitale nicht relevant. Sie ist auf die ausgeprägte Destabilisierung des $d_{x^2-y^2}$-Orbitals zurückzuführen, das im low-spin-Fall (die Komplexe sind immer diamagnetisch) nicht besetzt wird. Die anderen vier Orbitale sind alle voll besetzt und dies führt zu einer besonders hohen Ligandenfeld-stabilisierungsenergie. Das erklärt die Tatsache, warum quadratisch planare d^8-Komplexe immer diamagnetisch sind.

Das **verzerrte Oktaeder** ist der Übergang vom idealen Oktaeder zum quadratisch planaren Ligandenfeld. Bei einem entlang der z-Achse gestreckten Oktaeder liegt die Aufspaltung der d-Orbitale zwischen der im oktaedrischen und der im quadratisch planaren Ligandenfeld, wie in Abb. 4.9 gezeigt. Bei einem entlang der z-Achse gestauchten Oktaeder werden die Orbitale mit z-Anteil angehoben und die Orbitale, welche in der xy-Ebene liegen, abgesenkt. Das **quadratisch pyramidale Ligandenfeld** lässt sich durch das Entfernen von nur einem Liganden entlang der z-Achse generieren. Wenn wir davon ausgehen, dass die Liganden immer die gleichen sind, dann liegt die Aufspaltung der d-Orbitale zwischen der im gestreckten Oktaeder und der für den quadratisch planaren Komplex (siehe Abb. 4.9).

Tetraedrisches und kubisches Ligandenfeld Im tetraedrischen Ligandenfeld nähern sich die Liganden dem Metallzentrum genau zwischen den Achsen – der dem Oktaeder entgegengesetzte Fall. Dementsprechend werden die Orbitale d_{xy}, d_{xz} und d_{yz} energetisch angehoben, während die Orbitale $d_{x^2-y^2}$ und d_{z^2} abgesenkt werden. Da weniger Liganden an der Bildung des Ligandenfeldes beteiligt sind, gilt bei gleichen Liganden für die Größenverhältnisse der Aufspaltung:

$$\Delta_T = \frac{4}{9}\Delta_O$$

Wie in Abb. 4.10 gezeigt, lässt sich ein Würfel aus zwei Tetraedern zusammensetzen. Dementsprechend nähern sich in einem würfelförmigen (kubischen) Ligandenfeld anstelle der vier Liganden acht Liganden dem Metallzentrum zwischen den Achsen an. Die Aufspaltung der d-Orbitale folgt den gleichen Regeln, ist aber im Vergleich zum Tetraeder bei gleichen Liganden doppelt so groß. In Abb. 4.11 sind noch einmal die verschiedenen diskutierten Aufspaltungen zusammengefasst.

$$\Delta_W = 2\Delta_T = \frac{8}{9}\Delta_O$$

Abb. 4.10 Zusammensetzung eines Würfels aus zwei Tetraedern

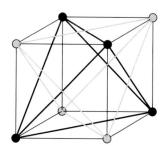

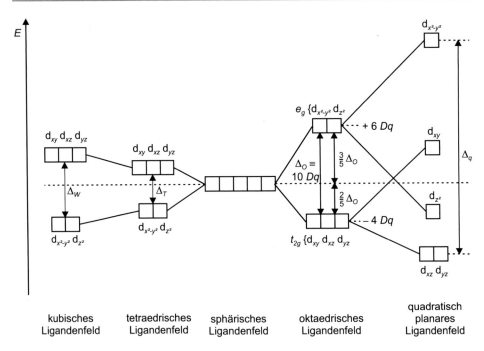

Abb. 4.11 Energetische Lage und Aufspaltung der d-Orbitale in Abhängigkeit vom Ligandenfeld mit der Annahme, dass Liganden und Zentralatom gleich bleiben

4.4   Die Molekülorbital (MO)-Theorie

Bei einigen Klassen von Komplexen, z. B. bei den Carbonylen und ihren Derivaten, bei den Olefin-, N_2- oder Sandwich-Komplexen hat sich die Ligandenfeldtheorie als ungeeignet erwiesen, um die Stabilität und beobachteten Eigenschaften der Komplexe zu deuten. Hier hat sich die Molekülorbital-Theorie (kurz: MO-Theorie) sehr gut bewährt. Die MO-Theorie besagt, dass Atomorbitale überlappen und dabei bindende und antibindende Molekülorbitale ausbilden. Das bindende Molekülorbital ist energetisch günstiger als die beiden Atomorbitale, während das antibindende Molekülorbital energetisch ungünstiger ist. Ist jedes Atomorbital nur einfach besetzt, können beide Elektronen im energetisch günstigen Molekülorbital untergebracht werden und es resultiert ein Energiegewinn für das System. Voraussetzung für die Überlappung ist, dass die Atomorbitale eine geeignete Symmetrie haben. Als Beispiel zum Einstieg ist das Molekülorbital-Schema (kurz: MO-Schema) für das Wasserstoffmolekül in Abb. 4.12 gezeigt.

Liegt die Ladungsdichte des Molekülorbitals auf der Kernverbindungsachse, wie beim Beispiel H_2, handelt es sich um eine σ-Bindung, liegt die Ladungsdichte oberhalb und unterhalb der Kernverbindungsachse (das entspricht einer Knotenebene), handelt es sich um

Abb. 4.12 MO-Schema für die Wechselwirkung zwischen zwei s-Orbitalen am Beispiel vom Wasserstoff-Molekül. Es wird ein bindendes σ- und ein antibindendens σ^*-Molekülorbital ausgebildet

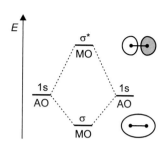

eine π-Bindung. Diese kann auftreten, wenn p-Orbitale an der Bindungsbildung beteiligt sind, wie in Abb. 4.13 am Beispiel des NO-Radikals gezeigt.

Dieses Konzept kann nun auf Koordinationsverbindungen übertragen werden. Wir gehen nun davon aus, dass die Orbitale des Liganden mit den d-Orbitalen des Metallzentrums wechselwirken. Hier ist es wieder wichtig, die Symmetrie der Orbitale zu berücksichtigen. Generell wird zwischen σ-Komplexen und π-Komplexen unterschieden. Bei σ-Komplexen liegen zwischen dem Metallzentrum und den Liganden ausschließlich σ-Bindungen vor, während bei π-Komplexen zusätzlich noch π-Bindungen hinzukommen, die die Eigenschaften entscheidend beeinflussen können. Bevor wir das MO-Schema für einen σ- und einen π-Komplex erstellen, betrachten wir die σ- und π-Wechselwirkungen zwischen Metall und Ligand etwas genauer.

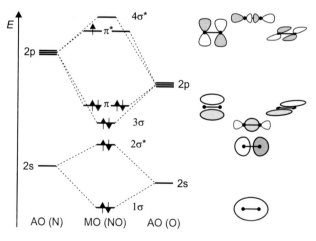

Abb. 4.13 MO-Schema für das NO-Radikal *(links)* mit den dazu gehörenden Molekülorbitalen *(rechts)*. Das 1s-Niveau wurde aus Gründen der Übersichtlichkeit nicht abgebildet. Nicht maßstabsgetreu!

4.4.1 σ- und π-Wechselwirkungen zwischen Ligand und Zentralatom

Bisher haben wir die Bindung zwischen Metall und Ligand als elektrostatische Wechselwirkung (Ligandenfeldtheorie) oder als ein Lewis-Säure-Base-Addukt betrachtet, bei der
das gemeinsame Elektronenpaar vom Liganden bereitgestellt wird. Überträgt man letzteren Ansatz auf die Molekülorbitaltheorie, dann entspricht das einer σ-Donor-Akzeptor-
Bindung zwischen einem Elektronenpaar in einem nichtbindenden (Donor-)Orbital des
Liganden und einem Akzeptororbital (leer) des Zentralatoms. Eine reine Metall-Ligand-
σ-Bindung kommt jedoch selten vor und zusätzliche Ligand-Metall-π-Wechselwirkungen
können die Eigenschaften der Komplexe deutlich beeinflussen. Bei den Ligand-Metall-π-
Wechselwirkungen wird zwischen π-Donoren und π-Akzeptoren unterschieden. Ein gutes
σ- und π-Donorvermögen haben harte Alkoxido- und auch Amidoliganden, die gut geeignet sind, frühe Übergangsmetalle, die in hohen Oxidationsstufen vorliegen, zu stabilisieren.
Diese haben (fast) keine d-Elektronen und die leeren d-Orbitale können gut als Akzeptororbitale für die vollen Donor-Orbitale des Liganden fungieren. Hierbei handelt es sich
i. d. R. um voll besetzte p-Orbitale. Liegt die Metall-Ligand-Bindung entlang der z-Achse
des Koordinatensystems, so hat das p_z-Orbital eine geeignete Symmetrie für die Ausbildung
einer σ-Bindung z. B. mit dem d_{z^2}-Orbital. Das p_x- und p_y-Orbital am Liganden steht nun
zur Ausbildung von π-Bindungen zur Verfügung, wie in Abb. 4.14 gezeigt. Die entsprechenden Bindungspartner am Metallion wären das d_{xz}- und das d_{yz}-Orbital. Bei Alkoxido-
und Amidoliganden wird i. d. R. nur eine π-Bindung ausgebildet. Noch ausgeprägter sind
π-Donorbindungen zwischen Metall und Ligand bei Komplexen mit Imido- oder Oxido-
Liganden, in denen die Liganden neben der σ-Donorbindung noch bis zu zwei π-Bindungen
zum Zentralatom ausbilden können. Zusammengefasst merken wir uns: Voraussetzung für
ausgeprägte π-Donorwechselwirkungen sind leere d-Orbitale am Metallzentrum, die mit
den besetzten Orbitalen des Liganden wechselwirken. Das ist i. d. R. bei frühen Übergangsmetallen in höheren Oxidationsstufen realisiert, die durch Halogenido-, Alkoxido- oder
Oxido-Liganden stabilisiert werden.

Abb. 4.14 Vereinfachte
Darstellung der
Molekülorbitale für die σ- und
π-Bindungen einer
Imido-Metall-Bindung. Eine
Ausbildung beider
π-Bindungen beim
Vorhandensein geeigneter
Akzeptororbitale am
Metallzentrum führt zu einer
annähernden Linearität der
R−N=M−Einheit

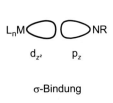

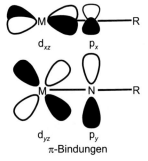

Eine zweite Variante von π-Wechselwirkungen liegt vor, wenn das Metallzentrum ein elektronenreiches (meist spätes) Übergangsmetall in niedrigen Oxidationsstufen ist. Hier können besetzte d-Orbitale des Metallzentrums als Donor zum Liganden fungieren. Voraussetzung dafür ist, dass am Liganden leere Orbitale im geeigneten Energiebereich und mit der richtigen Symmetrie für die Ausbildung einer π-Bindung vorliegen. In diesem Fall spricht man von einer π-Rückbindung, das heißt der Ligand ist ein π-Akzeptor. Diese Bindung wird häufig bei Metallcarbonylen beobachtet. Beim CO-Liganden sind energetisch relativ tief liegende leere π^*-Orbitale vorhanden, die eine geeignete Symmetrie haben, um mit vollen d-Orbitalen des Metallzentrums (d_{xz}, d_{yz} oder d_{xy}) zu überlappen. Obwohl sich CO nur als schwache Lewis-Base verhält, bildet es dennoch äußerst stabile Komplexe mit Übergangsmetallen in niedrigen Oxidationsstufen. Dieser Befund lässt sich nicht allein auf die Eigenschaften der Metall-Ligand-σ-Bindung zurückführen. Vielmehr liegt hier ein Beispiel für eine Metall-Ligand-Bindung vor, deren Stabilität wesentlich durch eine π-Wechselwirkung bestimmt wird. In Abb. 4.15 sind die entsprechenden Wechselwirkungen schematisch dargestellt.

Den größten Anteil an der Stärke der Metall-Ligand-Bindung hat die σ-Donor-Wechselwirkung des energetisch am höchsten liegenden besetzten σ-Orbitals des Carbonyl-Liganden mit Akzeptor-d-Orbital des Metallzentrums. Durch diese Bindung wird die negative Ladung am Metallzentrum erhöht. Diese wird wiederum durch die π-Rückbindung teilweise an den Liganden zurückgegeben. Das geschieht durch die Überlappung eines besetzten d-Orbitals geeigneter Symmetrie mit einem leeren π^*-Orbital des Kohlenmonoxids. Der „Rückfluss" von Elektronendichte zum Liganden über die π-Bindung erhöht dann seinerseits wieder das σ-Donorvermögen des Donor-Orbitals am Kohlenstoffatom. Die σ-Donor- und π-Rückbindung beeinflussen sich gegenseitig im Sinne einer Stärkung der Metall-Ligand-Bindung, weshalb man von einem σ-Donor-π-Akzeptor-Synergismus spricht. Theoretisch ist auch beim Carbonyl-Liganden eine π-Donor-Bindung zwischen den besetzten π-Orbitalen des CO und leeren d-Orbitalen am Metallzentrum möglich. Diese

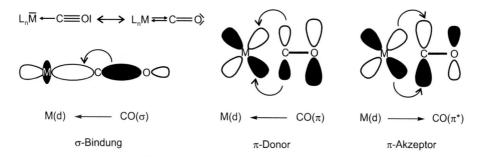

Abb. 4.15 Vereinfachte Darstellung der Molekülorbitale der σ- und π-Bindungen einer Carbonyl-Metall-Bindung und die dazu gehörenden mesomeren Grenzstrukturen. Die in der Mitte abgebildete π-Donor-Wechselwirkung ist i. d. R. vernachlässigbar

Abb. 4.16 Vereinfachte Darstellung der Molekülorbitale der σ- und π-Bindungen einer Ethen-Metall-Bindung. Das besetzte bindende π-Orbital vom Ethen ist für die σ-Donor-Eigenschaften verantwortlich und das leere antibindende π^*-Orbital fungiert als π-Akzeptor

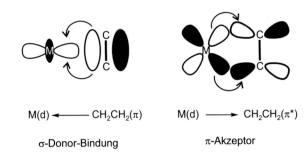

$$M(d) \longleftarrow CH_2CH_2(\pi) \qquad M(d) \longrightarrow CH_2CH_2(\pi^*)$$

$$\sigma\text{-Donor-Bindung} \qquad\qquad \pi\text{-Akzeptor}$$

spielt bei π-sauren Liganden wie CO (das sauer bezieht sich hier auf die Lewis-Acidität) eine untergeordnete Rolle. Durch die π-Rückbindung erniedrigt sich die formale Bindungsordnung der C-O-Bindung durch die (teilweise) Besetzung von antibindenden Orbitalen. In Valenzstrichformeln kann man diesen Umstand durch eine mesomere Grenzstruktur mit einer Doppelbindung zwischen Metall und Kohlenstoff und einer Doppelbindung zwischen C und O, wie in Abb. 4.15 gezeigt, darstellen.

Die π-Rückbindung spielt auch eine große Rolle bei der Koordination von Olefinen an Metallzentren, wie z. B. beim Zeiseschen Salz (Abschn. 3.1). In Abb. 4.16 sind die dabei auftretenden σ- und π-Wechselwirkungen dargestellt. In diesem Fall ist das bindende π-Orbital vom Ethen für die σ-Donor-Bindung verantwortlich.

4.4.2 MO-Schema eines σ-Komplexes

Wir haben gesehen, dass bei Komplexen, genauso wie bei Molekülverbindungen σ- und π-Bindungen ausgebildet werden können. Die MO-Theorie bei Komplexen ist analog zu der bei Molekülverbindungen. Die Orbitale der Liganden und des Metalls überlappen unter Ausbildung von bindenden und antibindenden Molekülorbitalen, wobei die bindenden energetisch tiefer liegen und zuerst von den Elektronen besetzt werden. Das führt zu einem Energiegewinn, der für die Stabilität des Komplexes verantwortlich ist. Je besser die Orbitale überlappen, umso stärker ist die Aufspaltung der Molekülorbitale und umso größer wird der Energiegewinn.

Aus Gründen der Einfachheit betrachten wir einen oktaedrischen 3d-Komplex. Jeder der sechs Liganden stellt ein voll besetztes Orbital geeigneter Symmetrie zur Ausbildung einer σ-Bindung zur Verfügung. Das kann ein s- oder p-Orbital geeigneter Symmetrie sein, aber auch ein Molekülorbital. Die sechs σ-Ligandorbitale kombinieren zu sechs Ligandgruppenorbitalen geeigneter Symmetrie, um mit den Valenzorbitalen des Metallzentrums bindende und antibindende Wechselwirkungen einzugehen. Im oktaedrischen Komplex liegen die Bindungen vom Metall zu den sechs Liganden auf den Achsen des Koordinatensystems. Für die Ausbildung einer σ-Bindung zum Liganden sind nicht alle Valenzorbitale des Metallzentrums geeignet. Von den teilweise besetzten 3d-Orbitalen kommen nur das d_{z^2}- und das $d_{x^2-y^2}$-Orbital dafür in Frage, bei denen die Orbitallappen auf den Achsen liegen. Die anderen drei d-Orbitale (d_{xz}, d_{yz} und d_{xy}) haben nicht die geeignete Symmetrie. Sie werden als nicht bindend bezeichnet und liegen im Komplex unverändert mit der gleichen Energie vor, wie in Abb. 4.17 zu sehen. Das leere 4s- und die drei leeren 4p-Orbitale besitzen ebenfalls eine geeignete Symmetrie zum Ausbilden einer σ-Bindung. Es kommt zur Ausbildung von sechs bindenden und sechs antibindenden Molekülorbitalen, wie in Abb. 4.17 gegeben. Von Seiten der Liganden werden insgesamt zwölf Elektronen für das Molekülorbitalschema zur Verfügung gestellt. Diese besetzen formal die sechs bindenden Molekülorbitale a_{1g}, t_{1u} und e_g. Auf der Seite des Metalls sind die 3d-Orbitale teilweise besetzt, die 4s- und 4p-Orbitale sind leer. Diese Elektronen werden auf die drei nichtbindenden 3d-Orbitale und die zwei antibindenden $e_g{}^*$-Orbitale, die aus den d_{z^2}- und $d_{x^2-y^2}$-Orbitalen hervorgingen, verteilt. Die energetische Aufspaltung entscheidet darüber, ob dabei die Hundsche Regel befolgt wird und wir einen high-spin-Komplex erhalten, oder die Elektronen in den tiefer liegenden Orbitalen gepaart werden. Diese fünf Molekülorbitale entsprechen den t_{2g}- und $e_g{}^*$-Orbitalen, die wir bereits aus der Ligandenfeldtheorie kennen. Sie sind in der Tat nichtbindend bzw.

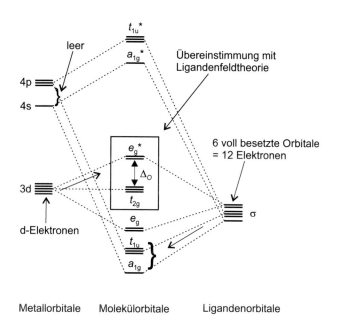

Abb. 4.17 MO-Schema eines oktaedrischen σ-Komplexes. Die sechs Orbitale der Liganden sind voll besetzt. Die zwölf Elektronen füllen im Komplex die sechs energieärmsten Orbitale (a_{1g}, t_{1u} und e_g) auf. Die Elektronen aus den d-Orbitalen des Metalls werden nun auf die t_{2g} und e_g^*-Orbitale verteilt. In Übereinstimmung mit der Ligandenfeldtheorie bestimmt die Aufspaltung zwischen den Orbitalen, ob dabei die Hundsche Regel (kleine Aufspaltung Δ_O, high-spin-Komplex) oder das Pauli-Prinzip (große Aufspaltung Δ_O, low-spin-Komplex) angewendet wird

antibindend. Hier überlappen beide Modelle, für die Verteilung der d-Elektronen wird das gleiche Ergebnis erhalten. Die Molekülorbitaltheorie erklärt uns zusätzlich, warum die auch mit der Ligandenfeldtheorie erhaltenen t_{2g}-Orbitale nichtbindend und die e_g-Orbitale antibindend sind. Für die Bezeichnung der Orbitale werden keine Termsymbole verwendet, sondern ein Schema, das wir später bei den Spalt-Termen (siehe Tanabe-Sugano-Diagramme) wiederfinden. Die Buchstaben a, e und t stehen für einfach, zweifach und dreifach entartete Zustände. Das heißt, es liegen jeweils ein, zwei oder drei Orbitale mit gleicher Energie im MO-Schema des Komplexes vor. Die Buchstaben $_g$ und $_u$ stehen für *gerade* und *ungerade* und bezeichnen die Parität des Orbitals (das Verhalten des Orbitals bei Punktspiegelung, siehe Auswahlregeln für elektronische Übergänge).

4.4.3   MO-Schema eines π-Komplexes

Bei Komplexen mit π-Bindungen beteiligen sich die bisher nichtbindenden t_{2g}-Orbitale an π-Bindungen mit dem Liganden. Dafür werden drei weitere Ligandorbitale benötigt, die eine geeignete Symmetrie besitzen. Welche dafür in Frage kommen, haben wir bereits diskutiert. Die drei d-Orbitale d_{xz}, d_{yz} und d_{xy} des Metalls können mit p- oder π-Orbitalen der Liganden geeigneter Symmetrie unter Ausbildung von Bindungen mit π-Symmetrie überlappen. Im vollständigen MO-Schema werden die fünf 3d-Orbitale ähnlich wie bei den σ-Komplexen in zwei e_g-Orbitale (d_{z^2} und $d_{x^2-y^2}$) und drei t_{2g}-Orbitale (d_{xz}, d_{yz} und d_{xy}) unterteilt. Bei den Ligandenorbitalen wird unterschieden, ob die π-Orbitale energetisch über oder unter den σ-Orbitalen liegen. Im ersten Fall haben wir leere π-Akzeptor-Orbitale, die für eine Rückbindung zur Verfügung stehen, während im zweiten Fall die Ligandorbitale besetzt sind und es sich um π-Donor-Liganden handelt. In Abb. 4.18 ist der Einfluss der Lage der Ligand p- bzw. π-Orbitale auf die Aufspaltung zwischen den t_{2g}- und den e_g-Orbitalen gezeigt. Wir sehen, dass bei π-Donor-Liganden die Aufspaltung kleiner wird und bei π-Akzeptor-Liganden die Aufspaltung Δ_O größer als im System ohne π-Bindungen ist. Damit können wir erklären, warum CO ein Starkfeldligand ist und Fluorid als Schwachfeldligand am anderen Ende der spektrochemischen Reihe steht. Für beide Extremfälle sind erhebliche Doppelbindungsbeiträge über π-Wechselwirkungen zu formulieren. Dabei ist es eben der π-Akzeptor oder π-Donorcharakter, der die Richtung vorgibt. Ammoniak und Pyridine gehören zu den Liganden ohne deutliche π-Effekte. Sie stehen in der spektrochemischen Reihe in der Mitte.

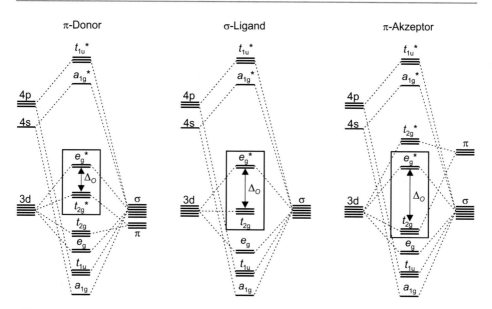

Abb. 4.18 MO-Schema eines Komplexes mit Liganden ohne π-Effekte *(mitte)*, mit π-Donor-Liganden (π-Basen, *links*) und mit π-Akzeptor-Liganden (π-Säuren, *rechts*). Das π-Bindungsverhalten hat einen deutlichen Einfluss auf die Aufspaltung Δ_O des Ligandenfeldes. π-Akzeptor-Liganden führen zu einer Erhöhung von Δ_O, weswegen z. B. der Carbonyl-Ligand zu den Starkfeldliganden in der spektrochemischen Reihe gehört

4.5 Fragen

1. Was ist ein Ligandenfeld, wer erzeugt es und auf wen wirkt es?
2. Berechnen Sie die LFSE für ein d^1- und d^4-System im oktaedrischen und tetraedrischen Ligandenfeld.
3. $FeCr_2O_4$ kristallisiert in der Spinell-Struktur, $CoFe_2O_4$ in der inversen Spinell-Struktur. Was sind die Unterschiede? Erklären Sie den Sachverhalt mit Hilfe der Ligandenfeld-theorie (LFSE)!
4. Mit welchen der folgenden Liganden würden Sie bei einem Komplex der generellen Zusammensetzung $[Fe^{II} L_6]$ einen high-spin- bzw. einen low-spin-Komplex erwarten? H_2O, CN^-, F^-, SCN^-, NH_3, bipy (= 2L).
5. Was erwarten Sie für die Komplexbildung, wenn Sie anstelle der 3d-Metalle 4d- oder 5d-Metalle einsetzen? Welche Effekte erwarten Sie für die Komplexbildung, wenn Sie die formale Oxidationszahl des zentralen Metalls erhöhen?

6. Liegen bei folgenden Verbindungen zwischen dem Metallzentrum und den Liganden π-Donorbindungen oder π-Akzeptorbindungen vor? $[Pt(C\equiv CPh)Cl(PPh_3)_2]$, $[WO(OC_2H_5)_4]$, $[Mo(NMe_2)_5]$, $[Re(CH_3)(CO)_5]$

7. Die M-CO Bindung bei Übergangsmetallen in niedrigen Oxidationsstufen zeichnet sich häufig durch eine hohe Stabilität aus. Diskutieren Sie die Bindungsverhältnisse der M-CO-Bindung und erklären Sie diesen Effekt!

Farbigkeit von Koordinationsverbindungen 5

Zu Werners Zeiten hatte die Faszination für Komplexe sicherlich viel mit deren Farbigkeit zu tun. Und auch die schon vorher bekannten (wenn auch nicht als solche erkannten) Komplexe wie das Berliner Blau bestachen v. a. (wie schon der Name sagt) durch ihre Farbigkeit. In diesem Kapitel lernen wir, woher die Farbigkeit von Komplexen kommt und was wir von den Farben über die Komplexe lernen können.

1. Woher kommen die Farben bei Koordinationsverbindungen?
2. Warum ist die Intensität der Farbigkeit z. T. sehr unterschiedlich?
3. Welche Informationen kann man aus den d–d-Übergängen gewinnen?

5.1 Warum sind Komplexe farbig?

Farbigkeit entsteht, wenn eine Verbindung Licht in einem bestimmten Wellenlängenbereich absorbiert. Die Energie des Lichtes führt dazu, dass ein Elektron ein besetztes Energieniveau verlässt und ein bis dahin leeres (oder halb besetztes) Niveau besetzt. Das menschliche Auge sieht die zu dieser Wellenlänge gehörende Komplementärfarbe. In Abb. 5.1 ist das optische Spektrum des Lichtes mit den dazugehörenden Wellenlängen und Komplementärfarben gezeigt.

Die Farbvielfalt von Übergangsmetallionen und deren Verbindungen bildet einen Gegensatz zu den i. d. R. farblosen Ionen der Hauptgruppen. Dies führt zu dem Schluss, dass ein Zusammenhang zwischen Farbe und den Elektronen in den d-Orbitalen bestehen muss. Die

Die Originalversion dieses Kapitels wurde revidiert. Ein Erratum ist verfügbar unter
https://doi.org/10.1007/978-3-662-63819-4_14

Ergänzende Information Die elektronische Version dieses Kapitels enthält Zusatzmaterial, auf das über folgenden Link zugegriffen werden kann (https://doi.org/10.1007/978-3-662-63819-4_5)

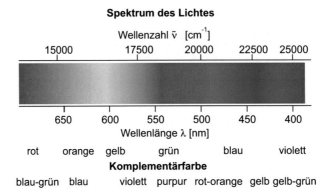

Spektrum des Lichtes

Wellenzahl $\tilde{\nu}$ [cm^{-1}]

| 15000 | | 17500 | 20000 | 22500 | 25000 |

| 650 | 600 | 550 | 500 | 450 | 400 |

Wellenlänge λ [nm]

rot   orange   gelb   grün   blau   violett

Komplementärfarbe

blau-grün   blau   violett   purpur   rot-orange   gelb   gelb-grün

Abb. 5.1 Farben des optischen Spektrums mit Wellenlängenbereich [nm] sowie Komplementärfarbe nach Absorption der Farbe im entsprechenden Wellenlängenbereich

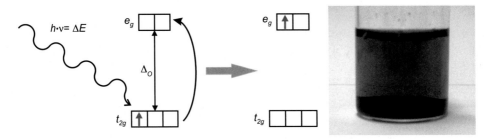

Abb. 5.2 Elektronischer Übergang zwischen d-Orbitalen und Farbe des violetten Ti^{3+}-Ions

Ligandenfeldtheorie liefert uns einen Erklärungsansatz für die Farbigkeit vieler Koordinationsverbindungen. Durch die energetische Aufspaltung der d-Orbitale im Ligandenfeld kann ein Elektron aus einem besetzten, tieferliegenden d-Orbital in ein energetisch höher liegendes d-Orbital angehoben werden. Zur Veranschaulichung betrachten wir einen oktaedrischen d^1-Komplex – das blassviolette Hexaaquatitan(III) entsteht bei der Reduktion von Titan(IV) im wässrigen Medium (zu einer Suspension von TiOSO$_4$ in verd. H$_2$SO$_4$ wird Zinkpulver gegeben, Abb. 5.2).

Die Farbe des Titan(III)-Ions ist auf einen sogenannten d–d-Übergang eines Valenzelektrons vom energetisch tieferliegenden t_{2g}-Niveau in das höherliegende e_g-Niveau zurückzuführen. Aufgrund des Zusammenhangs $h \cdot \nu = \Delta E$ hängt die Farbigkeit der Verbindung von der Energiedifferenz zwischen den d-Orbitalen, d. h. von der Ligandenfeldaufspaltung Δ_O ab. In diesem einfachsten Fall bestimmt also Δ_O alleine über die Farbigkeit der Verbindung. Diese wird, wie wir in Abschn. 4.3 gelernt hatten, stark von der Stellung von Zentralion und Ligand in der spektrochemischen Reihe sowie von der Anzahl der Liganden und der Koordinationsgeometrie bestimmt. Das zeigen die nächsten Beispiele. Das erste Beispiel ist die Farbe von Chrom(III)- bzw. Chrom(II)-Ionen in Wasser, in Abb. 5.3 auf der linken Seite sind die Lösungen der beiden komplexen Kationen [Cr(H$_2$O)$_6$]$^{3+}$ und

Abb. 5.3 *Links:* Farbe von $[Cr(H_2O)_6]^{3+}$ *(links)* und $[Cr(H_2O)_6]^{2+}$ *(rechts). Mitte:* Farbe von $Co(NO_3)_2$ in Wasser *(links)* und in Säure *(rechts). Rechts* Farbe von $[FeCl_n(H_2O)_{6-n}]^{3-n}$, $[Fe(H_2O)_{6-n}(SCN)_n]^{3-n}$ mit n = 1–3 und $[FeF_6]^{3-}$

$[Cr(H_2O)_6]^{2+}$ gezeigt. Beide Komplexe sind oktaedrisch aufgebaut und haben den gleichen Liganden – Wasser. Der Unterschied ist die Oxidationsstufe des Zentralions, es handelt sich um einen Chrom(II)-Komplex bzw. einen Chrom(III)-Komplex. Die unterschiedliche Stellung von Chrom in den Oxidationsstufen +2 und +3 in der spektrochemischen Reihe führt zu unterschiedlichen Werten Δ_O für die Aufspaltung der d-Orbitale im Ligandenfeld und damit zu einer unterschiedlichen Farbe. Beim nächsten Beispiel bleibt das Metallzentrum gleich. Eine wässrige Lösung von $Co(NO_3)_2$ ist rosa, die Lösung in konzentrierter Salzsäure aber blau (Abb. 5.3 Mitte). Laut spektrochemischer Reihe sind sowohl Wasser als auch das Chlorid-Ion Schwachfeldliganden und ein derart ausgeprägter Farbunterschied wäre hier nicht zu erwarten. Die Antwort auf diese Beobachtung ist die unterschiedliche Koordinationszahl bei den beiden gebildeten Komplexen. Im Wasser entsteht der oktaedrische Komplex $[Co(H_2O)_6]^{2+}$, während in der konzentrierten Salzsäure das tetraedrische Anion $[CoCl_4]^{2-}$ entsteht. In Kap. 4 zur Ligandenfeldtheorie haben wir bereits besprochen, dass aufgrund der geringeren Ligandenzahl (vier anstelle von sechs) die Aufspaltung im tetraedrischen Ligandenfeld bei gleichem Zentralion und gleichen (oder in diesem Fall vergleichbaren) Liganden $\Delta_T = \frac{4}{9}\Delta_O$ entspricht. Die deutlich kleinere Aufspaltung im Falle vom Tetrachloridocobalt(II) führt zur Absorption des längerwelligen (energieärmeren) orangen Lichtes und wir sehen die blaue Komplementärfarbe. Beim Hexaaquacobalt(II) wird kürzerwelliges (energiereicheres) grünes Licht absorbiert und wir sehen die Komplementärfarbe rot.

Die unterschiedliche Aufspaltung des Ligandenfeldes liefert eine Erklärung für die vielen unterschiedlichen Farben, die wir bei Komplexen beobachten. Die nächste Frage, die wir uns stellen, ist, warum $[FeF_6]^{3-}$ und $[Fe(H_2O)_6]^{3+}$ farblos sind. Die drei verschiedenen Eisen(III)-Komplexe $[FeCl_n(H_2O)_{6-n}]^{3-n}$, $[Fe(H_2O)_{6-n}(SCN)_n]^{3-n}$ mit n = 1–3 und $[FeF_6]^{3-}$ sind in Abb. 5.3 rechts gegeben. Alle Liganden haben eine ähnliche Stellung in der spektrochemischen Reihe (Schwachfeldliganden) und führen zur Ausbildung eines high-spin-Komplexes. Um eine Antwort darauf zu finden, müssen wir uns mit den Auswahlregeln für elektronische Übergänge beschäftigen. Diese Auswahlregeln erklären auch, warum die Intensität der Farbe bei unterschiedlichen Komplexen verschieden ist.

5.2   Auswahlregeln für elektronische Übergänge

Neben den gerade eingeführten d–d-Übergängen sind bei Komplexen noch zwei weitere Übergänge möglich. Die Charge-Transfer- (CT)-Übergänge und Ligand-Ligand-Übergänge. Bei letzteren spielt das Metallzentrum eine untergeordnete Rolle und die Farbigkeit des Liganden wird betrachtet. Sie ist häufig auf π–π^*-Übergänge zurückzuführen und soll nicht weiter betrachtet werden. Bei der Diskussion der Auswahlregeln im weiteren Verlauf konzentrieren wir uns auf die elektronischen Übergänge, bei denen das Metallzentrum eine Rolle spielt. Experimentell lässt sich anhand der Intensität des Übergangs (also der Intensität der Farbe) abschätzen, welcher der Übergänge beobachtet wird. Der molare Extinktionskoeffizient ε gibt an, wie viel Licht eine 1-molare Lösung mit 1 cm Dicke absorbiert. Je größer ε, umso intensiver ist die Farbe. In Tab. 5.1 ist die Größe des molaren Extinktionskoeffizienten in Abhängigkeit vom elektronischen Übergang gegeben [3].

Um die Unterschiede bei den verschiedenen Übergängen erklären zu können, müssen die spektroskopischen Auswahlregeln berücksichtigt werden, welche die Bedingungen nennen, ob eine Anregung durch die zur Verfügung stehende Strahlung physikalisch möglich (das heißt erlaubt) ist. Hier sind zwei Regeln abzufragen: Das Spinverbot und das Laporte-Verbot:

Das **Spinverbot** besagt, dass sich die Multiplizität M des Systems beim elektronischen Übergang nicht ändern darf. Da $M = 2S + 1$ ist, hängt diese vom Gesamtspin S ab. Dieser ändert sich dann nicht, wenn beim elektronischen Übergang der Spin des Elektrons erhalten bleibt (Verbot der Spinumkehr bzw. Spinverbot). Die bereits erwähnten Beispielkomplexe $[FeF_6]^{3-}$ und $[Fe(H_2O)_6]^{3+}$ sind beides Eisen(III)-Komplexe mit Schwachfeldliganden. Das Eisenzentrum liegt damit im high-spin Zustand vor und jedes der fünf d-Elektronen besitzt eines der fünf d-Orbitale für sich alleine; die Besetzung der Orbitale folgt der Hund'schen Regel (S ist maximal). Damit haben alle Elektronen den gleichen Spin. Im Falle eines d–d-Überganges müsste nun ein Elektron aus einem der unteren d-Orbitale in eines der höhergelegenen d-Orbitale überführt werden. Dafür müsste sich aufgrund des Pauli-Prinzipes (in einem Atom können keine zwei Elektronen in allen vier Quantenzahlen übereinstimmen) der Spin umkehren. Genau dieses untersagt uns jedoch das Spinverbot, weswegen d–d-Übergänge in solchen Fällen verboten sind. Die Verbindung (bzw. der Komplex) erscheint uns farblos. Tatsächlich finden sich in hochkonzentrierten Lösungen doch d-d-Übergänge, die jedoch extrem schwach sind ($\varepsilon << l\,mol^{-1}cm^{-1}$). Auch das Spinverbot gilt offensichtlich nicht absolut. Für unsere in Abb. 5.3 gegebenen Eisen(III)-Komplexe bedeutet das, dass bei allen drei Beispielen keine d–d-Übergänge stattfinden. Trotzdem

Tab. 5.1 Molarer Extinktionskoeffizient in Abhängigkeit vom elektronischen Übergang [3]

Elektronischer Übergang	$\varepsilon\ [l\ mol^{-1}\ cm^{-1}]$
d–d-Übergang O_h	1–10
d–d-Übergang T_d	10^2–10^3
CT-Übergang	10^3–10^6

sind nur das Hexafluoridoferrat(III)-Ion und das nicht abgebildete Hexaaquaeisen(III)-Ion farblos. Daraus können wir schlussfolgern, dass bei den anderen beiden Komplexen die Farbigkeit durch andere Übergänge hervorgerufen wird. Es ist darauf zu achten, dass das Spinverbot nicht bei allen Eisen(III)-Komplexen gilt. Beim roten Blutlaugensalz – auch hier handelt es sich um einen Eisen(III)-Komplex – haben wir mit dem Cyanid-Ion einen Starkfeldliganden und der Komplex liegt im low-spin-Zustand vor. Hier kann ein d–d-Übergang stattfinden, ohne dass das Spinverbot berührt wird.

Das **Laporte-Verbot** lässt sich zweckmäßig in zwei Abfragen aufteilen:

1. Ändert sich beim elektronischen Übergang die Parität des Orbitals? Die Parität beschreibt das Verhalten des Orbitals bei der Punktspiegelung. Wir müssen also überlegen, ob das Orbital ein Inversionszentrum besitzt. Bleibt es bei der Punktspiegelung unverändert und besitzt demzufolge ein Inversionszentrum, ist die Parität „gerade", kurz g. Wie wir unschwer in Abb. 5.4 erkennen können, ist das bei s- und d-Orbitalen der Fall. Wechseln die Orbitallappen bei der Punktspiegelung das Vorzeichen und besitzen deswegen kein Inversionszentrum, ist die Parität „ungerade", kurz u. Dies ist bei p- und f-Orbitalen der Fall. Eine Anregung durch Licht ist nur erlaubt, wenn sich die Parität ändert, wenn ein Elektron also z.B. aus einem p- in ein d-Orbital angeregt wird. Kristallfeldübergänge, bei denen Elektronen aus einem d- in ein d-Orbital angeregt werden, sind prinzipiell erst einmal verboten. Wie wir an den bisher diskutierten Beispielen gesehen haben, kann dieses Verbot jedoch nicht so strikt sein wie das Spinverbot - sonst hätten wir kaum farbige Komplexe! Damit kommen wir zur zweiten Abfrage des Laporte-Verbots:

2. Ist der Komplex zentrosymmetrisch (inversionssymmetrisch; symmetrisch in Bezug auf die Punktspiegelung)? Wenn nein, zum Beispiel in tetraedrischen und anderen nicht-zentrosymmetrischen Komplexen, dann ist die Anregung erlaubt. Wenn ja, z.B. in oktaedrischen und anderen zentrosymmetrischen Komplexen, so ist die Anregung verboten. Dass oktaedrische Komplexe wie das $[Co^{II}(H_2O)_6]^{2+}$-Ion überhaupt eine Farbe zeigen, beruht auf Vorgängen, die das Laporte-Verbot berühren. Unter den Schwingungen, welche die Liganden relativ zum Zentralmetall ausführen, sind solche, welche die Zentrosymmetrie kurzzeitig aufheben, so dass eine Elektronenanregung möglich wird, die dann aber deutlich schwächer ist. Kovalente Bindungsanteile in Komplexen können ebenfalls zur Abschwächung des Laporte-Verbotes führen.

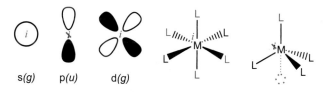

s(g)   p(u)   d(g)

Abb. 5.4 Inversionssymmetrie bei oktaedrischen und tetraedrischen Komplexen sowie bei s-, p- und d-Orbitalen mit der daraus folgenden Parität. Gerade *(g)* und ungerade *(u)*

Zusammengefasst lässt sich sagen: Ist ein elektronischer Übergang Spin-Verboten, dann findet er nur mit extrem geringer Wahrscheinlichkeit statt. Ein klassisches Beispiel für das Spinverbot sind Eisen(III)-high-spin-Komplexe. Ist ein Übergang Laporte-Verboten, dann führt das zu einer Abschwächung der Intensität der Farbe. Ein Übergang, der bei der Abfrage nach der Änderung der Parität des Orbitales erlaubt ist, ist intensiv und hat einen großen Extinktionskoeffizienten. Dies ist z. B. bei Charge-Transfer-Übergängen der Fall, die in Komplexen häufig durch Anregung von Elektronen aus besetzten p-Orbitalen in leere oder teilweise besetzte d-Orbitale stattfinden. Diese Charge-Transfer-Übergänge sind z. B. für die Farbigkeit von den in Abb. 5.3 gegebenen Eisen(III)-Komplexen $[FeCl(H_2O)_5]^{2+}$ und $[Fe(H_2O)_3(SCN)_3]$ verantwortlich. Bei beiden liegt das Eisen im high-spin Zustand vor. Paritäts-Verbotene Übergänge haben generell eine geringere Intensität. Ist der Komplex dann auch noch zentrosymmetrisch, was z. B. bei oktaedrischen Komplexen der Fall ist, dann ist der Übergang besonders schwach. Das ist bei den in Abb. 5.3 gezeigten Cobalt-komplexen sichtbar. Das Blau des tetraedrischen Tetrachloridocobaltats ist intensiver als das Rosa des oktaedrischen Aqua-Komplexes. Dass überhaupt noch ein Übergang in einem oktaedrischen Komplex stattfindet, liegt daran, dass ein Komplex kein starres Gebilde ist, sondern die Metall-Ligand-Bindungen um einen Gleichgewichtsabstand herum schwingen. Dadurch wird die Zentrosymmetrie kurzfristig aufgehoben und in diesem Zeitfenster ist der elektronische Übergang möglich. Der Übergang findet statt, aber nicht so häufig wie bei tetraedrischen Komplexen und ist deswegen schwächer.

5.3   Charge-Transfer-(CT-)Übergänge

Bei einem Charge-Transfer-(CT-)Übergang wird ein Elektron aus einem (ungeraden) p-Orbital in ein (gerades) d-Orbital angeregt, der Übergang ist also auch in einem zentro-symmetrischen Komplex Laporte-Erlaubt. Neben den Ligand → Metall-CT-Übergängen (LMCT) gibt es auch Übergänge von Elektronen aus besetzten d-Orbitalen in leere Ligand-orbitale (Metall → Ligand-CT-Übergang, MLCT). Da sich CT-Übergänge stets spinerlaubt formulieren lassen, sind CT-Absorptionen intensiv. Sie fallen besonders auf, wenn d-d-Übergänge Spin- und Laporte-Verboten sind, die Verbindung also keine signifikante Kristall-feldfarbe aufweist. Beispiele sind high-spin Eisen(III)-Verbindungen wie $FeCl_3 \cdot 6H_2O$ (orange-gelb), $FeBr_3$ (dunkelbraun) oder der für den Eisen(III)-Nachweis genutzte tiefrote Thiocyanato-Komplex $[Fe(H_2O)_3(SCN)_3]$. Ferner fallen die intensiven CT-Übergänge dort auf, wo wegen des Fehlens von d-Elektronen keine Kristallfeldübergänge möglich sind. Ein Beispiel ist die tiefviolette Farbe des d^0-Ions Permanganat, MnO_4^-. Nun stellt sich die Frage, warum bei manchen Verbindungen CT-Übergänge beobachtet werden und bei ande-ren nicht. Einen Einstieg zu dieser Frage liefern uns die bereits erwähnten Eisen(III)-Salze. Das entsprechende Sulfat oder Fluorid ist farblos, das Chlorid gelb-orange, das Bromid dun-kelbraun und das entsprechende Iodid ist nicht stabil (Abb. 5.5). Das liegt daran, dass das Iod wegen seines großen Radius eine geringere Elektronenaffinität als die anderen Haloge-

Abb. 5.5 *Links:* Eisen(III)-sulfat, Eisen(III)-chlorid und Eisen(III)-bromid. *Rechts* wässrige Lösung von Vanadat-, Chromat- und Permanganat-Ion

nide besitzt, dementsprechend ist die Ionisationsenergie gering. Das Iodid-Ion ist deswegen eher bereit, sein Elektron bei einer Redox-Reaktion abzugeben. Das Eisen(III)-iodid zerfällt zu Eisen(II)-iodid und elementarem Iod. Der beobachtete Trend für die Intensität des CT-Übergangs spiegelt den Gang der Elektronenaffinität für die Halogene im Periodensystem wider. In der Reihe Fluorid < Chlorid < Bromid < Iodid fällt es immer leichter, das Halogenid zu oxidieren. Der durch die CT-Anregung entstehende angeregte Zustand hat eine immer niedrigere Energie, bis der Elektronenübergang direkt stattfindet. Der angeregte Zustand wird zum Grundzustand und Elektronen-Donor und -Akzeptor reagieren in einer Redox-Reaktion vollständig unter Elektronenübertragung – also unter *charge transfer.* Obwohl es sich hier um Festkörper handelt, ist der Vergleich zulässig. Beim Eisen(III)-chlorid und Eisen(III)-bromid hat das Eisen die Koordinationszahl 6 und ist oktaedrisch von sechs Halogenidionen umgeben – genauso wie beim Hexafluoridoferrat(III)-Ion.

Das gleiche Konzept lässt sich auf die Farben von Vanadat (VO_4^{3-}), Chromat (CrO_4^{2-}) und Permanganat (MnO_4^-) übertragen. Bei den drei Ionen liegt das Metall in seiner der Gruppennummer entsprechenden höchst möglichen Oxidationsstufe vor. Es besitzt damit keine d-Elektronen, die für einen d–d-Übergang verantwortlich sein könnten. Dementsprechend ist das Vanadat-Ion farblos. Eine wässrige Lösung von Chromat- bzw. Permanganat-Ionen ist jedoch gelb bzw. tief-violett, wie in Abb. 5.5 zu sehen. Der Grund dafür können nur CT-Übergänge aus besetzen p-Orbitalen des O^{2-}-Ions in die leeren d-Orbitale des Metallzentrums sein. In diesem Fall korreliert die Intensität der Farbe mit der Oxidationskraft des Metallzentrums. Mangan in der Oxidationsstufe +7 ist ein wesentlich stärkeres Oxidationsmittel als Chrom in der Oxidationsstufe +6, während beim Vanadium +5 die stabilste Oxidationsstufe ist. Das Bestreben des Metallzentrums, Elektronen aufzunehmen, korreliert mit der Intensität des Übergangs und der Lage der CT-Bande. So wird für die gelbe Farbe vom Chromat-Ion kurzwelliges energiereiches blaues Licht absorbiert und für die violette Farbe vom Permanganat-Ion deutlich längerwelliges (und damit energieärmeres) grünes Licht. Geht man vom Permanganat aus im Periodensystem zu den höheren Homologen über (den entsprechenden 4d- und 5d-Elementen), dann wissen wir aus Vorlesungen oder Lehrbüchern zur Allgemeinen Chemie, dass sich beim Übergang zu den höheren Homologen die

Stabilität der maximal möglichen Oxidationsstufe erhöht (weil die Außenelektronen durch mehr Elektronenschalen vom positiv geladenen Kern abgeschirmt sind und sich dadurch leichter entfernen lassen). Dieser Trend spiegelt sich in der Farbigkeit der entsprechenden Ionen wider. So ist das (radioaktive) TcO_4^- gelblich, während das Perrhenat ReO_4^- farblos ist. Für die Zentralionen der 4d und 5d Reihen wird für den CT-Übergang mehr Energie benötigt und die CT-Banden wandern sukzessive in den UV-Bereich.

5.4 d–d-Übergänge und die Bestimmung von Δ_O

Bei d–d-Übergängen wechselt ein d-Elektron des Zentralions gemäß der Auswahlregeln von einem tiefer liegenden in ein höher liegendes Energieniveau. Dabei sind wir bisher davon ausgegangen, dass die Energie des eingestrahlten Lichtes der Energiedifferenz zwischen den d-Orbitalen entspricht. Bei oktaedrischen Komplexen wäre das die Ligandenfeldaufspaltung Δ_O, die damit bestimmt, welche Farbe die Komplexe haben. Anders herum könnte man dann schlussfolgern, dass sich aus der Farbe des Komplexes Δ_O bestimmen lässt. Der Blick auf die unterschiedlichen Farben von zweiwertigen 3d-Elementen im Wässrigen zeigt, dass dies nicht ganz so einfach ist. Das Kupfer(II)-, Nickel(II)- und Cobalt(II)-Ion liegt im Wässrigen als Hexaaqua-Komplex vor und die beobachteten Farben für die Ionen sind blau, grün und rosa (siehe Abb. 5.6). Die zweiwertigen Ionen liegen in der spektrochemischen Reihe dicht beieinander, haben die gleichen Liganden und die gleiche Koordinationsumgebung. Damit würde man erwarten, dass Δ_O für die drei Komplexe in einem ähnlichen Bereich liegt, was ein Widerspruch zu den unterschiedlichen Farben ist. Wenn man die UV-Vis-Spektren der Lösungen betrachtet stellt man fest, dass eine unterschiedliche Anzahl von Banden vorhanden ist. Die beobachtete Farbe entsteht aus der Summe der einzelnen Banden.

In der Tat ist eine Bestimmung von Δ_O mit Hilfe der UV-Vis-Spektren möglich, allerdings nicht so einfach, wie es auf den ersten Blick erscheint. Die eben getätigte Annahme, dass die Energiedifferenz ΔE des elektronischen Übergangs direkt der Ligandenfeldaufspaltung Δ_O entspricht, wird nur beim sogenannten Starkfeld-Ansatz (Näherung des starken Feldes) realisiert. Hier gehen wir davon aus, dass die elektrostatische Wechselwirkung zwischen den

Abb. 5.6 Wässrige Lösung eines Kupfer(II)-, Cobalt(II)- und Nickel(II)-Salzes. Die drei Ionen liegen jeweils als Hexaaqua-Komplex vor

Elektronen in den d-Orbitalen vernachlässigbar ist. Das deckt sich nicht mit der Realität und den beobachteten optischen Spektren. Das Starkfeld ist ein hypothetischer Bezugspunkt.

Als Beispiel für die Interpretation der Spektren und die Bestimmung von Δ_O betrachten wir eine Spin-Crossover-Verbindung. Dabei handelt es sich um einen oktaedrischen Eisen(II)-Komplex, der bei tiefen Temperaturen im low-spin-(LS-)Zustand vorliegt und bei höheren Temperaturen im high-spin-(HS-)Zustand. Alle weiteren Details zu diesem Phänomen sind im Abschnitt Magnetismus gegeben. Wichtig für das Verständnis der Farbigkeit ist, dass sich der Metall-Ligand-Abstand beim Übergang vom LS- in den HS-Zustand verlängert, weil im HS-Zustand die antibindenden e_g-Orbitale besetzt sind. Dies führt entsprechend der Formel

$$10\,Dq(r) = 10\,Dq(r_0) \left(\frac{r_0}{r}\right)^6$$

zu einer Änderung der Ligandenfeldaufspaltung Δ_O und damit zu einem Farbwechsel beim Spinübergang. Neben dem Parameter Δ_O, der in einem Komplex die Wechselwirkungen der Metall-Elektronen mit den Ligandelektronen bilanziert, benötigen wir für die folgende Diskussion noch einen zweiten Parameter, den Racah-Parameter B. Dieser bilanziert die Wechselwirkungen der Metallelektronen untereinander. Wir verlassen also den Starkfeld-Ansatz und gehen zum sogenannten Schwachfeld-Ansatz (Näherung des schwachen Feldes) über, bei dem die elektrostatischen Wechselwirkungen zwischen den d-Elektronen die dominante Rolle spielen. B ist ein definierter Wert für das freie Atom bzw. Ion (B_0), wird aber in Gegenwart von Liganden zum zweiten Parameter der Ligandenfeldtheorie, da B von der Art und Zahl der Liganden abhängt, wobei immer gilt: $B < B_0$. Die Komplexierung verringert die Wechselwirkung der Metallelektronen untereinander, wir befinden uns in einem fließenden Übergang zwischen dem Schwachfeld- und dem Starkfeld-Ansatz. Bitte beachten Sie, dass Sie den Starkfeld- und Schwachfeld-Ansatz nicht mit Starkfeld- und Schwachfeldliganden gleichsetzen können.

Die Abhängigkeit der Farbigkeit von dem Metall-Ligand-Abstand und damit von Δ_O sehen wir nicht nur beim Spin-Crossover. In Festkörpern können ähnliche Effekte beobachtet werden. Ein Beispiel ist die Farbe der Halogenide des Cobalts. Die (wasserfreien) Salze CoF_2, $CoCl_2$ und $CoBr_2$ besitzen die Farben rosa, blau und grün. Die unterschiedlichen Farben können, im Gegensatz zu den Halogeniden des Eisen(III)-Ions, nicht mit Charge-Transfer-Übergängen im Sichtbaren erklärt werden. Dafür hat das Metallzentrum nicht die richtige Oxidationsstufe. Abgesehen vom Fluorid gibt es die entsprechenden Cobalt(III)-Salze aus den gleichen Gründen wie für das Eisen(III)-iodid nicht als stabile Verbindungen. Auch die Reihe CuF_2, $CuCl_2$, $CuBr_2$ und CuI_2 zeigt die für die Halogenide des Eisen(III)-Ions besprochenen Phänomene bis hin zum Zerfall des Iodides zu Iod und Kupfer(I)-iodid. Das Cobalt(II)-Ion hat in allen Salzen die gleiche Koordinationsumgebung, die Koordinationszahl ist 6, es befindet sich in den Oktaederlücken der dicht bzw. dichtest gepackten Anionen. Wenn wir nun die unterschiedlichen Packungsmuster außer acht lassen, ist der einzige Parameter, der sich kontinuierlich ändert, die Größe des Anions. Wir können nun davon ausgehen, dass mit zunehmendem Ionenradius die Oktaederlücke größer wird. Da unser Cobalt(II)-Ion immer die gleiche Größe hat, führt das zu einer Verlängerung des Cobalt-Halogenid-Abstandes, den wir mit dem Metall-Ligand-Abstand gleichsetzten. Infolgedessen sollte bei den Cobalthalogeniden mit zunehmenden Ionenradius für das Anion die Aufspaltung der d-Orbitale für das Cobalt (oktaedrisches Ligandenfeld) kleiner werden. Betrachten wir die Komplementärfarben der Halogenide – grün für das Fluorid (wir sehen rosa), orange für das Chlorid (wir sehen blau) und rot für das Bromid (wir sehen grün), dann nimmt in der Tat die Wellenlänge der absorbierten Strahlung zu. Das absorbierte Licht hat immer weniger Energie, die Aufspaltung der d-Orbitale wird immer kleiner. Der gleiche Effekt ist für die rote Farbe vom Rubin – eine mit Chrom(III)-Ionen dotierte (1–8 %) α-Al_2O_2-Struktur – verantwortlich. Der Ionenradius vom Chrom(III)-Ion ist mit 0.755 Å größer als der vom Aluminium(III)-Ion mit 0,675 Å. Chrom(III)-Verbindungen sind häufig grün, ein gutes Beispiel ist Cr_2O_3, das ebenfalls in der α-Al_2O_2-Struktur vorliegt. Beim grünen Chrom(III)-oxid wird Licht im roten Wellenlängenbereich absorbiert. Im Rubin ist aufgrund des kleineren Ionenradius vom Aluminium(III)-Ion der Metall-Ligand-Abstand für das Chrom(III)-Ion kürzer und dementsprechend die energetische Aufspaltung der d-Orbitale größer. Hier wird das Licht im kürzerwelligen grünen Bereich absorbiert und wir sehen die dazu gehörende rote Komplementärfarbe.

Wir kommen zurück zu den Eisen(II)-Komplexen und betrachten die Absorptionsspektren des Spin-Crossover-Komplexes $[Fe(ptz)_6](BF_4)_2$ bei 295 K (HS-Zustand) und 20 K (LS-Zustand), die in Abb. 5.7 gegeben sind [19]. Im HS-Zustand ist der Komplex farblos. Im UV-Vis-Spektrum wird eine Bande bei 820 nm (12 195 cm^{-1}) beobachtet. Der Übergang ist im Prinzip mit dem d–d-Übergang des Titan(III)-Ions vergleichbar, mit dem Unterschied, dass fünf weitere d-Elektronen vorhanden sind. Da der HS-Zustand vorliegt, sind die fünf Elektronen gleichmäßig auf die fünf d-Orbitale verteilt und das sechste Elektron befindet sich im Grundzustand in einem der drei t_{2g}-Orbitale. Durch Lichtabsorption wird ein angeregter Zustand erreicht, bei dem eines der energetisch angehobenen e_g-Orbitale besetzt wird. Im LS-Zustand ist der Komplex aufgrund des bereits besprochenen Farbwechsels rot. Im Absorptionsspektrum wird eine dazu gehörende Bande bei 514.5 nm (19 436 cm^{-1}) beobachtet. Allerdings ist direkt daneben eine zweite, ähnlich intensive Bande bei höherer Energie (kürzere Wellenlänge bzw. größere Wellenzahl) zu sehen. Der Grund dafür ist die bereits angekündigte Wechselwirkung der Metallelektronen untereinander, der Racah-Parameter B. Um das zu verstehen, müssen wir uns die Elektronenkonfiguration des angeregten Zustandes genauer ansehen. Beim Eisen(II)-Komplex im LS-Zustand sind die sechs Elektronen in den drei t_{2g}-Orbitalen, die jeweils doppelt besetzt sind. Wird nun ein Elektron z. B. aus dem d_{xy}-Orbital angeregt, kann es im angeregten Zustand im $d_{x^2-y^2}$-Orbital oder im d_{z^2}-Orbital untergebracht sein. Auf dem ersten Blick scheint das egal zu sein. Das ist jedoch nicht der Fall. Das $d_{x^2-y^2}$-Orbital befindet sich genauso wie das d_{xy}-Orbital in der x-y-Ebene, während beim d_{z^2}-Orbital die Vorzugsrichtung entlang der z-Achse ist. Wird dieses besetzt, kommt es zu einer erhöhten Abstoßung zwischen den Elektronen in den d-Orbitalen mit z-Anteil – der so gebildete angeregte Zustand liegt energetisch höher als die Variante, bei der das $d_{x^2-y^2}$-

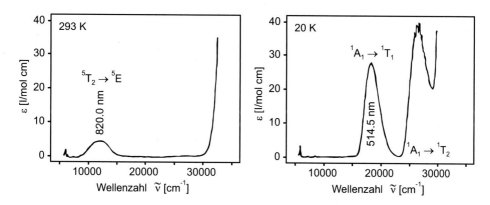

Abb. 5.7 Einkristall-Absorptionsspektren des Spin-Crossover-Komplexes $[Fe(ptz)_6](BF_4)_2$ bei 295 K *(links)* und 20 K *(rechts)*, Angepasst nach Ref. [19]

Orbital besetzt wird und sich die Abstoßung zwischen den Elektronen der d-Orbitale nicht signifikant ändert. Um trotzdem aus den Spektren die Ligandenfeldaufspaltungsenergie zu bestimmen, benötigen wir die Tanabe-Sugano-Diagramme.

5.4.1 Tanabe-Sugano-Diagramme

Die bisher aufgeführten Beispiele haben gezeigt, dass die auf d–d-Übergängen beruhende Farbe von Komplexen gemäß dem Zusammenhang $h \cdot v = \Delta E$ von der Energiedifferenz zwischen den d-Orbitalen, d. h. von der Ligandenfeldaufspaltung Δ_O abhängt. Aus den UV-Vis-Spektren von Komplexen kann v und damit ΔE bestimmt werden. Das ist allerdings nicht so einfach, wie es auf den ersten Blick aussieht, weil bei Komplexen mit mehr als einem d-Elektron verschiedene elektronische Übergänge stattfinden, die zu mehreren Banden mit unterschiedlichen v führen. Um die Zuordnung zu ermöglichen, berechneten *Tanabe* und *Sugano* in den 1950er Jahren die Abhängigkeit der Termenergien oktaedrischer Komplexe von der Ligandenfeldstärke. Ihre Ergebnisse stellten sie in Diagrammen dar, in denen die Ligandenfeldstärke und Termenergie in Einheiten des effektiven Racah-Parameters B' gegeben ist. In diesen Tanabe-Sugano-Diagrammen mit ihrer Auftragung von E/B' gegen Δ/B' sind nicht die Termenergien selbst, sondern die Differenzen zur Energie des Grundzustandes angegeben. Die Energie des Grundzustandes entspricht also immer der x-Achse!

Um die Diagramme zu verstehen, müssen wir uns zunächst mit dem bereits im Kap. 4 eingeführten Term-Begriff beschäftigen.

Terme und Spalt-Terme   Die Elektronenkonfiguration beschreibt den elektronischen Zustand eines Ions häufig nur unvollständig. Dies kommt daher, dass eine bestimmte Konfiguration zu mehreren atomaren Mikrozuständen führen kann, die sich in ihrer Energie gleichen oder unterscheiden, je nachdem, ob die Elektronen-Elektronen-Abstoßung gleich

Abb. 5.8 Tanabe-Sugano-
Diagramm eines d^6-Systems
im oktaedrischen
Ligandenfeld. Aus Gründen
der Übersichtlichkeit wurden E
und $10\,Dq$ (Δ) für die
Achsenbeschriftung verwendet.
Für Eisen(II) ist der Elektro-
nenwechselwirkungsparameter
$B' \approx 1050\,\mathrm{cm}^{-1}$

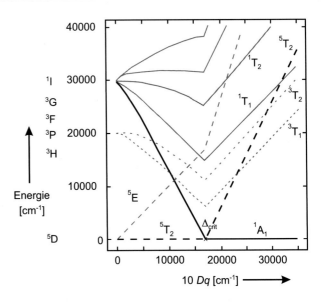

oder unterschiedlich groß ist. Bei einer bestimmten Konfiguration können z. B. Orbitale mit
unterschiedlicher Bahndrehimpuls-Orientierung (charakterisiert durch eine unterschiedliche
magnetische Bahndrehimpulsquantenzahl m_l) besetzt werden. Zusätzlich sind auch unterschiedliche Spin-Orientierungen (charakterisiert durch die magnetische Spinquantenzahl
m_s) möglich. Eine Gruppe von Mikrozuständen mit den gleichen Werten für den Gesamtbahndrehimpuls L und Gesamtspin S, die zu einer bestimmten Konfiguration gehören,
bezeichnet man als Term. Zu einer gegebenen Gesamtbahndrehimpulsquantenzahl L gehören $2L+1$ Zustände, die Werte zwischen $-L$ und L annehmen. Im Tanabe-Sugano-Diagramm
in Abb. 5.8 ist ganz links bei $10\,Dq = 0$ der feldfreie Zustand eines d^6-Ions gegeben. Der
Grundzustand hat das Termsymbol ^{5}D. D steht für den Gesamtbahndrehimpuls $L = 2$, das
heißt, der Zustand ist fünffach bahnentartet. Die hochgestellte Zahl 5 steht für die Multiplizität $2S + 1$, das heißt, der Gesamtspin des Systems ist 2 (oder $\frac{4}{2}$ = vier ungepaarte
Elektronen). Die genauen Regeln für die Bestimmung der Termsymbole wurden bereits im
Abschn. 4 vorgestellt. In der Tat gibt es fünf Möglichkeiten, die sechs d-Elektronen auf die
fünf d-Orbitale unter diesen Vorgaben anzuordnen, wie in Abb. 5.9 links gegeben.

Wird das Ion in ein Ligandenfeld gebracht, spalten die Terme zusätzlich zu den Spalt-
Termen auf, deren Energie in Abhängigkeit von Δ in den Tanabe-Sugano-Diagrammen
gegeben ist. Wenn wir beim Eisen(II)-Ion im oktaedrischen Ligandenfeld bleiben, dann
stellen wir fest, dass es für den HS-Zustand einmal drei und einmal zwei Mikrozustände
gleicher Energie gibt. Diese lassen sich zu Spalt-Termen zusammenfassen. Hier gibt das
Termsymbol den Entartungsgrad an. Terme des Typs T sind dreifach entartet, A bezeichnet einen nicht entarteten Zustand und E einen zweifach entarteten Zustand. Oben links
wird wieder die Multiplizität angegeben, die sich nicht ändert. Durch die Aufspaltung der

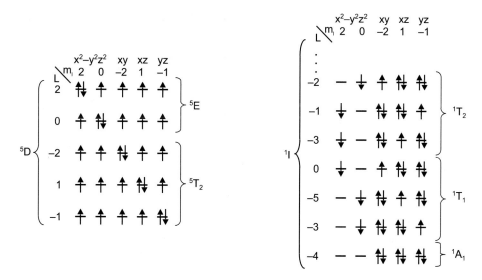

Abb. 5.9 Mikrozustände des Eisen(II)-Ions im high-spin- *(links)* und low-spin- *(rechts)* Zustand mit dazugehörendem Termsymbol und Spalttermen. Für den low-spin-Zustand sind nur die für die folgende Diskussion relevanten Mikrozustände und Spalt-Terme gegeben

d-Orbitale im Ligandenfeld gehören die drei Mikrozustände, bei denen das sechste Elektron in einem der energetisch günstigeren t_{2g}-Orbitale untergebracht ist, zum Grundzustand $^5T_2$. Die anderen beiden Mikrozustände, bei denen das sechste Elektron in einem der beiden energetisch höher liegenden e_g-Orbitale untergebracht ist, gehören zu dem angeregten Zustand ^5E.

Beim Überschreiten einer kritischen Ligandenfeldstärke Δ_{crit} ist nicht mehr der $^5T_2$-Zustand der Grundzustand, sondern der $^1A_1$-Zustand. Dieser Spalt-Term gehört zum feldfreien Term ^1I. I entspricht einem Gesamtbahndrehimpuls von $L=6$, das heißt, dieser Zustand ist 13-fach entartet. Hier ist der aufmerksame Leser gefordert, die 13 Mikrozustände aufzuschreiben. Für die weitere Diskussion benötigen wir nur die in Abb. 5.9 rechts gegebenen sieben, die sich aus dem $^1A_1$-Grundzustand und den angeregten Zuständen $^1T_1$ und $^1T_2$ zusammensetzen.

In allen drei Fällen ist der Gesamtspin $S=0$. Im feldfreien Zustand liegen diese Terme energetisch über dem ^5D-Term, da hier die Spinpaarungsenergie aufgebracht werden muss. Wie schon erwähnt, ist $^1A_1$ bei einer hohen Ligandenfeldaufspaltung der Grundzustand, die beiden anderen Zustände sind angeregte Zustände, bei denen jeweils ein Elektron aus einem t_{2g}-Orbital in ein e_g-Orbital angehoben wurde. $^1T_2$ liegt energetisch über $^1T_1$, da es hier zu der bereits diskutierten zusätzlichen Abstoßung zwischen den Elektronen räumlich nahe liegender d-Orbitale kommt (z. B. xy und $x^2 - y^2$). Aus diesem Grund berücksichtigen die Tanabe-Sugano Diagramme beide Parameter, die Ligandenfeldaufspaltung Δ_O und den Racah-Parameter B.

Im Rahmen der Kristallfeldtheorie und der Ligandenfeldtheorie beginnen wir in der Näherung des schwachen Feldes; wir nehmen also an, dass die Wechselwirkungen der Metallelektronen untereinander fundamental stärker sind als die mit den Ligandelektronen. In diesem Bild können wir von den spektroskopischen Termen der freien Ionen ausgehend, die Ligand-Metall Wechselwirkungen als Störungen gemäß Δ_O einführen. Damit bewährt sich das vorgestellte Modell bei der Interpretation der Eigenschaften von Komplexen und deren Elektronenspektren sehr gut.

Mit Hilfe der Tanabe-Sugano-Diagramme können die Banden der Elektronenspektren einzelnen Übergängen zugeordnet werden und die Ligandenfeldaufspaltung Δ bestimmt werden. Vollständige Tanabe-Sugano-Diagramme enthalten alle nur denkbaren Anregungen, auch Spinverbotene. Um die stärkeren Absorptionen deuten zu können, reicht es, nur die spinerlaubten Übergänge zu betrachten, also solche, bei denen sich der Gesamtspin gegenüber dem Grundzustand nicht ändert. Mit diesem Hintergrundwissen kommen wir zurück zum in Abb. 5.7 gezeigten UV-Vis-Spektrum von $[Fe(ptz)_6](BF_4)_2$ (ptz = 1-Propyltetrazol). Die Banden bei 820 nm bzw. 514.5 nm ($12195\ cm^{-1}$ bzw. $19436\ cm^{-1}$) können dem $^5T_2 \rightarrow {}^5E$- bzw. dem $^1A_1 \rightarrow {}^1T_1$-Übergang im Tanabe-Sugano-Diagramm zugeordnet werden. Trägt man die Übergänge ein, erhält man als 10 Dq-Wert für den HS-Zustand $12250\ cm^{-1}$ und für den LS-Zustand $20050\ cm^{-1}$. Es ist sehr schön ersichtlich, wie sich beim Spinübergang die Ligandenfeldstärke und damit die Farbigkeit der Verbindung wegen der unterschiedlichen Bindungslängen ändert.

5.4.2   *trans*-[CoCl$_2$(en)$_2$]Cl und *cis*-[CoCl$_2$(en)$_2$]Cl

Als abschließendes Beispiel betrachten wir die beiden Cobalt(III)-Komplexe *trans*- und *cis*-[CoCl$_2$(en)$_2$]Cl. In Abb. 5.10 ist das UV-Vis-Spektrum der beiden Komplexe und ein Bild der beiden Lösungen gegeben. Das Cobalt(III)-Ion ist auch ein $3d^6$-System und beide Isomere liegen im low-spin-Zustand vor. Die Ähnlichkeit zum Eisen(II)-Komplex $[Fe(ptz)_6](BF_4)_2$ im low-spin-Zustand ist besonders für die *cis*-Form gut zu sehen (vgl. Abb. 5.10 und Abb. 5.7). Die Farbe der beiden Komplexe ist sehr ähnlich und auch die UV-Vis-Spektren ähneln sich sehr stark, was die Anzahl und Lage der Banden betrifft. Im Vergleich dazu sind die Banden beim grünen *trans*-[CoCl$_2$(en)$_2$]Cl deutlich hin zu größeren Wellenlängen verschoben. Anscheinend bewirken die beiden *trans*-ständigen Chlorido-Liganden eine etwas kleinere Aufspaltung Δ_O. Ein weiterer auffälliger Unterschied ist die Intensität der Banden. Der *cis*-Komplex hat einen größeren Absorptionskoeffizienten als der entsprechende *trans*-Komplex. Dieser Unterschied lässt sich mit der Symmetrie der beiden Isomere erklären. Beim Übergang von *trans* zu *cis* wird das Inversionszentrum am Metallzentrum aufgehoben. Obwohl es sich um einen oktaedrischen Komplex handelt, ist der Übergang zumindest nach der 2. Abfrage Laporte-Erlaubt und hat dementsprechend einen höheren Extinktionskoeffizienten als der *trans*-Komplex.

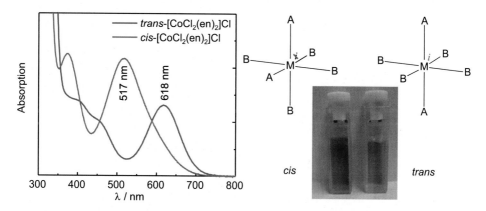

Abb. 5.10 UV-Vis-Spektrum und Foto einer wäßrigen Lösung des grünen Komplexes *trans*-[CoCl$_2$(en)$_2$]Cl. Wenn die Lösung für 5 min auf 70 °C erwärmt wird, entsteht der rote Komplex *cis*-[CoCl$_2$(en)$_2$]Cl, der dann auch nach dem abkühlen bei Raumtemperatur stabil ist

5.5 Fragen

1. Warum ist [Fe(H$_2$O)$_6$]$^{3+}$ farblos und [Fe(H$_2$O)$_6$]$^{2+}$ blassgrün?
2. Warum unterscheiden sich die Farbe und Intensität von Co^{2+} in wässriger Lösung (rosa, Hexaaquacobalt(II)) und in konzentrierter Salzsäure (blau, Tetrachloridocobaltat(II))?
3. Zur Maskierung von Fe^{3+} benutzt man Fluorid-Ionen. Was passiert?
4. Eine wässrige Lösung von Cu^{2+} ist blassblau, bei der Zugabe von NH$_3$ wird sie tiefblau. Erklären Sie die Beobachtung!
5. Bestimmen Sie das Termsymbol und die möglichen Spalt-Terme vom Grundzustand eines d^2-Systems im oktaedrischen Ligandenfeld.

Stabilität von Koordinationsverbindungen 6

Bei der Beschreibung der Liganden und ihrer Komplexe ist schon mehrmals der Begriff Stabilität gefallen, sodass wir uns in diesem Kapitel die Frage stellen:

Was bedeutet „ein Komplex ist stabil"?

6.1 Was ist ein stabiler Komplex?

Die unterschiedliche Stabilität von Komplexen machen wir uns an der Reaktion von Eisen(III)-Ionen mit den Liganden Chlorid, Thiocyanat und Fluorid in Wasser klar. Dazu wird eine Lösung von Eisen(III)-nitrat (es liegen die Kationen $[Fe(H_2O)_5(OH)]^{2+}$ und $[Fe(H_2O)_6]^{3+}$ vor, die Lösung ist gelblich) mit verd. Salpetersäure angesäuert, um den farblosen aqua-Komplex $[Fe(H_2O)_6]^{3+}$ zu erhalten. Bei der Zugabe von Chlorid-Ionen (konz. HCl) wird die Lösung gelb. Es findet ein Ligandenaustausch statt und die Kationen $[FeCl_n(H_2O)_{6-n}]^{3-n}$ mit n = 1–3 entstehen (Abb. 6.1 links). Nun wird zu einem Teil der Lösung etwas Ammoniumthiocyanat-Lösung gegeben. Die Lösung wird tiefrot. In der Mitte von Abb. 6.1 ist eine stark verdünnte Lösung gezeigt, bei der die rote Farbe gut zu erkennen ist. Bei der Zugabe der Thiocyanat-Ionen findet ein Ligandenaustausch statt, bei dem die Chlorid-Ionen durch Thiocyanat ersetzt werden und die Komplexe $[Fe(H_2O)_{6-n}(SCN)_n]^{3-n}$ mit n = 1–3 entstehen. Zu dieser Lösung gibt man jetzt eine Spatelspitze Natriumfluorid und nach kurzem Umrühren wird die Lösung wieder farblos (Abb. 6.1 rechts). Der entstandene Hexafluoridoferrat(III)-Komplex ist sehr stabil und wird in der Analytik zum „Maskieren" von Eisen(III)-Ionen eingesetzt.

Die Originalversion dieses Kapitels wurde revidiert. Ein Erratum ist verfügbar unter https://doi.org/10.1007/978-3-662-63819-4_14

Ergänzende Information Die elektronische Version dieses Kapitels enthält Zusatzmaterial, auf das über folgenden Link zugegriffen werden kann (https://doi.org/10.1007/978-3-662-63819-4_6)

B. Weber, *Koordinationschemie,* https://doi.org/10.1007/978-3-662-63819-4_6

Abb. 6.1 Wässrige Lösung
von Eisen(III)-Ionen in
Gegenwart von Chlorid-Ionen
(links), nach Zugabe von
Thiocyanat-Ionen *(mitte)* und
nach weiterer Zugabe von
Fluorid-Ionen *(rechts)*

Um die beschriebenen Farbumschläge zu verstehen, betrachten wir die einzelnen Reaktionsgleichungen zu den gerade beschriebenen Vorgängen. Bereits bei der ersten Gleichung wird eine Frage aufgeworfen, die es zu beantworten gilt.

$$[Fe(H_2O)_5(OH)]^{2+} + H^+ \rightleftharpoons [Fe(H_2O)_6]^{3+}$$

Warum entsteht beim Auflösen von Eisen(III)-nitrat in Wasser der Komplex $[Fe(H_2O)_5(OH)]^{2+}$ und nicht der entsprechende Hexaaquaeisen(III)-Komplex?

Um diese Frage zu beantworten, überprüfen wir zunächst den pH-Wert der Lösung. Er liegt bei pH = 2 – 3, das heißt, die Lösung ist sauer. Die Reaktionsgleichung zeigt, dass sich das Hexaaquaeisen(III)-Ion offensichtlich wie eine Brønsted-Säure verhält, als Protonendonator. In der Tat liegt der pK_S-Wert von $[Fe(H_2O)_6]^{3+}$ bei 2.46. [1] Zum Vergleich, der pK_S-Wert von Essigsäure (als Beispiel für eine schwache Säure) ist 4.75, der von Salpetersäure (starke Säure) ist −1.37 und der von reinem Wasser ist 14. [1] Das Hexaaquaeisen(III)-Ion ist eine mittelstarke Säure, etwa mit der Phosphorsäure (H_3PO_4, pK_S = 2.16) vergleichbar. Je stärker eine Brønsted-Säure ist, umso höher ist deren Tendenz, ein Proton abzugeben.

In den bisherigen Kapiteln haben wir vorrangig diskutiert, wie die Liganden die Eigenschaften des Zentralions beeinflussen. Welcher Ligand am Metallion koordiniert, die Koordinationszahl und Komplexgeometrie beeinflussen die Aufspaltung der d-Orbitale und damit Farbigkeit und magnetische Eigenschaften des Komplexes. Dies ist kein einseitiger Prozess. Durch die Koordination des Liganden an das Metall ändern sich auch die Eigenschaften des Liganden, was sich dann in einer veränderten Reaktivität widerspiegelt. Das ist die Grundlage für durch Metallzentren vermittelte katalytische Prozesse! Durch die Koordination des Wassers an das Eisen(III)-Ion, das eine starke Lewis-Säure ist, wird die O–H-Bindung im Wasser geschwächt und die Abgabe von Protonen erleichtert. Der pK_S-Wert vom Wasser ändert sich. Wird der pH-Wert der Lösung weiter erhöht, finden weitere Deprotonierungen statt. Es folgen Kondensationsreaktionen unter Ausbildung mehrkerniger Komplexe (den sogenannten Isopolykationen). Ein einfaches Beispiel für eine zweikernige Spezies ist das Kation $[\{Fe(H_2O)_4\}_2(\mu\text{-}OH)_2]^{4+}$. Wir üben noch einmal die IUPAC-Nomenklatur, es handelt sich um das Bis(μ-hydroxido)bis(tetraaquaeisen(III))-Ion.

Das für das Eisen(III)-Ion in wässriger Lösung beschriebene Verhalten wird bei allen hoch geladenen (dreiwertigen) kleinen Kationen beobachtet. Ein weiteres Beispiel ist das

Aluminium(III)-Ion. Hier ist der pK_S-Wert des Hexaaqua-Komplexes 4.97 [1] – es handelt sich um eine etwas schwächere Säure. Die unterschiedliche Acidität der beiden Hexaaqua-Ionen ist die Grundlage für das in der Einleitung erwähnte Bayer-Verfahren zur Herstellung von hochreinem Aluminiumoxid für die großtechnische Darstellung von Aluminium. Sie bewirkt, das $Al(OH)_3$ amphother ist und $Fe(OH)_3$ nicht. Der pK_S-Wert des gebundenen Wassers hängt dabei nicht ausschließlich von der Lewis-Säure-Stärke ab. Ein Element ist umso Lewis-saurer, je positiver geladen und kleiner (Radius) es ist. Dementsprechend ist ein Element umso Lewis-basischer, je negativer und kleiner es ist. Die positive Ladung der beiden Ionen ist gleich, sie sind beide dreiwertig. Der Ionenradius von Aluminium ist kleiner als der von Eisen (für KZ 6: 0.675 Å vs. 0.785 Å), Aluminium ist die stärkere Lewis-Säure.

Wir kommen zurück zur Stabilität von Komplexen und betrachten die folgenden Reaktionsgleichungen. Dabei gehen wir davon aus, dass die Menge der eingesetzten Liganden gleich ist.

$$[Fe(H_2O)_6]^{3+} + Cl^- \rightleftharpoons [FeCl(H_2O)_5]^{2+} + H_2O$$

$$[FeCl(H_2O)_5]^{2+} + SCN^- \rightleftharpoons [Fe(H_2O)_5(SCN)]^{2+} + Cl^-$$

$$[Fe(H_2O)_5(SCN)]^{2+} + 6\,F^- \rightleftharpoons [FeF_6]^{3-} + SCN^- + 5\,H_2O$$

Das Experiment hat gezeigt, dass bei den Eisen(III)-Komplexen die Stabilität in Wasser in Abhängigkeit vom Liganden in der Reihenfolge $H_2O < Cl^- < SCN^- < F^-$ zunimmt. Einen Zahlenwert für direkte Vergleiche liefert die Komplexbildungskonstante K_B. Sie ist der Quotient aus der Konzentration der Produkte und der Konzentration der Edukte. Die allgemeine Formel (für einen oktaedrischen Komplex) lautet:

$$M^{n+} + 6\,L \rightleftharpoons [M(L)_6]^{n+}$$

$$K_B = \frac{c([M(L)_6]^{n+})}{c(M^{n+}) \cdot c^6(L)}$$

Ist der Zahlenwert groß, dann liegt das Gleichgewicht auf der Seite des Produktes, das ist in diesem Fall der Komplex. Ist der Zahlenwert klein (deutlich kleiner als 1), dann liegt das Gleichgewicht auf der Seite der Ausgangsstoffe. Dabei spielt die Konzentration der einzelnen Bestandteile eine große Rolle. Der Eisen(III)-Thiocyanat-Komplex kann aus dem Hexafluoridoferrat-Ion gebildet werden, wenn der Überschuss von Thiocyanat-Ionen im Verhältnis zu den Fluorid-Ionen groß genug ist. Wenn wir davon ausgehen, dass wir mit Wasser als Lösungsmittel arbeiten, müssen wir bedenken, dass das Metallion als Aqua-Komplex vorliegt und bei der Reaktion ein Ligandenaustausch von Wasser gegen den eingesetzten Liganden stattfindet. Dabei wird zusätzliches Wasser freigesetzt. Da es sich um das Lösungsmittel handelt, spielt es für die Bestimmung der Komplexbildungskonstante keine Rolle. Die Wassermenge ändert sich bei der Reaktion nur unwesentlich und wird deswegen nicht berücksichtigt. Wir sehen uns die Reaktion am Beispiel der Bildung des Komplexes $[Fe(CN)_6]^{4-}$ an.

$$Fe^{2+} + 6\,CN^- \rightleftharpoons [Fe(CN)_6]^{4-}$$

$$K_B = \frac{c([Fe(CN)_6]^{4-})}{c(Fe^{2+}) \cdot c^6(CN^-)}$$

Um die Komplexbildungskonstante zu bestimmen, müssen die Konzentrationen der einzelnen Spezies in Lösung im Gleichgewicht bestimmt werden. Dies gelingt z. B., wenn konzentrationsabhängige UV-Vis-Spektroskopie durchgeführt wird. Wird die Cyanid-Ionen-Konzentration langsam erhöht, lassen sich auch die Stabilitätskonstanten für die sukzessive Anlagerung der Liganden bestimmen, deren Produkt wieder die Komplexbildungskonstante ist. Das Reziproke der Komplexbildungskonstante ist die Dissoziationskonstante ($K_D = 1/K_B$). Für die sukzessive Anlagerung von Liganden gilt:

$$[Fe(H_2O)_6]^{2+} + CN^- \rightleftharpoons [Fe(CN)(H_2O)_5]^{1+} + H_2O$$

$$K_1 = \frac{c([Fe(CN)(H_2O)_5])}{c([Fe(H_2O)_6]^{2+}) \cdot c(CN^-)}$$

$$[Fe(CN)(H_2O)_5]^{1+} + CN^- \rightleftharpoons [Fe(CN)_2(H_2O)_4] + H_2O$$

$$K_2 = \frac{c([Fe(CN)_2(H_2O)_4])}{c([Fe(CN)(H_2O)_5]) \cdot c(CN^-)}$$

$$K_B = K_1 \cdot K_2 \cdot K_3 \cdot \ldots$$

In Abb. 6.2 ist ein Beispiel für solch eine UV-Vis-Titration gegeben. Sie zeigt die Spektren für die Titration eines Eisen(III)-Komplexes mit einem makrocyclischen vierzähnigen Liganden

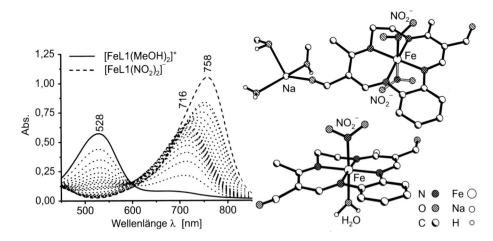

Abb. 6.2 UV-Vis-Spektren für die Titration von $[FeL1(MeOH)_2]^+$ mit Nitrit. Es erfolgt ein sukzessiver Austausch von Methanol gegen Nitrit. Dabei entsteht zunächst der neutrale Komplex $[FeL1(MeOH)(NO_2)]$ und dann der Komplex $[FeL1(NO_2)_2]^-$. L1 ist ein makrocyclischer Ligand. Auf der rechten Seite ist die Molekülstruktur eines analogen Komplexes mit zwei Nitrit (oben) und einem Nitrit und einem Wasser (unten) als Liganden gegeben [20]

und zwei einzähnigen Liganden. Die beiden einzähnigen Liganden können schrittweise ausgetauscht werden. Auf der rechten Seite ist die Molekülstruktur solcher Komplexe zur Veranschaulichung gegeben.

6.1.1 Das HSAB-Prinzip

Die Komplexbildungskonstante liefert gut vergleichbare Zahlenwerte, deren Bestimmung aber aufwendig ist. Für einen schnellen Vergleich der Komplexstabilität hilft uns das von *Pearson* entwickelte *HSAB-Prinzip* (bzw. das Prinzip von Pearson) weiter. HSAB-Prinzip steht für *principle of hard and soft acids and bases*. Die Säuren und Basen sind bei diesem Konzept Lewis-Säuren und -Basen. Damit lässt es sich sehr gut auf Koordinationsverbindungen übertragen, um die Stabilität der Bindung zwischen Metallion (Lewis-Säure) und Ligand (Lewis-Base) abzuschätzen. Neben der Stabilität von Komplexen kann man mit diesem Prinzip auch das Vorkommen von Verbindungen in der Natur (oxidisch oder sulfidisch) erklären. Das ist eng verknüpft mit der „Stabilität" der entsprechenden Salze, d. h. deren (möglichst geringen) Löslichkeit.

Beim HSAB-Prinzip wird nicht die Stärke bzw. Schwäche der Säuren und Basen betrachtet, sondern es wird das Konzept von *hart* und *weich* verwendet, um die Stabilität von Lewis-Säure-Base-Addukten zu beschreiben. Dazu müssen wir zuerst erklären, was eine harte und was eine weiche Lewis-Säure bzw. Lewis-Base ist.

Harte Lewis-Säuren sind kleine Kationen mit hoher positiver Ladung. Das bedeutet starke Lewis-Säuren wie Al^{3+} oder Fe^{3+} sind harte Kationen. Ionenradius und Ladung sind jedoch nicht die einzigen Faktoren, die die Härte einer Lewis-Säure bestimmen. Harte Lewis-Säuren besitzen keine nichtbindenden Valenzelektronen, dass heißt, es sind Kationen mit abgeschlossener Edelgasschale. Ein gutes Beispiel hierfür sind das Natrium-Ion und das Kupfer(I)-Ion. Beide Ionen haben die gleiche Ladung (+ 1) und einen ähnlichen Ionenradius (1.16 Å und 0.91 Å). Der Radius vom Kupfer(I)-Ion ist sogar kleiner, es sollte eine härtere Lewis-Säure sein. Ausschlaggebend sind hier die Valenzelektronen. Das Natrium-Ion hat eine abgeschlossene Edelgasschale und ist deswegen hart. Das Kupfer(I)-Ion hat eine d^{10}-Schale und ist weich. Weiche Lewis-Säuren sind i. d. R. große Kationen mit einer kleinen positiven Ladung und nichtbindenden Valenzelektronen.

Bei Liganden, den Lewis-Basen, wird die Härte vorwiegend über die Donoratome bestimmt. Mögliche Substituenten spielen eine untergeordnete Rolle. Es macht nur einen geringen Unterschied, ob Wasser (H_2O), das Hydroxid-Ion (OH^-) oder das Oxid-Ion (O^{2-}) als Ligand fungieren, die Härte der drei Liganden ist ähnlich. Für die Donoratome gilt der gleiche Trend wie für die Kationen. Harte Lewis-Basen haben einen kleinen Ionenradius und eine niedrige Oxidationsstufe. Die Ladung spielt eine untergeordnete Rolle. Dafür kann die Elektronegativität des Elementes herangezogen werden, um die Härte der Lewis-Base abzuschätzen.

Die „Härte" ist ein Maß für die Polarisierbarkeit der Ionen bzw. Liganden. Harte Ionen lassen sich schlecht polarisieren (klein, hohe Oxidationsstufe), während weiche Ionen leicht

Tab. 6.1 Relative Härte einiger Ionen und Donor-Atome für die Abschätzung von Komplexstabilitäten nach dem HSAB-Prinzip

	Hart	Mittel	Weich
Kationen	H^+		
	Li^+, Be^{2+}, B^{3+}, C^{4+},	Fe^{2+}	Ni^{2+}, Cu^+, Zn^{2+}, Ga^{3+}, Ge^{2+}
	Na^+, Mg^{2+}, Al^{3+}, Si^{4+},	Mn^{2+}	Pd^{2+}, Ag^+, Cd^{2+}, In^{3+}, Sn^{2+}
	K^+, Ca^{2+}, Sc^{3+}, Ti^{4+},		Pt^{2+}, Au^+, Hg^{2+}, Tl^{3+}, Pb^{2+}
	(keine d-Elektronen)	(wenig d-Elektronen)	d^8/d^{10}
Donoratome	F, O	N, Cl	Br, H^-, S, C, I, Se, P

polarisierbar sind. Tab. 6.1 gibt einen Überblick über die Zuordnung einiger Ionen und Donor-Atome.

Der dem HSAB-Prinzip zugrundeliegende Gedanke ist „Gleich und gleich gesellt sich gerne", d. h. harte Ionen bilden mit harten Liganden stabile Komplexe und weiche Lewis-Säuren mit weichen Lewis-Basen. Bei der Kombination hart + hart dominieren elektrostatische Wechselwirkungen die Bindung. Die Bindung hat einen ausgeprägten ionischen Charakter. Ein gutes Beispiel hierfür ist das schwer lösliche CaF_2. Bei der Kombination weich + weich hat die Bindung mehr kovalenten Charakter, wie z. B. beim schwer löslichen HgI_2. Die geringe Löslichkeit von Salzen steht für starke attraktive Wechselwirkungen zwischen den Anionen und Kationen, also den Lewis-Basen und Lewis-Säuren. Die gleichen Trends wie für die Komplexbildung werden beobachtet. Auch bevorzugte Koordinationszahlen und Koordinationspolyeder von Komplexen lassen sich erklären. Das harte Natrium-Ion bevorzugt die weit verbreitete Koordinationszahl 6 mit oktaedrischer Koordinationsumgebung. Das weiche Kupfer(I)-Ion bildet bevorzugt Bindungen mit kovalenten Bindungsanteilen aus. Aus diesem Grund ist die bevorzugte Koordinationszahl 4 mit einem Tetraeder als Koordinationspolyeder. Dies kann damit erklärt werden, dass nur vier Orbitale zur Ausbildung einer Bindung zur Verfügung stehen – ein leeres s- und die drei leeren p-Orbitale.

Unser Versuch mit Eisen(III)-Ionen bestätigt die aufgeführten Trends: Das harte Eisen(III)-Ion bildet mit den relativ weichen Chlorid-Liganden keine stabilen Komplexe, sodass dieser sich leicht durch das etwas härtere Thiocyanat (*N*-Donor) verdrängen lässt. Noch stabiler sind die Komplexe allerdings mit dem sehr harten Fluorid-Ion.

Ein gutes, im Praktikum zur qualitativen Analyse vorkommendes Beispiel für das HSAB-Konzept, sind die Nachweisreaktionen für die Halogenid-Ionen. Hier kann die unterschiedliche Löslichkeit der Silberhalogenide über das HSAB-Prinzip erklärt werden. Das Löslichkeitsprodukt sinkt von Silberfluorid (gut löslich) über Silberchlorid und Silberbromid bis hin zum Silberiodid (immer schlechter löslich) und spiegelt die zunehmende Weichheit der Halogenid-Anionen wieder (das Ag(I)-Ion ist sehr weich!). Das merkt man, wenn man versucht die Niederschläge wieder aufzulösen, was im Falle des Chlorids mit verdünntem und beim Bromid mit konzentriertem Ammoniak (unter Komplexbildung, siehe Kap. 1) möglich ist. Für das Iodid muss man zu einem stärkeren Komplexbildner, dem Thiosulfat (das auch als Fixiersalz in der Schwarz-Weiß-Fotografie bekannt ist), greifen.

6.2   Thermodynamische Stabilität und Inertheit von Komplexen

Wenn wir über die Stabilität von Komplexen sprechen, dann beziehen wir uns i. d. R. auf ihre Beständigkeit gegenüber der Substitution von Liganden. Andere Alternativen, z. B. der spontane Zerfall in die Elemente, werden nicht in Betracht gezogen. Ligandenaustauschreaktionen sind i. d. R. Gleichgewichtsreaktionen und eine wichtige Frage, die sich beim Betrachten solcher Reaktionen stellt, ist, auf welcher Seite das Gleichgewicht liegt, oder anders gesagt, ob die Reaktion abläuft oder nicht. Bisher haben wir diese Frage mathematisch mit der Komplexbildungskonstante beschrieben und die Stabilität der Komplexe mit dem HSAB-Prinzip grob verglichen. Um diese Frage im Detail zu beantworten, muss man zwischen der thermodynamischen Stabilität und der Inertheit bzw. Beständigkeit von Komplexen unterscheiden. Die Frage nach der thermodynamischen Stabilität gibt Auskunft darüber, ob eine Reaktion in die gewünschte Richtung abläuft. Zur Beantwortung dieser Frage können wir die Komplexbildungskonstante bestimmen oder das HSAB-Prinzip heranziehen. Die Frage nach der Inertheit sagt etwas über die Aktivierungsenthalpie aus, die überwunden werden muss, damit die Reaktion überhaupt abläuft. Bei den bisher beschriebenen Beispielen wurde dieser Aspekt vernachlässigt. In Abb. 6.3 ist der Unterschied dargestellt. Damit die Reaktion zwischen A und B (oder für die Rückreaktion zwischen C und D) überhaupt stattfindet, muss eine Energiebarriere überwunden werden, die Aktivierungsenergie bzw. Aktivierungsenthalpie E_A bzw. ΔG^*. Die Höhe der Energiebarriere beeinflusst

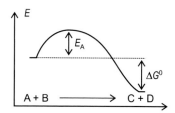

Abb. 6.3 Reaktionsschema für die Reaktion von A + B zu C und D. Damit die Reaktion stattfinden kann, muss die Aktivierungsenergie E_A (oft auch als ΔG^* bezeichnet) überwunden werden. Die Höhe dieser Energiebarriere beeinflusst die Reaktionsgeschwindigkeit. Ob das Gleichgewicht auf der Seite der Produkte (C und D) oder der Edukte (A und B) liegt, hängt von der freien Energie ΔG^0 ab. Ist der Wert negativ, dann ist die Reaktion exergon und das Gleichgewicht liegt auf der Seite der Produkte. Ist der Wert positiv, dann ist die Reaktion endergon und das Gleichgewicht liegt auf der Seite der Edukte. Der häufig verwendete Begriff endotherm beschreibt eine Reaktion, die nur unter Energiezufuhr abläuft

die Reaktionsgeschwindigkeit, die temperaturabhängig ist. Dieser Zusammenhang ist in der Arrhenius-Gleichung gegeben.

$$k = A \times e^{\frac{-E_A}{RT}}$$

Bei dieser Gleichung ist k die Geschwindigkeitskonstante, A ein präexponentieller Faktor, E_A die Aktivierungsenergie, R die Gaskonstante und T die Temperatur in Kelvin. Eine sehr hohe Energiebarriere führt dazu, dass die Reaktion nicht stattfindet. Die folgenden Beispiele werden zeigen, dass auch die kinetische Stabilität für Ligandenaustauschreaktionen eine Rolle spielt.

Ein Komplex ist thermodynamisch stabil, wenn die Differenz der freien Energien ΔG^0 von Edukten und Produkten negativ ist (exergone Reaktion). Diese Differenz steht im Zusammenhang mit dem Ausmaß der Bildung eines Komplexes, wenn sich das Gleichgewicht eingestellt hat. Man beachte den Unterschied zwischen den Begriffen exergon und exotherm. Bei einer exergonen Reaktion liegt das Gleichgewicht auf der Seite der Produkte und wir betrachten ΔG^0. Der Begriff exotherm bezieht sich auf die Reaktionsenthalpie ΔH. Eine exotherme Reaktion verläuft unter Energieabgabe, während eine endotherme Reaktion unter Energieaufnahme abläuft.

Die kinetische Stabilität beschreibt die Geschwindigkeit, mit der sich eine Reaktion in Richtung der Gleichgewichtseinstellung bewegt. Bei Substitutionsreaktionen ist stets zu unterscheiden, ob man von thermodynamischer Stabilität oder kinetischer Beständigkeit spricht. Dabei ist es wichtig zu spezifizieren, auf welche Reaktion bzw. Reaktionsbedingungen sich die Aussage bezieht. Die Bezeichnung „ein stabiler Komplex" kann sich auf einen thermodynamisch stabilen Komplex beziehen, der kinetisch beständig oder labil ist, sie kann sich aber auch auf einen thermodynamisch instabilen Komplex beziehen, der kinetisch sehr beständig ist und deswegen einfach nicht reagiert. Wir sehen uns die folgenden Beispiele an, um den Unterschied besser zu verstehen.

Die ersten Beispiele kommen aus der Hauptgruppenchemie. Die Molekülverbindungen CCl_4, $SiCl_4$, und NF_3 sind thermodynamisch stabil im Hinblick auf den spontanen Zerfall in die Elemente, während NCl_3 spontan in seine Elemente zerfällt. Aber alle vier Beispiele sind thermodynamisch instabil im Hinblick auf eine Hydrolyse. Siliziumtetrachlorid ist eine Flüssigkeit, die ohne Zersetzung destilliert werden kann. Bei der Handhabung dieser Verbindung muss aber unter Feuchtigkeitsausschluss gearbeitet werden, da sonst sofort, aufgrund der hohen Affinität von Silizium zu Sauerstoff, die Verbindung unter HCl-Freisetzung hydrolysiert wird. Im Gegensatz dazu ist Tetrachlorkohlenstoff wesentlich beständiger und kann ohne Bedenken (im Hinblick auf eine unerwünschte Zersetzung) als Lösemittel eingesetzt werden. Dies ist auf den ersten Blick überraschend, da die C-Cl-Bindung schwächer ist als die Si-Cl-Bindung. Die unterschiedliche kinetische Stabilität der beiden Moleküle lässt sich mit der Lewis-Acidität von $SiCl_4$ erklären. Diese begünstigt eine assoziative nukleophile Substitution am Silicium, die sehr schnell stattfindet. Im Gegensatz dazu verhält sich CCl_4 als Lewis-Base und eine nukleophile Substitution am Kohlenstoff ist nur nach einem dissoziativen Mechanismus möglich, der deutlich langsamer ist. Aufgrund der geringen Größe des Kohlenstoffatoms ist ein konzertierter Mechanismus (S_N2) unwahrscheinlich.

Ein ähnliches Beispiel lässt sich bei Komplexen finden. $[Co(NH_3)_6]^{3+}$ ist thermodynamisch stabil hinsichtlich des Zerfalls in Co^{3+} und $6\,NH_3$, jedoch instabil bei der sauren Hydrolyse, bei der sich $[Co(H_2O)_6]^{3+}$ bildet. Die Zersetzung des Komplexes dauert jedoch mehrere Tage, d. h. kinetisch ist der Komplex hinsichtlich der sauren Hydrolyse relativ stabil. Der Grund dafür ist, dass es keinen günstigen Weg für diese Reaktion gibt. Substitutionsreaktionen an Komplexen können nach einem S_N1- oder S_N2-Mechanismus ablaufen. Bei Ersterem ist der geschwindigkeitsbestimmende Schritt die Abgabe eines Liganden, um so eine freie Koordinationsstelle für einen neuen Liganden zu schaffen (dissoziativer Mechanismus). Die zweite Variante ist, dass erst unter Erhöhung der Koordinationszahl ein weiterer Ligand angelagert wird (geschwindigkeitsbestimmend) und dann ein Ligand austritt, um wieder zur ursprünglichen Koordinationszahl zu kommen (assoziativer Mechanismus). Der Ligandenaustausch am Cobalt erfordert eine vorübergehende Änderung der Koordinationszahl am Metallzentrum. Bei der ersten Variante wird die Koordinationszahl am Cobalt vorübergehend auf fünf erniedrigt, beim zweiten vorübergehend auf sieben erhöht. Das Cobalt(III)-Ion hat als d^6-Ion im low-spin-Zustand eine besonders hohe Ligandenfeldstabilisierungsenergie, die dafür z. T. überwunden werden muss. Die Aktivierungsenergie ist sehr hoch und die Reaktion nur sehr langsam.

$$[Co(NH_3)_6]^{3+} + 6\,H_3O^+ \longrightarrow [Co(H_2O)_6]^{3+} + 6\,NH_4^+$$

Den Einfluss der Ligandenfeldstabilisierungsenergie auf die kinetische Stabilität der Komplexe zeigt auch folgende Reihe. Cyanido-Komplexe sind thermodynamisch sehr stabil, sie können jedoch eine unterschiedliche kinetische Stabilität besitzen. Ob die Komplexe kinetisch labil (schneller Ligandenaustausch mit anderen Cyanid-Liganden) oder kinetisch stabil (sehr langsamer Ligandenaustausch) sind, lässt sich durch den Einbau von markiertem Cyanid (z. B. ^{14}C, radioaktiv, oder ^{13}C bzw. ^{15}N, für NMR-Experimente) nachweisen. So wurden die Halbwertszeiten für den CN^--Austausch bei $[Ni(CN)_4]^{2-}$ (30 s), $[Mn(CN)_6]^{3-}$ (1 h) und $[Cr(CN)_6]^{3-}$ (24 d) bestimmt. Die sehr kurze Halbwertszeit vom Nickel-Komplex lässt sich durch die Möglichkeit der Koordinationszahlerhöhung von 4 auf 5 erklären. Hier findet also ein Additions-Eliminierungs-Mechanismus statt. Beim oktaedrischen Chrom(III)-Komplex, ein d^3-Ion, ist die kinetische Stabilität wieder mit der hohen Ligandenfeldstabilisierungsenergie zu erklären. Hier sind die energetisch tiefer liegenden t_{2g}-Orbitale halb besetzt und die Abweichung von der idealen Oktaeder-Geometrie führt zum Energieverlust. Der entsprechende Mangan-Komplex hat als d^4-Ion bereits eine verzerrte Geometrie (siehe Jahn-Teller-Effekt) und der Ligandenaustausch verläuft schneller. Die kinetische Stabilität kann (muss aber nicht) Hinweise auf den Reaktionsmechanismus und die Aktivierungsenergie liefern.

6.3   Der Chelat-Effekt

Komplexe mit mehrzähnigen Liganden (sogenannte Chelatliganden mit den daraus resultierenden Chelatkomplexen) sind stabiler als Komplexe mit vergleichbaren einzähnigen Liganden. Dieses als Chelat-Effekt bezeichnete Phänomen soll im Folgenden näher betrachtet werten.

Als Beispiel betrachten wir die Reaktion von Cd^{2+} mit dem einzähnigen Methylamin bzw. dem zweizähnigen Ethylendiamin als Liganden. Die Komplexbildungskonstante für die Reaktion (b) mit Ethylendiamin ist deutlich größer als für (a) mit den einzähnigen Liganden.

$$[Cd(H_2O)_6]^{2+} + 4\,NH_2Me \rightleftharpoons [Cd(NH_2Me)_4(H_2O)_2]^{2+} + 4\,H_2O \quad (a)$$

$$[Cd(H_2O)_6]^{2+} + 2\,en \rightleftharpoons [Cd(en)_2(H_2O)_2]^{2+} + 4\,H_2O \quad (b)$$

$$K_B(b) >> K_B(a)$$

Die Stabilität von Chelatkomplexen kann sowohl über kinetische (Inertheit) wie auch thermodynamische Aspekte erklärt werden. Für die kinetische Stabilität kann man sich vorstellen, dass bei Chelatliganden durch die Koordination des ersten Donoratoms am Metallzentrum das Zweite (und alle weiteren) in die räumliche Nähe des Metallzentrums kommen und dadurch schneller koordinieren. Wenn wir bei dem in Abb. 6.3 gezeigten Schema bleiben, bedeutet es, dass die Aktivierungsenergie für die Koordination des zweiten Donoratoms herabgesetzt wird. Diese Argumentation erschwert auch den Ligandenaustausch, weil beide (bzw. alle) Bindungen zwischen Metallzentrum und Ligand gebrochen werden müssen, bevor der Ligand abdissoziieren kann. Die Stabilität des Komplexes erhöht sich.

Für thermodynamisch stabile Komplexe gilt: die freie Energie ΔG^0 der Reaktion ist negativ. Wenn man die *Gibbs-Helmholtz-Gleichung*

$$\Delta G^0 = \Delta H^0 - T\,\Delta S^0$$

betrachtet, dann stellt man fest, dass für das Erreichen dieser Bedingung zwei Faktoren eine Rolle spielen. Der Erste ist $\Delta H^0 < 0$, das entspricht einer exothermen Komplexbildungsreaktion, während bei der zweiten Variante: $\Delta S^0 > 0$ eine Entropiezunahme bei der Komplexbildung stattfindet. Die in der Beispielreaktion gegebenen Liganden Methylamin und Ethylendiamin sind sich in Bezug auf ihre Stellung in der spektrochemischen Reihe sehr ähnlich, sodass ΔH^0 in beiden Fällen zunächst einmal vergleichbar ist. Vergleicht man die Reaktionsgleichungen (a) und (b), dann stellt man fest, dass bei (a) die Teilchenzahl auf beiden Seiten des Gleichgewichtes gleich ist, während bei (b) die Teilchenzahl bei Komplexbildung mit einem Chelatliganden von 3 auf 5 erhöht wird. Dadurch erhöht sich die Entropie (die Unordnung) des Systems, was mit einem (zusätzlichen) Energiegewinn verbunden ist ($\Delta S^0 > 0$). Aufgrund der Entropiezunahme sind Chelatkomplexe thermodynamisch stabiler als analoge Komplexe mit einzähnigen Liganden.

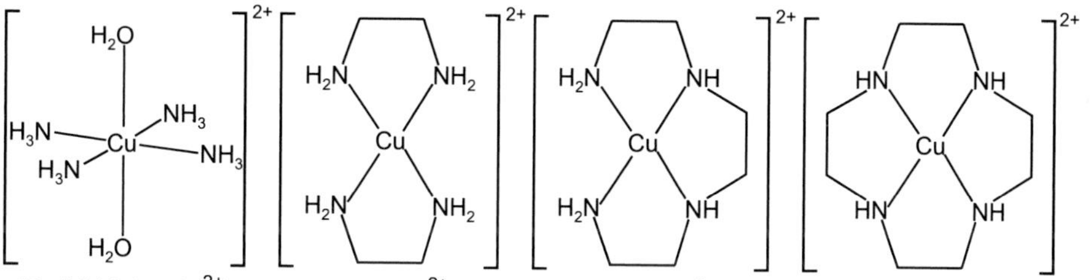

$[Cu(NH_3)_4(H_2O)_2]^{2+}$ $K_B = 10^{13,0}$

$[Cu(en)_2]^{2+}$ $K_B = 10^{19,6}$

$[Cu(trien)]^{2+}$ $K_B = 10^{20,1}$

$[Cu(taa)]^{2+}$ $K_B = 10^{23,3}$

Abb. 6.4 Komplexbildungskonstanten für die Reaktion von $[Cu(H_2O)_6]^{2+}$ mit 4 NH_3, 2 en, 1 trien bzw. taa = Tetraaza[12]annulen. Aus Gründen der Übersichtlichkeit wurde nur für $[Cu(NH_3)_4(H_2O)_2]^{2+}$ die ggf. noch koordinierten Wasserliganden mit eingezeichnet

In Abb. 6.4 sind die Komplexbildungskonstanten von Kupferkomplexen mit vier einzähnigen (NH_3), zwei zweizähnigen (en = 1,2-Diaminoethan), einem offenkettigen vierzähnigen (trien = Triethylentetraamin) und einem makrocyclischen vierzähnigen (taa = Tetraaza[12]annulen) Liganden gegeben. Wir sehen, dass sich mit zunehmender Anzahl von Donoratomen pro Liganden die Komplexbildungskonstante erhöht. Der gebildete Komplex ist immer stabiler und unsere bisherige Argumentation wird bestätigt. Vergleicht man die Zunahme der Komplexbildungskonstanten, dann fällt auf, dass von Ammoniak (NH_3) zu Ethylendiamin (en) die Zunahme der Stabilität deutlich größer ist als beim zweiten Schritt (en $\rightarrow$ trien). Das ist darauf zurückzuführen, dass bei dieser Reihung die Enthalpie nicht außer acht gelassen werden kann. Durch die Alkylierung der Stickstoff-Liganden wird die Basenstärke leicht erhöht, was sich in der Ligandenfeldaufspaltung widerspiegelt und die Stabilität des Chelatkomplexes weiter erhöht. Ein weiterer Aspekt ist die Herabsetzung der sterischen Ligand-Ligand-Wechselwirkung. Bei dem Komplex mit vier Ammoniak-Liganden finden abstoßende Wechselwirkungen zwischen den Liganden statt. Durch das Einführen einer kovalenten Verbrückung werden diese Wechselwirkungen, die die Komplexstabilität erniedrigen, unterbunden. Dieser Effekt spielt auch bei den weiter oben besprochenen Cadmiumkomplexen eine Rolle. Beides sind reine Enthalpie-Effekte, die ebenfalls zur Stabilität von Chelatkomplexen beitragen.

Wenn wir die beiden Komplexe mit vierzähnigen Liganden vergleichen, $[Cu(trien)]^{2+}$ und $[Cu(taa)]^{2+}$, dann stellen wir fest, dass für den makrocyclischen Liganden taa sich die Komplexstabilität noch einmal zusätzlich erhöht. Die erhöhte Stabilität eines Komplexes mit makrocyclischen Liganden gegenüber einem vergleichbaren Komplex mit offenkettigen Liganden wird als *makrocyclischer Effekt* bezeichnet. Hier spielt die eingangs erwähnte Teilchenzahl keine Rolle und einen wichtigen Beitrag zur erhöhten Stabilität des Systems liefern v. a. die Präorganisation des Liganden und die bereits diskutierten, bei makrocyclischen Liganden fehlenden, abstoßenden Wechselwirkungen. Bei einem makrocyclischen Liganden sind alle Donoratome bereits optimal für die Koordination des Metallzentrums angeordnet.

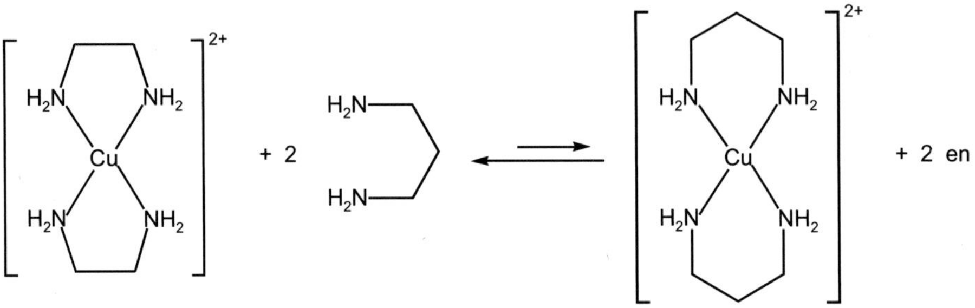

Abb. 6.5 Vergleich der Stabilität von 5-Ringen und 6-Ringen bei Kupferkomplexen. Bevorzugt sind Fünfringe, die weitgehend spannungsfrei, planar oder leicht gewellt gebaut sind

Ein offenkettiger Ligand hat in Lösung eher eine lineare Struktur, bei der die Donoratome in verschiedene Richtungen zeigen können. Bei der Koordination an das Metallzentrum muss sich der Ligand umorientieren, wofür Energie benötigt wird. Der freie offenkettige Ligand besitzt in Lösung mehr Freiheitsgrade, z. B. bezüglich der Rotation um einzelne Bindungen, als der bereits für die Komplexierung vororientierte makrocyclische Ligand. Bei Komplexierung verringert sich die Anzahl der Freiheitsgrade für den offenkettigen Liganden, die Entropie nimmt ab. Bei der Komplexierung des makrocyclischen Liganden findet diese Entropieabnahme nicht statt und der Komplex ist stabiler. Wir sehen, dass die Entropie eines Systems nicht nur von der Teilchenzahl, sondern auch von der „Unordnung" eines Liganden abhängen kann.

Auch unterschiedliche Ringgrößen beeinflussen die Stabilität eines Chelatkomplexes, wobei die bevorzugte Ringgröße von der Größe des Metallzentrums abhängt. Ein Beispiel dafür ist in Abb. 6.5 gegeben, wo die Stabilität eines Kupferkomplexes mit zwei Ethylendiamin- bzw. zwei Propylendiamin-Liganden verglichen wird. Im Falle vom Ethylendiamin wird ein Chelatfünfring ausgebildet, während Propylendiamin zur Ausbildung von Chelatsechsringen führt. Bei Kupferkomplexen sind Fünfringe bevorzugt, die dann weitgehend spannungsfrei am Metallzentrum koordinieren.

Der Chelateffekt wird bei der komplexometrischen Titration mit H_2edta^{2-} ausgenutzt. H_2edta^{2-} ist ein sechszähniger Ligand, der sehr stabile Komplexe mit einer Vielzahl von Metallionen bildet. Aufgrund der vier Säuregruppen ist die Stabilität der Komplexe pH-abhängig, am Metallzentrum koordiniert das vierfach-deprotonierte Anion $edta^{4-}$. Seine pH-abhängige Konzentration in Lösung ist durch die pK_S-Werte gegeben: $pK_S = 1.99$; 2.67; 6.16 und 10.26. In Abb. 6.6 ist die entsprechende Reaktionsgleichung gegeben. Diese pH-Wert-Abhängigkeit wirkt sich auf die Komplexbildung aus. So bilden harte Kationen wie Fe^{3+} und Al^{3+} schon in neutralen Lösungen stabile Komplexe, während bei weicheren Kationen für die Ausbildung stabiler Komplexe höhere pH-Werte notwendig sind. Um diesen Unterschied zu erklären, können wir wieder das HSAB-Prinzip verwenden. Mit vier Sauerstoff- und zwei Stickstoffatomen als Donoratome ist $edta^{4-}$ eine harte Lewis-Base und bildet mit harten Lewis-Säuren stabilere Komplexe.

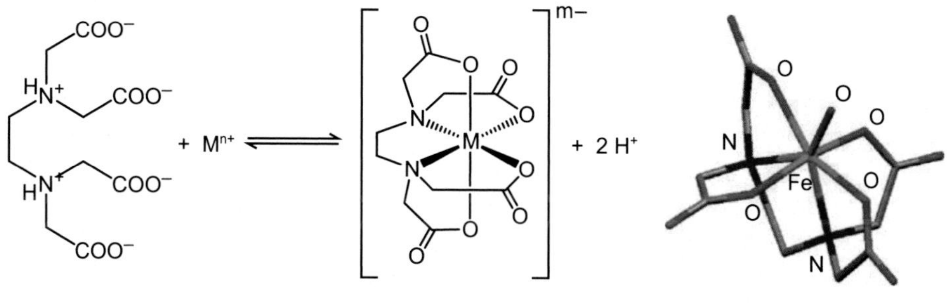

Abb. 6.6 Komplexbildung eines Metallions mit H_2edta^{2-}. Bei der Reaktion werden Protonen freigesetzt. Aus der rechts abgebildeten Kristallstruktur eines Eisen(III)-edta-Komplexes wird ersichtlich, dass das Eisenion die Koordinationszahl 7 hat und noch ein zusätzliches Wasser als Ligand fungiert [21]

Zur Komplexierung von einfach positiv geladenen Alkali-Kationen ist $edta^{4-}$ nicht geeignet. Hierfür wurden die Kronenether entwickelt, die im Kapitel Supramolekulare Chemie näher betrachtet werden.

6.3.1 Chelattherapie

Der Einsatz von mehrzähnigen Liganden zur Entfernung von Metallionen aus dem Organismus ist die Grundlage der Chelat-Therapie bei Schwermetallvergiftungen oder Metallionenanreicherung als Folge von Stoffwechselstörungen („Die Dosis macht das Gift."). So versucht man z. B. bei Bleivergiftungen den Verzehr großer Mengen an Butter als altes Hausmittel durch die Applikation von Thiohydroxamat-haltigen Liganden zu ersetzen, während Quecksilbervergiftungen mit Dimercaptobernsteinsäure behandelt werden. Die eingesetzten Chelat-Liganden sind immer auf das zu entfernende Metallion abgestimmt. So bevorzugen Cd^{2+} und Cu^{2+} N,S-Liganden, während sich bei Arsen- und Quecksilbervergiftungen Liganden mit ausschließlicher S-Koordination besser eignen. Diese Unterschiede können wieder mit dem HSAB-Prinzip erklärt werden. Der Ionenradius nimmt von Cu^{2+} über Cd^{2+} nach Pb^{2+} zu und die Ionen sind immer weicher. Dementsprechend führt der Einsatz von weichen Donoratomen beim Blei zu stabilen Komplexen, während die etwas härteren Metallzentren auch härtere Donoratome (N anstelle von S) bevorzugen. Für Cd^{2+} und Pb^{2+} haben sich auch S-haltige Polychelatliganden bewährt. Da die gebildeten Komplexe im physiologischen pH-Bereich stabil und mit dem Urin ausscheidbar sein müssen, werden zusätzliche hydrophile Gruppen (–OH, –COOH) verwendet. Alle diese Liganden haben nur eine geringe Selektivität und führen zu Nebenwirkungen, weswegen sie nur als Notfallmaßnahme verwendet werden. In Abb. 6.7 sind ausgewählte Beispiele gegeben.

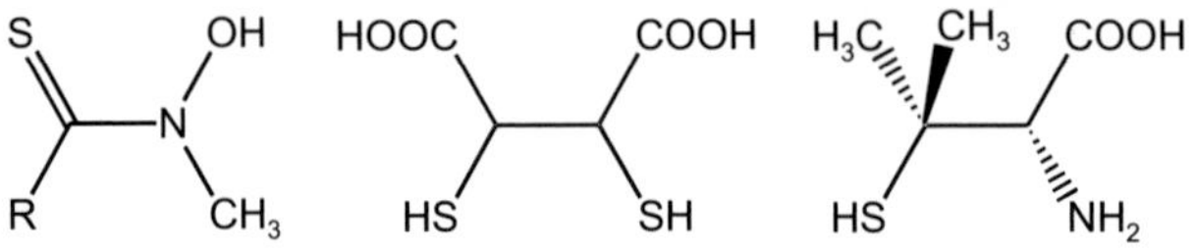

Abb. 6.7 Liganden für die Chelat-Therapie bei Schwermetallvergiftungen. Links: Thiohydroxamat-haltiger S,O-Ligand bei Bleivergiftungen, Mitte: S,S-Ligand Dimercaptobernsteinsäure, Rechts: N,S-Ligand D-Penicillamin zur Therapie der Wilsonschen Krankheit

Die als *Wilson'sche Krankheit* bekannte Störung der Biosynthese des kupferbindenden Serumproteins Coeruloplasmin führt zu einer toxischen Kupferanreicherung in den Geweben der betroffenen Organe. Hier hat sich eine Chelat-Therapie mit D-Penicillamin bewährt.

Bei bestimmten Blutkrankheiten (z. B. Sichelzellenanämie) kommt es durch die regelmäßige Durchführung von Bluttransfusionen zu einer Anreicherung von Eisen im Körper, die verschiedene Organe belastet und sogar zum Tod führen kann. Auch hier basieren die Versuche, überschüssiges Eisen aus dem Körper zu entfernen, auf einer Chelat-Therapie. Bis heute wird dazu das Siderophor Desferrioxamin B, ein lineares Peptid, verabreicht. Als Siderophore bezeichnet man niedermolekulare Eisen-Transportmoleküle. Eisen ist ein essentielles Element für nahezu alle Organismen. Während wir unseren Eisenbedarf über die Nahrung decken können (orale Aufnahme), ist das für Pflanzen und Mikroorganismen auf diesem Weg nicht möglich. Andere (gut lösliche) Ionen können einfach mit dem Wasser aufgenommen werden. Beim Eisen besteht das Problem, dass es in der am häufigsten vorliegenden Oxidationsstufe $+3$ extrem schwer löslich ist (Löslichkeitsprodukt $Fe(OH)_3$: 5.0×10^{-38} mol^4/l^4). Gerade in kalkhaltigen (basischen) Böden stehen Pflanzen und Mikroorganismen vor dem Problem, das Eisen für die Aufnahme aus dem Boden zu mobilisieren. Dies erreichen sie über den Einsatz von Siderophoren, die extrem starke Komplexbildner für Eisen(III) sind. Diese bilden mit dem Eisen unter den basischen Bedingungen im Boden sehr stabile wasserlösliche Komplexe, die nun von der Pflanze (dann spricht man von Phyto-Siderophoren) oder den Mikroorganismen aufgenommen werden können. In einem nächsten Schritt muss das Eisen wieder freigesetzt werden, um für den Einbau z. B. in Elektronentransferproteine oder katalytische Zentren zur Verfügung zu stehen. Das erreicht die Pflanze bzw. der Mikroorganismus dadurch, dass im Gewebe ein niedrigerer pH-Wert vorliegt als im umliegenden Boden. Dies führt zu einer (teilweisen) Protonierung des Siderophors, die mit einer Abnahme der Komplexstabilität einhergeht. Das Eisen steht nun für weitere Komplexierungsreaktionen zur Verfügung. In Abb. 6.8 ist die Struktur des Siderophors Desferrioxamin B gegeben.

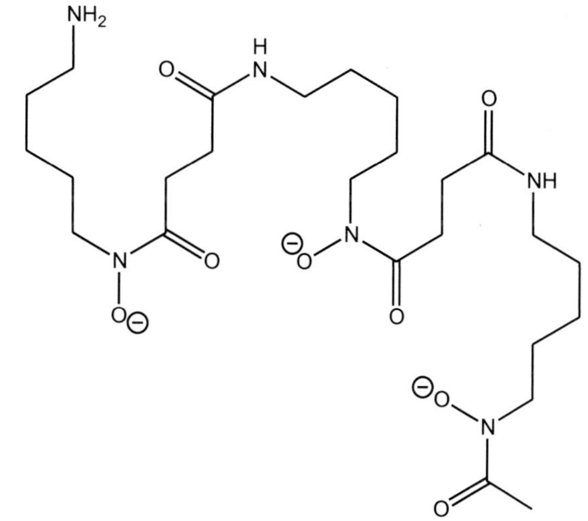

Abb. 6.8 Struktur von
Desferrioxamin B

6.3.2 Radiotherapie und MRT

Ein weiteres klinisches Einsatzgebiet von Chelatkomplexen mit steigender Bedeutung sind Radiopharmaka, die v. a. zu diagnostischen Zwecken eingesetzt werden. Die dabei verwendeten radioaktiven Nuklide sind meist Gamma-Strahler relativ niedriger Energie, die sich gut mit Szintillationszählern nachweisen lassen. Sie dienen zur Sichtbarmachung (Bilderzeugung; „Imaging") von erkrankten Organen, in denen sich die radioaktiven Verbindungen bevorzugt anreichern. Besonders häufig kommen dabei Technetium-Verbindungen zum Einsatz. Die Anreicherung der Komplexe in den Zielregionen erfolgt durch rezeptorspezifische Moleküle. Aufgrund seiner radioaktiven Eigenschaften ist nur eine kurze Verweildauer für das Technetium im Körper erwünscht. Dies wird über die Komplexierung mit Chelatliganden erreicht. Die dabei entstandenen Komplexe müssen sehr stabil und gut wasserlöslich sein, um gut wieder ausgeschieden zu werden. Beispiele für zugelassene Technetium-basierte Radiotherapeutika sind in Abb. 6.9 gegeben.

Die Magnetresonanztomographie (MRT, kurz MR bzw. MRI für Magnetic Resonance Imaging oder auch Kernspintomographie, kurz Kernspin) basiert auf den Prinzipien der Kernspinresonanz (wie die NMR-Spektroskopie) und ist ein bildgebendes Verfahren, mit dem Gewebe und Organe sichtbar gemacht werden können und Schnittbilder erzeugt werden. Durch ein starkes externes Magnetfeld werden die Kernspins der Protonen (z. B. vom Wasser im Körper oder vom Gewebe) in zwei Energieniveaus aufgespalten, zwischen denen der Übergang angeregt wird. Der Kontrast in den Bildern beruht auf den unterschiedlichen Relaxationszeiten der Protonen in den verschiedenen Gewebearten. Zusätzlich spielt auch der unterschiedliche Gehalt an Protonen in den verschiedenen Geweben eine Rolle. Um eine weitere Erhöhung des Kontrastes zu erreichen, werden Kontrastmittel zugegeben. Hier

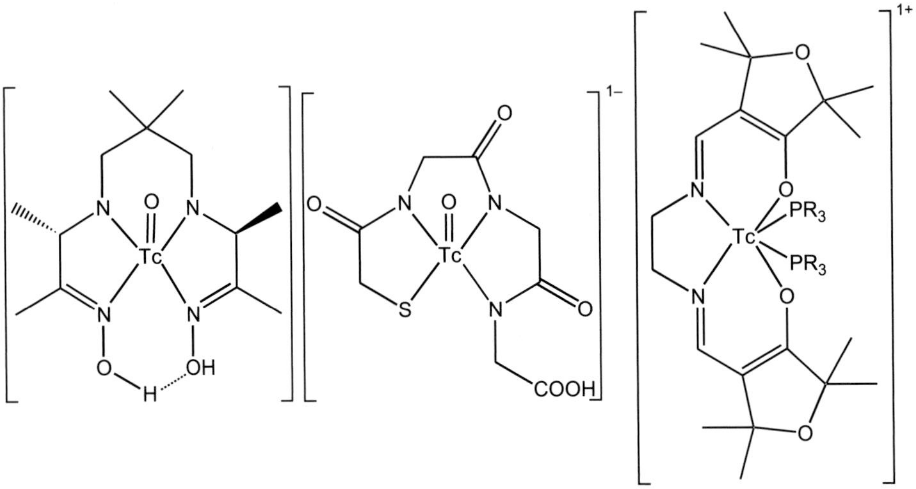

Abb. 6.9 Beispiele für aktuell zugelassene Radiotherapeutika auf der Basis von Technetium

Abb. 6.10 Struktur des ersten
als Kontrastmittel für die MRT
zugelassenen
Gadolinium(III)-Komplexes
$[Gd(DTPA)(H_2O)]^{2-}$
(Magnevist 1988)

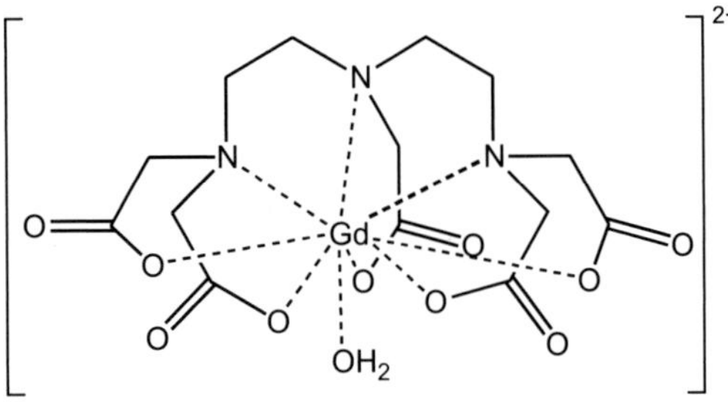

kommen unter anderem Gadolinium(III)-Chelatkomplexe zum Einsatz, die wegen der para-magnetischen Eigenschaften des Gadoliniums zu einer Verkürzung der Relaxationszeit in der Nähe der paramagnetischen Zentren führen. Aufgrund der toxischen Eigenschaften des Gadolinium(III)-Ions muss es in sehr stabile Komplexe eingebunden werden, die im Körper stabil sind und komplett wieder ausgeschieden werden. Ein Beispiel für einen zugelasse-nen Gadolinium-Komplex ist in Abb. 6.10 gegeben. Die aktuelle Forschung beschäftigt sich mit der Suche nach sogenannten „intelligenten" Kontrastmitteln. Das könnten z. B. Spin-Crossover-Systeme sein, die auf Unterschiede zwischen normalem Gewebe und Tumorge-webe (z. B. im pH-Wert) mit einen Spinübergang reagieren und so zu Unterschieden im Kontrast führen, die eine bessere Erkennung von Tumorgewebe gewährleisten. [22]

6.4   Der *trans*-Effekt

Bisher haben wir die Stabilität von Komplexen unter verschiedenen Aspekten beleuchtet. Dabei haben wir immer den Komplex als Ganzes betrachtet und bei Ligandenaustauschreaktionen den Austausch aller Liganden diskutiert. Bei quadratisch-planaren heteroleptischen Komplexen gibt es einen Effekt, der selektiv bestimmte Bindungen schwächt und so zu einer bevorzugten (schnelleren) Substitution eines oder mehrerer Liganden führt. Als heteroleptische Komplexe bezeichnet man Komplexe, die mindestens zwei verschiedene Liganden haben. Das Gegenstück dazu sind homoleptische Komplexe, bei denen alle Liganden gleich sind. Dieser kinetische Effekt wird als *trans*-Effekt bezeichnet und ist in Abb. 6.11 schematisch dargestellt.

> Wenn im Komplex [MABX$_2$] einer der Liganden X durch Y substituiert wird unter Bildung des Komplexes [MABXY], so kann der Ligand Y in *trans*-Stellung zu A oder B eintreten. Es hat sich gezeigt, dass die Liganden eine verschieden stark ausgeprägte Fähigkeit haben, neu eintretende Substituenten in die *trans*-Position zu dirigieren.

Für die praktische Anwendung dieses Effektes in Substitutionsreaktionen muss die Stärke des *trans*-Effekts der einzelnen Liganden bekannt sein. Im Folgenden ist die Reihung einiger wichtiger Liganden gegeben:

$$CN^- > CO > C_2H_4 \approx NO > PR_3 > SR_2 > NO_2^- > SCN^- > I^- > Cl^- > NH_3$$
$$> py > RNH_2 > OH^- > H_2O$$

6.4.1   Deutung des *trans*-Effektes

Es gibt verschiedene Modelle zur Deutung des *trans*-Effektes. Den meisten gemein ist, dass davon ausgegangen wird, dass in quadratisch-planaren Komplexen die beiden *trans*-ständigen Liganden um ein gemeinsames p- bzw. d-Orbital des Metallzentrums konkurrieren. Bei Liganden mit einer hohen Neigung zur Ausbildung von π-Bindungen (CO, NO,

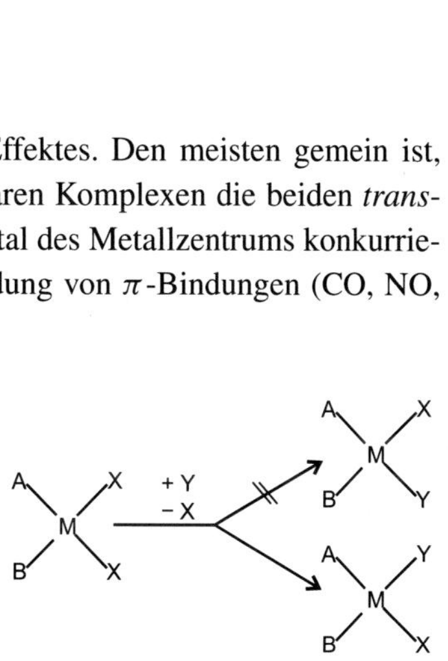

Abb. 6.11 Schematische Darstellung des *trans*-Effektes. Ist der *trans*-Effekt von Ligand B größer als der von Ligand A, findet die Substitutionsreaktion bevorzugt in der zu B *trans*-ständigen Position statt

Abb. 6.12 Deutung des *trans*-Effekts. In quadratisch planaren Komplexen konkurrieren die beiden *trans*-ständigen Liganden um ein gemeinsames Orbital am Metallzentrum. Ist die Bindung zu einem Liganden besonders stark, wird die Bindung zum *trans*-ständigen Liganden geschwächt

C_2H_4) wird durch die Ausbildung einer starken π-Bindung die Bindung des Zentralions zum *trans*-ständigen Liganden für die Substitution aktiviert (Theorie von *Chatt* und *Orgel*). Das bedeutet, dass die Bindung zum *trans*-ständigen Liganden geschwächt wird und dieser leichter abgespalten wird. Die Reaktionsgeschwindigkeit für die Substitution des *trans*-ständigen Liganden wird erhöht und diese Substitution findet deswegen bevorzugt statt. Diese Diskussion bedeutet, dass die Ligandsubstitution über einen dissoziativen Mechanismus abläuft, bei dem erst ein Ligand abgespalten wird, und dann der neue Ligand angelagert wird. Dieses Modell versagt bei Liganden, die nicht zur Ausbildung von π-Bindungen befähigt sind, bei denen aber trotzdem ein *trans*-Effekt beobachtet wird (z. B. NH_3). Hier wird diskutiert, dass die *trans*-ständigen Liganden in den Wettbewerb um ein p-Orbital treten. Das heißt, wenn ein Ligand eine starke Bindung ausbildet, wird die zum *trans*-ständigen Liganden geschwächt und dieser kann leichter – oder genauer gesagt schneller – abgespalten werden. In Abb. 6.12 ist die konkurrierende Wechselwirkung der beiden Liganden um das gemeinsame Orbital am Metallzentrum noch einmal schematisch dargestellt. Unabhängig davon, ob es sich um π- oder σ-Bindungen handelt, ist das Grundprinzip bei beiden Modellen das Gleiche. Die starke Bindung zu einem Liganden entspricht einer großen Überlappung zwischen d- oder p-Orbital des Metalls mit dem Ligandorbital. Dadurch ist die Elektronendichte des Orbitals am Metall in Richtung des Liganden mit starkem *trans*-Effekt verschoben (größere Orbitallappen = größere Aufenthaltswahrscheinlichkeit für das Elektron). Infolgedessen sind die Orbitallappen auf der *trans*-Seite kleiner und können nur noch eine schwache Bindung (geringe Überlappung der Orbitale) ausbilden, die leicht gelöst werden kann.

6.4.2   Cisplatin und der *trans*-Effekt

Eine wichtige Anwendung der Koordinationschemie zu therapeutischen Zwecken ist die Verwendung von Platinkomplexen in der Krebstherapie. Die zytostatische Wirksamkeit von *cis*-Diammindichloridoplatin(II) („Cisplatin") wurde bereits in den 60er Jahren entdeckt. Seit 1978 ist die Verbindung zur Krebstherapie klinisch zugelassen. In der Zwischenzeit wurde eine Reihe von weiteren Pt(II)-Komplexen synthetisiert und auf ihre zytostatische Wirkung getestet. Dabei zeigen vorrangig – aber nicht ausschließlich! – die *cis*-Isomere zytostatische Aktivität.

Abb. 6.13 Koordination von
Cisplatin an einen DNA Strang.
Das $\{Pt(NH_3)_2\}^{2+}$-Fragment
wurde eingekreist

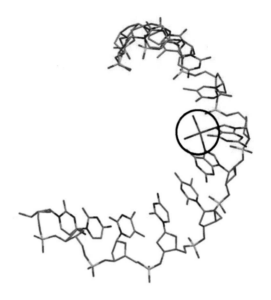

Die Wirksamkeit der Platinkomplexe beruht auf ihrer Bindung des $\{Pt(NH_3)_2\}^{2+}$-Fragmentes an die Stickstoffatome der DNA-Nukleotidbasen, wobei die N7-Position des Guanins besonders bevorzugt zu sein scheint, wie in Abb. 6.13 zu sehen. Die daraus folgende Strukturänderung der DNA führt unter anderem zu einer Hemmung der DNA-Synthese an einer einsträngigen Vorlage. In Tumorzellen sind die Reparaturmechanismen für die DNA teilweise außer Kraft gesetzt, weshalb die Modifikation der DNA durch die Pt-Bindung nicht mehr rückgängig gemacht wird. Dazu kommt, dass Tumorzellen eine höhere Wachstumsrate haben. Aus diesem Grund ist bei Tumorzellen die zytostatische Wirkung höher als bei normalen Zellen und die Verbindungen sind in der Krebstherapie erfolgreich.

Dem Chemiker stellt sich nun die Frage, wie er gezielt das *cis*-Isomer (oder ggf. auch die *trans*-Verbindung) von Platin(II)-Komplexen herstellen kann. Dabei kommt ihm der *trans*-Effekt zu Hilfe. Wenn man an $[PtCl(NH_3)_3]^+$ die dirigierende Wirkung von Cl^- und NH_3 vergleicht, zeigt sich, dass das Cl^--Ion einen größeren trans-Effekt aufweist als das NH_3-Molekül. Die Umsetzung dieses Komplexes mit Cl^- ergibt *trans*-$[PtCl_2(NH_3)_2]$. Geht man dagegen von $[PtCl_3(NH_3)]^-$ aus und tauscht ein Chlorid gegen Ammoniak aus, erhält man *cis*-$[PtCl_2(NH_3)_2]$. Wir sehen: der *trans*-Effekt ist für die Synthese von *cis*- bzw. *trans*-Komplexen von größter Bedeutung. In Abb. 6.14 sind die beiden Reaktionen noch einmal dargestellt.

Da Ammoniak und Chlorid bei der Reihung zur Stärke des *trans*-Effekts dicht beieinander stehen, geht man bei der großtechnischen Darstellung den Weg über das Iodid. Ausgehend vom Tetrachloridoplatinat(II) wird das Tetraiodidoplatinat(II) durch Umsetzung mit einen Überschuss an Kaliumiodid hergestellt. Bei der anschließenden Reaktion mit Ammoniak erhält man das *cis*-Diammindiiodidoplatin(II). Als nächster Schritt wird zu der wässrigen

Abb. 6.14 Ausnützung des *trans*-Effekts für die selektive Synthese von *cis*- bzw. *trans*-Platin-Komplexen. Die unterschiedliche Stärke der Bindungen wird über unterschiedliche Strichdicken verdeutlicht

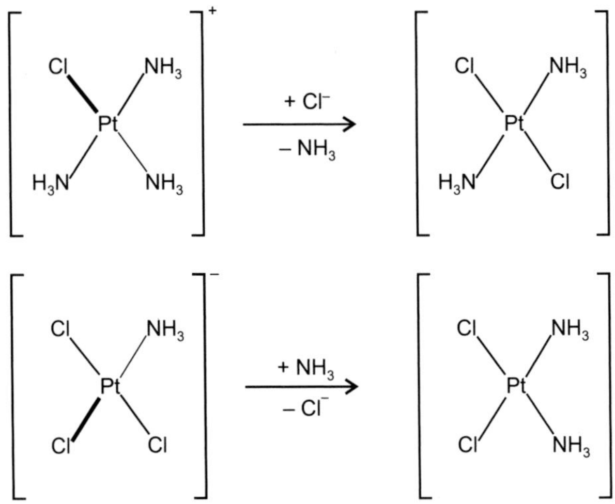

Lösung Silbernitrat zugegeben, wobei das schwer lösliche Silberiodid ausfällt und das *cis*-Diammindiaquaplatin(II)-ion in Lösung bleibt. Durch Zugabe von Kaliumchlorid fällt das Produkt *cis*-Diammindichloridoplatin(II) aus.

6.5 Fragen

1. Warum bildet edta^{4-} mit harten Kationen schon bei neutralen pH-Werten stabile Komplexe, während für weiche Kationen höhere pH-Werte benötigt werden?
2. Bei der komplexometrischen Bestimmung von Eisen(III)-Ionen wird als Indikator Sulfosalicylsäure zugegeben und mit edta^{4-} titriert. Der Farbumschlag verläuft von rot nach farblos. Was passiert?
3. Warum funktioniert dieser Nachweis bei Eisen(II)-Ionen nicht quantitativ? Schätzen Sie die thermodynamische und kinetische Stabilität der beteiligten Komplexe ab.
4. Was ist der Unterschied zwischen einem thermodynamisch stabilen Komplex und einem kinetisch stabilen Komplex? Können beide Attribute in einem Komplex vereint sein?
5. Erklären Sie den Chelateffekt, der bei der Komplexierung mehrzähniger Liganden beobachtet wird! Wie und unter welchen Voraussetzungen kann man den Effekt analytisch nutzen?
6. Schreiben sie die Reaktionsgleichungen für die Aufnahme von Eisen(III) aus dem Boden mit der Hilfe eines Siderophors auf. Welche Gleichgewichte konkurrieren miteinander?
7. Cisplatin (*cis*-Diammindichloridoplatin(II)) ist ein wichtiges Medikament in der Krebstherapie. Wie kann man diesen Komplex gezielt herstellen und welchen Effekt nutzt man dabei aus?

Redoxreaktionen bei Koordinationsverbindungen 7

Chemische Reaktionen können in zwei Kategorien, Substitutionsreaktionen und Redoxreaktionen, unterteilt werden. Im vorhergehenden Kapitel haben wir die Stabilität von Komplexen betrachtet und uns mit dem Ligandenaustausch, also den Substitutionsreaktionen, beschäftigt. Im Folgenden beschäftigen wir uns mit der zweiten großen Klasse von Reaktionen der Komplexe, den Redoxreaktionen.

Das Verständnis des Elektronentransfers zwischen Komplexen ist essentiell für das Verständnis des Lebens so wie wir es kennen und der dabei ablaufenden chemischen Prozesse. Ob die Photosynthese oder die Atmung – all diese Reaktionen sind Redoxreaktionen und ein extrem schneller Elektronentransfer ist für den Ablauf dieser Prozesse unerlässlich. Viele der daran beteiligten Proteine sind Metalloproteine, bei denen ein oder mehrere Metallionen mit Hilfe von Liganden an das Proteingerüst gebunden sind. Es liegt also ein Komplex vor. In diesem Zusammenhang ist es nicht verwunderlich, dass für die Untersuchungen zur Theorie des Elektronentransfers in chemischen Systemen bereits zwei Nobelpreise verliehen wurden. Im Jahr 1983 wurde der Nobelpreis für Chemie an Henry Taube für seine Arbeiten zum Mechanismus von Elektronentransferreaktionen, insbesondere in Komplexen, verliehen. [23] Neun Jahre später, 1992, wurde Rudolph A. Marcus für seinen Beitrag zur Theorie von Elektronentransferreaktionen in chemischen Systemen ausgezeichnet. [24] Die von ihm aufgestellte Marcus-Theorie ermöglicht die Beschreibung einer Vielzahl verschiedener Phänomene wie der Photosynthese, Korrosion, Chemolumineszenz oder der Leitfähigkeit von elektrisch leitenden Polymeren.

Die Originalversion dieses Kapitels wurde revidiert. Ein Erratum ist verfügbar unter
https://doi.org/10.1007/978-3-662-63819-4_14

Ergänzende Information Die elektronische Version dieses Kapitels enthält Zusatzmaterial, auf das über folgenden Link zugegriffen werden kann (https://doi.org/10.1007/978-3-662-63819-4_7)

Als Einstieg betrachten wir den Elektronentransfer am Beispiel der blauen Kupferproteine.

7.1　Blaue Kupferproteine

Kupfer tritt häufig in Elektronentransferketten in biologischen Systemen in der Gestalt von blauen Kupferproteinen auf. In diesem Metalloproteinen befindet sich das Kupferatom jeweils in einer ähnlichen Koordinationssphäre, in der es in den Oxidationsstufen +1 und +2 vorliegen kann. Es ist von vier einzähnigen Liganden umgeben: zwei Histidin (N), ein Cystein (S) und ein Methionin (S) und hat damit eine N_2S_2-Koordinationsumgebung. Cu^{1+} ist ein d^{10}-Ion. Bei Koordinationszahl 4 ist die bevorzugte Koordinationsumgebung ein Tetraeder, bei dem alle vier Liganden möglichst weit voneinander entfernt sind. Aufgrund der abgeschlossenen d-Schale spielen hier unterschiedliche Ligandenfelder keine Rolle, es ist keine Koordinationsgeometrie durch Ligandenfeldstabilisierung bevorzugt. Im Gegensatz dazu sind beim d^9-Ion Cu^{2+} die bevorzugten Koordinationsumgebungen quadratisch planar, quadratisch pyramidal oder ein Jahn-Teller-verzerrtes Oktaeder. Das heißt, bei einer Redoxreaktion wird eine Änderung der Koordinationsumgebung erwartet. Solche Strukturänderungen würden einen Elektronentransfer deutlich behindern und verlangsamen. Um dies zu umgehen, ist in den blauen Kupferproteinen das Kupfer in einer Koordinationsumgebung, die zwischen der eines Tetraeders und einer quadratisch planaren Koordinationsumgebung liegt. In Abb. 7.1 ist ein Ausschnitt aus der Struktur des aktiven Zentrums des blauen Kupferproteins Plastocyanin gegeben. Diese verzerrte Koordinationsumgebung wird vom Protein unabhängig vom Oxidationszustand des Kupfers erzwungen. Auf diese Weise kann ein sehr schneller Elektronentransfer realisiert werden, da die Aktivierungsenergie stark herabgesetzt wird. Dieser gespannte Zustand, der die Aktivierungsbarriere eines durch ein Protein (Enzym) vermittelten Prozesses herabsetzt, wird als *entatischer Zustand* bezeichnet.

Bevor wir genauer betrachten, wie die vom Protein vorgegebene verzerrte Koordinationsumgebung die Aktivierungsenergie für den Elektronentransfer herabsetzt, klären wir die Frage, warum Kupfer(II)-Ionen nicht mit einer idealen oktaedrischen Koordinationsumgebung auftreten.

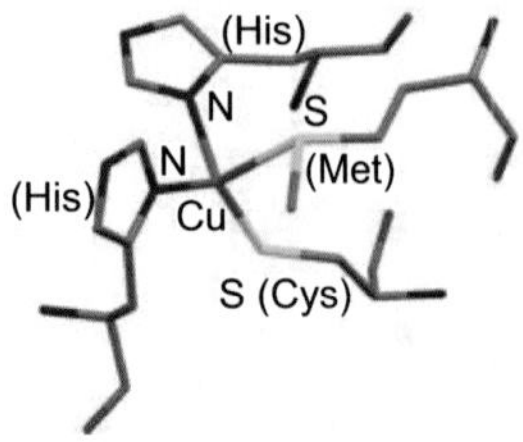

Abb. 7.1 Struktur des aktiven Zentrums des blauen Kupferproteins Plastocyanin. Die vier Liganden sind Histidin 37, Cystein 84, Histidin 87 und Methionin 92

7.1.1 Der Jahn-Teller-Effekt

Warum sind Kupfer(II)-Komplexe mit sechs Liganden nicht ideal oktaedrisch? Abweichungen von hochsymmetrischen Molekülgeometrien werden nicht nur in heteroleptischen Komplexen (= Komplexe mit verschiedenen Liganden) beobachtet, sondern mitunter auch, wenn alle Liganden eines Komplexes identisch sind. Einen solchen Komplex bezeichnet man als homoleptischen Komplex. Das ist prinzipiell immer dann der Fall, wenn der elektronische Grundzustand im Ligandenfeld entartet ist (es also mehrere Mikrozustände gibt, siehe Terme und Spaltterme). Dann gilt Folgendes:

> **Jahn-Teller-Theorem**
> In jedem nichtlinearen Molekül, dessen elektronischer Grundzustand entartet ist, gibt es eine Eigenschwingung, die die Entartung des Grundzustandes aufhebt. Der Grundzustand ist in einer durch diese Schwingung verzerrten Geometrie stabilisiert.

Um diesen Sachverhalt besser zu veranschaulichen, betrachten wir die beiden möglichen Mikrozustände für den Grundzustand eines Kupfer(II)-Ions (d^9) im oktaedrischen Ligandenfeld. Der entsprechende Spaltterm lautet ^2E_g und die beiden dazugehörenden Mikrozustände sind in Abb. 7.2 gegeben.

Eine Eigenschwingung, die die Entartung dieses Grundzustandes aufhebt, entspricht dem Strecken und Stauchen des oktaedrischen Ligandenfelds entlang der z-Achse. Dabei wird die Entartung der beiden e_g-Orbitale d_{z^2} und $d_{x^2-y^2}$ aufgehoben. Bei einem gestreckten Oktaeder wird das d_{z^2}-Orbital energetisch leicht abgesenkt und das $d_{x^2-y^2}$-Orbital um denselben Energiebetrag angehoben, beim gestauchten Oktaeder ist es anders herum. Durch die Verzerrung wird die Entartung des Grundzustandes unter Energiegewinn aufgehoben. Bei einem d^9-System werden natürlich bei dieser Schwingung auch die t_{2g}-Orbitale aufgespalten. Diese Aufspaltung trägt aber nicht zum Energiegewinn bei, da alle Orbitale voll besetzt sind. Sie kann aber unter anderem dadurch nachgewiesen sind, dass im optischen Spektrum eines solchen Komplexes eine Schulter bei der Bande des d–d-Übergangs beobachtet wird. In Abb. 7.3 ist das beschriebene Konzept noch einmal illustriert.

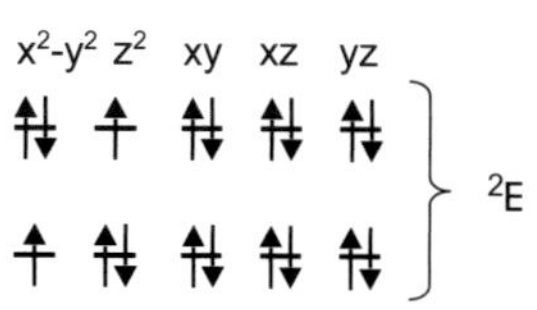

Abb. 7.2 Mikrozustände für den Grundzustand eines Kupfer(II)-Ions im oktaedrischen Ligandenfeld

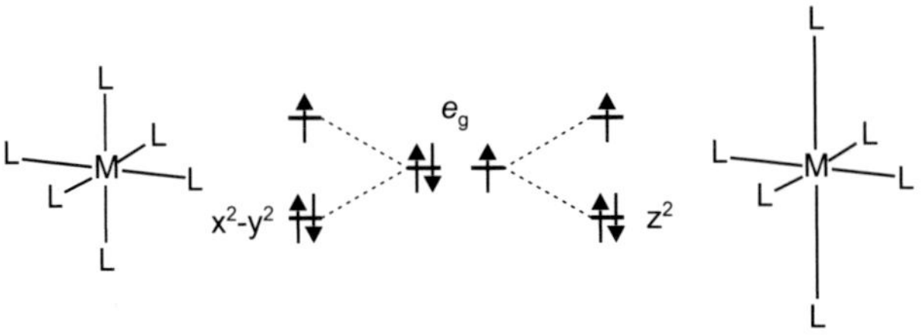

Abb. 7.3 Aufspaltung der e_g-Orbitale eines d^9-Ions in Abhängigkeit von der Verzerrung (links gestaucht, rechts gestreckt) des Oktaeders

Anhand der bisherigen Betrachtung lässt sich nichts über Art und Größe des Jahn-Teller-Effekts aussagen. Generell beobachtet man, dass die Verzerrung aufgrund einer unvollständig gefüllten t_{2g}-Schale geringer ist als die, die von e_g^1- und e_g^3-Konfigurationen herrühren. Bei den meisten untersuchten verzerrten Oktaedern handelt es sich um gestreckte quadratische Bipyramiden.

Der Jahn-Teller-Effekt tritt nicht nur bei oktaedrischen Komplexen auf, sondern lässt sich auf andere Systeme übertragen. Ein Beispiel für einen ausgeprägten Jahn-Teller-Effekt bei Koordinationszahl vier sind quadratisch planare high-spin Eisen(II)-Komplexe mit Diolato-Liganden. Wie wir bereits gelernt haben, wird eine quadratisch planare Koordinationsumgebung vor allem bei d^8-Übergangsmetallkomplexen mit großer Ligandenfeldaufspaltung erwartet, während bei einer kleinen Ligandenfeldaufspaltung und anderen d-Elektronenkonfigurationen eine tetraedrische Koordinationsgeometrie typisch ist. Bei tetraedrischen d^6 high-spin-Komplexen führt jedoch in manchen Fällen die Planarisierung des Ligandenfeldes zu einer stabileren Koordinationsumgebung, wie links gezeigt [95]. Auch die verzerrte Struktur vom Cyclobutadien lässt sich über eine Jahn-Teller-artige Verzerrung erklären, die zu einer Lokalisierung der Doppelbindungen führt. Das dazu gehörende Walsh-Diagramm ist rechts gezeigt.

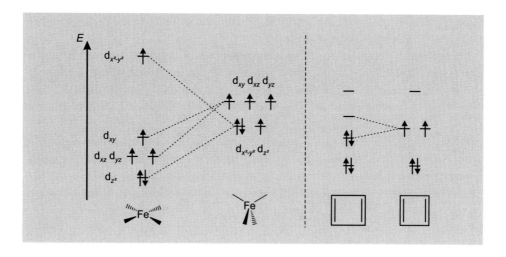

7.2   Redoxreaktionen bei Koordinationsverbindungen

Redoxreaktionen sind vermutlich die mechanistisch am besten untersuchten chemischen Prozesse von Komplexen. Eine Redoxreaktion zwischen Komplexen muss in der Gesamtbilanz nicht mit einer stofflichen Veränderung verbunden sein, in vielen Fällen kann die Redoxumwandlung jedoch nicht nur durch den Elektronentransferschritt beschrieben werden, sondern besteht aus einer komplexen Abfolge von Ionenpaarbildung, Ligandensubstitution oder Ligandenübertragung zwischen den beteiligten Molekülen. In Abb. 7.4 sind exemplarisch drei Beispiele für eine Elektronenübertragungsreaktion in der Koordinationschemie gegeben.

Gleichung a) ist ein Beispiel für einen Elektronentransfer zwischen gleichartigen korrespondierenden Redoxpaaren. Solche Selbst-Austausch-Prozesse wurden in den 50er Jahren unter Einsatz von isotopenmarkierten Metallkomplexen untersucht. Die Ergebnisse dieser Untersuchungen führten zur der von *Rudolph A. Marcus* aufgestellten Marcus-Theorie zum

a $[^{*}Co(NH_3)_6]^{2+}$ + $[Co(NH_3)_6]^{3+}$ $\rightleftharpoons$ $[^{*}Co(NH_3)_6]^{3+}$ + $[Co(NH_3)_6]^{2+}$

b $[CoCl(NH_3)_5]^{2+}$ + $[Cr(H_2O)_6]^{2+}$ + $5H^+$ + $5H_2O$ $\longrightarrow$ $[Co(H_2O)_6]^{2+}$ + $[CrCl(H_2O)_5]^{2+}$ + $5NH_4^+$

c $[Fe(H_2O)_6]^{2+}$ + $[Ru(bipy)_3]^{3+}$ $\longrightarrow$ $[Fe(H_2O)_6]^{3+}$ + $[Ru(bipy)_3]^{2+}$

Abb. 7.4 Beispiele für Redoxreaktionen in der Koordinationschemie **a** Selbst-Austausch-Redoxprozess, **b** Innensphären-Mechanismus, **c** Außensphären-Mechanismus

Elektronentransfer bei chemischen Reaktionen (Nobelpreis für Chemie 1992), die im Folgenden noch ausführlich dargestellt wird.

Bei ungleichen Komplextypen (Gleichungen b und c) erlaubt die Produktverteilung mitunter Rückschlüsse auf den Reaktionsmechanismus. Dieser hängt stark von den Redoxpartnern und ihrer Reaktivität gegenüber Ligandsubstitutionen ab (kinetisch inert oder labil, siehe Stabilität von Komplexen). Gleichung b) zeigt die Reduktion substitutionsinerter Ammincobalt(III)-Komplexe durch den substitutionslabilen Hexaaquachrom(II)-Komplex $[Cr(H_2O)_6]^{2+}$. Da der Chlorido-Ligand im inerten Cr(III)-Produkt gefunden wurde, wird angenommen, dass zum Zeitpunkt des Elektronentransfers dieser Ligand an beide Metallzentren koordiniert sein muss und er beim Elektronentransfer als Brückenligand („leitende Verbindung") fungiert. Da sich die Reaktionspartner bei diesem Mechanismus gleichzeitig einen Liganden in der inneren Koordinationssphäre teilen, wird er als Innensphären-Mechanismus bezeichnet. Der Elektronentransfer zwischen verbrückten Metallzentren wurde von *Henry Taube* untersucht, der dafür 1983 mit dem Nobelpreis für Chemie ausgezeichnet wurde.

Bei der Reaktion c) bleiben die Koordinationssphären der beteiligten Komplexe intakt. Der Mechanismus ist mit dem in Gleichung a) gezeigten Selbst-Austausch-Prozessen vergleichbar und kann ebenfalls mit der Marcus-Theorie erklärt werden. Der Elektronentransfer findet ohne Vermittlung eines gemeinsamen Brückenliganden statt, weshalb dieser Mechanismus als Außensphären-Mechanismus bezeichnet wird.

7.2.1   Der Außensphären-Mechanismus

Redoxreaktionen bei Komplexen finden nach dem Außensphärenmechanismus statt, wenn mindestens einer der beteiligten Komplexe kinetisch inert ist und/oder die Liganden nicht für die Verbrückung von Metallzentren geeignet sind. Unter diesen Voraussetzungen ist die Ausbildung eines Innensphären-Komplexes, bei dem der Elektronentransfer über den verbrückenden Liganden stattfindet, nicht möglich. Selbst-Austausch-Prozesse sind die einfachste Variante für Redoxreaktionen nach diesem Mechanismus. Bei einer Reihe von Komplexen wurden mit Hilfe isotopenmarkierter Verbindungen die Geschwindigkeitskonstanten bestimmt, die in Tab. 7.1 gegeben sind.

Für Selbst-Austausch-Reaktionen gibt es keine thermodynamische Triebkraft, die die Reaktionsgeschwindigkeit beeinflusst. Unter diesem Gesichtspunkt ist die große Variationsbreite der gegebenen Geschwindigkeitskonstanten beeindruckend. Die Daten in Tab. 7.1 deuten bereits darauf hin, dass die Geschwindigkeit des Elektronentransfers von dem Ausmaß der Änderung des Metall-Ligand-Abstandes abhängt. Die Pionierleistung bei der Entwicklung einer leistungsfähigen Theorie zur Abschätzung der Reaktionsgeschwindigkeit geht auf *Rudolph A. Marcus* zurück. Er konnte zeigen, dass im Wesentlichen drei Faktoren die Reaktionsgeschwindigkeit des Gesamtprozesses beeinflussen.

Tab. 7.1 Geschwindigkeitskonstanten für den Selbstaustausch bei ausgewählten Redoxpaaren und Änderung des Metall-Ligand-Abstands Δr beim Elektronentransfer

Korrespondierendes Redoxpaar	k ($M^{-1}s^{-1}$)	Δr (pm)
$[Co(NH_3)_6]^{2+/3+}$	$8 \cdot 10^{-6}$	17.8
$[V(H_2O)_6]^{2+/3+}$	$1.0 \cdot 10^{-2}$	
$[Fe(H_2O)_6]^{2+/3+}$	4.2	13
$[Co(bipy)_3]^{2+/3+}$	18	
$[Ru(NH_3)_6]^{2+/3+}$	$3 \cdot 10^3$	4
$[Ir(Cl)_6]^{3-/2-}$	$2.3 \cdot 10^5$	
$[Ru(bipy)_3]^{2+/3+}$	$4.2 \cdot 10^8$	≈ 0

1. Die Annäherung der Reaktanden und die **Bildung des Außensphären-Komplexes**, in dem die elektronische Wechselwirkung zwischen den assoziierten Reaktionspartnern die Voraussetzung für die „Delokalisierung" eines Elektrons von einem Zentrum zum anderen bietet.
2. Die Barriere für den Elektronentransferschritt, die sich aus den Unterschieden der Gleichgewichtsstrukturen der reduzierten und oxidierten Spezies ergibt. (**Schwingungsbarriere**)
3. Die Barriere für die Ladungsumverteilung, die das umgebende, den Außensphären-Komplex solvatisierende Lösemittel verursacht. (**Lösemittelbarriere**)

Bildung des Außensphären-Komplexes Der Elektronentransfer zwischen zwei Metallzentren kann nur im Kontaktzustand (Außensphären-Komplex) bei einem fixierten intermolekularen Abstand stattfinden. Die Wahrscheinlichkeit für die Ausbildung dieses Komplexes und dessen Stabilität (Lebensdauer) hängt stark von den Reaktionspartnern, insbesondere deren Ladung, ab. Während bei gleichgeladenen Komplexen, wie bei den Selbstaustauschprozessen, ein kurzlebiger „Stoß-Komplex" entsteht, der aufgrund der abstoßenden Wechselwirkungen gleich wieder zerfällt, kann bei entgegengesetzt geladenen Komplexen ein supramolekulares Aggregat mit direkt bestimmbarer Stabilität entstehen. Ein Beispiel hierfür wäre ein Elektronentransfer zwischen $[Co(NH_3)_5(py)]^{3+}$ und $[Fe(CN)_6]^{4-}$. Die elektrostatische Anziehung zwischen den beiden Reaktionspartnern erhöht die Stabilität des Außensphären-Komplexes und damit die Reaktionsgeschwindigkeit.

Die Schwingungs-Barriere Der zweite Faktor ist die sogenannte „Schwingungs-Barriere". In Tab. 7.1 sehen wir bereits, dass die Geschwindigkeit des Elektronentransfers stark von der Änderung des Metall-Ligand-Abstands abhängt. Eine große Änderung des Metall-Ligand-Abstandes während der Änderung der Oxidationsstufe des Metallzentrums führt zu einem deutlich langsameren Elektronentransfer. Die Ladung der bei den Selbst-Austausch-Prozessen untersuchten Komplexen ist immer gleich und hat auf die unterschiedlichen Geschwindigkeiten keinen Einfluss.

Als erstes Beispiel wird die Selbst-Austausch-Reaktion des Redoxpaares $[Fe(H_2O)_6]^{2+/3+}$ herangezogen. Der wichtigste Strukturunterschied zwischen der zweiwertigen und der dreiwertigen Form ist die $Fe–OH_2$-Bindungslänge, die sich bei der Oxidation von 2.10 auf 1.97 Å verkürzt. In beiden Fällen liegt das Eisen im high-spin-Zustand vor, der Ionenradius vom high-spin Eisen(III)-Ion mit halbbesetzter d-Schale ist jedoch kleiner als der vom high-spin Eisen(II)-Ion, bei dem noch ein zusätzliches Elektron in der 3d-Schale vorhanden ist. Bei einer Redoxreaktion müssen sich die Bindungslängen der beiden Reaktionspartner ändern. Aufgrund der wesentlich geringeren Masse der Elektronen im Vergleich zu den Atomen bewegen sich diese deutlich schneller. Um ein Gefühl für die Größenordnungen zu bekommen, vergleichen wir die folgenden Zahlen. Die mittlere Stoßzeit von Molekülen in einer Lösung beträgt 10^{-10} s, eine Molekülschwingung dauert etwa 10^{-13} s und eine Elektronenanregung 10^{-15} s. Das bedeutet, dass während der mittleren Stoßzeit ein Molekül 1000 mal schwingt und während einer Molekülschwingung 100 elektronische Übergänge stattfinden könnten. Der Umkehrschluss ist, dass sich während des Elektronentransfers die Kernpositionen nur unwesentlich ändern. Dieser Zusammenhang ist das Franck-Condon-Prinzip. Für den Elektronenübergang bei unseren Selbstaustauschprozessen bedeutet das, dass dieser nur stattfindet, wenn sich die Struktur der beiden Reaktionsteilnehmer durch eine Verzerrung angeglichen hat. In Abb. 7.5 ist die potentielle Energie von Ausgangsstoffen und Produkten in

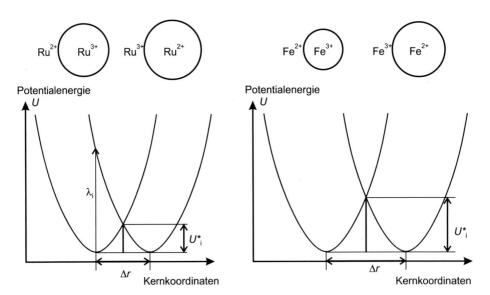

Abb. 7.5 Schematische Darstellung des Einflusses der Änderung des M-L Abstandes (Δr) auf die Energie U_i^* für den Elektronentransfer beim Selbstaustauschprozess. Dargestellt ist die Potentialenergie U in Abhängigkeit des Metall-Ligand-Abstandes für einen der beiden Reaktionspartner. Für den zweiten Reaktionspartner existiert ein zweiter Satz solcher Potentialkurven. Die Elektronenübertragung kann nur am Schnittpunkt der beiden Potentialkurven stattfinden, da bei einem vertikalen Übergang ohne angleichen der Strukturen (λ_i) deutlich mehr Energie benötigt wird

Abhängigkeit von dem Metall-Ligand-Abstand (bezogen auf einen der beiden Reaktanden) gegeben. Die Elektronenübertragung kann nur am Schnittpunkt der beiden Potentialkurven stattfinden. Für die Angleichung der Strukturen muss die Energiedifferenz U_i^* aufgebracht werden. Für einen Elektronenübergang ausgehend vom Gleichgewichtsabstand des Ausgangsstoffes muss ein vertikaler Übergang mit der Energie λ_i stattfinden, der nur unter Absorption eines Photons möglich ist. Die dafür benötigte Energie (innere Reorganisationsenergie des Komplexes) entspricht der Energie des Produktes beim Gleichgewichtsabstand des Eduktes und beträgt das Vierfache der Energie des Schnittpunktes der beiden Potentialkurven.

In Abb. 7.6 ist der Elektronentransfer bei einem Selbstaustauschprozess zwischen zwei Komplexen noch einmal schematisch veranschaulicht. Die beiden Ausgangsstoffe haben unterschiedliche Metall-Ligand-Bindungslängen, genauso wie die Produkte. Bevor der Elektronentransfer stattfinden kann, müssen sich die Strukturen der beiden Reaktanden angleichen. Beim Übergangszustand sind die Metall-Ligand-Bindungslängen gleich und liegen zwischen denen der oxidierten und der reduzierten Spezies. Dieser Übergangszustand entspricht dem Schnittpunkt der Potentialtöpfe in Abb. 7.5. Nun wird der in Tab. 7.1 aufgezeigte Zusammenhang zwischen der Geschwindigkeit des Elektronentransfers und der Änderung des Metall-Ligand-Abstandes beim Elektronentransfer klar. Je kleiner Δr ist, umso kleiner ist die Energie U_i^*, die für das Erreichen der verzerrten Struktur aufgebracht werden muss. In Abb. 7.5 ist dieser Zusammenhang an den Beispielen Eisen(II/III) und Ruthenium(II/III) schematisch dargestellt. Beim Ruthenium ist Δr deutlich kleiner. Dadurch rücken die beiden Potentialkurven näher zusammen und U_i^* wird kleiner. Es wird weniger Energie benötigt, um den verzerrten Übergangszustand zu erreichen.

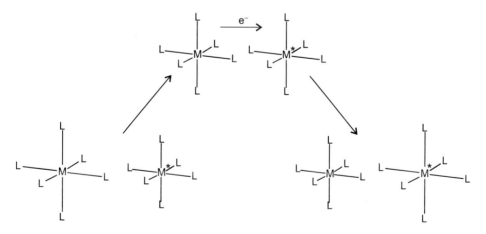

Abb. 7.6 Schematische Darstellung des Elektronentransfers zwischen zwei Komplexen. Bevor der Elektronentransfer stattfinden kann, müssen sich die Strukturen der beiden Reaktionspartner angleichen

Wie groß die Änderung des M-L-Abstandes ist, hängt von der Besetzung der d-Orbitale und den Ionenradien im Allgemeinen ab. In der Regel sind große Änderungen der M-L-Abstände eine Folge der Besetzung der antibindenden e_g-Orbitale beim Reduktionsschritt. Ein gutes Beispiel hierfür ist das Paar Co(III/II). Cobalt(III)-Komplexe liegen meist im low-spin-Zustand vor, bei dem die drei nichtbindenden Orbitale voll besetzt sind (t_{2g}^6-Konfiguration). Das Cobalt(II)-Ion liegt i. d. R. im high-spin-Zustand vor und die antibindenden Orbitale sind mit zwei Elektronen besetzt ($t_{2g}^5 e_g^2$-Konfiguration). Die daraus resultierende große Abstandsänderung beim Wechsel der Oxidationsstufe geht mit einem sehr langsamen Elektronentransfer einher. Ändert sich nur die Elektronenzahl in den t_{2g}-Orbitalen, wie z. B. bei Ru(II/III), ist die Änderung der Abstände klein und ein schneller Elektronentransfer wird beobachtet. Auch beim Beispiel Fe(II/III) ändert sich nur die Besetzung der t_{2g}-Orbitale. Allerdings liegen hier beide Eisenzentren im high-spin-Zustand vor und wir betrachten ein 3d-Element. Die Änderung der Bindungslängen ist hier deutlich ausgeprägter als beim 4d-Element Ruthenium. Durch den starren π-Akzeptor-Liganden 2,2′-Bipyridin werden beim Ruthenium die Änderungen der Bindungslängen noch weiter kompensiert, wodurch der Elektronentransfer noch schneller stattfinden kann.

Die Solvations-Barriere Der dritte Faktor, der die Geschwindigkeit des Elektronentransfers beeinflusst, ist die Solvatations-Barriere. In polaren Lösemitteln liegen die Metallionen nicht isoliert vor, sondern haben neben der ersten Koordinationssphäre (die Liganden) noch weitere Koordinationssphären, die als Solvathülle bezeichnet werden. Die Stärke der Wechselwirkung zwischen einem Komplexion und der Solvathülle hängt von der Ladung des Komplexions ab. Höher geladene Komplexionen haben eine stärker geordnete Solvathülle als niedriger geladene Komplexionen. Auch der Ionenradius spielt eine Rolle. Da sich beide Parameter bei der Redoxreaktion ändern, kommt es zu einer Umordnung der Lösemittelhülle, was eine Energiebarriere erzeugt. Dieser Vorgang ist mit den bei der Schwingungs-Barriere besprochenen Schritten gut vergleichbar. Ähnlich wie bei der inneren Struktur müssen die Solvens-Moleküle (Dipole) eine Nichtgleichgewichts-Orientierung einnehmen, bevor die Elektronenübertragung stattfindet. Mit zunehmendem Komplexionenradius nimmt der polarisierende und damit ordnende Einfluss auf die Lösemittelmoleküle ab und eine schnellere Reaktion wird begünstigt. Unpolare Lösemittel können keine Solvathülle aufbauen. Hier entfällt diese Barriere vollständig.

Nachdem wir die drei geschwindigkeitsbestimmenden Faktoren für Selbstaustauschprozesse betrachtet haben, wenden wir uns nun einer Redoxreaktion zwischen zwei verschiedenen Komplexen zu. Man spricht dann auch von einer Redox-Kreuzreaktion. Ein Beispiel wäre Reaktion c) in Abb. 7.4. In Abb. 7.7 ist der Einfluss der thermodynamischen Triebkraft der Reaktion auf die Aktivierungsenergie dargestellt. Wir sehen, dass mit zunehmender Triebkraft ΔG^0 die Aktivierungsenergie immer kleiner wird. Ist der Unterschied in der freien Energie zwischen Edukten und Produkten groß genug, dann verschwindet die Aktivierungsenergie für die Reaktion vollständig. Das bedeutet allerdings auch, dass wenn die Energiedifferenz ΔG^0 noch größer wird, die Aktivierungsenergie wieder steigt. Dieser

Abb. 7.7 Schematische Darstellung der Abhängigkeit der Aktivierungsenergie von der thermodynamischen Triebkraft der Reaktion ΔG^0

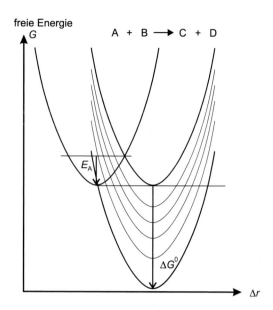

Bereich wird als „invertierte Region" bezeichnet und einige Chemolumineszenz-Reaktionen können mit diesem Modell beschrieben werden.

7.2.2 Innensphären-Mechanismus

Der Innensphären-Mechanismus geht davon aus, dass für den Elektronentransfer ein mehrkerniger Komplex ausgebildet wird, wobei der Elektronentransfer über einen Brückenliganden realisiert wird, wie in Abb. 7.8 illustriert. Eine solche Situation ist unter anderem für Elektronentransferketten in biologischen Systemen relevant.

Der Innensphären-Mechanismus stellt hohe Anforderungen an die Reaktanden. Dazu gehört das Vorhandensein eines potentiellen Brückenliganden in einem der Komplexe, die Substitution eines Liganden der labilen Komponente und die Ausbildung eines verbrückenden Vorläufer-Komplexes. Zum Mechanismus gehören demzufolge mehrere Einzelschritte, was eine genaue theoretische Beschreibung erschwert. Auch die experimentelle Unterscheidung zwischen dem Innensphären- und Außensphären-Mechanismus ist nicht immer eindeutig.

Ein intramolekularer Elektronentransferschritt in mehrkernigen Komplexen verläuft ebenfalls nach dem Innensphären-Mechanismus. Solche Elektronentransfer-Reaktionen lassen sich unter anderem photochemisch induzieren, wenn z. B. der Brückenligand zwei Metallzentren in unterschiedlichen Oxidationsstufen verknüpft. Ein Beispiel hierfür ist die intensiv blaue Farbe des Berliner Blau, die von einem solchen *Intervalence Charge Transfer(IT)*-Übergang zwischen den Eisen(II)- und Eisen(III)-Zentren herrührt. Im Berliner Blau

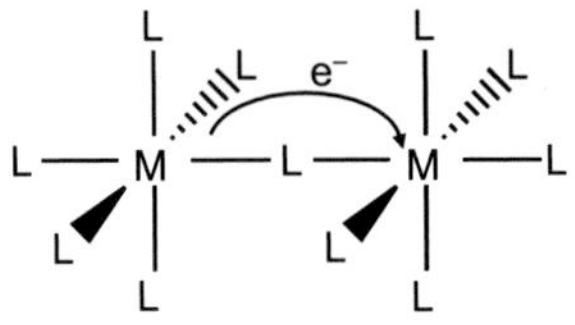

Abb. 7.8 Redoxreaktion nach
dem Innensphären-
Mechanismus. Der
Elektronentransferschritt findet
über einen Brückenliganden
statt

$(4 \, Fe^{3+} + 3 \, [Fe(CN)_6]^{4-} \rightarrow Fe_4[Fe(CN)_6]_3)$ liegt ein unendliches $Fe(CN)_6$-Gitter vor, wobei die CN-Brückenliganden über den Kohlenstoff an die Eisen(II)-Zentren und über Stickstoff an die Eisen(III)-Zentren koordiniert sind.

Wenn wir uns nun an unsere blauen Kupferproteine erinnern, dann stellen wir fest, dass die Natur einiges richtig gemacht hat (bzw. das System durch die Evolution gut optimiert wurde). Durch die Proteinumgebung ist der intermolekulare Abstand fixiert (Ausbildung des Außensphärenkomplexes) und die Schwingungs-Barriere ist extrem niedrig, weil der Komplex bereits in der durch die Proteinumgebung vorgegebenen verzerrten Struktur vorliegt (entatischer Zustand). Häufig haben solche Metalloproteine auch eine sehr hydrophobe Umgebung, so dass auch die Solvatations-Barriere wegfällt. Einem sehr schnellen Elektronentransfer steht damit nichts mehr im Wege.

7.3 „Non-innocent Ligands" am Beispiel NO

Redoxreaktionen können nicht nur zwischen Metallzentren von Komplexen stattfinden. Wenn redoxaktive Liganden an ein redoxaktives Metallzentrum koordinieren, kann ein Elektronentransfer zwischen Ligand und Metallzentrum stattfinden. Da die Oxidationsstufe von Metallzentrum und Ligand bei solchen Komplexen häufig schwierig zu bestimmen ist, werden diese Liganden auch als „non-innocent" (nicht-unschuldige) Liganden bezeichnet. Ein Beispiel für so einen Liganden ist Stickstoffmonoxid (NO), dessen Komplexe im Folgenden näher betrachtet werden sollen.

NO ist ein wichtiges Biomolekül, das als Botenstoff in einer Vielzahl von physiologischen Vorgängen involviert ist. NO-Komplexe erlangten schon deutlich vor dieser Erkenntnis Aufmerksamkeit. In den 60er und 70er Jahren wurde NO als ESR-aktive Probe eingesetzt, um die Reaktion von Eisenporphyrinen (z. B. Häm) und anderen Biomolekülen mit kleinen Molekülen (O_2, CO, …) zu untersuchen. In dieser Zeit (1974) erschien ein Übersichtsartikel über Übergangsmetall-Nitrosyl-Komplexe von Enemark und Feltham. [25] In dieser Arbeit wird die Möglichkeit der Zuordnung von (formalen) Oxidationszahlen für das Metallzentrum und den Nitrosylliganden diskutiert mit dem Fazit, dass die $M(NO)_x$-Einheit am besten als kovalente Einheit zu betrachten ist. Der nächste Abschnitt wird zeigen, dass diese Betrachtungsweise durchaus ihre Vorteile hat. Die in dem Artikel eingeführte Enemark-Feltham-Notation zur Klassifizierung von Übergangsmetall-Nitrosyl-Komplexen hat sich bis heute durchgesetzt. 1992 wurde NO zum Molekül des Jahres gewählt und 1998 wurden

R. F. Furchgott, L. J. Ignarro und F. Murad für „Discoveries about the biomedical functions of nitric oxide" der Nobelpreis für Medizin verliehen.

7.3.1 Komplexe mit redoxaktiven Liganden

Die Zuordnung von Oxidationsstufen bei Komplexen mit redoxaktiven Liganden (sogenannten non-innocent ligands) ist häufig uneindeutig und kann je nach verwendeter Methode zu unterschiedlichen Ergebnissen führen. Aus diesem Grund wird die Enemark-Feltham-Notation zur Klassifizierung von Metall-Nitrosylkomplexen immer noch angewandt. Bei dieser Methode wird die $\{M(NO)_x\}^n$-Einheit als kovalente Einheit betrachtet und zur weiteren Unterteilung die Anzahl der Valenzelektronen des Metallzentrums (entspricht meist der d-Elektonenzahl) zusammen mit der Anzahl der Elektronen in den π^*-Orbitalen des NO-Liganden als Zahl n an die geschweifte Klammer geschrieben. Auf diese Weise müssen die „richtigen" Oxidationsstufen von Metallzentrum und Nitrosylligand nicht bestimmt werden, sondern es kann eine beliebige Annahme gemacht werden. An dieser Stelle sei auf das MO-Schema von Stickstoffmonoxid verwiesen, das in Abb. 4.13 gegeben ist. Will man jedoch die Elektronen bei solchen Verbindungen zählen, um die Stabilität des Komplexes gemäß der 18-Valenzelektronen-Regel abzuschätzen, kommt man um eine Zuordnung von Oxidationsstufen nicht mehr herum. Für diesen Fall gibt uns die IUPAC eine Hilfestellung. Sie legt fest, dass NO als Ligand ein neutraler 3-Elektronen-Donor ist. Das heißt, die formale Oxidationsstufe ist 0 und beim Elektronenzählen werden pro NO-Ligand drei Elektronen gerechnet. Die so bestimmte formale Oxidationsstufe von Metallzentrum und Ligand stimmt in den meisten Fällen nicht mit der spektroskopisch oder auch mit Hilfe von Rechnungen bestimmten Oxidationsstufe überein. Bei den Nitrosylkomplexen liefern spektroskopischen Daten wie der M-N-O-Bindungswinkel, der N-O-Abstand oder die NO-Streckschwingungsfrequenz mögliche Hinweise. In den meisten Komplexen gehen wir davon aus, dass das Stickstoffmonoxid entweder als NO^+ (Nitrosyl-Kation, isoelektronisch zu CO) oder als NO^- (Nitrosyl-Anion, isoelektronisch zu O_2) gebunden ist. In Abb. 7.9 ist für beide Varianten der theoretisch zu erwartende M-N-O-Winkel dargestellt, der sich über die Hybridisierung des Stickstoff-Atoms erklären lässt. Im Nitrosyl-Kation liegt eine Dreifachbindung zwischen dem Stickstoff und dem Sauerstoff vor. Der Stickstoff ist sp-hybridisiert und koordiniert mit einem 180°-Winkel an das Metall (NO-Abstand 1.06 Å, $\nu(NO) = 1950–1600\,cm^{-1}$). Im Gegensatz dazu liegt beim Nitrosyl-Anion eine Zweifachbindung vor und der Stickstoff ist sp^2-hybridisiert, so dass ein Winkel von 120° erwartet wird (NO-Abstand 1.20 Å, $\nu(NO) = 1720–1520\,cm^{-1}$). Das NO-Radikal hat eine Streckschwinungsfrequenz von $1906.5\,cm^{-1}$ und einen N-O-Abstand von 1.14 Å.

Abb. 7.9 Grenzfälle des
M-N-O-Bindungswinkels und
Struktur des Komplexes
$[Fe(H_2O)_5NO]^{2+}$

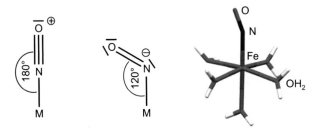

Im weiteren Verlauf wird der gerade beschriebene Zusammenhang an drei Beispielen veranschaulicht und vor allem auch kritisch hinterfragt. Beim ersten Komplex handelt es sich um die sehr stabile Verbindung $[Fe(CO)_3NO]^-$, mit einer linearen $\{FeNO\}^{10}$-Einheit und 18 Valenzelektronen. Es folgt die sehr labile $\{FeNO\}^7$-Verbindung $[Fe(H_2O)_5NO]^{2+}$, bei der ebenfalls lange von einer linearen Fe-N-O-Anordnung ausgegangen wurde, bis 2019 die erste Kristallstruktur dieses Komplexes berichtet wurde [96]. Das Ergebnis sehen Sie in Abb. 7.9, der Fe-N-O-Winkel ist nicht linear. Gerade zu diesen 19-Valenzelektronen-Komplex gibt es viele theoretische Betrachtungen, die zwischen der Formulierung Eisen(III)(HS)-NO^- ($S = 1$), antiferromagnetisch gekoppelt, und Eisen(I)-NO^+ schwanken. Das letzte Beispiel ist das Nitroprussiat $[Fe(CN)_5NO]^{2-}$, eine $\{FeNO\}^6$-Verbindung mit 18 Valenzelektronen, deren Stabilität zwischen den beiden vorhergehenden liegt.

Der tetraedrisch gebaute $\{FeNO\}^{10}$-Komplex $[Fe(CO)_3NO]^-$ entsteht bei der Umsetzung von $[Fe(CO)_5]$ mit Nitrit in Gegenwart von Base ($Ca(OH)_2$). Schon die Reaktionsbedingungen zeigen, dass der entstehende Komplex sehr stabil ist (die wässrige Lösung wird zum Sieden unter Rückfluss erhitzt). Der lineare Fe-N-O-Winkel (177°) deutet darauf hin, dass das Stickstoffmonoxid als NO^+ an das Eisen bindet. Etwas widersprüchlich erscheint da zunächst die relativ lange N-O-Bindung (1.23 Å) und der sehr kurze Fe-N-Abstand (1.63 Å). Beide deuten auf eine feste Bindung hin, die auf eine ausgeprägte π-Rückbindung zurückzuführen ist. Diese kann ausgezeichnet mit der sehr niedrigen Oxidationsstufe des Eisens (–2) erklärt werden.

Der $\{FeNO\}^7$-Komplex $[Fe(H_2O)_5NO]^{2+}$ ist für die braune Farbe beim Nitratnachweis (Ringprobe) verantwortlich.

$$4\,Fe^{2+} + NO_3^- + 4H^+ + 3\,H_2O \rightarrow [Fe(H_2O)_5NO]^{2+} + 3\,Fe^{3+}$$

Diese Verbindung ist sehr labil und konnte erst 2019 als Feststoff isoliert werden. Der Fe-N-O-Winkel ist mit 160° schon deutlich gewinkelt, aber noch weit von 120° entfernt. Der instabile Charakter dieser Verbindung kann gut mit der 18-Valenzelektronenregel erklärt werden. Rechnungen deuten darauf hin, dass es sich bei dieser Verbindung am ehesten um einen Eisen(III)-Komplex mit koordiniertem NO^- handelt. [26] Ebenfalls diskutiert wird die Möglichkeit Eisen(II)-NO(Radikal), bei dem trotzdem ein linearer Fe-N-O-Winkel möglich ist. Letztendlich hat eine sehr aktuelle Studie gezeigt, dass alle drei Möglichkeiten, Eisen(III)-NO$^-$, Eisen(II)-NO$^{\cdot}$ und Eisen(I)-NO$^+$ bei dieser kovalenten Einheit bindungsrelevante Anteile besitzen und damit keine als falsch einzuordnen ist [96]. Auch die Verwendung des M-N-O Winkels zur Zuordnung von Ladungen bzw. Oxidationsstufen führt eher selten zu einem richtigen Ergebnis [97].

Beim Nitroprussiat [Fe(CN)$_5$NO]$^{2-}$, einem oktaedrischen Komplex, ist im Vergleich zum {FeNO}^{10}-Komplex der N-O-Abstand deutlich kürzer (1.13 Å) und der Fe-N-Abstand deutlich länger (1.67 Å). Beide Komplexe sind 18-VE-Komplexe mit einem linear gebundenen NO$^+$ (Fe-N-O-Winkel bei [Fe(CN)$_5$NO]$^{2-}$ 176°). Die Unterschiede bei den Bindungslängen sind auf eine schwächere π-Rückbindung beim Nitroprussiat zurückzuführen. In dieser Verbindung liegt das Eisen in der formalen Oxidationsstufe $+2$ vor und ihm stehen damit weniger d-Elektronen für die π-Rückbindung zur Verfügung. Daraus resultiert eine schwächere Anbindung vom NO$^+$ ans Eisenzentrum. Dies wird z. B. beim Einsatz vom Natriumnitroprussiat als Medikament (unter physiologischen Bedingungen wird das Biomolekül NO abgespalten, das unter anderem für die Regulation des Blutdrucks verantwortlich ist) ausgenutzt.

Die drei Beispiele zeigen uns, dass auch die spektroskopischen Daten nicht immer eine zweifelsfreie oder sinnvolle Zuordnung der Oxidationsstufen ermöglichen. Um diesen Zusammenhang zu erklären, müssen wir auf die Molekülorbitaltheorie zurückgreifen, alle anderen Modelle versagen. Zwischen Metall und Ligand wird eine stark kovalente Mehrfachbindung ausgebildet. Die Elektronen sind in Molekülorbitalen über die Fe-NO Einheit delokalisiert. Der Aufenthaltsort lässt sich dadurch nicht eindeutig festlegen und es lassen sich auch keine formalen Oxidationszahlen (die Rechenhilfen sind) bestimmen. In Abb. 7.10 ist ein Ausschnitt aus dem Molekülorbital-(MO)-Schema eines Eisennitrosylkomplexes gegeben. Im Ausgangskomplex ist das Eisen(II)-Ion von einem makrocyclischen Chelatliganden quadratisch planar umgeben. Man beachte die starke Destabilisierung des $d_{x^2-y^2}$-Orbitals! Die drei d-Orbitale mit z-Komponente wechselwirken mit den zwei π^*-Orbitalen des NO und es werden fünf Molekülorbitale gebildet, deren Struktur in Abb. 7.10 auf der rechten Seite gegeben sind. Die ebenfalls abgebildete Molekülstruktur zeigt, dass bei diesem {FeNO}^{7}-Komplex eine gewinkelte Fe-NO-Einheit erhalten wird. Der Fe-N-O-Winkel beträgt 140°, der N-O-Abstand 1.19 Å und der Fe-N-Abstand 1.73 Å. Diese Daten entsprechen am ehesten einem Eisen(III)-Komplex, an den ein NO$^-$ gebunden ist. Bei der Komplexbildung hat ein intramolekularer Elektronentransfer vom Eisen zum NO stattgefunden.

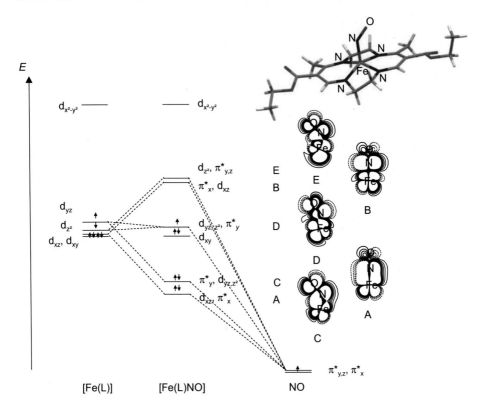

Abb. 7.10 MO-Schema für die Bindung von NO an einen makrocyclischen Eisen(II)-Komplex. Berücksichtigt wurden nur die d-Orbitale des Eisens und die π^*-Orbitale vom NO

7.4　Fragen

1. Zeichnen Sie die energetische Aufspaltung der d-Orbitale für einen gestreckten und gestauchten Oktaeder ausgehend vom idealen Oktaeder!
2. Diskutieren Sie, ob in $[CoL_6]^{2+}$ Komplexen als Koordinationspolyeder ein reguläres Oktaeder vorliegen kann.
3. Für welche d^n-Konfigurationen oktaedrischer Komplexe erwarten Sie eine Jahn-Teller-Verzerrung? Unterscheiden Sie gegebenenfalls zwischen dem high-spin und dem low-spin Fall.

4. Erklären Sie die unterschiedlichen Veränderungen der Bindungslängen der Redoxpaare $[Co(NH_3)_6]^{2+/3+}$, $[Fe(H_2O)_6]^{2+/3+}$ und $[Ru(NH_3)_6]^{2+/3+}$ unter Berücksichtigung der Elektronenkonfiguration. Warum scheint der Elektronentransfer von $[Ru(bipy)_3]^{2+/3+}$ nahezu ohne Strukturänderung zu verlaufen?

5. Bestimmen Sie bei den in diesem Kapitel vorgestellten NO-Komplexen die Elektronenzahl nach der 18-Valenzelektronen-Regel und nach der Enemark und Feltham Notation.

Supramolekulare Koordinationschemie 8

Bezeichnet man die molekulare Chemie als die Chemie der kovalenten Bindung, beschäftigt sich die supramolekulare Chemie mit der Chemie jenseits des Moleküls. Sie bezieht sich auf organisierte komplexe Einheiten, die durch zwischenmolekulare Kräfte (Wasserstoffbrückenbindungen, van-der-Waals-Kräfte) zusammengehalten werden. Diese supramolekularen Einheiten werden als Übermoleküle bezeichnet. Der Begriff „Übermolekül" wurde bereits Mitte der dreißiger Jahre eingeführt, um höher organisierte Einheiten zu beschreiben, die aus der Zusammenlagerung koordinativ gesättigter Spezies hervorgehen. Die supramolekulare Chemie entfaltet sich v. a. in den Grenzbereichen, die sich mit physikalischen und biologischen Phänomenen auf molekularer Ebene beschäftigten. Neue physikalische Eigenschaften führen zu neuen Materialeigenschaften. Ein gutes Beispiel hierfür, das in der Anwendung schon weit verbreitet ist, sind flüssigkristalline Systeme. Die in biologischen Systemen häufig auftretenden Wirts-Gast-Beziehungen oder das Schlüssel-Schloss-Prinzip sind ebenfalls Phänomene, die mit Hilfe der supramolekularen Chemie erklärt werden können. Molekulare Maschinen (manchmal auch als Nanomaschinen bezeichnet) sind supramolekulare Gebilde, die aus Makromolekülen zusammengesetzt sind und bestimmte Funktionen bzw. Bewegungen ausführen können. Für das Design und die Synthese von molekularen Maschinen wurden Jean-Pierre Sauvage, Sir J. Fraser Stoddart und Bernard L. Feringa 2016 mit dem Nobelpreis für Chemie ausgezeichnet.

> **Definition der supramolekularen Chemie nach Lehn**
> „Supramolekulare Chemie beschäftigt sich mit Strukturen und Funktionen von Einheiten, die durch Assoziation von zwei oder mehr chemischen Spezies gebildet werden."

B. Weber, *Koordinationschemie*, https://doi.org/10.1007/978-3-662-63819-4_8

8.1   Molekulare Erkennung

Die ersten Forschungsprojekte, die zur Entwicklung der supramolekularen Chemie führten, beschäftigten sich mit der Erkennung sphärischer Substrate und der Bildung von Kryptanden. Für die dazu durchgeführten Arbeiten wurden Charles J. Pedersen (Entdeckung der Kronenether), Donald J. Cram (molekulare Wirt-Gast-Beziehungen) und Jean-Marie Lehn (Helicate, Kryptanden) 1987 mit dem Nobelpreis für Chemie ausgezeichnet [27–29]. Motiviert waren diese Projekte durch biochemische Fragestellungen (selektive Komplexierung von Alkalimetall-Kationen) oder Fragestellungen wie die der Anionen-Aktivierung. In Abb. 8.1 sind drei Kronenether und zwei makrobicyclische Kryptanden mit der jeweiligen Bezeichnung abgebildet. Die Kronenether gehören zu den makrocyclischen Liganden des Coronand-Typs. Bei der Benennung eines Kronenethers wird erst die Anzahl der Atome im makrocyclischen Polyether angegeben und dann die Anzahl der Donoratome. Die einzigartige Eigenschaft dieser Liganden ist die Möglichkeit, Alkalimetall-Ionen zu komplexieren, die von anderen Liganden normalerweise nicht komplexiert werden. Besonders gute Eigenschaften als Komplexbildner werden erreicht, wenn die Sauerstoffatome immer durch zwei Kohlenstoffatome voneinander getrennt sind. Dann werden mit dem Metallzentrum immer Chelat-Fünfringe ausgebildet, von denen wir bereits wissen, dass sie besonders stabil sind. Die Stabilität der entsprechenden Komplexe kann über den makrocyclischen Effekt und das HSAB-Prinzip (der harte Sauerstoff dient als Donoratom für die ebenfalls harten Alkali- und Erdalkalimetall-Kationen) erklärt werden. Wie in Abb. 8.1 zu sehen, haben die Kronenether eine bestimmte Lochgröße. Damit wird der Hohlraum bezeichnet, der bei einem bestimmten Kronenether für die Komplexierung eines Kations zur Verfügung steht. Die Größenordnung

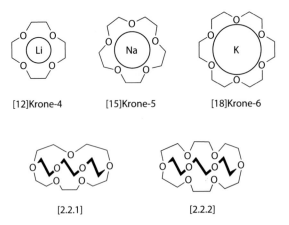

[12]Krone-4   [15]Krone-5   [18]Krone-6

[2.2.1]   [2.2.2]

Abb. 8.1 Oben: Struktur von drei Kronenethern mit Illustration der unterschiedlichen Loch-Größe, die für die Bindungsselektivität für die Kationen Li^+, Na^+ und K^+ verantwortlich ist. Unten: Struktur von zwei makrobicyclischen Kryptanden. In der angegebenen Kurzbezeichnung werden die Donorstellen pro Brücke gezählt

ist 1.2–1.5 Å für [12]Krone-4, 1.7–2.2 Å für [15]Krone-5 und 2.6–3.2 Å für [18]Krone-6. Auch die Alkakimetall-Kationen haben unterschiedliche Größen mit 1.36 Å für Li^+, 1.94 Å für Na^+ und 2.66 Å für K^+. In Abhängigkeit vom Größenverhältnis Loch:Kation können selektiv 1:1 Komplexe mit dem jeweiligen Kation, wie in Abb. 8.1 gegeben, erhalten werden. Dabei wird am besten das Kation komplexiert, das das Loch am besten ausfüllt. Durch die Komplexierung des Kations mit dem Kronenether können sonst nur wasserlösliche Alkalimetallsalze in organischen Lösemitteln (z. B. Dichlormethan) gelöst werden. Dadurch können die Anionen für nachfolgende Reaktionen aktiviert werden.

Eine weitere Erhöhung der Bindungsselektivität kann erreicht werden, wenn 3-dimensionale Ligand-Käfige, die sogenannten Kryptanden, verwendet werden. Zwei Beispiele dafür sind in Abb. 8.1 unten gegeben. Auch hier kann die Größe des Hohlraums über die Länge der Brücken variiert werden. Die Kryptanden eignen sich ebenfalls gut für die Komplexierung von Alkali- und Erdalkalimetall-Kationen. Im Vergleich zum makrocyclischen Liganden wird die Stabilität der entsprechenden Komplexe weiter erhöht. In diesem Zusammenhang spricht man dann, in Anlehnung an den makrocyclischen Effekt, vom Kryptanden-Effekt.

Die Weiterentwicklung dieser Arbeitsgebiete führte zu Fragen wie der gezielten Erkennung von anionischen Substraten, tetraedrischen Substraten, Ammonium-Ionen und verwandten Substraten, sowie der Mehrfacherkennung (zwei- und mehrkernige Kryptanden, lineare Substrate). Die Arbeiten zu den Coronanden und Kryptanden führten zu weiteren Forschungsgebieten, von denen hier drei Beispiele gegeben sind.

• Supramolekulare Reaktivität und Katalyse
• Transportvorgänge (z. B. Ionenkanäle in biologischen Systemen) – Carrier- und Kanaldesign
• Molekulare und supramolekulare Funktionseinheiten – Chemionik, molekulare Maschinen

Molekulare Funktionseinheiten werden als strukturell organisierte und funktionell zusammenhängende chemische Systeme definiert, die in supramolekulare Strukturen eingebaut sind. Diese können zum einen die bereits definierten Übermoleküle sein, also eine Funktionseinheit aus Rezeptor und Substrat. Ein weiteres Teilgebiet sind die molekularen Aggregate. Diese sind als polynukleare Systeme definiert, die durch spontane Assoziation einer größeren Zahl von Komponenten entstehen. Für den Koordinationschemiker ist v. a. das Gebiet der Systeme mit der Fähigkeit zum Selbstaufbau interessant. Ein sehr bekanntes Beispiel ist die spontane Bildung der Doppelhelix von Nukleinsäuren, die durch das vorgegebene Muster der Base-Base-Wechselwirkung bestimmt wird. Molekulare Erkennung und positive Kooperativität sind die wichtigsten Charakteristika dieses Mechanismus. Die bisherigen Beispiele handelten v. a. von präorganisierten Systemen (Rezeptoren für Erkennungs-, Katalyse- und Transportprozesse). Die nächste Stufe sind selbstorganisierende Systeme, die sich spontan unter bestimmten Bedingungen selbst aus ihren Komponenten zusammensetzen. Man kann die Systeme daher als programmierte molekulare und supramolekulare Systeme bezeichnen, die geordnete Einheiten nach einem definierten Plan erzeugen, der auf molekularer Erkennung beruht. In diesem Zusammenhang kommen wir auf das wohl bekannteste Beispiel zu sprechen – der Selbstorganisation von Metallkomplexen mit Doppelhelixstruktur, den Helicaten. Bevor wir dies tun, beschäftigen wir uns noch einmal etwas ausführlicher mit der Bindungsselektivität und der molekularen Erkennung. Die am Beispiel der Kronenether bereits eingeführte molekulare Erkennung kann im Umkehrschluss auch dazu verwendet werden, selektiv Bindungen auszubilden. Diese Idee wird bei der Templat-Synthese von makrocyclischen Liganden ausgenützt.

8.1.1   Der Templat-Effekt

Ein wichtiges Prinzip der supramolekularen Chemie ist die Bindungsselektivität, die molekulare Erkennung. Diese Selektivität hat eine entscheidende Bedeutung bei Templatsynthesen von makrocyclischen Liganden. Makrocyclische Liganden sind für den Koordinationschemiker von besonderem Interesse. Auf der einen Seite zeichnen sich die Komplexe durch eine besondere Stabilität und, wie wir es bereits bei den Kronenethern gesehen haben, Bindungsselektivität aus. Dazu kommt, dass in biologischen Systemen das aktive Zentrum von Metalloenzymen häufig von einem makrocyclischen Liganden komplexiert wird. Um ein besseres Verständnis dieser Enzyme zu erreichen, besteht das Interesse, Modellverbindungen mit makrocyclischen Liganden herzustellen. Die Synthese von cyclischen organischen Verbindungen ist nicht einfach, da eine Vielzahl von Nebenprodukten erhalten werden können. Um eine gezielte Reaktionsführung zu erreichen, kann man den Templat-Effekt ausnutzen. Das Templat ist in unserem Fall ein Metallion. Die im Metallion gespeicherte Information führt zu einer Selektivität (einer bestimmten Reaktion), die in der (entstehenden) Ligandstruktur gespeichert ist.

> **Definition der Templatsynthese nach Busch**
> Ein chemisches Templat organisiert eine Ansammlung von Atomen mit Hinblick auf einen oder mehrere geometrische Ort(e), um eine bestimmte Vernetzung der Atome zu erreichen.

Ganz allgemein dient das Templat der Vororientierung der zu verknüpfenden Komponenten, so dass die Bildung unerwünschter Nebenprodukte unterbunden wird. Eine andere Alternative zur gezielten Synthese z. B. von makrocyclischen Verbindungen wäre eine hohe Verdünnung der Komponenten, um auf diese Weise die Oligomerisierung oder Polymerisation zu unterdrücken. Ein häufiges Problem bei der Templatsynthese ist die Entfernung des Metallions zur Darstellung des freien Liganden. Der Schlüssel für eine erfolgreiche Templatsynthese ist die Auswahl eines geeigneten Kations. Dafür müssen wir uns zunächst

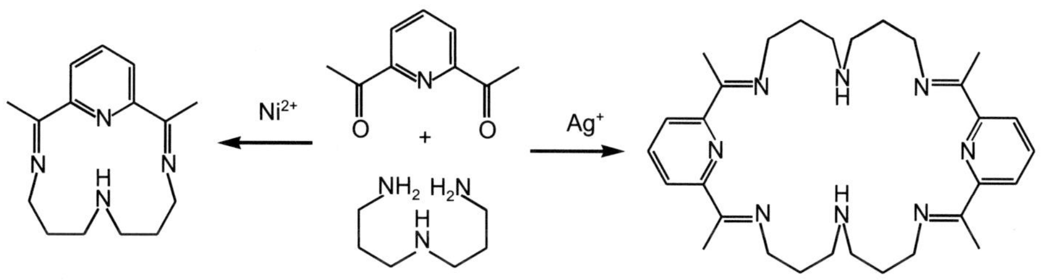

Abb. 8.2 Einfluss des Ionenradius des Templats auf die Größe des gebildeten Makrocyclus

fragen, was für eine molekulare Information in einem Kation gespeichert sein kann. Die Eigenschaften von Kationen werden v. a. von ihrem Ionenradius und der Valenzelektronenkonfiguration bestimmt. Daraus lassen sich die folgenden molekularen Informationen ableiten.

- bevorzugte Koordinationszahl
- bevorzugte Koordinationsgeometrie (z. B. quadratisch planar bei Cu^{2+} und tetraedrisch bei Cu^+)
- bevorzugte Donoratome (HSAB-Prinzip)
- Ionenradius (z. B. Kronenether)

Deswegen eignen sich Alkalimetallionen besonders für die Darstellung von Kronenethern, während weiche Kationen bei Liganden mit N- und S-Donoratomen bevorzugt werden. Der Ionenradius spielt eine wichtige Rolle bei der Bestimmung der Größe des Makrocyclus. Ein Beispiel dafür ist in Abb. 8.2 gegeben. Für die Synthese von Käfigverbindungen spielen ähnliche Kriterien eine Rolle. Auch im Liganden kann eine molekulare Information gespeichert sein. Ein gutes Beispiel dafür ist in Abb. 8.3 gegeben.

- bevorzugte Donoratome (HSAB)
- bevorzugte Koordinationsgeometrie (z. B. *fac* und *mer*)
- Flexibilität

Damit können wir die bei den Kronenethern bereits veranschaulichte molekulare Erkennung noch einmal neu definieren.

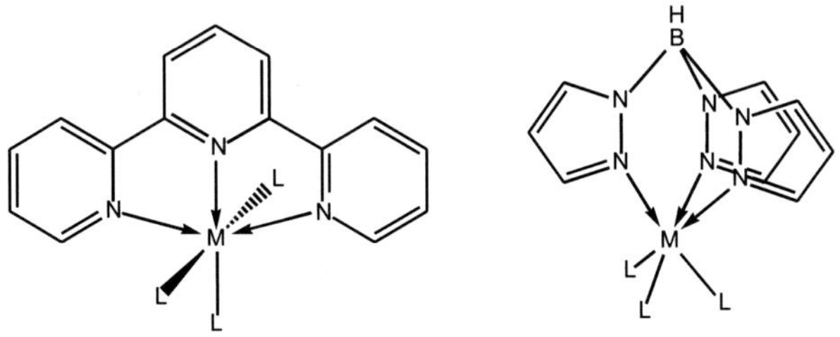

Abb. 8.3 Molekulare Information kann im Liganden (*mer*-Koordination für Terpyridin und *fac*-Koordination für Trispyrazolylborat bei oktaedrischen Komplexen) und im Metallion (Koordinationszahl, Koordinationsgeometrie, bevorzugte Donor-Atome) gespeichert sein

---

Definition der molekularen Erkennung

Molekulare Erkennung ist eine Frage der Speicherung und des Auslesens von Informationen auf supramolekularer Ebene. Die molekulare Information ist in der Struktur des Liganden (Abb. 8.3) und dem Übergangsmetallion kodiert (Abb. 8.2). Das Metallion hat bevorzugte Koordinationszahlen und -geometrien, der Ligand führt durch festgelegte sterische Ansprüche zu bestimmten Geometrien.

Template können in zwei verschiedene Kategorien eingeteilt werden, die kinetischen Template und die Gleichgewichts- bzw. thermodynamischen Template. In Abb. 8.4 ist das Grundprinzip eines thermodynamischen Templates dargestellt. Das thermodynamische bzw. Gleichgewichtstemplat begünstigt die Bildung eines Produktes, das sich im Gleichgewicht mit vielen weiteren Produkten befindet. Durch das Templat wird das gewünschte Produkt dem Gleichgewicht entzogen. Gemäß dem Prinzip von le Chatelier wird der gewünschte Makrocyclus in Abb. 8.4 nachgebildet und die Ausbeute wird erhöht.

Das in Abb. 8.5 gegebene kinetische Templat beeinflusst die Reaktionsreihenfolge, um zum gewünschten Produkt zu kommen. Im Gegensatz zum Gleichgewichtstemplat, bei dem alle Reaktanten in einem Topf umgesetzt werden, werden mehrere Schritte durchgeführt. So wird sichergestellt, dass das gewünschte Endprodukt erhalten wird. Ein kritischer Schritt bei der Templatsynthese ist häufig die anschließende Entfernung des Templates aus dem gebildeten Makrocyclus, um den freien Liganden zu erhalten. In Abb. 8.6 ist exemplarisch die Synthese eines makrocyclischen Liganden gezeigt. Als Templat dient das Kupfer(II)-Ion, das eine quadratisch planare Koordinationsumgebung bevorzugt und deswegen für die Synthese von planaren N_4-Makrocyclen gut geeignet ist. Im letzten Schritt wird das Kupfer aus dem gebildeten Komplex entfernt. Dazu wird die geringe Löslichkeit von Kupfersulfid ausgenutzt.

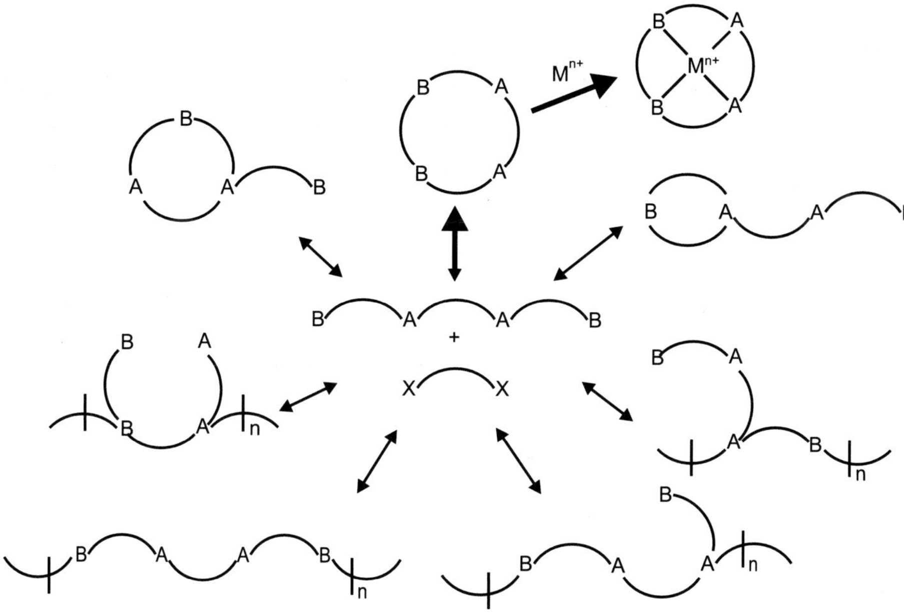

Abb. 8.4 Grundprinzip eines Gleichgewichts- bzw. thermodynamischen Templats. Das gewünschte Produkt (Makrocyclus) wird durch das Templat (Metallion) aus dem Gleichgewicht entzogen und die Ausbeute wird so erhöht

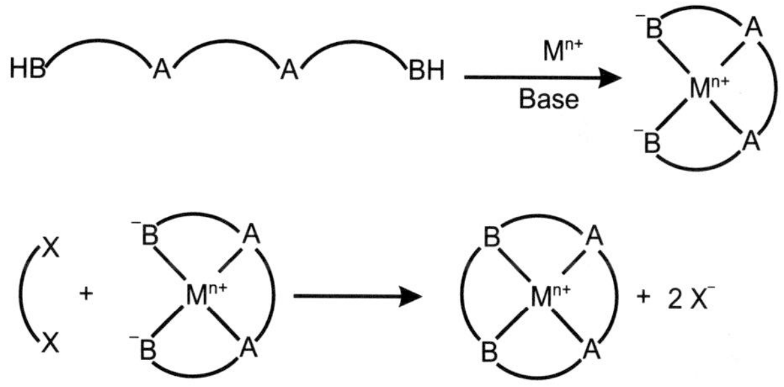

Abb. 8.5 Grundprinzip eines kinetischen Templats. Die Makrocyclen-Synthese wird in mehrere Einzelschritte untergliedert

8.2 Helicate

Das bei der Templatsynthese angewandte Konzept der molekularen Erkennung kann für den Aufbau größerer und komplexerer Strukturen verwendet werden und führt damit zur supramolekularen Koordinationschemie. Voraussetzung für den Aufbau supramolekularer Strukturen ist, dass die Verbindungen zugleich kinetisch labil und thermodynamisch stabil sind. Wie beim thermodynamischen Templat stehen mehrere mögliche Reaktionsprodukte im Gleichgewicht. Hinreichend lange Reaktionszeiten führen dazu, dass das thermodynamisch stabilste Produkt das Hauptprodukt ist. Sind diese Randbedingungen erfüllt, kann

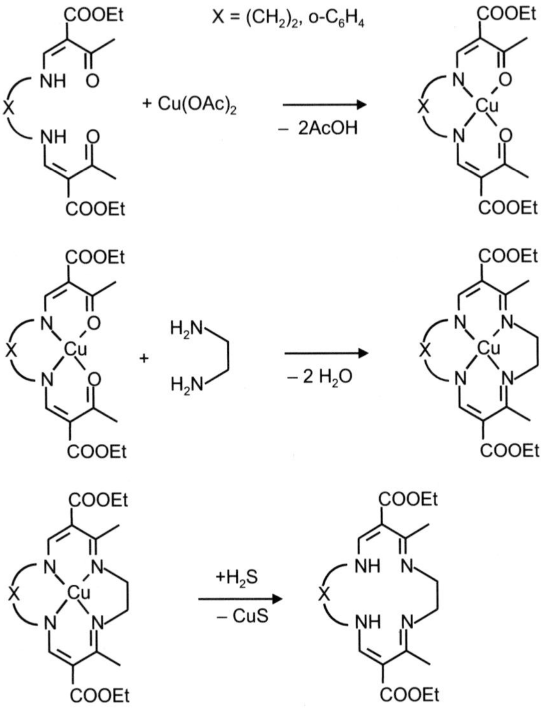

Abb. 8.6 Beispiel für die Synthese eines makrocyclischen Komplexes (kinetisches Templat) mit anschließender Entfernung des Templats zur Generierung des freien Liganden [20]

man supramolekulare Koordinationschemie betreiben. Das Grundprinzip dieser Chemie kann man gut an Lehns „Helicaten" veranschaulichen. Als Beispiel ist in Abb. 8.7 die Reaktion vom Kupfer(I)-Ion mit 2,2′-Bipyridin-Derivaten gegeben. Kupfer(I)-Ionen bevorzugen als d^{10}-Systeme eine tetraedrische Koordinationsumgebung. Das bedeutet, dass immer zwei 2,2′-Bipyridin-Einheiten an das Kupferion koordinieren. Da die Brücke zwischen den beiden 2,2′-Bipyridin-Einheiten zu kurz ist, können keine monomeren Komplexe entstehen. Denkbar werden stattdessen dimere (Helix), trimere (Dreieck) oder tetramere (Viereck) Komplexe. Die Charakterisierung des Reaktionsproduktes ergibt, dass beim in Abb. 8.7 gezeigten Beispiel gezielt nur eine Variante erhalten wird, die Helix. Sie ist die thermodynamisch stabilste Struktur, die bei einer hinreichend langen Reaktionszeit als Endprodukt erhalten wird.

Beim zweiten, in Abb. 8.8 gezeigten Beispiel sind neben den beiden abgebildeten Produkten und den bereits erwähnten Möglichkeiten (Dreieck, Viereck, …) auch gemischte Helicate mit einem dreifach und einem vierfach komplexierenden Liganden denkbar. In diesem Fall wäre entweder ein Teil des achtzähnigen Liganden nicht an ein Kupfer(I)-Ion gebunden, oder dem daran koordinierten Kupfer(I)-Ion würden zwei Liganden zum Absättigen seiner Koordinationsumgebung fehlen. Aus diesem Grund wird (wieder bei hinreichend langer Reaktionszeit) die gemischte, thermodynamisch ungünstige Variante nicht beobachtet, obwohl sie statistisch bevorzugt ist. Die Lehn'schen Helicate erregten nicht nur

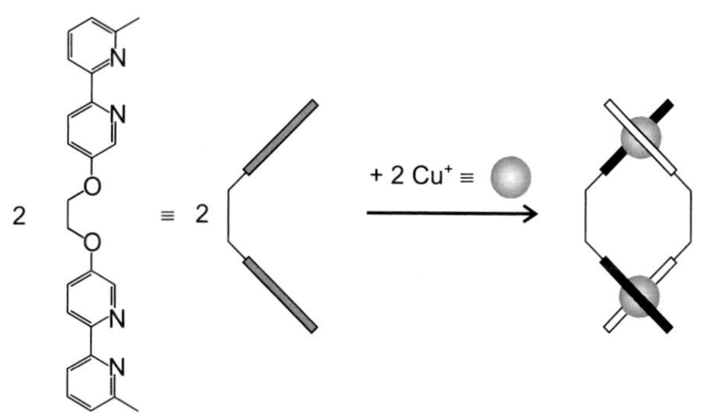

Abb. 8.7 Zweikerniger
Kupfer-„Helicat"-Komplex

wegen der an diesen Beispielen sehr gut zur veranschaulichenden Grundideen der supramolekularen Chemie Aufmerksamkeit. Bei ihnen handelt es sich um die ersten synthetischen
Verbindungen mit Helix-Struktur, die ein Modell für die Doppelhelix der DNA sind.

Für die Ausbildung von Helicaten muss die Brücke zwischen den 2,2'-Bipyridineinheiten
im Liganden sehr flexibel sein. Was passiert, wenn die Brücke verkürzt und dadurch starrer
wird, ist in Abb. 8.9 gezeigt. Bei diesem Beispiel wird als Metallzentrum das Eisen(II)-Ion
verwendet, das eine oktaedrische Koordinationsumgebung bevorzugt. Deswegen koordinieren bei diesem Beispiel drei 2,2'-Bipyridin-Einheiten an das Eisen(II)-Ion. Als Produkte werden sternförmige Gebilde erhalten, deren Größe von der Flexibilität des Liganden abhängt.
Je flexibler der Ligand ist, umso kleiner wird der mehrkernige Komplex. An dieser Stelle
bietet sich ein kurzer Kommentar zu den Reaktionsbedingungen an. Wie in Abb. 8.9 angedeutet, werden für die Koordinationschemie vergleichsweise hohe Reaktionstemperaturen

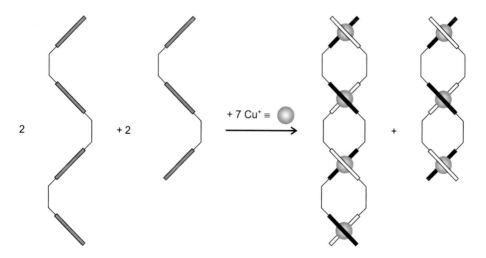

Abb. 8.8 Selbstorganisation am Beispiel drei- und vierkerniger Kupfer-„Helicat"-Komplexe

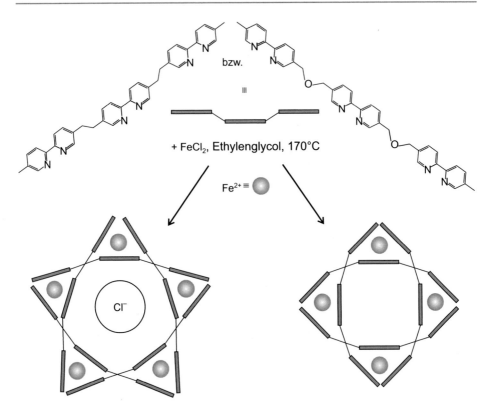

Abb. 8.9 Einfluss der Flexibilität des Liganden auf die gebildeten supramolekularen Aggregate [30]

benötigt, was zur Wahl des eingesetzten Lösemittels (Ethylenglycol = 1,2-Ethandiol, Siede-punkt 197°C) führte. Hohe Temperaturen und eine sehr gute Löslichkeit der Ausgangsstoffe und Zwischenprodukte sind notwendig, um sicherzustellen, dass die ebenfalls denkbaren Nebenprodukte in Lösung bleiben und nicht dem Gleichgewicht entzogen werden.

Die gezeigten Beispiele (es gibt noch unzählige weitere) lassen sich in folgender Defini-tion für die Selbstorganisation zusammenfassen.

Definition der Selbstorganisation
Das schlichte Zusammenlagern (self-assembly) von molekularen Bausteinen erfordert bindende Kräfte, die Selbstorganisation benötigt darüber hinaus Information. Selbst-organisierende Systeme setzen sich spontan unter bestimmten Bedingungen aus ihren Komponenten zusammen.

8.3 MOFs –Metal-Organic Frameworks

Bei den bisher besprochenen Beispielen wurden immer diskrete supramolekulare Einheiten erhalten. Der nächste Schritt, der Aufbau von eindimensionalen Polymeren bzw. 2–3-dimensionalen Netzwerken, führt uns zu den MOFs. Im Jahr 2009 wurde eine IUPAC Arbeitsgruppe gegründet, um Richtlinien für die Definition und Unterscheidung der Begriffe MOF (= *metal-organic f*ramework, auf deutsch organometallische Gerüstverbindung) und Koordinationspolymer (coordination polymer, CP) zu finden. Das Problem liegt in der interdisziplinären Ausrichtung dieses Arbeitsgebietes, das die Bereiche Anorganische Chemie, Festkörperchemie und Koordinationschemie vereint. Dementsprechend gibt es Arbeitsgruppen, die die Begriffe MOF und 3-dimensionales Koordinationspolymer als Synonyme verwenden, während für andere MOFs poröse, kristalline Gerüstverbindungen sind, deren Knotenpunkte aus mehreren Metallzentren bestehen. Die 2013 veröffentlichten IUPAC Empfehlungen werden im Rahmen dieses Buches vorgestellt und angewandt [31].

8.3.1 Koordinationspolymer oder MOF?

Der Begriff Koordinationspolymer bezeichnet Koordinationsverbindungen aus sich wiederholenden Baueinheiten, die sich in 1, 2 oder 3 Dimensionen ausdehnen. In Abb. 8.10 ist ein Beispiel für einen monomeren Komplex (nur ein Metallion) und ein davon abgeleitetes IUPAC-konformes 1-dimensionales Koordinationspolymer gegeben. Koordinationsverbindungen mit Wiederholungseinheiten in zwei oder drei Richtungen können als 2D- oder 3D-Koordinationspolymer, oder als Koordinationsnetzwerk bezeichnet werden. Im Rahmen dieses Buches werden wir den Begriff Koordinationsnetzwerk verwenden. Dieser Begriff kann auch verwendet werden, um verknüpfte Stränge von 1D-Koordinationspolymeren zu bezeichnen. Eine mit MOFs häufig assoziierte Eigenschaft ist die Porosität und die IUPAC empfiehlt, diesen Begriff für Koordinationsnetzwerke mit organischen Liganden zu verwenden, die potentielle Hohlräume besitzen. Die Hohlräume können auch gefüllt sein, oder nur unter bestimmten Bedingungen zugänglich sein. Die in diesem Buch gezeigten Beispiele sind 2- und 3-dimensionale MOFs, deren Knotenpunkte aus Metallclustern aufgebaut sind, die durch organische Liganden, die sogenannten Linker, zusammengehalten werden, und porös und kristallin sind. In Anlehnung an rein anorganische, poröse 3D-Strukturen, die Zeolithe, werden die Knotenpunkte auch als SBU = secondary building unit bezeichnet. Die Kristallinität sowie das Vorhandensein von Metallclustern als Knotenpunkt ist laut IUPAC keine notwendige Voraussetzung, um ein Koordinationsnetzwerk als MOF zu bezeichnen.

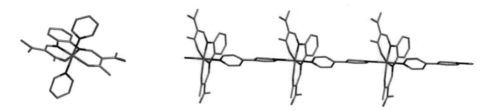

Abb. 8.10 Übergang von einem monomeren Komplex *(links)* zum 1D-Koordinationspolymer *(rechts)*

8.3.2 Der Aufbau von MOFs

MOFs sind poröse Hybridmaterialien, die bei einer Reaktion zwischen organischen und anorganischen Spezies unter Ausbildung einer dreidimensionalen Gerüststruktur entstehen. Die meisten MOFs werden mit klassischen festkörperchemischen Methoden wie der Solvothermalsynthese hergestellt. Dabei werden die Ausgangsstoffe in einem geeigneten Lösemittel bei hohen Temperaturen und Drücken umgesetzt. Unter diesen Bedingungen wird unter anderem die Löslichkeit der einzelnen Komponenten verbessert und Nebenprodukte werden vermieden.

Das Skelett der organometallischen Gerüstverbindungen enthält sowohl anorganische (Knoten, SBU) als auch organische Einheiten (die „Linker"), die durch starke Bindungen, i. d. R. sind das koordinative Bindungen, zusammengehalten werden. Konzeptionell gibt es keinen Unterschied zwischen den klassischen anorganischen porösen Festkörpern und den anorganisch/organischen Hybridverbindungen. In beiden Fällen werden die dreidimensionalen Skelette durch die Zusammenlagerung von sogenannten „secondary building units" (sekundäre Baueinheiten, SBU) erhalten. In Abb. 8.11 sind zwei Beispiele für die anorganischen Knoten, die SBUs, gegeben. Dabei handelt es sich um mehrkernige Komplexe, bei denen die Liganden (in den abgebildeten Beispielen Acetat und Wasser) durch verbrückende Liganden ersetzt werden können. Die SBUs können geometrischen Körpern gleichgesetzt werden. So bildet das basische Zinkacetat ein molekulares Oktaeder, während das Kupferacetat ein molekulares Quadrat ist, wenn nur die Acetat-Liganden berücksichtigt werden. Der zusätzliche Austausch der Wasserliganden führt ebenfalls zu einem molekularen Oktaeder.

Als Linker werden bei den MOFs verbrückende organische Liganden eingesetzt. Das führt dazu, dass das Gerüst, im Gegensatz zu den rein anorganischen Zeolithen, nun vorrangig aus kovalenten Bindungen aufgebaut ist. Um die gewünschte Porosität zu gewährleisten, müssen starre Liganden mit Mehrfachbindungen eingesetzt werden. In Abb. 8.12 sind verschiedene organische Linker dargestellt. Es handelt sich i. d. R. um starre Moleküle mit zwei bis vier funktionellen Gruppen für die Netzwerkbildung. Über das organische Gerüst lässt sich der Abstand zwischen den Knoten regulieren. In Abb. 8.12 ist nur ein kleiner Auszug von den möglichen verbrückenden Liganden, die für die Synthese von MOFs eingesetzt werden können, gegeben. Die Kombination mit verschiedenen SBUs liefert ein breites Spektrum

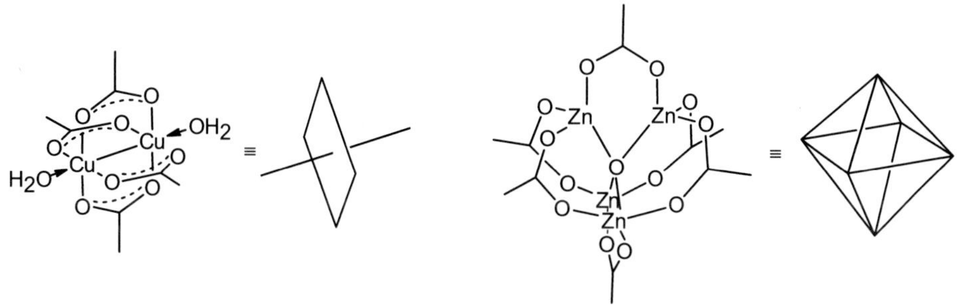

Abb. 8.11 Verschiedene secondary building units (SBUs). Auf der linken Seite ist das Kupferacetat, ein dimerer Komplex mit der generellen Zusammensetzung $[M_2(O_2CR)_4L_2]$ abgebildet. Werden nur die Acetat-Liganden als Anknüpfungspunkte für die organischen Linker berücksichtigt, erhält man ein molekulares Quadrat, mit dem man zweidimensionale Schichten aufbauen kann. Das rechts abgebildete basische Zinkacetat mit der generellen Zusammensetzung $[M_4O(O_2CR)_6]$ bildet ein molekulares Oktaeder

an MOFs, bei denen die Eigenschaften (z. B. die Porengröße) systematisch variiert werden können.

Auch bei der Namensgebung sind Parallelen zu den klassischen, rein anorganischen, porösen Materialien erkennbar. Wie bei den Zeolithen werden neue Verbindungen durch drei Buchstaben (i. d. R. der geographische Ursprung der neuen Verbindung) und einer Nummer benannt. So steht z. B. *MIL* für *M*aterialien des *I*nstituts *L*avoisier. Die allerersten Vertreter wurden mit MOF und einer fortlaufenden Nummer bezeichnet.

Als erstes Beispiel betrachten wir MOF 5 mit der Zusammensetzung $Zn_4O(BDC)_3$. Bei diesem MOF ist die SBU das in Abb. 8.11 gezeigte basische Zinkacetat, das ein molekulares Oktaeder bildet. Werden die Acetationen durch den verbrückenden Liganden (Linker) Terephthalat ersetzt, erhalten wir eine poröse dreidimensionale Gerüststruktur, wie sie in Abb. 8.13 abgebildet ist. MOF 5 wurde 1999 von Yaghi hergestellt und war das erste einfache Koordinationsnetzwerk mit einer sehr hohen spezifischen Oberfläche ($2900 \, m^2 g^{-1}$). Nach der Herstellung sind die Poren zunächst mit Lösemittel gefüllt, das relativ einfach zu entfernen ist. In die dann freien Poren lassen sich $1.04 \, cm^3 g^{-1}$ Stickstoff kondensieren, was mit den Adsorptionskapazitäten von Aktivkohle vergleichbar ist. Bei diesem MOF lässt sich die Porengröße sehr schön durch Variation des Linkers kontrollieren. Durch den Einsatz von Naphthalindicarboxylat- bzw. Pyrendicarboxylatanionen (IRMOF-8 und 14) werden die Poren systematisch vergrößert. Alle Beispiele haben das gleiche kubische Netzwerk, weswegen diese MOFs als IRMOFs, „Isoreticular Metal-Organic Frameworks", bezeichnet werden [32, 33].

Als zweites Beispiel bauen wir uns ein MOF ausgehend von Kupferacetat. Zunächst ersetzen wir die Acetationen durch *trans*-1,4-Cyclohexandicarboxylat. Dabei wird eine zweidimensionale Schicht aus vernetzten Kupferzentren erhalten. In einem zweiten Schritt wird das Wasser durch den Linker 4,4′-Bipyridin (bipy) ersetzt und wir kommen wieder zu einer

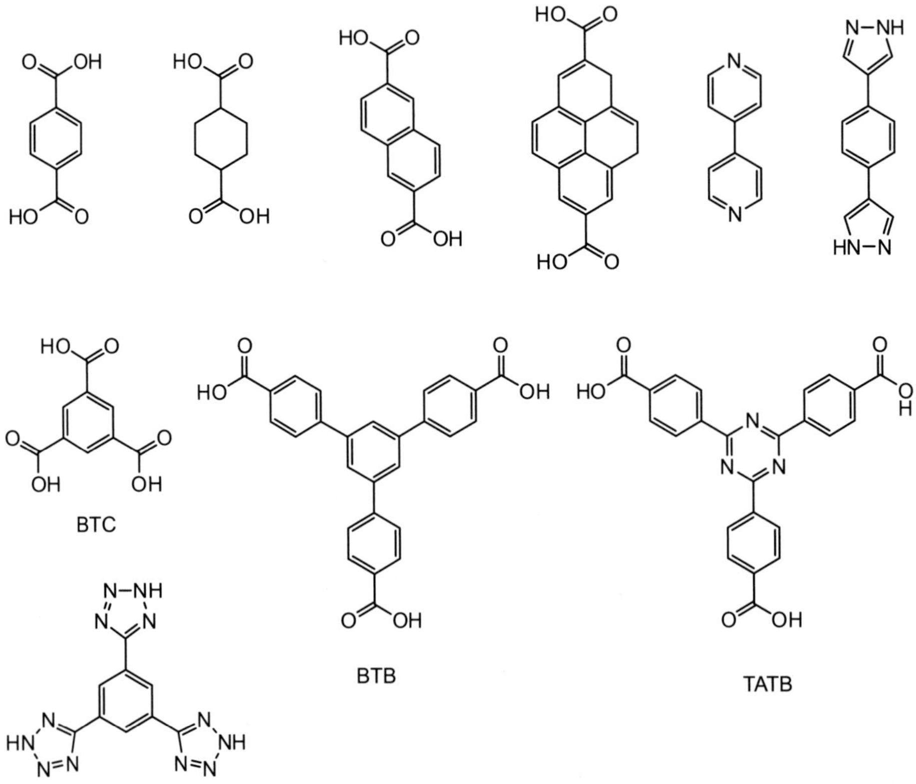

Abb. 8.12 Beispiele für verbrückende Liganden auf Carboxylat-Basis bzw. Heterocyclen-Basis. Die Liganden können zwei, drei oder (hier nicht abgebildet) vier funktionelle Gruppen für die Ausbildung eines Netzwerkes haben. Auch der Abstand zwischen den funktionellen Gruppen kann kontrolliert werden. Als Beispiel dafür sind oben von links die Terephthalsäure (Benzendicarboxylsäure *BDC*), die Cyclohexandicarbonsäure, die Naphthalindicarbonsäure und die Pyrendicarbonsäure gegeben. Das gleiche ist bei den Liganden mit drei funktionellen Gruppen (Benzoltricarbonsäure bzw. Trimesinsäure *BTC* und Benzoltribenzoat *BTB*) möglich. Die Liganden können durch das Einführen von Heteroatomen (4,4′,4″-*s*-triazine-2,4,6-triyltribenzoate *TATB*) weiter funktionalisiert werden, um neue oder zusätzliche Eigenschaften zu erreichen

porösen 3D Gerüstverbindung. Im Gegensatz zu MOF 5 und den IRMOFs ist dieses Netzwerk nicht mehr kubisch, sondern aus Quadern aufgebaut. Auch bei diesem Beispiel kann durch den Einsatz verschiedener Dicarbonsäuren die Porengröße variiert werden. Anstelle von 4,4′-Bipyridin können auch andere Bipyridine als Linker zum Einsatz kommen. Bei dem in Abb. 8.14 gezeigten Beispiel werden in der Kristallstruktur sich gegenseitig durchdringende Netzwerke beobachtet. Dadurch wird die effektive Porengröße deutlich reduziert – ein nicht unbedingt erwünschter Effekt [34].

Abb. 8.13 *Oben:*
schematischer Aufbau von
MOF 5 (Zn$_4$O(BDC)$_3$ mit
BDC=1,4-
Benzendicarboxylat). Es wird
ein poröses kubisches
Netzwerk erhalten. *Unten:*
Ausschnitt aus der
Kristallstruktur

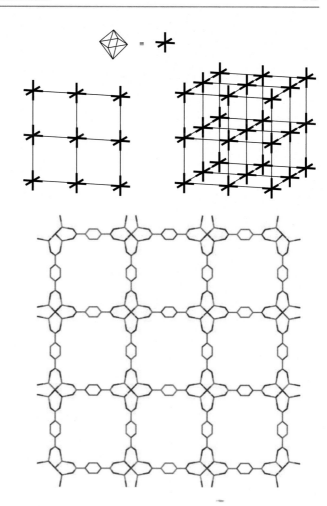

8.3.3 Vorteile und Anwendungspotential

Die ersten Vorteile von MOFs gegenüber Zeolithen sind schon bei der Synthese zu finden. Während bei letzteren anorganische oder organische Template benötigt werden, um die gewünschten Poren zu erreichen, die aufwendig zu entfernen sind, ist bei MOFs häufig das Lösemittel gleichzeitig das Templat. Infolge dessen ist das Skelett der MOFs meistens neutral und auch nach der Entfernung des Templates noch stabil. Durch das Zusammenspiel von anorganischen und organischen Teilen können hydrophile und hydrophobe Bereiche realisiert werden.

Weiterhin findet man bei MOFs eine wesentlich größere Variabilität. Die fängt bei den möglichen Kationen für den Aufbau des Netzwerks an (nahezu alle zwei- bis vierwertigen Metallionen) und steigert sich noch einmal deutlich bei den organischen Brückenliganden,

Abb. 8.14 Aufbau eines MOF ausgehend von Kupferacetat mit *trans*-1,4-Cyclohexandicarboxylat und 4,4′-Biypridin als Linker. Der Austausch der Acetat-Liganden mit dem verbrückenden *trans*-1,4-Cyclohexandicarboxylat führt zur Ausbildung eines 2D-Netzwerkes. Durch den zusätzlichen Austausch des koordinierten Wassers mit dem verbrückenden 4,4′-Bipyridin wird ein starres 3D-Netzwerk erhalten. In der Kristallstruktur werden sich gegenseitig durchdringende Netzwerke beobachtet

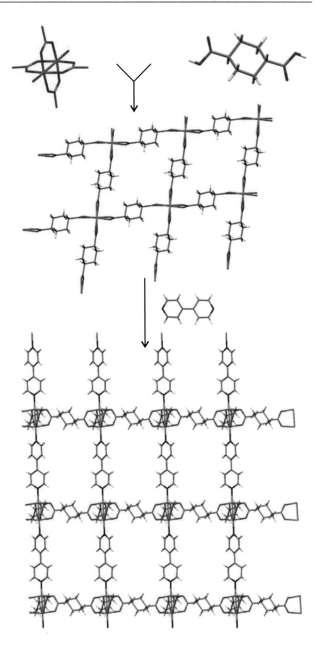

die noch zusätzlich funktionalisiert werden können. Ein wesentlicher Nachteil der MOFs im Vergleich zu den rein anorganischen Zeolithen ist die deutlich geringere thermische Stabilität und die geringere Stabilität gegenüber Säuren und Basen. Auch die Synthese der MOFs ist nicht so einfach, wie sie einem auf dem Papier erscheint, da eine Vielzahl von unerwünschten Nebenprodukten möglich sind.

Aus der Vielfältigkeit und Variabilität der MOFs heraus ergeben sich ebenso vielfältige Anwendungsmöglichkeiten, von denen im Folgenden einige ausgewählte gegeben sind [35].

- Gasspeicherung (Wasserstoff, Methan)
- Gasreinigung, Gastrennung
- Sensorik
- heterogene Katalyse

Alle Anwendungen beruhen auf der großen Oberfläche der MOFs, ihrer Porosität. Das hohe Anwendungspotential der MOFs liegt in der Möglichkeit, die Form und Größe der Poren selektiv maßzuschneidern. Hier zeigen die MOFs eine höhere Flexibilität als klassische poröse Festkörper wie z. B. Zeolithe.

Gasspeicherung Sehr intensiv wird die Möglichkeit der Speicherung von Wasserstoff untersucht. Hier zeigen mit MOFs gefüllte Gefäße ein deutlich höheres Aufnahmevermögen als leere Gefäße, bei geringeren Drücken. Diese Beobachtung wird auf Adsorptions-Effekte zurückgeführt. So zeigten Untersuchungen an MOF-5, dass 1.3 Gew.-% H_2 bei 77 K (1 bar) aufgenommen werden können [36]. Weiterführende Untersuchungen haben gezeigt, dass möglichst viele kleine Poren (gerade groß genug für H_2) und freie Koordinationsstellen am Metall sich vorteilhaft auf die Wasserstoffspeicherung auswirken. Beides wurde im folgenden Beispiel (wieder ausgehend von Kupferacetat) realisiert. Ein 3D Netzwerk mit freien Koordinationsstellen am Metall kann ausgehend von Kupferacetat erhalten werden, wenn anstelle von linear verbrückenden Dicarboxylaten Tricarboxylate eingesetzt werden, wie beim Beispiel in Abb. 8.15 gezeigt. Die vielen kleinen Poren werden durch zwei sich gegenseitig durchdringende Netzwerke realisiert und die freien Koordinationsstellen am Metall entstehen, wenn das Wasser am Kupfer entfernt wird. Gassorptions-Experimente bestätigen die sehr hohe Porosität der Verbindung. Bei der Wasserstoffspeicherung können unter Normaldruck bei 77 K ca. 1.9 % Wasserstoff ($10.6\,mg/cm^3$) absorbiert werden, was (bis 2006) einer der höchsten Werte ist, die für MOFs erhalten wurden [37].

Bei der heterogenen Katalyse werden unterschiedliche Herangehensweisen verwendet. In einer klassischen Variante werden a) Metall-Nanopartikel auf den Oberflächen in den Poren der MOFs abgelagert (Metall@MOF), dieser Ansatz ist bereits von den Zeolithen her bekannt. Andere Alternativen sind b) die Linker-Moleküle als aktive Zentren, c) die SBUs als aktive Zentren oder d) die Einführung von aktiven Zentren durch nachträgliche Modifikationen.

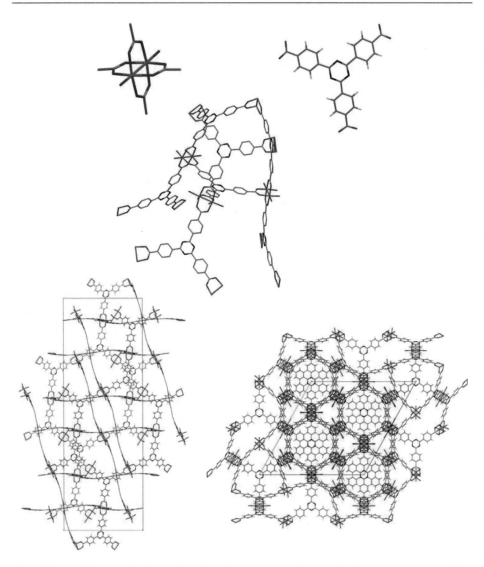

Abb. 8.15 Aufbau eines MOF ausgehend von Kupferacetat mit freien/flexiblen Koordinationsstellen am Metall: $Cu_3(TATB)_2(H_2O)_3$ mit TATB = 4,4′,4″-s-Triazine-2,4,6-triyltribenzoate. Durch den dreizähnigen Liganden wird eine dreidimensionale Gerüstverbindung erhalten. Das in der Abbildung am Kupfer gebundene Wasser lässt sich im Anschluss an die Synthese entfernen

8.4 Fragen

1. Was versteht man unter molekularer Information und worin kann sie gespeichert sein?
2. Warum wird nicht Wasser sondern Methanol als Lösemittel für die Synthese der Helicate verwendet?
3. Warum sind die Kupfer-Komplexe bei den Helicaten tetraedrisch und nicht quadratisch planar?
4. Sind bei der Abb. 8.7 auch andere Produkte denkbar?
5. Warum entstehen in Abb. 8.8 keine gemischten Komplexe?
6. Was ist ein MOF? Warum kann der Name irreführend sein?
7. Welchen Vorteil haben MOFs gegenüber alternativen porösen Materialien? Was sind die Nachteile?

Metall-Metall-Bindung

9

Im letzten Abschnitt haben wir eine ganze Reihe von mehrkernigen Komplexen betrachtet. Allen gemein war, dass sie durch Brückenliganden verknüpft waren. In diesem Abschnitt wenden wir uns Verbindungen zu, bei denen zwischen zwei oder mehreren Metallatomen eine kovalente Bindung diskutiert wird. Bei der Einführung der 18-VE-Regel (Abschn. 3.2) wurde bereits die Möglichkeit von Metall-Metall-Bindungen erwähnt. Die Formulierung solcher Bindungen weicht stark von den Wernerschen Vorstellungen über die Molekülchemie von Übergangsmetallen ab und der Durchbruch gelang erst in den 1950er Jahren, als durch Röntgenstrukturanalyse das Vorliegen von Metall-Metall-Bindungen eindeutig belegt wurde.

Als Cluster, oder genauer gesagt Clusterkomplexe (da der Begriff Cluster in Chemie und Physik auch eine andere Bedeutung tragen kann) werden, nach IUPAC, Komplexe mit drei oder mehr Metallzentren mit Metall-Metall-Bindungen bezeichnet [12]. Umgangssprachlich sind die zweikernigen Systeme häufig mit eingeschlossen und auch in diesem Kapitel werden im Folgenden zunächst zweikernige Systeme betrachtet. Clusterkomplexe lassen sich in zwei Klassen einteilen: Das eine sind Halogenidokomplexe der d-elektronenarmen Übergangsmetalle, zu denen auch analoge Oxido- und Thiooxido-Komplexe gezählt werden. Die Kombination von d-elektronenarmen Metallzentren und π-Donorliganden führt zu stabilen Systemen mit Metall-Metall-Bindung. Diese Verbindungen gehorchen häufig nicht der 18-VE-Regel und lassen sich aufgrund ihres ionischen Aufbaus besser mit der Ligandenfeldtheorie beschreiben. Die zweite Verbindungsklasse sind mehrkernige Carbonylkomplexe von d-elektronenreichen Übergangsmetallen mit π-Akzeptor-Liganden. Bei diesen meist kovalent aufgebauten Komplexen lässt sich die 18-Valenzelektronenregel anwenden, um die Anzahl der Metall-Metall-Bindungen zu bestimmen. Jede Metall-Metall-Bindung steuert ein Elektron pro Metallzentrum zur Elektronenbilanz bei.

© Der/die Autor(en), exklusiv lizenziert durch Springer-Verlag GmbH, DE, ein Teil von Springer Nature 2021
B. Weber, *Koordinationschemie*, https://doi.org/10.1007/978-3-662-63819-4_9

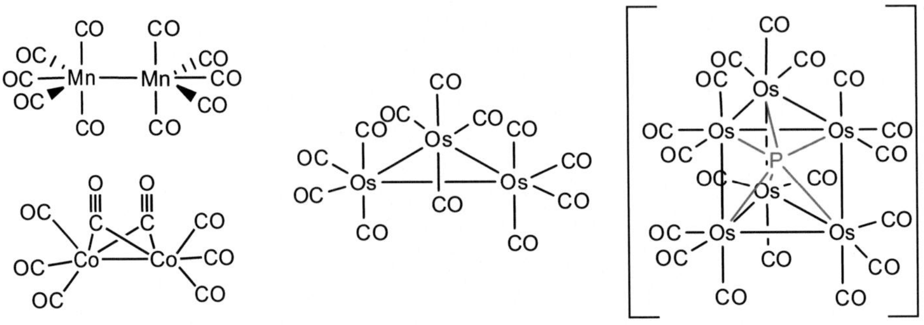

Abb. 9.1 Mehrkernige Carbonylkomplexe mit Metall-Metall-Bindung

9.1   Nomenklatur bei mehrkernigen Komplexen/Metall-Metall-Bindung

Bei mehrkernigen Komplexen wird eine Metallbindung am Ende des Namens angegeben. In runden Klammern werden die beiden Metallzentren zwischen denen eine Metall-Metall-Bindung vorliegt mit einem Bindestrich verbunden angegeben. Als Beispiel benennen wir den zweikernigen Cobaltcarbonyl-Komplex in Abb. 9.1. Er heißt Di-μ-carbonylbis[tricarbonylcobalt(0)] *(Co-Co)*. Der zweikernige Mangankomplex mit der Zusammensetzung $[Mn_2(CO)_{10}]$ ist das Decacarbonyldimangan *(Mn-Mn)* bzw. das Bis(pentacarbonylmangan) *(Mn-Mn)*.

9.2   Metall-Metall-Einfachbindung

9.2.1   Die EAN-Regel

Bei einigen Metallcarbonylen kann die Anzahl der Metall-Metall-Bindungen über die 18-VE-Regel bestimmt werden. Dazu kann die von dieser Regel abgeleitete EAN-Regel (Effective Atomic Number Rule) verwendet werden. Diese kann als Erweiterung der 18-VE-Regel für Cluster betrachtet werden. Wie bei der 18-VE-Regel, ist das System bestrebt, eine Edelgaskonfiguration zu erreichen. Die „fehlenden" Valenzelektronen können durch das Ausbilden von Metall-Metall-Bindungen ergänzt werden, da jede Metall-Metall-Bindung ein Elektron pro Metallzentrum der Elektronenbilanz beisteuert. Bei gegebener Komplexformel, mit der entsprechenden Gesamtvalenzelektronenzahl N und der Zahl der Metallzentren n, lässt sich die Zahl der Metall-Metall-Bindungen x vorhersagen bzw. wie folgt berechnen:

$$x = \frac{18n - N}{2}$$

Unser erstes Beispiel ist das Decacarbonyldimangan [Mn_2CO_{10}]. Wenn wir davon ausgehen, dass zwei monomere Komplexe der Zusammensetzung [$Mn(CO)_5$] ohne Metall-Metall-Bindung vorliegen, dann kommen wir bei der Anzahl der Valenzelektronen auf 17; 7 vom Mangan und 10 von den fünf Carbonylliganden. Als Monomer ist der Carbonyl-Komplex nicht stabil. Wird nun eine Metall-Metall-Bindung ausgebildet, dann wird pro Mangan ein weiteres Elektron der Elektronenbilanz beigesteuert und wir erhalten 18 Valenzelektronen pro Metallzentrum bzw. 36 für den gesamten Komplex. Mit Metall-Metall-Bindung ist der Komplex stabil. Wenn wir die EAN-Regel anwenden wollen, dann ist $n = 2$; $N = 34$ und demzufolge $x = 1$. Der Komplex hat eine Mangan-Mangan-Bindung. Unser zweites Beispiel ist der in Abb. 9.1 gegebene zweikernige Cobaltkomplex mit den zwei verbrückenden Carbonylliganden. Wenn wir davon ausgehen, dass keine Metall-Metall-Bindung vorliegt, dann erhalten wir wieder 17 Valenzelektronen pro Cobalt; 9 vom Cobalt, 6 von den drei endständigen Carbonylliganden und zwei von den beiden μ_2-verbrückenden Carbonylliganden. Achtung! Der Carbonylligand kann immer maximal zwei Valenzelektronen beisteuern, unabhängig von dem Verbrückungsmodus. Die beiden Cobaltatome müssen sich das freie Elektronenpaar von den verbrückenden Carbonylliganden teilen! Durch die Ausbildung einer Metall-Metall-Bindung wird die Edelgaskonfiguration erreicht. Bei der EAN-Regel ist $n = 2$; $N = 34$ und demzufolge $x = 1$. Als weitere Beispiele sehen wir uns zwei etwas größere Cluster an. Bei dem dreikernigen Komplex [$Os_3(CO)_{12}$] ist $n = 3$, $N = 48$ und $x = 3$. Die drei Metall-Metall-Bindungen können realisiert werden, wenn die drei Osmiumatome ein Dreieck bilden. Bei dem Komplex [$Os_6(CO)_{18}P$]$^-$ können wir für das Elektronenzählen davon ausgehen, dass das Osmium und die Carbonylliganden ungeladen sind und das dann einfach negativ geladene Phosphor-Atom als Ligand über 6 Valenzelektronen verfügen kann. Damit kommen wir zu $n = 6$, $N = 90$ und $x = 9$. Neun Metall-Metall-Bindungen zwischen sechs Atomen lassen sich in einem Prisma, wie in Abb. 9.1 gezeigt, realisieren.

9.2.2 MO-Theorie

Der Decacarbonyldimangan-Komplex dient als Beispiel für einen einfachen Einstieg in die Bindungsverhältnisse zwischen den Metallzentren. Wir starten wieder mit den monomeren Fragmenten ohne Metall-Metall-Bindung. Um das pentakoordinierte Komplexfragment darzustellen, gehen wir von einem oktaedrischen Komplex aus, bei dem ein Ligand entlang der z-Achse entfernt wurde. Wir kommen damit zu einer quadratisch pyramidalen Koordinationsumgebung für das Mangan mit einer Aufspaltung der d-Orbitale wie in Abb. 9.2 gezeigt. Aus Gründen der Übersichtlichkeit beschränken wir uns auf die Betrachtung der „Ligandenfeldorbitale", bei der Einführung in die MO-Theorie haben wir gesehen, dass diese Herangehensweise durchaus berechtigt und in diesem Falle auch ausreichend ist.

Jedes Mangan besitzt sieben d-Elektronen, die, ausgehend von einem low-spin-Zustand, auf die fünf Orbitale verteilt werden. Das ungepaarte Elektron befindet sich bei dieser Betrachtung im d_{z^2}-Orbital, das hervorragend zur Ausbildung einer σ-Bindung zwischen

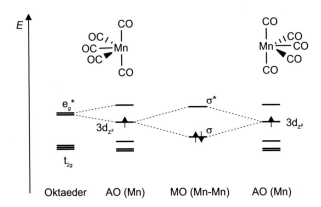

Abb. 9.2 Bindungsverhältnisse im [Mn$_2$(CO)$_{10}$]. Bei den beiden monomeren Fragmenten ist das d$_{z^2}$-Orbital jeweils einfach besetzt. Die darunter liegenden $t_{2\,g}$-Orbitale sind alle voll besetzt und für die Ausbildung einer Metall-Metall-Bindung nicht relevant. Das gleiche gilt für das leere d$_{x^2-y^2}$-Orbital. Das d$_{z^2}$-Orbital hat genau die richtige Symmetrie für die Ausbildung einer σ-Bindung entlang der z-Achse. Es wird ein bindendes (σ) und antibindendes (σ^*) Molekülorbital gebildet und das energetisch tieferliegende, bindende Molekülorbital wird mit den beiden Elektronen aus den Atomorbitalen besetzt

den zwei Metallzentren geeignet ist. Das energetisch günstigere σ-Orbital wird unter Energiegewinn von den zwei bis dahin ungepaarten Elektronen besetzt, während das σ^*-Orbital leer bleibt. Diese sehr anschauliche Betrachtung erklärt, warum die Metall-Metall-Bindung stabil ist (Energiegewinn) und warum der zweikernige Komplex diamagnetisch ist. Die Dissoziationsenergie für das Brechen der Metall-Metall-Bindung ist allerdings deutlich kleiner als die von Ethan. Die Bindung ist deutlich schwächer.

Neben der Frage, ob es eine Metall-Metall-Bindung gibt, stellt sich noch die Frage nach der formalen Metall-Metall-Bindungsordnung. Diese wird durch die d-Elektronenzahl der Fragmente bestimmt und lässt sich – wie bei anderen zweiatomigen Molekülen – durch das Zählen der Elektronen in den bindenden und antibindenden Molekülorbitalen bestimmen. Ähnlich wie bei der Kohlenstoffchemie (Alkane, Alkene, Alkine) sind hier Einfach-, Zweifach- und Dreifachbindungen möglich. Dass Metallzentren zur Ausbildung von π-Bindungen in der Lage sind, haben wir bereits bei ihren Komplexen mit π-Donor- bzw. π-Akzeptor-Liganden gesehen. Im Folgenden werden wir lernen, dass bei Metall-Metall-Bindungen noch höhere Bindungsordnungen möglich sind.

9.3 Metall-Metall-Mehrfachbindungen

Um einen Zugang zu dieser Thematik zu finden, werden als erstes Beispiel die zwei Komplexe [Cr$_2$(ac)$_4$(H$_2$O)$_2$] und [Cu$_2$(ac)$_4$(H$_2$O)$_2$] verglichen. Die Molekülstruktur der beiden Acetate ist in Abb. 9.3 schematisch dargestellt. Beide Komplexe liegen als Dimer vor,

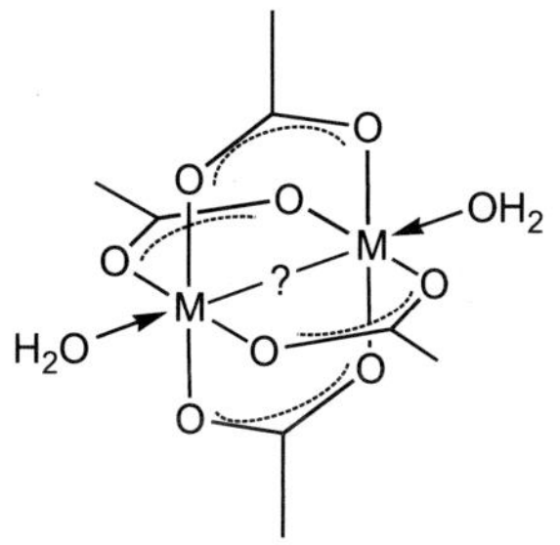

Abb. 9.3 Schematische
Darstellung der Struktur von
Kupferacetat-Monohydrat und
Chromacetat-Monohydrat

mit einem Jahn-Teller verzerrten Metallzentrum (Kupfer(II)-Ion = d^9 und Chrom(II)-Ion = d^4). Kupferacetat hat eine für Kupfer(II)-Ionen typische blaue Farbe und ist bei Raumtemperatur paramagnetisch, bei tieferen Temperaturen wird es diamagnetisch. Chromacetat ist im Unterschied zu den blauen bis grünen, paramagnetischen einkernigen Chrom(II)-Komplexen rot und diamagnetisch, wie alle dimeren Chrom(II)-Verbindungen. Erste Hinweise auf eine Metall-Metall-Bindung liefern die aus der Röntgenstrukturanalyse erhaltenen Metall-Metall-Abstände. Dieser ist beim Kupferacetat mit 2.64 Å länger als der Cu-Cu-Abstand in metallischem Kupfer (2.56 Å), während beim Chromacetat der Cr-Cr-Abstand mit 2.36 Å deutlich kürzer als der entsprechende Abstand in metallischem Chrom (2.58 Å) ist.

Beim Beispiel [$Mn_2(CO)_{10}$] wurde bereits darauf hingewiesen, dass die Mangan-Mangan-Bindung dafür verantwortlich ist, dass der Komplex diamagnetisch ist. Durch die Ausbildung einer σ-Bindung zwischen den beiden d_{z^2}-Orbitalen, die beide je mit einem ungepaarten Elektron besetzt sind, können die zwei Elektronen im dann energetisch tieferliegenden Orbital gepaart angeordnet werden. Das Chromacetat ist ebenfalls diamagnetisch – im Gegensatz zu den paramagnetischen einkernigen Chromkomplexen. Und auch das Kupferacetat ist bei tiefen Temperaturen diamagnetisch – liegt bei beiden Beispielen eine Metall-Metall-Bindung zwischen den d-Orbitalen vor?

Um diese Frage zu beantworten, müssen wir uns zunächst überlegen, in welchen d-Orbitalen ungepaarte Elektronen vorliegen. In beiden Fällen liegt das Metallzentrum in einem Jahn-Teller-verzerrten oktaedrischen Ligandenfeld vor und das Acetat-Ion ist ein Schwachfeld-Ligand. Das Chrom(II)-Ion hat vier Valenzelektronen, beim Kupfer(II)-Ion sind es neun. Demzufolge sind beim Chromacetat das d_{xy}-, d_{xz}-, d_{yz}- und das d_{z^2}-Orbital jeweils einfach besetzt, beim Kupferacetat ist das $d_{x^2-y^2}$-Orbital einfach besetzt. Hier könnte maximal eine Einfachbindung ausgebildet werden, während es beim Chromacetat vier mögliche Orbitale gibt, die überlappen können. Für eine σ-Bindung hat das $d_{x^2-y^2}$-Orbital beim Kupferacetat nicht die richtige Symmetrie, da die Orbitallappen auf die vier verbrückenden Acetatliganden zeigen. Im Einklang mit den paramagnetischen Eigenschaften bei höheren Temperaturen, dem langen Metall-Metall-Abstand und der mit anderen monomeren Komplexen vergleichbaren Farbe lässt sich hier keine Metall-Metall-Bindung formulieren. Die magnetischen Eigenschaften (diamagnetisch bei tiefen Temperaturen) müssen durch einen anderen Mechanismus erklärt werden (siehe Magnetismus/Superaustausch).

Im Falle des Chromacetates sind die Verhältnisse anders. Bei dieser Verbindung, die bereits seit 1844 bekannt ist, ist der Cr-Cr-Abstand deutlich kürzer als der entsprechende Abstand in metallischem Chrom. Eine ganze Reihe von ähnlichen dimeren Chrom(II)-Komplexen sind bekannt, bei denen ein Cr-Cr-Abstand in der Größenordnung von 2.3–2.5 Å gefunden wird. In der Gasphase wurde bei wasserfreiem Chromacetat ein Cr-Cr-Abstand von 1.97 Å bestimmt. Bei ähnlichen Verbindungen mit einem reduzierten Ligandangebot ($[Cr(Me)_4]_2$) werden ähnliche Abstände (1.98 Å) bestimmt. Dieses zusammen mit den sehr unterschiedlichen Eigenschaften von monomeren und dimeren Chrom(II)-Komplexen lassen sich (im Einklang mit dem kurzen Cr-Cr-Abstand) durch eine Vierfachbindung zwischen den beiden Cr-Atomen erklären. Zwischen den vier einfach besetzten d-Orbitalen kommt es zur Ausbildung von vier bindenden und vier antibindenden Molekülorbitalen.

Ein erster zweifelsfreier Nachweis einer Vierfachbindung zwischen zwei Übergangs-metallen gelang 1964 Cotton et al. durch die Kristallstrukturanalyse an der Verbindung $K_2[Re_2Cl_8]\cdot 2\,H_2O$. Bei dieser Verbindung wurde ein bemerkenswert kleiner Re-Re-Abstand von 2.24 Å bestimmt (im Vergleich zu 2.75 Å in Re-Metall) und sie wird seitdem als Prototyp von Komplexen mit Mehrfachbindung zwischen zwei Übergangsmetallen betrachtet.

Bindungsverhältnisse Im Gegensatz zum Kupferacetat sind die d-Orbitale beim Chrom-acetat sehr gut zur Ausbildung von Metall-Metall-Bindungen befähigt. Ergebnisse der Kristallstrukturanalyse zeigen, dass die z-Achse die Bindungsachse und auch die Jahn–Teller-Achse (gestrecktes Oktaeder) ist. Damit hat das d_{z^2}-Orbital die geeignete Symmetrie zur Ausbildung einer Metall-Metall-σ-Bindung. Weiterhin können zwei π-Bindungen aus-gebildet werden, jeweils zwischen den d_{xz}- und den d_{yz}-Orbitalen. Damit bleibt nur noch das einfach besetzte d_{xy}-Orbital übrig. Aufgrund des sehr kurzen Chrom-Chrom-Abstandes kommt es auch hier zur Ausbildung einer Bindung, bei der jeder der vier Orbitallappen mit dem des gegenüberliegenden Orbitals überlappt. Bei dieser Bindung gibt es zwei Knotene-benen entlang der Kernverbindungsachse und sie wird als δ-Bindung bezeichnet. In Abb. 9.4 ist das MO-Schema von Chromacetat schematisch dargestellt. Die Struktur der dabei aus-gebildeten bindenden Molekülorbitale ist auf der rechten Seite von Abb. 9.4 gezeigt.

Die Metall-Metall-Vierfachbindung wird auch über die EAN-Regel bestätigt. Das Zählen der Elektronen pro Chromzentrum führt mit 4 d-Elektronen, 4 Cr-Cr-Bindungselektronen-paaren und 5 Elektronenpaaren von den Liganden zu einer abgeschlossenen 18-Elektronenschale pro Chromatom. Eine andere Möglichkeit zur Beschreibung der Bin-dungsverhältnisse liefert die Theorie der lokalisierten Molekülorbitale. Bei diesem Modell werden pro Chromzentrum 6 Hybridorbitale aus dem $3d_{x^2-y^2}$-, $3d_{z^2}$-, $4s$-, $4p_x$-, $4p_y$- und $4p_z$-Orbitalen gebildet. Fünf dieser Hybridorbitale überlappen mit den fünf Ligandorbitalen, das sechste Hybridorbital bildet die σ-Bindung zwischen den zwei Chromzentren aus. Die beiden π-Bindungen werden zwischen den nicht hybridisierten d_{xz}- und d_{yz}-Atomorbitalen ausgebildet und die Wechselwirkung zwischen den d_{xy}-Orbitalen führt zur δ-Bindung. Die sechs Hybridorbitale sind oktaedrisch um das Chromzentrum herum angeordnet. Das bedeu-

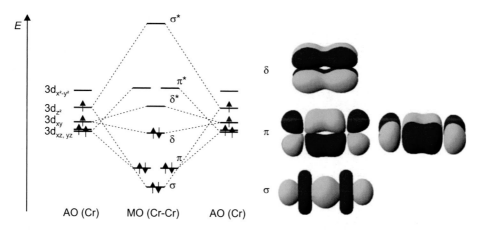

Abb. 9.4 Links: MO-Schema für die MM-Vierfachbindung im Chromacetat. Rechts: Struktur der vier bindenden Molekülorbitale [18]

tet, dass die Liganden eine ekliptische Konformation annehmen und nicht die energetisch günstigere gestaffelte. Dieses ist beim Chromacetat mit den verbrückenden Acetat-Liganden nicht überraschend – dieselbe Konformation wird aber auch beim $[\text{Re}_2\text{Cl}_8]^{2-}$ gefunden. Ein Blick auf die in Abb. 9.4 dargestellte δ-Bindung macht klar, dass diese Bindung nur bei einer ekliptischen Anordnung der Liganden gebildet werden kann. Das Einstrahlen von Licht in den δ– δ^*-Übergang führt zu einem angeregten Zustand mit gestaffelter Konformation. Dieser Übergang ist für die rote Farbe der dimeren Chromverbindungen verantwortlich.

Die Beschreibung der Bindungsverhältnisse als $(\sigma^2)\,(\pi^4)(\delta^2)$-Vierfachbindungen ist eine einfache und sehr anschauliche Darstellung. Die Realität gibt sie jedoch nur bedingt wieder, da sie von der Annahme ausgeht, dass jedes der vier bindenden Molekülorbitale mit zwei Elektronen doppelt besetzt ist. Eine Bindungsanalyse von $[\text{Re}_2\text{Cl}_8]^{2-}$ mit CASSCF-Methoden (complete active space self-consistent field) ergeben eine berechnete Re–Re-Bindungsordnung von 3.2. Der Beitrag der δ-Bindung beträgt ungefähr 0.5. Ausschlaggebend dafür ist der partiell besetzte antibindende δ^*-Zustand. Nun ist es eine Frage der Begriffsdefinition von „Bindung" und „Bindungsordnung". Die Bindung könnte als schwache Vierfachbindung mit vier Orbitalen bindungsrelevanter Überlappung beschrieben werden oder als Bindung mit vier Elektronenpaaren und der effektiven Bindungsordnung von etwa 3. Die Bindungsordnung berechnen wir dabei wie gewohnt, indem wir die Elektronen in den bindenden und antibindenden Molekülorbitalen zählen.

9.3.1 Höher, stärker, kürzer – Metall-Metall-Fünffachbindung

Ausgehend von den bisherigen Betrachtungen ist auch eine Metall-Metall-Fünffachbindung denkbar. Dafür müsste man z. B. die Oxidationsstufe des Chroms bei einer zweikernigen

Chromverbindung von +2 auf +1 reduzieren. Das zusätzliche Elektron besetzt das bisher leere $d_{x^2-y^2}$-Orbital und auf diese Weise ist eine fünffache Überlappung der Metall-d-Orbitale möglich. Eine solche Bindung könnte man auch als Zehnelektronen-Zweizentren-Bindung bezeichnen. In Abb. 9.5a ist die Struktur der ersten Verbindung zu sehen, bei der solche Bindungsverhältnisse diskutiert wurden [38]. Bei dieser Verbindung, wie auch bei den folgenden, wurde ein sterisch sehr anspruchsvoller Ligand verwendet, um die Cr-Cr-Bindung in [ArCrCrAr], mit Ar = monoanionischer aromatischer Ligand, abzuschirmen und so vor Folgereaktionen zu schützen. Analog zu dem vorhergehenden Beispiel sind zwar fünf Elektronenpaare an der Bindung beteiligt, die Bindungsordnung ist jedoch deutlich geringer als 5, da auch hier die höher gelegenen antibindenden Zustände teilweise besetzt sind. Dies spiegelt sich im auffällig langen Cr-Cr-Abstand von 1.835 Å wieder, der länger ist als die kürzesten Abstände, die bei Cr-Cr-Vierfachbindungen diskutiert werden. In diesem Bereich sind also weitere Steigerungen denkbar. Auffällig ist noch die gewinkelte Anordnung der Verbindung, die zum einen auf stabilisierende Metall-Aromat-Wechselwirkungen (dünne Linie) zurückzuführen ist. Einen weiteren Grund für die *trans*-gewinkelte Struktur der Verbindung sind laut DFT-Untersuchungen starke σ-Bindungen der $4s3d_{z^2}$-Hybridorbitale [39].

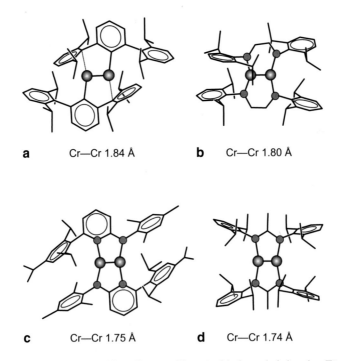

a   Cr—Cr 1.84 Å   b   Cr—Cr 1.80 Å

c   Cr—Cr 1.75 Å   d   Cr—Cr 1.74 Å

Abb. 9.5 a Struktur der ersten stabilen dimeren Chromverbindung, bei der eine Fünffachbindung diskutiert wurde [38]. **b–d** Struktur dimerer Chromverbindungen mit ultrakurzen Chrom-Chrom-Fünffachbindungen (in Reihenfolge der Erscheinung) [40]

Noch kürzere Cr-Cr-Bindungen wurden durch geschickte Wahl der verbrückenden Liganden erreicht. Die kürzesten bisher beobachteten Cr-Cr-Abstände von 1.75 Å und 1.74 Å (beide 2008 gleichzeitig publiziert) wurden mit dreiatomig verbrückenden Liganden erreicht. Die Cr-Cr-Abstände liegen zwischen denen, die für Chrom(II)-Komplexe mit Vierfachbindung diskutiert werden und den im Gasphasen-Molekül Cr_2 beobachteten Abstand von 1.68 Å, der auf eine theoretische Sechsfachbindung zurückzuführen ist (siehe unten). Die sehr kurzen Cr-Cr-Bindungen sind auf die sterisch anspruchsvollen Liganden zurückzuführen. Die berechnete Bindungsordnung der Verbindung c in Abb. 9.5 ist 4.2, was einer formalen Fünffachbindung entspricht. Dass der Wert deutlich kleiner als 5 ist, ist unter anderem auf schwache δ-Bindungen zurückzuführen [40].

Verfolgt man den beim Chromacetat begonnenen Gedanken der Minimierung der Ligandenzahl zur Erhöhung der Oxidationsstufe und damit auch der Bindungsordnung weiter, könnte man in einer theoretischen dimeren $[Cr_2^0]$-Verbindung eine Sechsfachbindung realisieren, bei der eine weitere σ-Bindung durch die Wechselwirkung zwischen den 4 s-Orbitalen ausgebildet wird. Durch die Minimierung der Ligandenzahl und Reduktion der Oxidationsstufe wird die Bindungsordnung kontinuierlich weiter erhöht. In der Tat kann das Cr_2-Molekül in der Gasphase hergestellt und charakterisiert werden und der kürzeste dabei bestimmte Abstand ist mit 1.68 Å noch einmal deutlich kürzer als bei den Verbindungen mit Fünffachbindung. Allerdings bleibt die $(4s\sigma^2)(3d\sigma^2)(3d\pi^4)(3d\delta^4)$-Sechsfachbindung eher hypothetischer Natur. Rechnungen zeigen, dass bei kurzem Metall-Metall-Abstand starke 3d-Wechselwirkungen vorliegen, während bei einem größeren Abstand die 4 s-Wechselwirkung dominiert.

9.4   Clusterkomplexe

Nachdem Struktur und Bindungsverhältnisse von zweikernigen Komplexen im Detail besprochen wurden, kommen wir zurück zu den mehrkernigen Systemen, den Clusterkomplexen. Mit der EAN-Regel lässt sich bei vielen Carbonyl-Komplexen die Anzahl der Metall-Metall-Bindungen vorhersagen und dadurch können Rückschlüsse auf die Struktur der Komplexe gezogen werden. Jedoch gibt es auch hier Beispiele, wo dieser einfache Zusammenhang versagt. Ein Beispiel dafür sind die in Abb. 9.6 gegebenen Komplexe $[Os_6(CO)_{18}]$ und $[Os_6(CO)_{18}]^{2-}$. Beim ersten Komplex würden wir mit der EAN-Regel zwölf Metall-Metall-Bindungen erwarten. Das einfachste Polyeder, mit dem sich diese Anzahl der Bindungen zwischen sechs Atomen realisieren lässt, ist ein Oktaeder. Die tatsächliche Struktur des Komplexes zeigt zwar, dass 12 Os-Os-Bindungen vorliegen, allerdings ist die Struktur kein Oktaeder, sondern ein zweifach überdachtes Tetraeder. Das entsprechende Dianion hat zwei Elektronen mehr in der Elektronenbilanz und damit sollte es entsprechend der

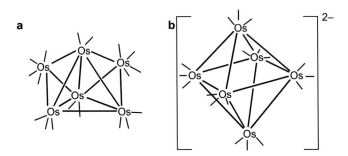

Abb. 9.6 Struktur von $[Os_6(CO)_{18}]$ (**a**) und $[Os_6(CO)_{18}]^{2-}$ (**b**). Aus Gründen der Übersichtlichkeit werden nur die Os-Atome, die Os-Os-Bindungen und die Bindungen zu den Carbonylliganden gezeigt

EAN-Regel eine Metall-Metall-Bindung weniger haben. Beobachtet werden jedoch ebenfalls 12 M-M-Bindungen, diesmal ist die Struktur das erwartete Oktaeder. Zur Vorhersage der Struktur solcher Clusterkomplexe könnte man Rechnungen durchführen, die sind an großen Molekülen jedoch zeitaufwendig. Ein anderes einfaches Bindungskonzept auf der Basis von Elektronenzählregeln zur Vorhersage der Gerüststruktur von Carbonylkomplexen wäre ideal.

Die EAN-Regel geht von lokalisierten Elektronenpaaren aus, bei dem vorliegenden Beispiel, insbesondere bei dem negativ geladenen Komplex, sind die Elektronen delokalisiert. Für die Vorhersage der Gerüststruktur wird ein anderes Modell benötigt. Die Isolobal-Analogie zeigt uns, dass das BH-Fragment der Borane mit einen $M(CO)_3$-Fragment von Clusterkomplexen (mit M = Fe, Ru, Os) vergleichbar ist. Die Struktur von Carbonyl-Clusterkomplexen dieser Metalle lässt sich aus diesem Grund mit den gleichen Regeln vorhersagen, die auch für die Vorhersage der Struktur von Polyboranen verwendet werden, den Wade-Regeln. Im Folgenden werden zunächst das Isolobal-Prinzip und die Wade-Regeln erklärt, bevor wir unsere Erkenntnisse auf das im Eingang erwähnte Beispiel der Carbonyl-Clusterkomplexe anwenden.

9.4.1 Die Isolobal-Analogie

Die Isolobal-Analogie wurde von Roald Hoffmann eingeführt, der 1981 dafür mit dem Nobelpreis für Chemie ausgezeichnet wurde [41, 42]. Das Besondere an diesem Konzept ist, dass es eine Brücke zwischen der organischen und der anorganischen Chemie schlägt. Wir beginnen mit einer Definition:

Die Isolobal-Analogie: Molekülfragmente sind isolobal, wenn Anzahl, Symmetrieeigenschaften, ungefähre Energie und Form der Grenzorbitale sowie die Anzahl der Elektronen in diesen Orbitalen ähnlich sind.

Einen guten Einstieg zu diesem Konzept erhält man, wenn man bei Molekülfragmenten oder Atomen die Anzahl der Elektronen betrachtet, die bis zum Erreichen der Edelgaskonfiguration benötigt werden. Dieser Zusammenhang ist in Abb. 9.7 dargestellt. Das Chloratom, CH_3-Radikal und [$Mn(CO)_5$]-Fragment sind zueinander isolobal. Allen fehlt noch ein Elektron für das Erreichen der Edelgaskonfiguration und die entsprechenden Grenzorbitale sind ähnlich. Als Symbol für isolobal wird ein zweiköpfiger Pfeil mit einem halben Orbital darunter verwendet. Durch die Ausbildung einer σ-Bindung zwischen zwei Molekülfragmenten bzw. Atomen wird der Elektronenmangel behoben. Dabei können auch zwei verschiedene, zueinander isolobale, Fragmente verknüpft werden. Alle in Abb. 9.7 gezeigten Beispiele sind bekannte, stabile Verbindungen.

Dieses Prinzip lässt sich nun auf Atome bzw. Molekülfragmente übertragen, denen zwei oder drei Elektronen zum Erreichen der Edelgaskonfiguration fehlen. Entsprechende Beispiele sind in Abb. 9.8 gegeben.

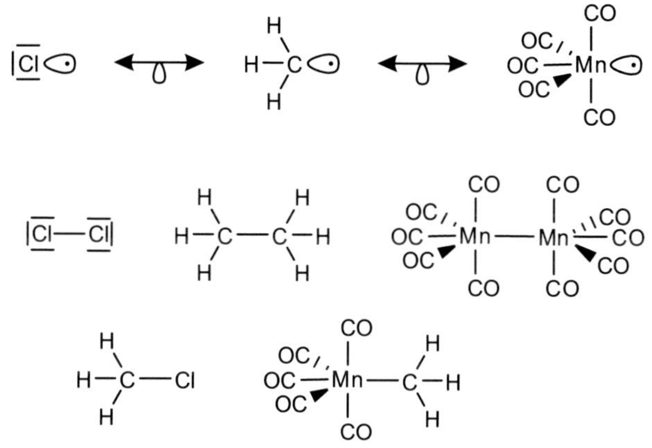

Abb. 9.7 Isolobalbeziehung zwischen dem Chloratom, dem Methylradikal und dem [$Mn(CO)_5$]-Fragment. Die Gemeinsamkeit bei diesen drei Beispielen ist, dass noch ein Elektron bis zum Erreichen der Edelgaskonfiguration fehlt. Das Chloratom und das Methylradikal haben 7 Valenzelektronen, beim [$Mn(CO)_5$]-Fragment sind es 17. Als Symbol für isolobal wird ein zweiköpfiger Pfeil mit einem halben Orbital darunter verwendet. Durch die Ausbildung einer Einfachbindung zwischen zwei Fragmenten erreichen beide Fragmente die angestrebte Edelgaskonfiguration. Die dabei entstehenden abgebildeten Verbindungen sind alle bekannt

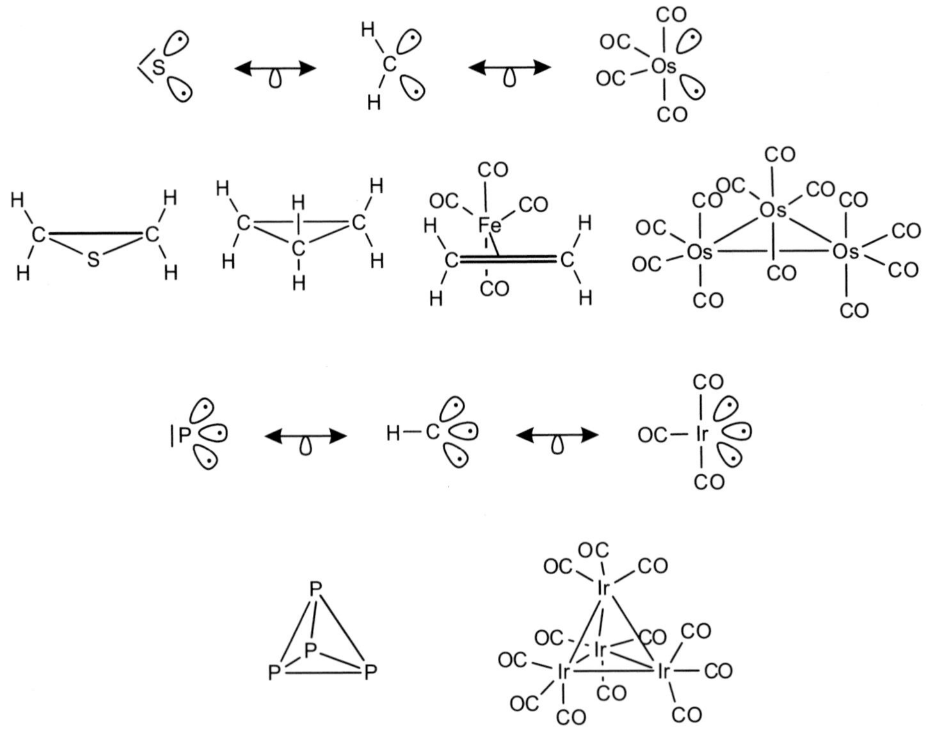

Abb. 9.8 Beispiele für Molekülfragmente bzw. Atome, die zueinander isolobal sind und denen zwei bzw. drei Elektronen zum Erreichen der Edelgaskonfiguration fehlen. Die aus diesen Fragmenten abgeleiteten abgebildeten Verbindungen sind alle bekannt

Dass sich Anzahl und Energie der Grenzorbitale bei den hier gezeigten Beispielen ähnlich sind, lässt sich auch mit Hilfe der Molekülorbitalschema der entsprechenden Molekülfragmente zeigen. Als Beispiel sind in Abb. 9.9 das MO-Schema von einem CH_3-Fragment und einem ML_5-Fragment (wobei M ein Metall mit sieben Valenzelektronen ist) gegeben. Beide verfügen über ein Grenzorbital (Orbital mit ungepaartem Elektron) und die Grenzorbitale besitzen eine ähnliche Energie.

Bei den bisher betrachteten Molekülfragmenten handelte es sich immer um neutrale Verbindungen. Bei den Beispielen in Abb. 9.8 haben wir bereits gesehen, dass Osmium (8 Valenzelektronen) einfach gegen Eisen (ebenfalls 8 Valenzelektronen) ausgetauscht werden kann. Das ganze Konzept lässt sich nun ganz leicht auch auf geladene Spezies übertragen. Wir beginnen wieder mit dem $[M(CO)_5]$-Fragment mit 17 Valenzelektronen, das isolobal zu CH_3 ist. Andere Komplexfragmente mit 17 Valenzelektronen und fünf Liganden wären $[Fe(CO)_5]^+$ oder $[Cr(CO)_5]^-$. Beiden fehlt noch ein Valenzelektron zur abgeschlossenen Edelgasschale und sie sind deswegen auch isolobal zum CH_3-Radikal. Genauso kann die Ladung des organischen Fragmentes variiert werden. CH_3^+ ist ein

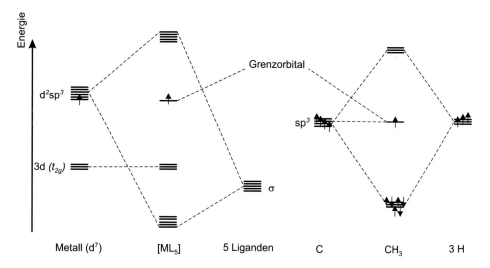

Abb. 9.9 MO-Schema von einem ML_5-Fragment (wobei M ein Metal mit sieben Valenzelektronen ist) und einem CH_3-Fragment. Die energetisch unterhalb des Grenzorbitals liegenden Orbitale sind jeweils voll mit Elektronen besetzt. Aus Gründen der Übersichtlichkeit wurde beim ML_5-Fragment darauf verzichtet, die Elektronenpaare im MO-Schema einzuzeichnen. Bei dieser Betrachtung werden nur σ-Bindungen berücksichtigt und es wird davon ausgegangen, dass beim Kohlenstoff (sp^3) und beim Metall (d^2sp^3) Hybridorbitale ausgebildet werden

6-Valenzelektronenfragment, das isolobal zu Komplexfragmenten mit fünf Liganden und 16 Valenzelektronen wie $[Cr(CO)_5]$ ist. Entsprechend ist dann CH_3^- ein 8-Valenzelektronenfragment und isolobal zu 18-Valenzelektronenkomplexen mit fünf Liganden wie $[Fe(CO)_5]$.

Hier gelingt nun die Überleitung zu dem eingangs erwähnten Zusammenhang zwischen Clusterkomplexen der Carbonyle und den Polyboranen. Das BH-Fragment hat genauso viele Valenzelektronen wie ein CH^+-Fragment, die beiden sind isolobal mit jeweils 4 Valenzelektronen. Entsprechende Komplexfragmente mit 14 Valenzelektronen und drei Liganden sind die eingangs bereits erwähnten $M(CO)_3$-Fragmente mit M = Fe, Ru, Os. Die Struktur von Clusterkomplexen aus diesen Fragmenten sollte dementsprechend mit der Struktur der Polyborane vergleichbar sein. Um diese zu verstehen und vorhersagen zu können, benötigen wir die Wade-Regeln.

9.4.2 Die Wade-Regeln für Boran-Cluster

Die Wade Regeln für die Vorhersage von Strukturen von Polyboranen (Elektronenmangelverbindungen) wurden von K. Wade, R. E. Williams und R. W. Rudolph aufgestellt. Die Strukturen gehen davon aus, dass die Boratome die Ecken von Polyedern besetzen, die nur von Dreiecksflächen begrenzt sind. Dementsprechend kommen als Polyeder das Tetraeder

(4 Boratome), die trigonale Bipyramide (5 Boratome), das Oktaeder (6 Boratome), die pentagonale Bipyramide (7 Boratome) usw. vor. Die Borane der allgemeinen Zusammensetzung $B_n H_m$ lassen sich je nach Verhältnis von Bor zu Hydrid in verschiedene Typen einteilen, von denen die ersten vier hier genannt sind.

- *closo-Borane* haben die allgemeine Zusammensetzung $B_n H_{n+2}$. Bei diesen Boranen sind alle Ecken des Polyeders mit Boratomen besetzt.
- *nido-Borane* haben die allgemeine Zusammensetzung $B_n H_{n+4}$. Bei diesen Boranen sind bis auf eine alle Ecken des Polyeders mit Boratomen besetzt.
- *arachno-Borane* haben die allgemeine Zusammensetzung $B_n H_{n+6}$. Bei diesen Boranen sind bis auf zwei alle Ecken des Polyeders mit Boratomen besetzt.
- *hypho-Borane* haben die allgemeine Zusammensetzung $B_n H_{n+8}$. Bei diesen Boranen sind bis auf drei alle Ecken des Polyeders mit Boratomen besetzt.

Diese Einteilung kann beliebig weiter fortgesetzt werden. An der Außenseite des Borgerüstes besitzt jedes Boratom ein endständiges H-Atom, das auch als „exo"- Wasserstoffatom bezeichnet wird. Die anderen Wasserstoffatome bilden Dreizentren-Zweielektronen-Bindungen aus. Bei diesen Bindungen überlappen drei Atomorbitale, von denen nur zwei einfach besetzt sind und das Dritte leer ist, unter Ausbildung von drei Molekülorbitalen, bei denen das energetisch am tiefsten liegende, bindende Molekülorbital von den zwei Elektronen besetzt wird. In Abb. 9.10 ist ein *closo-*, ein *nido-* und ein *arachno-*Boran als Beispiel gezeigt. Die Dreizentren-Zweielektronen-Bindung ist auf der rechten Seite am Beispiel von $B_2 H_6$ veranschaulicht. Bei den Boranen entspricht das gebundene Wasserstoffatom einem Hydrid. Das bedeutet, dass eine negative Ladung des Polyborates wie ein Wasserstoff gezählt wird.

9.4.3 Die Wade-Mingos-Regeln

Mit Hilfe der Mingos'schen Regeln (oder auch Polyeder-Skelettelektronenpaar-Theorie (PSEP-Theorie) bzw. Wade-Mingos-Regeln) lassen sich die sehr anschaulichen Wade-Regeln auch auf andere Cluster-Komplexe übertragen und dann auch zur Vorhersage der Struktur von Carbonylkomplexen verwenden. Dazu müssen Elektronen gezählt werden. Wie bei der 18-VE-Regel sind nur die Valenzelektronen, bzw. in diesem Fall sind es die Skelettelektronen, wichtig. Die Anzahl der Skelettelektronen eines Clusters im Verhältnis zur Anzahl der Atome bestimmt, welche Struktur eingenommen wird.

- Hat ein Cluster mit n Atomen $2n + 2$ Skelettelektronen, dann nimmt er eine *closo-*Struktur ein.
- Hat ein Cluster mit n Atomen $2n + 4$ Skelettelektronen, dann nimmt er eine *nido-*Struktur ein.

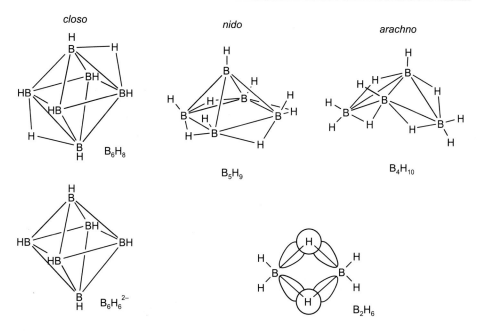

Abb. 9.10 Struktur von Polyboranen

- Hat ein Cluster mit n Atomen $2n+6$ Skelettelektronen, dann nimmt er eine *arachno*-Struktur ein.
- Hat ein Cluster mit n Atomen $2n+8$ Skelettelektronen, dann nimmt er eine *hypho*-Struktur ein.

Nun werden nur noch die Elektronenzählregeln benötigt. Es werden die Valenzelektronen vom Metall *(v)* und die Valenzelektronen der Liganden *(l,* pro Ligand, bei H = 1, alle Lewis-Basen = 2) gezählt. Bei Hauptgruppen-Verbindungen wie den Boranen wird von der Summe aus $v+l$ pro Fragment (bzw. pro Boratom) zwei abgezogen (Wade-Regeln), bei den Nebengruppen-Verbindungen werden 12 abgezogen (Erweiterung der Wade-Regeln, Wade-Mingos-Regeln). Es folgen einige Beispiele, um das Konzept zu veranschaulichen.

Die ersten Beispiele kommen von den Boranen. Diese sind aus BH-Fragmenten und BH_2-Fragmenten aufgebaut. Bor hat drei Valenzelektronen, und Wasserstoff eins. Damit ist für ein BH-Fragment $v+l-2 = 3+1-2 = 2$. Für ein BH_2-Fragment erhalten wir $v+l-2 = 3+2-2 = 3$. Die Verbindung B_6H_8 (bzw. $B_6H_6^{2-}$) ist aus 4 BH-Fragmenten und 2 BH_2-Fragmenten aufgebaut. Damit erhält man $4 \cdot 2 + 2 \cdot 3 = 14$ Skelettelektronen. Da wir 6 Boratome haben, sind das $2n+2$ Skelettelektronen und wir erwarten eine *closo*-Gerüststruktur, wie sie auch in Abb. 9.10 zu sehen ist. Die Verbindung B_5H_9 ist aus einem BH-Fragment und 4 BH_2-Fragmenten aufgebaut. Damit erhält man $1 \cdot 2 + 4 \cdot 3 = 14$ Skelettelektronen. Da wir 5 Boratome haben, sind das $2n+4$ Skelettelektronen und wir erwarten eine *nido*-Gerüststruktur. Das letzte Beispiel ist B_4H_{10}, das aus 2 BH_2-Fragmenten und 2 BH_3-Fragmenten aufgebaut ist. Jedes BH_3-Fragment steuert 4 Skelettelektronen bei. Damit erhalten wir in der Summe 14 Skelettelektronen, was bei 4 Boratomen einer *arachno*-Struktur entspricht.

Die letzten beiden Beispiele sind die eingangs erwähnten Carbonyl-Clusterkomplexe. Als erstes Beispiel betrachten wir den Clusterkomplex $[Os_6(CO)_{18}]^{2-}$, bei dem die EAN-Regel komplett versagt hatte. Dieser Clusterkomplex ist aus $4\,M(CO)_3$-Fragmenten und $2\,M(CO)_3^-$-Fragmenten aufgebaut. Bei jeder dieser Einheiten liefert das Osmium 8 Valenzelektronen, die Carbonyl-Liganden liefern jeweils zwei Valenzelektronen und jede negative Ladung zählt wie ein Valenzelektron. Um die Anzahl der Skelettelektronen zu bestimmen, müssen von dieser Summe 12 abgezogen werden. Wir erhalten $8 + 3 \cdot 2 - 12 = 2$ für die $M(CO)_3$-Fragmente und 3 für die $M(CO)_3^-$-Fragmente. Damit hat der Clusterkomplex $[Os_6(CO)_{18}]^{2-}$ 14 Skelettelektronen, was der Formel $2n + 2$ entspricht. Wir erhalten eine *closo*-Struktur und bei $n = 6$ entspricht das einem Oktaeder. Dieses Ergebnis stimmt ausgezeichnet mit der experimentell bestimmten Struktur überein! Der zweite Clusterkomplex, $[Os_6(CO)_{18}]$, ist aus $6\,M(CO)_3$-Fragmenten aufgebaut. Damit erhalten wir 12 Valenzelektronen, was $2n$ entspricht. Die Wade–Mingos-Regeln versagen. Immer wenn das der Fall ist, werden überdachte Polyeder beobachtet, deren Struktur mit der hier nicht weiter besprochenen Überdachungsregel vorhergesagt werden kann.

9.5   Fragen

1. Versuchen Sie anhand der EAN-Regel für folgende Cluster die Anzahl der Metall-Metall-Bindungen zu bestimmen. Kann die Regel auf alle Cluster angewandt werden? Welchen Polyeder erwarten Sie für die Metallcluster? $[Ru_4CO_{12}H_2]^{2-}$, $[Re_4H_4(CO)_{12}]$, $[Ta_6(\mu Cl)_{12}Cl_6]^{4-}$, $[Ir_4(CO)_{12}]$, $[Ni_8(PPh_3)_6(CO)_8]^{2-}$

2. Diskutieren Sie die Bindungsverhältnisse in $[Re_2(CO)_{10}]$ und $[Re_2Cl_8]^{2-}$ mit Hilfe der EAN-Regel und der MO-Theorie!

3. Welche Voraussetzungen müssen vorliegen, damit eine Metall-Metall-Vierfach- bzw. -Fünffachbindung realisiert werden kann? Diskutieren Sie die an der Bindung beteiligten Molekülorbitale!

4. Wodurch unterscheidet sich eine σ-, π- und δ-Bindung?

5. Roald Hoffmann wurde 1981 für die Einführung der Isolobal-Analogie mit dem Nobelpreis für Chemie ausgezeichnet. Welche der folgenden Molekülfragmente sind zueinander isolobal? Begründen Sie Ihre Entscheidung! CH_3^-, BH, CH_3^+, $[Mn(CO)_5]$, $[Fe(CO)_5]$, $[Ru(CO)_3]$, $[Ir(CO)_3]$

Magnetismus

10

Eine Besonderheit der Übergangsmetalle (d-Elemente), aber auch der Lanthanide und Actinide (f-Elemente), im Vergleich zu den Hauptgruppenelementen ist die Möglichkeit, verschiedene Oxidationsstufen zu realisieren. Viele dieser Verbindungen besitzen ungepaarte Elektronen in den d- bzw. f-Orbitalen. Diese sind, insbesondere bei den d-Orbitalen, an Bindungen beteiligt und werden durch Liganden beeinflusst. Das bedeutet, dass die Koordinationsumgebung um das Metallzentrum sich auf dessen optische und magnetische Eigenschaften auswirkt. Anders herum erlauben somit die magnetischen Eigenschaften einer Verbindung Rückschlüsse auf deren elektronische Struktur. Ein Beispiel hierfür aus der Koordinationschemie sind Nickel(II)-Komplexe. Mit vier Starkfeld-Liganden wie Cyanid ist die Komplexgeometrie quadratisch-planar und die Komplexe sind diamagnetisch. Im Gegensatz dazu ist ein entsprechender Komplex mit vier Schwachfeld-Liganden wie dem Chlorid paramagnetisch und die Koordinationsgeometrie ist tetraedrisch. Mit Hilfe der Ligandenfeldtheorie können wir die unterschiedlichen magnetischen Eigenschaften der beiden Komplexe erklären. Aufgrund des engen Zusammenhangs zwischen Komplexen und Magnetismus widmet sich dieses Kapitel zunächst einigen generellen Aspekten des Phänomens Magnetismus, bevor Besonderheiten aus dem Bereich der Koordinationschemie näher betrachtet werden. Ähnlich wie beim Abschnitt zur Farbigkeit von Koordinationsverbindungen lassen sich Parallelen zur Festkörperchemie feststellen, die an geeigneter Stelle aufgezeigt werden.

Die magnetischen Eigenschaften von Verbindungen sind nicht nur für ein besseres Verständnis der elektronischen Struktur von Interesse, sie erlangen immer mehr Bedeutung als Materialeigenschaft. Magnetische Materialien kommen in vielen Bereichen des täglichen Lebens vor. Sie begegnen uns als Permanentmagnete (z. B. die „klassischen" Magnete, hartmagnetische Werkstoffe), in Speichermedien und Transformatorblechen (Weichmagnete) oder als Schalter in der Hochfrequenztechnik (nichtleitende Oxide). Magnetische Materialien können Metalle (Fe, Co, Ni, Gd, …), Legierungen ($SmCo_5$, Heusler-Phasen wie Co_2MnAl, Co_2CrAl, Co_2FeSi) oder Oxide (CrO_2, Fe_3O_4, $ZnFe_2O_4$) sein. Sind die Materialien aus Molekülen aufgebaut, wie z. B. bei Koordinationsverbindungen, spricht man auch von molekularen Magneten und dem molekularen Magnetismus. Der besondere Reiz dieser Verbindungsklasse liegt in der Möglichkeit, Eigenschaften zu erreichen, die bei klassischen Festkörpern nicht möglich sind, z. B. Transparenz oder Flexibilität. Im folgenden Abschnitt werden wir uns damit beschäftigen, woher der Magnetismus kommt, welche Arten des Magnetismus es gibt, wie man ihn bestimmen kann und – das ist für Materialien besonders wichtig – wie man gezielt bestimmte magnetische Eigenschaften einstellen kann.

10.1 Einheiten

Ein Buchkapitel oder eine Vorlesung über Magnetismus kann nicht beginnen, ohne sich kurz den Einheiten zuzuwenden. Die meisten Wissenschaftler, die auf dem Gebiet der molekularen Magnete arbeiten, benutzen an Stelle des von der IUPAC empfohlenen SI Einheitensystems das sogenannte CGS-emu System. Während das SI-System auf den vier Grundgrößen Länge (m), Masse (kg), Zeit (s) und Stromstärke (A) beruht, verwendet das Gaußsche CGS-System (oder auch CGS-emu-System, emu steht für electro-magnetic unit) die drei mechanischen Größen Länge (cm), Masse (g) und Zeit (s). Umrechnungen zwischen den beiden konkurrierenden Systemen sind im magnetochemischen Alltag häufig notwendig. Dabei kommt erschwerend hinzu, dass neben 10er Potenzen häufig der Faktor 4π enthalten ist. In Tab. 10.2 sind die wichtigsten magnetischen Größen und deren Einheiten mit Umrechnungsfaktor zusammengefasst. In Tab. 10.1 sind einige häufig verwendete physikalische Konstanten gegeben (beides entnommen aus „Practical Guide to Measurement and Interpretation of Magnetic Properties (IUPAC Technical Report)" [43] (Tab. 10.2).

IUPAC empfiehlt die Verwendung von Größen, deren Werte unabhängig vom verwendeten System sind. Dazu gehört die Zahl der effektiven Bohrschen Magnetonen μ_{eff}. Obwohl die Volumensuszeptibilität χ einheitenlos ist, wird sie durch den Faktor 4π umgerechnet. Dasselbe gilt für die Magnetfeldstärke. Um Verwirrungen zu vermeiden, wird empfohlen,

Tab. 10.1 Physikalische Konstanten; entnommen aus „IUPAC Technical Report" [43]

Symbol		SI	CGS-emu
h	Plancksches Wirkumsquantum	6.62607×10^{-34} J s	6.62607×10^{-27} erg s
k_B	Boltzmann Konstante	1.38066×10^{-23} J/K	1.38066×10^{-16} erg/K
μ_B	Bohr-Magneton	9.27402×10^{-24} A m^2	9.27402×10^{-21} G cm^3
c_0	Lichtgeschwindigkeit im Vakuum	2.99792458×10^{8} m/s	$2.99792458 \times 10^{10}$ cm/s
m_e	Masse des Elektrons	9.10939×10^{-31} kg	9.10939×10^{-28} g
N_A	Avogadro Konstante	6.02214×10^{23} mol^{-1}	
e	Elementarladung	1.60218×10^{-19} C	

Tab. 10.2 Definitionen, Einheiten [] und Umrechnungsfaktoren; entnommen aus „IUPAC Technical Report" [43]

	Größe	SI	CGS-emu	Faktor
μ_0	Magnetische Feldkonstante	$\mu_0 = 4\pi \times 10^{-7}$ [Vs/Am]	1	
B	Magnetische Induktion	$B = \mu_0(H+M)$ [T = V s/m^2]	$B = H^{(ir)} + 4\pi M$ [G]	10^{-4} T/G
H	Magnetfeldstärke	H [A/m]	[Oe]^a	10^3 Oe/4π A/m
B_0	„Magnetfeld"	$B_0 = \mu_0 H$ [T]	[G]^a	10^{-4} T/G
M	Magnetisierung	M [A/m]	[G]^a	10^3(A/m)/G
μ_B	Bohr-Magneton	$\mu_B = e\,\hbar/2\,m_e$ [A m^2]	$\mu_B = e\,\hbar/2\,m_e$ [G cm^3]	10^{-3} A m^2/G cm^3
χ	Mag. Volumensuszeptibilität	$M = \chi H$	$M = \chi^{(ir)} H^{(ir)}$	4π
χ_g	Mag. Grammsuszeptibilität	$\chi_g = \chi/\rho$ [m^3/kg]	$\chi_g = \chi^{(ir)}/\rho^{(ir)}$ [cm^3/g]	$4\pi/10^3$ (m^3/kg)/(cm^3/g)
χ_m	Mag. Molare Suszeptibilität	$\chi_m = \chi M/\rho$ [m^3/mol]	$\chi_m = \chi^{(ir)} M/\rho^{(ir)}$ [cm^3/mol]	$4\pi/10^6$ m^3/cm^3
μ_{eff}	Bohrsche Magnetonenzahl	$[3k_B/\mu_0 N_A \mu_B^2]^{1/2}$ $[\chi_m T]^{1/2}$	$[3k_B/N_A \mu_B^2]^{1/2}$ $[\chi_m T]^{1/2}$	

^{a} Die Verwendung von Gauss und Oersted erscheint im CGS-emu System etwas willkürlich. Da hier die magnetische Feldkonstante $\mu_0 = 1$ ist, gilt 1 G = 1 Oe

in Diagrammen das „Magnetfeld" B_0 (die äußere magnetische Induktion) zu verwenden, wobei der Umrechnungsfaktor zwischen den Einheiten 10^{-4} T/G ist.

10.2 Magnetische Eigenschaften von Materie

Um den Zusammenhang zwischen den einzelnen, im Bereich des Magnetismus verwendeten Größen herzuleiten, betrachten wir zunächst, wie in der Physik magnetische Felder erzeugt werden. Dafür benötigen wir die in Abb. 10.1 gegebene Spule, durch die ein elektrischer Strom (Gleichstrom) fließt. Jede von Strom durchflossene Spule erzeugt ein magnetisches Feld. Die Magnetfeldstärke H hängt von der Länge der Spule L, der Anzahl der Windungen n und der Stromstärke I gemäß

$$|H| = \frac{n \cdot I}{L}$$

ab.

Die magnetische Induktion bzw. Flussdichte B ist ein Maß für die Dichte der Feldlinien, also die Stärke des Magnetfeldes. Im materiefreien Raum (Vakuum) gilt:

Abb. 10.1 Eine mit Strom
durchflossene Spule erzeugt ein
magnetisches Feld. Die
Feldstärke hängt von der Länge
der Spule, der Anzahl der
Windungen und der
Stromstärke ab. N und S stehen
für den Nordpol und den
Südpol des Magneten

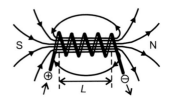

$$B = \mu_0 \cdot H$$

Dabei ist μ_0 die magnetische Feldkonstante (Permeabilität) im Vakuum. Die magnetische
Induktion im Inneren eines Körpers unterscheidet sich von der im Vakuum. Die Änderung
ΔB bezeichnet man als magnetische Polarisation B_{pola} oder auch Magnetisierung M. Je
nachdem, welches Material wir betrachten, kann die Magnetisierung positiv oder negativ
sein. Anstelle der Magnetisierung wird i. d. R. die Volumensuszeptibilität χ_V als Maß für
die Magnetisierung einer Probe verwendet. Suszeptibilität bedeutet „Aufnahmefähigkeit für
Kraftlinien". Die Volumensuszeptibilität ist ein einheitenloser Proportionalitätsfaktor.

$$B_{innen} = B_{außen} + B_{pola} = \mu_0(H + M) = \mu_0 H(1 + \chi_V)$$

mit

$$\chi_V = \frac{M}{H}$$

Als Stoffgröße wird auch die magnetische Permeabilität einer Substanz μ_r angegeben. Sie
hängt mit den bisher genannten Größen wie folgt zusammen.

$$B_{innen} = \mu_r \cdot B_{außen} = \mu_r \cdot \mu_0 \cdot H$$

mit

$$\chi_V = \mu_r - 1$$

Alle Methoden zur Suszeptibilitätsmessung beruhen auf der Bestimmung des Quotienten $\frac{B}{H}$.
Anstelle der Volumensuszeptibilität wird i. d. R. die magnetische Suszeptibilität pro Gramm
($\chi_g = \frac{\chi_V}{\rho}$) oder pro Mol ($\chi_M = \chi_g \times M$) verwendet. In den folgenden Betrachtungen
spielt v. a. die molare magnetische Suszeptibilität eine Rolle, die der Einfachheit halber mit
χ bezeichnet wird.

   Es gibt zwei unterschiedliche Arten von magnetischem Verhalten, die nach dem Vorzeichen von M bzw. χ_V unterschieden werden; den Diamagnetismus und den Paramagnetismus.
In Abb. 10.2 ist der Verlauf der Feldlinien für beide Varianten gegeben. Dazu kommen noch
eine Reihe von kooperativen magnetischen Phänomenen wie dem Ferromagnetismus, auf

Abb. 10.2 Verlauf der
Feldlinien eines externen
Magnetfeldes in Gegenwart
eines diamagnetischen Stoffes
bzw. eines paramagnetischen
Stoffes

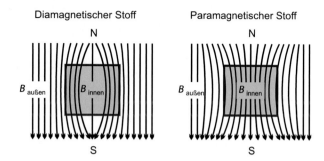

Tab. 10.3 Größenordnung der Volumensuszeptibilität und der magnetischen Permeabilität in Abhängigkeit von den magnetischen Eigenschaften

Magnetismus	χ_V	μ_r	Änderung mit T
Dia-	$<0(\approx 10^{-5})$	<1	–
Para-	$>0(0 - 10^{-2})$	>1	Nimmt ab
Ferro-	$>0(10^{-2} - 10^{6})$	>1	Nimmt ab

die wir später zurückkommen. In Tab. 10.3 sind die Unterschiede der Volumensuszeptibilität und der magnetischen Permeabilität in Abhängigkeit vom magnetischen Verhalten der Materie zusammengefasst.

10.2.1 Diamagnetismus

Diamagnetismus wird für Verbindungen beobachtet, die ausschließlich gepaarte Elektronen besitzen. Für solche Verbindungen ist die Intensität der Magnetisierung negativ. Die Magnetfeldliniendichte im Körper ist geringer als außerhalb, bzw. im inhomogenen Magnetfeld bewegt sich der Körper zur Gegend mit niedrigem Magnetfeld („Abstoßung"). Die Größenordnung der molaren Suszeptibilität liegt im Bereich von -1 bis -100×10^{-6} emu/mol und ist feldstärken- und temperaturunabhängig. Diamagnetismus ist eine generelle Eigenschaft der Materie, die durch die Wechselwirkungen der Elektronen (bewegte Ladung) mit dem äußeren Magnetfeld hervorgerufen wird. Um den „reinen" Paramagnetismus einer Verbindung zu analysieren ist es deswegen wichtig, die gemessene Suszeptibilität eines Materials um den Diamagnetismus zu korrigieren. Insbesondere bei Komplexen mit großen organischen Liganden liefert der Diamagnetismus des Liganden einen entscheidenden Beitrag zum beobachteten magnetischen Moment [44].

$$\chi = \chi^P + \chi^D$$

Für die Bestimmung der diamagnetischen Suszeptibilität gibt es mehrere Möglichkeiten, von denen drei hier aufgeführt sind [44]:

- Anwendung der Gleichung $\chi^D = -k \times M \times 10^{-6} emu/mol$ zur Abschätzung des Diamagnetismus von Liganden und/oder Gegenionen. (Die willkürlich gewählte Konstante k kann Werte zwischen 0.4 und 0.5 annehmen.)
- Abschätzung des Diamagnetismus mit Hilfe von Pascal-Konstanten (additiv, Tab. 10.4)
- Bestimmung der diamagnetischen Suszeptibilität des freien Liganden oder des entsprechenden Na/K-Salzes

Tab. 10.4 Diamagnetische Suszeptibilitäten und konstitutive Korrekturen (in 10^{-6} emu/mol; Pascal Konstanten) entnommen aus [44]

Atome			Konstitutive Korrekturen			
H	−2.9	As(III)	−20.9	C=C	5.5	C=N	0.8
C	−6.0	As(V)	−43.0	C≡C	0.8	N=N	1.8
N(Ring)	−4.6	F	−6.3	C aromatisch	−0.25	N=O	1.7
N(Offenkettig)	−5.6	Cl	−20.1	C=N	8.1	C–Cl	3.1
N(Imin)	−2.1	Br	−30.6				
O(Ether, Alkohol)	−4.6	I	−44.6				
O(Carbonyl)	−1.7	S	−15.0				
P	−26.3	Se	−23.0				

Kationen				Anionen			
Li$^+$	−1.0	Ca^{2+}	−10.4	O^{2-}	−12.0	CN$^-$	−13.0
Na$^+$	−6.8	Sr^{2+}	−19.0	S^{2-}	−30	NO$_2^-$	−10.0
K$^+$	−14.9	Ba^{2+}	−26.5	F$^-$	−9.1	NO$_3^-$	−18.9
Rb$^+$	−22.5	Zn^{2+}	−15.0	Cl$^-$	−23.4	NCS$^-$	−31.0
Cs$^+$	−35.0	Cd^{2+}	−24	Br$^-$	−34.6	CO$_3^{2-}$	−28
NH$_4^+$	−13.3	Hg^{2+}	−40	I$^-$	−50.6	ClO$_4^-$	−32.0
Mg^{2+}	−5.0			OH$^-$	−12.0	SO$_4^{2-}$	−40.1

Liganden				Übergangsmetalle			
H$_2$O	−13			Fe^{2+}	−13	Fe^{3+}	−10
NH$_3$	−18			Ni^{2+}	−10		
CO	−10			Cu^{2+}	−11	Cu$^+$	−12
CH$_3$COO$^-$	−30			Co^{2+}	−12	Co^{3+}	−10
C$_2$O$_4^{2-}$	−25						
C$_5$H$_5^-$	−65						
Acetylacetonato	−52						
Pyridin	−49						
Pyrazin	−50						
Bipyridin	−105						
Salen	−182						
Phenantrolin	−128						

Die Abschätzungen sind bei „kleineren" Koordinationsverbindungen hilfreich, versagen jedoch, wenn die Liganden im Verhältnis zum Metallzentrum (genauer: der Anzahl ungepaarter Elektronen) zu groß werden, wie es z. B. bei Metalloproteinen der Fall ist. Hier ist dann eine möglichst exakte Bestimmung des Diamagnetismus notwendig. Der Salen-Ligand ($C_{16}H_{14}N_2O_2^{2-}$, siehe Abb. 2.11) liefert ein gutes Rechenbeispiel:

Diamagnetismus gemessen:	-182×10^{-6} emu/mol
Gleichung:	-133×10^{-6} emu/mol mit k = 0.5
Pascal-Konstanten:	-147.6×10^{-6} emu/mol

Bei der Verwendung der Pascal-Konstanten werden die entsprechenden Werte pro Atom aufsummiert und um die Besonderheiten bestimmter Bindungstypen (Doppelbindung, aromatisches Ringsystem) korrigiert.

10.2.2 Paramagnetismus

Paramagnetismus wird bei Verbindungen mit ungepaarten Elektronen beobachtet. Die Intensität der Magnetisierung ist positiv und der Körper bewegt sich in einem inhomogenen Magnetfeld zum höheren Feld hin („Anziehung"). Die paramagnetische Suszeptibilität ist positiv und die Größenordnung liegt bei $100–100.000 \times 10^{-6}$ emu/mol. Da der Effekt des Paramagnetismus um einige Größenordnungen größer ist als der Diamagnetismus, ist die Abschätzung des Letzteren durch die oben vorgestellten Möglichkeiten gegeben. Die Ursache des Paramagnetismus liegt in der Wechselwirkung vom Spin- und/oder Bahnmoment der ungepaarten Elektronen mit dem angelegten Magnetfeld. Die bei einem Paramagneten vorhandenen ungepaarten Elektronen können mit einer bewegten Ladung gleichgesetzt werden, die in Analogie zur Spule, ein Magnetfeld erzeugt. Das magnetische Moment der ungepaarten Elektronen richtet sich parallel zum externen Magnetfeld aus, wodurch es zu einer Erhöhung der Feldliniendichte kommt.

10.3 Das magnetische Moment

10.3.1 Ursprung des magnetischen Momentes

Paramagnetismus und kooperative magnetische Phänomene hängen mit ungepaarten Elektronen zusammen. Wenn wir das Elektron als Teilchen betrachten, dann gehen wir davon aus, dass es sich auf einer Kreisbahn um den Atomkern bewegt. Da das Elektron eine Ladung besitzt, kann die Bahnbewegung des Elektrons einer mit Strom durchflossenen Leiterschleife gleichgesetzt werden. Das magnetische Moment, das durch den Stromfluss induziert wird, ist das Produkt aus der Fläche A, die die Spule bzw., da wir nur eine Windung haben, die die Leiterschleife umfasst, multipliziert mit dem Strom I.

$$m = I \cdot A$$

Bei einer Kreisbahn beträgt die Fläche $A = \pi \cdot r^2$. Die Stromstärke gibt an, wie viel Ladung pro Zeit fließt. Die Ladung des Elektrons ist $-e$ und die Zeit für einen Umlauf beträgt $\frac{2\pi r}{v}$, wobei v die Geschwindigkeit und r der Radius ist. Um das magnetische Dipolmoment eines Elektrons zu bestimmen, müssen wir alles in die Gleichung einsetzen und um die Masse des Elektrons m_e erweitern. Das Ergebnis zeigt, dass das magnetische Dipolmoment eines Elektrons von seinem Drehimpuls $l = m_e \cdot v \cdot r$ und dem Faktor $\frac{-e}{2m_e}$, dem sogenannten gyromagnetischen Verhältnis γ_e des Elektrons, abhängt.

$$\mu_e = -e\frac{v}{2\pi r}\pi r^2 = -\frac{e}{2m_e}m_e r v = \gamma_e \cdot l$$

Das magnetische Moment eines Elektrons hängt von seinem Drehimpuls ab. Dieser hängt wiederum davon ab, in welchem Orbital sich das Elektron befindet. Letzteres wird durch die Quantenzahlen beschrieben. Für das magnetische Moment (bzw. den Drehimpuls des Elektrons) sind die magnetische Bahndrehimpulsquantenzahl und die magnetische Spinquantenzahl wichtig. In vielen Fällen reicht die Elektronenkonfiguration nicht aus, um eine Aussage darüber zu treffen, in welchen Orbitalen sich die (ungepaarten) Elektronen befinden. Dafür benötigen wir Termsymbole, deren Bestimmung im Kapitel Bindungsmodelle beschrieben wurde.

10.3.2 Spin-Bahn- und j-j-Kopplung

Die aus der magnetischen Bahndrehimpulsquantenzahl m_l und der magnetischen Spinquantenzahl m_s resultierenden magnetischen Momente treten miteinander in Wechselwirkung (Abb. 10.3). Dafür gibt es zwei verschiedene Wechselwirkungsmechanismen, die Spin-Bahn-Kopplung (L-S- oder auch Russel-Saunders-Kopplung) und die j-j-Kopplung. Die Spin-Bahn-Kopplung tritt für leichte Atome einschließlich der 3d-Ionen auf. Für diese Elemente ist die Kopplung zwischen Spin- und Bahndrehimpuls eines Elektrons schwach. Das bedeutet, dass zunächst die Spins aller Elektronen eines Atoms untereinander koppeln und ein Gesamtspin erhalten wird, der durch die magnetische Gesamtspinquantenzahl S charakterisiert ist, die wir bereits bei der Bestimmung der Termsymbole kennengelernt haben. Genauso koppeln alle Bahndrehimpulse untereinander zur Gesamtbahndrehimpulsquantenzahl L. Die Kopplung von L und S führt zum Gesamtdrehimpuls für das System. In Abb. 10.3 unten ist die L-S- bzw. Russel-Saunders-Kopplung schematisch dargestellt. Das magnetische Moment eines freien Russel-Saunders gekoppelten Ions wird durch die Quantenzahlen L, S und J des Grundzustandes bestimmt. Die Elektronenkonfiguration eines Atoms oder Ions im Grundzustand ist durch die Hundschen Regeln festgelegt und durch das entsprechende Termsymbol eindeutig charakterisiert. Zur Bestimmung des magnetischen Momentes μ (manchmal auch als μ_a für atomares magnetisches Moment bezeichnet) im Grundzustand in Abhängigkeit von S, L und J wird die Gleichung

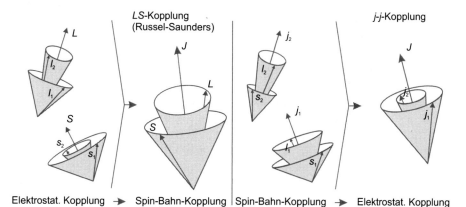

Abb. 10.3 Schematische Darstellung von Spin- und Bahnmoment *(oben)* sowie der *L-S-*(Russel-Saunders-) und *j-j-*Kopplung *(unten)*

$$\frac{\mu}{\mu_B} = g_J \cdot \sqrt{J(J+1)}$$

mit

$$g_J = 1 + \frac{S(S+1) + J(J+1) - L(L+1)}{2\,J(J+1)}$$

verwendet. Dabei ist g_J der Landé-Faktor und μ_B das Bohr-Magneton, eine Konstante, die sich aus folgenden Naturkonstanten zusammensetzt

$$\mu_B = \frac{eh}{4\pi m_e} = 9.274 \cdot 10^{-24}\,\text{Am}^2$$

mit der Elementarladung e, dem Planckschen Wirkungsquantum h und der Masse des Elektrons m_e. Alternativ lässt sich auch die Curie-Konstante berechnen. Sie berechnet sich nach

$$C = \frac{\mu_0 N_A}{3 k_B} \cdot \mu^2 = \frac{\mu_0 N_A}{3 k_B} g_J^2 \, J(J+1)\mu_B^2$$

mit der Boltzmankonstante k_B, der Avogadrozahl N_A und der Permeabilität des Vakuums (magnetische Feldkonstante) μ_0.

Für schwere Elemente wie z. B. die Ionen der Lanthanoide ist die Spin-Bahn-Kopplung stark. In diesem Fall tritt die j-j-Kopplung auf. Bei diesem Kopplungsschema wird für jedes Elektron zunächst der Drehimpuls j nach $j = m_s + m_l$ bestimmt und die Summe aller Drehimpulse ergibt den Gesamtdrehimpuls J. Dieses Kopplungsschema hat in der Praxis allerdings keine Bedeutung, da für den Grundzustand die Abweichung zur Russel-Saunders-Kopplung nur gering ist. Da der Grundzustand ausschlaggebend für die magnetischen Eigenschaften einer Verbindung ist, kann das L-S-Kopplungsschema zur Vorhersage des magnetischen Momentes für alle Elemente verwendet werden.

Im Folgenden vergleichen wir die theoretisch bestimmten Werte für das magnetische Moment von 3d- und 4f-Elementen mit den experimentell bestimmten Werten μ_{eff}. Diese erhält man aus der molaren Suszeptibilität χ mit Hilfe der Formel

$$\frac{\mu_{eff}}{\mu_B} = \sqrt{\frac{3k_B}{\mu_0 N_A}} \frac{\sqrt{\chi T}}{\mu_B} = 2.828\sqrt{\chi T}$$

Bitte beachten Sie, dass bei dieser Gleichung für die Berechnung von μ_{eff} vom CGS-emu-System ausgegangen wurde. Im Sprachgebrauch wird das magnetische Moment häufig nur als μ bzw. μ_{eff} (ohne μ_B) angegeben.

In Abb. 10.4 sind die Zahlenwerte für S, L und J für die 3d- und 4f-Elemente in Abhängigkeit von der d- bzw. f-Elektronenzahl gegeben. Für eine leere bzw. volle d- bzw. f-Schale sind, wie zu erwarten, alle Beiträge zum magnetischen Moment Null. Bei halbbesetzter Schale ($n(d) = 5$ bzw. $n(f) = 7$) ist der Beitrag des Bahnmomentes $L = 0$ und der Gesamtdrehimpuls ist nur noch vom Gesamtspin S abhängig. Bei $n(d) = 4$ bzw. $n(f) = 6$ führt die Kopplung von Spin- und Bahnmoment zu einer Auslöschung des Gesamtdrehimpulses J.

In Abb. 10.5 sind die aus dem Gesamtdrehimpuls berechneten magnetischen Momente mit den effektiv gemessenen magnetischen Momenten der 3d- und 4f-Elemente verglichen. Für die Lanthanoid-Ionen wird eine sehr gute Übereinstimmung zwischen den theoretisch

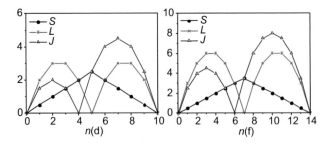

Abb. 10.4 Werte für L, S und J im Grundzustand für 3d- und 4f-Ionen in Abhängigkeit von der d- bzw. f-Elektronenzahl

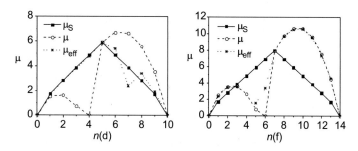

Abb. 10.5 Magnetische Momente der 3d-Ionen und der dreiwertigen Lanthanoid-Ionen in Abhängigkeit von der d- bzw. f-Elektronenzahl. Verglichen werden die Messwerte μ_{eff} mit den berechneten „spin-only"-Werten μ_S, bei denen nur das Spinmoment berücksichtigt wird, und den berechneten Werten μ für das gesamtmagnetische Moment

erwarteten und den gemessenen Werten gefunden. Die Formel zur Berechnung von μ hat ihre Berechtigung, Experiment und Theorie stimmen gut überein. Sowohl das Spin- als auch das Bahnmoment tragen zum gesamtmagnetischen Moment bei.

Für die 3d-Elemente wird ein anderes Verhalten beobachtet. Das experimentell bestimmte effektive magnetische Moment μ_{eff} stimmt mit den berechneten Werten für μ nur sehr schlecht überein. Eine gute Übereinstimmung wird nur für $n = 5$ gefunden, hier sind die fünf d-Orbitale alle einfach besetzt und der Beitrag des Bahnmomentes zum magnetischen Moment ist 0. In der Tat stimmt μ_{eff} wesentlich besser mit den Werten von μ_S überein. Das sind die sogenannten „spin-only"-Werte des magnetischen Momentes. Diese Werte werden erhalten, wenn man davon ausgeht, dass das Bahnmoment keinen Beitrag zum effektiven magnetischen Moment leistet. Es berechnet sich nach der Formel

$$\frac{\mu_S}{\mu_B} = g \cdot \sqrt{S \cdot (S+1)} = \sqrt{n \cdot (n+2)}$$

Dabei ist g das gyromagnetische Verhältnis des Elektrons (beim freien Elektron ist $g = 2.0023$), S der Gesamtspin und n die Anzahl ungepaarter Elektronen. In Tab. 10.5 sind die berechneten Werte in Abhängigkeit von der Anzahl ungepaarter Elektronen gegeben.

Bevor wir uns der Fragestellung annehmen, warum bei den 3d-Elementen das Bahnmoment für die Bestimmung des magnetischen Momentes nur eine untergeordnete Rolle spielt, betrachten wir noch den *Kosselschen Verschiebungssatz*. Er besagt, dass Ionen mit verschiedener Kernladung, aber gleicher Elektronenzahl, die gleichen magnetischen Momente besitzen. Ein Umstand, den wir die ganze Zeit schon angewandt haben. In der Tab. 10.5 sehen wir, dass diese Annahme durchaus ihre Berechtigung hat.

Auslöschung des Bahnmomentes Die Auslöschung des Bahnmomentes für 3d-Elemente hängt mit der großen Neigung dieser Elemente zur Ausbildung von Komplexen und der Beteiligung der d-Orbitale an Bindungen zusammen. Im Ligandenfeld sind die d-Orbitale nicht mehr entartet, sondern energetisch aufgespalten. Dies in Kombination mit der schwa-

Tab. 10.5 Vergleich des berechneten (μ_S) und beobachteten (μ_{eff}) magnetischen Momentes in Abhängigkeit von der d-Elektronenzahl für 3d-Elemente. EK = Elektronenkonfiguration

Ionen	EK	High-spin	n	μ_S	μ_{eff}
Sc^{III}, Ti^{IV}, V^V, Cr^{VI}, Mn^{VII}	$3d^0$		0	0	0
Sc^{II}, Ti^{III}, V^{IV}, Cr^V, Mn^{VI}	$3d^1$	↑	1	1.73	1.6–1.8
Ti^{II}, V^{III}, Cr^{IV}, Mn^V	$3d^2$	↑ ↑	2	2.83	2.7–3.1
V^{II}, Cr^{III}, Mn^{IV}	$3d^3$	↑ ↑ ↑	3	3.87	3.7–4.0
Cr^{II}, Mn^{III}	$3d^4$	↑ ↑ ↑ ↑	4	4.90	4.7–5.0
Mn^{II}, Fe^{III}	$3d^5$	↑ ↑ ↑ ↑ ↑	5	5.92	5.6–6.1
Fe^{II}, Co^{III}	$3d^6$	↑↓ ↑ ↑ ↑ ↑	4	4.90	5.1–5.7
Co^{II}, Ni^{III}	$3d^7$	↑↓ ↑↓ ↑ ↑ ↑	3	3.87	4.3–5.2
Ni^{II}, Cu^{III}	$3d^8$	↑↓ ↑↓ ↑↓ ↑ ↑	2	2.83	2.8–3.3
Cu^{II}	$3d^9$	↑↓ ↑↓ ↑↓ ↑↓ ↑	1	1.73	1.7–2.2
Cu^I, Zn^{II}	$3d^{10}$	↑↓ ↑↓ ↑↓ ↑↓ ↑↓	0	0	0

chen Kopplung zwischen Spin- und Bahnmoment führt dazu, dass der Bahndrehimpuls häufig ausgelöscht wird. Im Gegensatz dazu sind die f-Orbitale aufgrund ihrer Kernnähe in einem wesentlich geringerem Umfang an Bindungen beteiligt und werden nur in geringem Umfang (nur unwesentlich) energetisch aufgespalten. Um abschätzen zu können, ob für einen bestimmten Komplex ein Beitrag des Bahnmomentes zum effektiven magnetischen Moment zu erwarten ist oder nicht, kann folgende anschauliche Betrachtung verwendet werden.

Damit ein Elektron in einem bestimmten Orbital ein Bahnmoment für eine bestimmte Achse besitzt, muss es in der Lage sein, durch Rotation um diese Achse in ein identisches, entartetes Orbital überführt zu werden, das noch eine freie Stelle für ein Elektron mit dem entsprechenden Spin besitzt [45].

Im freien Ion kann z. B. das d_{xy} Orbital durch eine Rotation um 45 Grad um die z-Achse in das $d_{x^2-y^2}$-Orbital überführt werden. Gleiches gilt für die Rotation von d_{xz} um 90 Grad entlang der z-Achse, wir erhalten das d_{yz}-Orbital.

Befindet sich das Ion jedoch in einem oktaedrischen oder tetraedrischen Ligandenfeld, werden die d-Orbitale in die t_{2g}- und e_g-Orbitale aufgespalten, die nun nicht mehr entartet sind. Ein Teil des Bahnmomentbeitrages, z. B. entlang der z-Achse (für das Paar d_{xy} $\Rightarrow$ $d_{x^2-y^2}$), verschwindet. Da die entarteten e_g-Orbitale nicht durch Rotation ineinander überführbar sind, werden sie gelegentlich auch als „nicht magnetisches Dublett" bezeichnet. Bei den t_{2g}-Orbitalen ist im Oktaeder für ein d^1- oder d^2-System noch ein Beitrag des Drehmomentes möglich. Die Frage, ob eine vollständige Auslöschung des Bahnmomentes erwartet wird, kann beantwortet werden, wenn die Koordinationsgeometrie und damit die Aufspaltung der d-Orbitale bekannt ist. Dabei muss noch berücksichtigt werden, dass die Auslöschung des Bahnmomentes auch von der Größe der Aufspaltung der Orbitale abhängt.

Eine kleine Aufspaltung führt zu einer nicht vollständigen Auslöschung des Bahnmomentes, was bei solchen Systemen als Störung behandelt werden kann. Der Bahnmomentbeitrag kann bei einigen Komplexen zu deutlichen Abweichungen des effektiven magnetischen Momentes vom „spin-only"-Wert führen.

Als Beispiel betrachten wir einen oktaedrischen Eisen(II)-Komplex im high-spin-Zustand. Hier sind die beiden e_g-Orbitale je einfach besetzt und es ist kein Bahnmomentbeitrag beim magnetischen Moment zu erwarten. Die drei t_{2g}-Orbitale sind mit vier Elektronen besetzt. Das vierte Elektron (spin-down) kann sich nun im d_{xy}-, d_{xz}- oder d_{yz}-Orbital aufhalten. Die drei Orbitale sind jeweils durch Rotation ineinander überführbar ($xy \rightarrow xz$: Rotation um x-Achse, $xz \rightarrow yz$: Rotation um z-Achse, $xy \rightarrow yz$: Rotation um y-Achse). Hier ist ein Bahnmomentbeitrag zum magnetischen Moment zu erwarten. In der Tat wird bei Suszeptibilitätsmessungen ein effektives magnetisches Moment im Bereich von 5.1–5.2 gemessen, der spin-only Erwartungswert ist 4.9.

10.4 Temperaturabhängigkeit des magnetischen Momentes

Die Temperaturabhängigkeit des magnetischen Momentes eines isolierten Atoms oder Ions folgt dem Curie-Gesetz. Das Reziproke der magnetischen Suszeptibilität aufgetragen gegen die Temperatur ergibt eine Gerade, die durch den Ursprung geht. Ideales Curie-Verhalten zeigen nur wenige Verbindungen. Beispiele wären die Salze $NH_4Fe^{III}(SO_4)_2 \cdot 12\,H_2O$ und $Gd_2^{III}(SO_4)_3 \cdot 8\,H_2O$. Bei beiden Ionen liegt eine halbbesetzte Schale vor (kein Bahnmoment) und große Gegenionen sowie Kristallwasser sorgen dafür, dass die magnetischen Zentren gut voneinander isoliert sind.

Bevor wir uns mit magnetisch konzentrierten Proben beschäftigen, sehen wir uns noch eine Besonderheit bei den Lanthanoiden am Beispiel des Europium(III)-Ions an. In Abb. 10.6 ist die Magnetmessung für einen Europium(III)-Salz gezeigt. Das Europium(III)-Ion hat die Elektronenkonfiguration $[Xe]\,4f^6$. Damit ist der Gesamtspin $S = 3$ und der Gesamtbahndrehimpuls kommt ebenfalls auf $L = 3$. Da die f-Orbitale weniger als halb gefüllt sind, ist für den Grundzustand der Gesamtdrehimpuls $J = 0$. Das Europium(III)-Ion ist im Grundzustand diamagnetisch, obwohl es sechs ungepaarte Elektronen hat. In der Tat sehen Sie an der Magnetmessung, dass bei sehr tiefen Temperaturen das magnetische Moment gegen Null geht. Die nächsten angeregten Zustände haben einen Gesamtdrehimpuls von $J \neq 0$ und können durch thermische Anregung leicht besetzt werden. Aus diesem Grund beobachtet man bei Raumtemperatur ein endliches magnetisches Moment. Aus den temperaturabhängigen Messungen kann die Energiedifferenz zwischen den einzelnen Termen bestimmt werden.

In magnetisch konzentrierten Proben können verschiedene magnetische Wechselwirkungen zwischen den ungepaarten Elektronen beobachtet werden. Die drei wichtigsten Vertreter dieser kollektiven Wechselwirkungen sind Ferromagnetismus, Antiferromagnetismus und Ferrimagnetismus. Einige dieser Verbindungen gehorchen dem Curie-Weiss-Gesetz. Im Gegensatz zum Curie-Gesetz, dass sich mathematisch herleiten lässt, beruht das Curie-Weiss-Gesetz nur auf experimentellen Daten. Die Weiss-Konstante (Schnittpunkt mit der

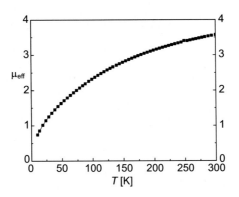

Abb. 10.6 Magnetisches Verhalten von EuCl$_3 \cdot$ 6 H$_2$O

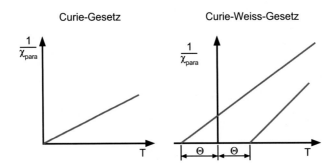

Abb. 10.7 Graphische Darstellung des Curie-Gesetzes ($\chi \times T = C$) und des Curie-Weiss-Gesetzes $\left(\frac{1}{\chi} = \frac{T - \Theta}{C} \right)$

x-Achse in Abb. 10.7) ist Null, wenn keine kooperativen Wechselwirkungen auftreten. Bei antiferromagnetischen Wechselwirkungen ist sie häufig negativ ($\Theta < 0$) und bei ferromagnetischen Wechselwirkungen häufig positiv ($\Theta > 0$).

Im Folgenden sind die Merkmale einiger wichtiger kollektiver Phänomene noch einmal zusammengefasst. In Tab. 10.6 sind die dazu gehörenden Spinorientierungen gezeigt und in Abb. 10.8 ist die Temperaturabhängigkeit von χ und dem Produkt aus χT gegeben.

- Ferromagnetismus: Spontane Parallelstellung benachbarter magnetischer Dipole unterhalb der Curie-Temperatur. Oberhalb T_C gilt das Curie-Weiss Gesetz mit positiver Weiss-Konstante Θ, unterhalb von T_C ist die Suszeptibilität stark feldabhängig, häufig gilt $\chi \propto \frac{1}{H^2}$. Hystereseschleifen können beobachtet werden (siehe Abb. 10.23).
- Antiferromagnetismus: Spontane antiparallele Ausrichtung benachbarter magnetischer Dipole unterhalb der Néel-Temperatur. Oberhalb T_N gilt das Curie-Weiss Gesetz mit negativer Weiss-Konstante, unterhalb ist die Suszeptibilität schwach feldabhängig.

Tab. 10.6 Orientierung der Spins für verschiedene kollektive magnetische Phänomene

Spinorientierung		Beispiele
↑↑↑↑↑	ferromagnetisch	Fe, Co, Ni, Tb, Dy, Gd, CrO_2
↑↓↑↑↑↓	antiferromagnetisch	MnO, CoO, NiO, FeF_2, MnF_2
↑↓↑↓↑↓	ferrimagnetisch	Ferrite, Granate
⋏⋏⋏	verkantet	FeF_3, $FeBO_3$
	spiralförmig und anderes	Lanthanoide

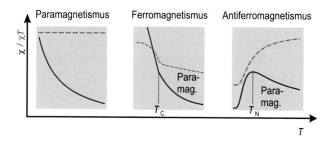

Abb. 10.8 Temperaturabhängigkeit von χ und χT für einen Paramagneten, Ferromagneten und Antiferromagneten. Paramagnetismus: χ nimmt mit abnehmenden T zu, $\chi T = C$. Ferromagnetismus: unterhalb Curie-Temperatur T_C drastische Zunahme von χ und χT. Antiferromagnetismus: unterhalb Nèel-Temperatur T_N drastische Abnahme von χ und χT

- Ferrimagnetismus: Spontane antiparallele Ausrichtung benachbarter magnetischer Dipole unterschiedlicher Größe unterhalb der Curie-Temperatur, gleiche Kenngrößen wie beim Antiferromagetismus.
- Sonderfälle:
  - Verkanteter Antiferromagnetismus, Metamagnetismus, Spingläser
  - Superparamagnetismus: Wird bei ferromagnetischen oder ferrimagnetischen Materialien mit Partikelgröße < Größe der Weissschen Bezirke beobachtet.

Bevor wir die magnetischen Austauschwechselwirkungen und andere temperaturabhängige Phänomene (z.B. den Spin-Crossover) näher betrachten, beschäftigen wir uns etwas näher mit dem Curie-Gesetz. Es besagt, dass die Suszeptibilität multipliziert mit der Temperatur eine Konstante ergibt. Daraus resultiert, dass bei hohen Temperaturen die Suszeptibilität und damit auch die Magnetisierung kleiner ist als bei tiefen Temperaturen und es stellt sich die Frage, warum das so ist. Um diese zu beantworten, betrachten wir die in Abb. 10.9 gegebene

Abb. 10.9 Schematische
Darstellung der Orientierung
von voneinander unabhängigen
magnetischen Momenten in
Abwesenheit ($B = 0$) und
Anwesenheit ($B \neq 0$) eines
externen Magnetfeldes

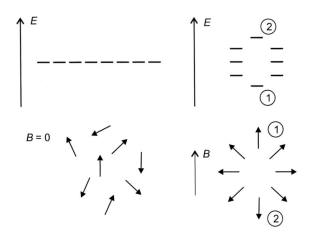

Ansammlung von nicht gekoppelten Spins. In Abwesenheit eines externen Magnetfeldes ist die Ausrichtung der magnetischen Momente willkürlich und alle möglichen Orientierungen haben die gleiche Energie. Aufgrund der unterschiedlichen Orientierungen heben sich die magnetischen Momente gegenseitig auf und das resultierende magnetische Moment für die gesamte Probe ist Null. Das ändert sich, wenn die Probe in ein externes Magnetfeld gebracht wird. Die Entartung der Energieniveaus wird aufgehoben und ein parallel zum externen Magnetfeld ausgerichtetes magnetisches Moment ist energetisch günstiger als ein antiparallel ausgerichtetes magnetisches Moment. Durch die Aufspaltung der Energieniveaus in Anwesenheit eines externen Magnetfeldes werden nun die Zustände mit einer Boltzmannverteilung besetzt. Das führt dazu, dass bei sehr niedrigen Temperaturen nur die energetisch am tiefsten liegenden Niveaus besetzt sind, bei denen alle magnetischen Momente die gleiche Vorzugsorientierung (parallel zum externen Magnetfeld) haben. Die Magnetisierung der Probe ist groß. Bei Temperaturerhöhung werden zunehmend auch energetisch höherliegende Energieniveaus besetzt. Dadurch kommt es wieder zu einer teilweisen Auslöschung der magnetischen Momente und die Magnetisierung wird kleiner. Mit dem einfachen, in Abb. 10.9 gegebenen Schema, lässt sich auch die Feldabhängigkeit der Magnetisierung erklären. Bei einem hohen externen Magnetfeld ist die Aufspaltung der Energieniveaus größer als bei einem niedrigeren externen Magnetfeld. Wenn wir die Temperatur konstant lassen, bedeutet das, dass bei der größeren Aufspaltung der Energieniveaus die Tendenz größer ist, nur die niedrigsten Energieniveaus zu besetzen. Bei einem hohen externen Magnetfeld wird die Magnetisierung größer. Bei sehr niedrigen Temperaturen und sehr hohen Magnetfeldern wird ein Zustand erreicht, bei dem die Magnetisierung nicht weiter steigt. Es ist nur noch das am niedrigsten liegende Energieniveau besetzt. Alle Spins sind parallel zum externen Magnetfeld ausgerichtet und die Magnetisierung hat ihr Maximum erreicht. Diesen Wert bezeichnet man als Sättigungsmagnetisierung.

10.5   Kooperativer Magnetismus

Ferromagnetismus, Antiferromagnetismus und Ferrimagnetismus gehören zu den kooperativen magnetischen Phänomenen, die auch als kollektiver Magnetismus bezeichnet werden. Die Grundlage für diese Phänomene sind Spin-Spin-Wechselwirkungen zwischen benachbarten Atomen. Diese Wechselwirkungen führen zur Ausbildung von magnetischen Ordnungszuständen. Die in Abb. 10.8 gezeigte Temperaturabhängigkeit des magnetischen Momentes für einen Ferromagneten und einen Antiferromagneten zeigt bereits, dass diese magnetischen Ordnungszustände bei tiefen Temperaturen auftreten und die thermische Energie dagegen wirkt. Oberhalb der Curie- bzw. Néel-Temperatur verhalten sich Ferromagnete und Antiferromagnete wie Paramagnete. Wir unterscheiden die Begriffe ferromagnetische Wechselwirkungen und Ferromagnetismus (bzw. antiferromagnetische Wechselwirkungen und Antiferromagnetismus). Um die Materialeigenschaft Ferromagnetismus zu beobachten, benötigen wir 1–3-dimensionale Spinstrukturen. Diese treten häufig in Festkörpern auf. Ferromagnetische Wechselwirkungen können auch in einem Molekül mit zwei spintragenden Zentren beobachtet werden. Das bedeutet jedoch nicht, dass dieses Molekül sich wie ein Ferromagnet verhält und z. B. eine Hysterese der Magnetisierung zeigt. An dieser Stelle sei auf den Unterschied zwischen einer Hysterese der Magnetisierung, wie wir sie bei Ferromagneten unterhalb der Curie-Temperatur beobachten, und der thermischen Hysterese, wie wir sie bei Spin-Crossover-Verbindungen beobachten können, hingewiesen. Bei Eisen(II)-Spin-Crossover-Verbindungen beobachten wir einen temperaturabhängigen Übergang zwischen Diamagnetismus und Paramagnetismus, der bei hinreichend starken zwischenmolekularen Wechselwirkungen mit einer Hysterese einhergehen kann. Bei Ferromagneten benötigen wir eine mindestens 1-dimensionale Spinstruktur (gekoppelte Spinzentren), die zusätzlich noch über eine gewisse Periodizität verfügen sollte. Hier wird mit einem externen Magnetfeld die Ausrichtung der gekoppelten Spinzentren geschaltet ($\uparrow\uparrow\uparrow\uparrow$ bzw. $\downarrow\downarrow\downarrow\downarrow$), die, wenn das externe Magnetfeld ausgeschaltet ist, erhalten bleibt. Diese Periodizität muss nicht mit der Periodizität der Atome übereinstimmen. Eine Ausnahme davon sind die sogenannten Einzelmolekülmagnete (single molecule magnet, SMM). Diese Bezeichnung trifft auf Moleküle zu, die eine große, aber endliche Anzahl von gekoppelten Metallionen aufweisen und Hysterese-Effekte mit molekularem Ursprung zeigen. Diese Verbindungen werden im Folgenden nicht weiter betrachtet.

Bei kooperativen magnetischen Phänomenen ist die Kopplung zwischen den Elektronen benachbarter Atome stärker als die Kopplung zwischen den Elektronen in einem Atom. Es findet ein Wechselspiel zwischen der (ersten) Hundschen Regel ($S = $ max) und dem Pauli Ausschlussprinzip (antiparallele Ausrichtung der Elektronen aufgrund von Coulomb-Wechselwirkungen) statt. Die Austauschwechselwirkungen können direkt zwischen zwei Metallzentren stattfinden (direkter Austausch). Dies tritt z. B. bei Metallen und Legierungen auf. Die zweite Variante ist der indirekte Austausch. Hier werden die Austauschwechselwirkungen durch nicht magnetische (diamagnetische) Brückenatome vermittelt. Als Beispiele betrachten wir den Superaustausch, den Doppelaustausch und die Spinpolarisation, sowie das Konzept der magnetischen Orbitale. Um die Austauschwechselwirkungen zu erklären, ist es im Prinzip egal, ob man den Festkörper (z. B. Oxide oder Halogenide) oder einen mehrkernigen Komplex betrachtet. Es werden im Folgenden immer Beispiele aus beiden Bereichen aufgeführt. Nur bei dem direkten Austausch zwischen zwei Metallzentren ist es schwierig, entsprechende Beispiele in der Komplexchemie zu finden und wir werden nur die Metalle betrachten. Ein für den Koordinationschemiker besonders interessanter Aspekt ist die Möglichkeit, über eine geschickte Auswahl von Liganden und Metallzentren die magnetischen Eigenschaften zu steuern. Aus Gründen der Einfachheit werden Spin-Bahn-Wechselwirkungen in der weiteren Diskussion vernachlässigt.

10.5.1 Austauschwechselwirkungen

Um die Austauschwechselwirkungen besser zu verstehen, fangen wir in einem Gedanken-modell mit der Wechselwirkung zwischen zwei Metallzentren an, die beide den Spin $S = \frac{1}{2}$ tragen. Findet keine Wechselwirkung zwischen den beiden Zentren statt, dann ist die Orientierung beider Spins zueinander willkürlich. Wir haben zwei ungekoppelte Metallzentren. Findet eine Wechselwirkung statt, gibt es zwei mögliche Zustände: die beiden Spins können sich bevorzugt parallel zueinander ausrichten und der Gesamtspin des Systems ist $S = 1$. Die zweite Variante beinhaltet eine antiparallele Ausrichtung der benachbarten Spins und einen Gesamtspin des Systems von $S = 0$. Je nachdem, welcher Zustand der Grundzustand ist, haben wir antiferromagnetische (Grundzustand $S = 0$) oder ferromagnetische (Grundzustand $S = 1$) Wechselwirkungen zwischen den beiden Metallzentren. Die Energiedifferenz zwischen den beiden Zuständen ist die Kopplungskonstante J, die definiert ist als

$$J = E(S = 0) - E(S = 1)$$

Die Kopplungskonstante kann über temperaturabhängige Magnetmessungen bestimmt werden, da die Besetzung von Grundzustand und den angeregten Zuständen einer Boltzmann-verteilung folgt. Sie ist für ferromagnetische Wechselwirkungen positiv und für antiferro-magnetische Wechselwirkungen negativ. In Abb. 10.10 ist das Energieschema für solch ein gekoppeltes System gegeben. Beim Anlegen eines externen Magnetfeldes spaltet der $S = 1$ Zustand in drei nun nicht mehr entartete Energieniveaus auf.

Im Folgenden müssen zwei Fragen beantwortet werden:

- Welche Voraussetzungen müssen erfüllt sein, damit Austauschwechselwirkungen über-haupt auftreten?
- Unter welchen Voraussetzungen werden ferromagnetische bzw. antiferromagnetische Wechselwirkungen beobachtet?

Im weiteren Verlauf der Diskussion werden Orbitale mit einem ungepaarten Elektron als „magnetische Orbitale" bezeichnet. Damit überhaupt eine Wechselwirkung stattfinden kann,

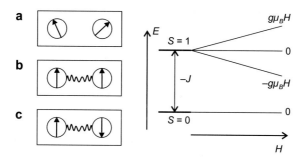

Abb. 10.10 Schematische Darstellung der Wechselwirkung zwischen zwei Zentren mit $S = \frac{1}{2}$. Im Fall **a** ist die Orientierung der Spins unabhängig voneinander. Bei **b** kommt es zu einer spontanen Parallelstellung der Spins, es tritt eine ferromagnetische Wechselwirkung auf. Bei **c** kommt es zu einer spontanen Antiparallelstellung der Spins, es tritt eine antiferromagnetische Wechselwirkung auf. Bei einem gekoppelten System können immer beide Möglichkeiten, b und c, auftreten. Der Unterschied besteht darin, welcher der beiden Zustände der Grundzustand ist. Auf der rechten Seite ist die energetische Reihenfolge für ein System gegeben, bei dem antiferromagnetische Wechselwirkungen auftreten

müssen die beiden Orbitale mit den ungepaarten Elektronen (die „magnetischen" Orbitale) nahe genug beieinander liegen. Ist der Abstand zu groß, findet keine Austauschwechselwirkung statt und es wird Curie-Verhalten wie bei einem Paramagneten beobachtet. Dafür betrachtet man die Überlappungsdichte ρ zwischen den beiden Orbitalen. Für das Auftreten von Wechselwirkungen sollte $\rho \neq 0$ sein. Die nächste Frage ist, ob eine Überlappung zwischen den beiden magnetischen Orbitalen möglich ist. Das bedeutet, dass auch bei großer räumlicher Nähe zwischen den beiden magnetischen Orbitalen nicht zwangsläufig eine Überlappung auftreten muss. Ist das Überlappungsintegral S endlich, dann findet eine Überlappung statt und es dominieren antiferromagnetische Wechselwirkungen. Man kann sich das so vorstellen, dass, ähnlich wie bei einer Molekülbindung, bindende und antibindende Wechselwirkungen möglich sind und es zu einer energetischen Aufspaltung der Zustände kommt. Dies führt dazu, dass die Spinpaarung stattfindet. Ist eine Überlappung der Orbitale trotz großer räumlicher Nähe nicht möglich, dann sind die Orbitale orthogonal zueinander und das Überlappungsintegral $S = 0$. In diesem Fall haben beide Orbitale eine ähnliche Energie und werden gemäß der Hundschen Regel besetzt. Wir beobachten ferromagnetische Austauschwechselwirkungen. Generell sind ferromagnetische Wechselwirkungen immer schwächer als antiferromagnetische Wechselwirkungen und wenn beide gleichzeitig in einem System auftreten, dominieren i. d. R. die antiferromagnetischen Wechselwirkungen. Dafür betrachten wir die Austauschenergie ΔE, die sich aus der potentiellen Austauschenergie P und der kinetischen Austauschenergie K zusammensetzt.

$$\Delta E = P - K$$

Die potentielle Austauschenergie steht für die parallele Orientierung der Elektronenspins. Die Elektronen sind in unterschiedlichen Orbitalen, die gemäß der Hundschen Regel besetzt werden. Die kinetische Austauschenergie steht für die antiparallele Orientierung der Spins. Die Orbitale leisten einen substantiellen Beitrag zu einer Bindung, sie überlappen. Ist die Austauschenergie (die mit der Kopplungskonstante J gleichgesetzt werden kann) positiv, dominieren die ferromagnetischen Wechselwirkungen, ist sie negativ, dann dominieren die antiferromagnetischen Wechselwirkungen.

10.5.2 Magnetismus von Metallen

Der Magnetismus von Metallen ist ein Beispiel für die direkte Wechselwirkung zwischen magnetischen Orbitalen und liefert einen ersten Einblick in die Diskussion von magnetischen Wechselwirkungen. Um die magnetischen Eigenschaften von Metallen zu verstehen, bietet es sich an, das Bändermodell zur Beschreibung der Bindungsverhältnisse in Metallen zu verwenden, das auch für die Erklärung der Leitfähigkeit (Leiter, Halbleiter, Isolator) verwendet wird.

Das Bändermodell geht davon aus, dass die Atomorbitale der einzelnen Atome im Kristallverband überlappen und es zur Ausbildung von Molekülorbitalen kommt. Je mehr Bindungen zu benachbarten Atomen ausgebildet werden, umso mehr Molekülorbitale werden ausgebildet, die energetisch immer dichter beieinander liegen. Wenn die Orbitale von genügend Atomen überlappen, kommt es zur Ausbildung eines Energiebandes aus quasi lückenlos aneinandergereihten Energieniveaus. Für den Einstieg gehen wir vom Lithium-Atom aus, bei dem das Valenzelektron im 2 s-Orbital ist. Durch die Überlappung von n Atomorbitalen kommt es zur Ausbildung von n Molekülorbitalen, von denen jedes mit maximal zwei Elektronen besetzt werden kann. Da jedes Lithium-Atom ein Valenzelektron zur Besetzung der Molekülorbitale beisteuert, ist das Energieband zur Hälfte mit Elektronen besetzt. Die Leitfähigkeit von Metallen hängt von diesen teilweise besetzten Energiebändern ab. Die unbesetzten Elektronenzustände des Energiebands lassen sich reversibel mit Elektronen füllen, die an einem anderen Ort wieder abgegeben werden. Bei voll besetzten oder leeren Energiebändern ist das nicht möglich. Um die magnetischen Eigenschaften von Metallen zu erklären, müssen wir uns mit der Breite der Energiebänder beschäftigen. Diese hängt unter anderem von der Größe der Metallkristalle ab. In Abb. 10.11 sehen wir auf der linken Seite, dass mit zunehmender Anzahl von Atomen im Kristallverband die Bänder immer breiter werden. Ein für den Magnetismus wesentlich relevanter Faktor ist die Frage, in welchem Ausmaß die einzelnen Orbitale der Metallatome miteinander wechselwirken. Dies ist wiederum von der räumlichen Nähe (Abstand) und der Koordinationszahl abhängig. Eine große Bandbreite steht (bei gleicher Anzahl n der Atome) für einen deutlich größeren energetischen Abstand der einzelnen Molekülorbitale zueinander als eine kleine Bandbreite. Die Bandbreite des Energiebandes ist umso größer, je intensiver die Wechselwirkung zwischen den Atomorbitalen ist. Dies kann mit dem Ausmaß der Überlappung der Atomorbitale gleich-

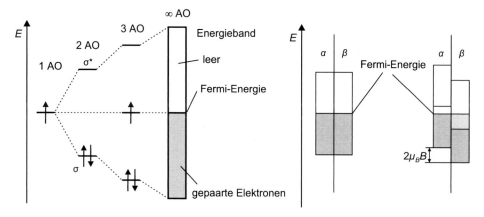

Abb. 10.11 Bindungsverhältnisse in Metallen nach dem Bändermodell. Links: Durch die Überlappung der Atomorbitale im Kristallverband kommt es zur Ausbildung von Energiebändern. Rechts: In Gegenwart eines externen Magnetfeldes kommt es zu einer energetischen Aufspaltung zwischen den Elektronen mit α- und β-Spin. Die Anzahl der Elektronen im Leitungsband mit einer Orientierung des magnetischen Momentes (wir betrachten nur den Spin) parallel zum externen Magnetfeld nimmt auf Kosten der Elektronen mit entgegengesetzt orientiertem magnetischen Moment zu. Diese Verteilung ist von der Messtemperatur praktisch unabhängig. Es wird ein schwacher, temperaturunabhängiger Paramagnetismus beobachtet

gesetzt werden. Die Fermi-Energie (gelegentlich auch als Fermi-Kante oder Fermi-Grenze bezeichnet) gibt an, bis zu welcher Energie das Energieband besetzt ist. Liegt sie genau bei der Hälfte, sind alle Spins gepaart (Besetzung gemäß dem Pauli-Ausschlussprinzip) und das Metall ist diamagnetisch. Häufig (auch bei unserem Beispiel Lithium) wird trotzdem ein schwacher Paramagnetismus beobachtet, der annähernd temperaturunabhängig ist. Dieser Paramagnetismus ist auf die Leitungselektronen zurückzuführen (die Atomrümpfe sind aufgrund der abgeschlossenen Schalen diamagnetisch) und ist deutlich kleiner als der temperaturabhängige Curie-Paramagnetismus von Teilchen mit ungepaarten Elektronen. In Gegenwart eines externen Magnetfeldes verschieben sich die Energieniveaus von α- und β-Spin relativ zueinander und eine ungleiche Verteilung wird erreicht. Die Orientierung des magnetischen Momentes der Elektronen parallel zum externen Magnetfeld wird leicht bevorzugt. Dies ist auf der rechten Seite von Abb. 10.11 gezeigt. Beim Abschalten des externen Magnetfeldes wird der Besetzungsunterschied wieder aufgehoben. Es sei auf den Unterschied zu dem klassischen Curie-Paramagnetismus hingewiesen. Bei Curie-Paramagneten liegen immer ungepaarte Elektronen vor, die in Abwesenheit eines externen Magnetfeldes willkürlich orientiert sind und erst in Gegenwart eines externen Magnetfeldes ausgerichtet werden. Je stärker das externe Magnetfeld ist, umso besser werden die einzelnen Spins orientiert. Das Ausmaß der Ausrichtung ist temperaturabhängig. Je höher die Temperatur ist, umso größer ist die „Unordnung" der einzelnen Spins. Das bedeutet, dass eine maximale Parallelstellung der einzelnen Spins nur bei tiefen Temperaturen und hohen Magnetfeldern erreicht wird.

Die Metalle sind in Abwesenheit eines externen Magnetfeldes diamagnetisch, das heißt, alle Spins sind gepaart. In Gegenwart eines externen Magnetfeldes kommt es zu einer ungleichen Besetzung von α- und β-Spin aus der ein magnetisches Moment resultiert. Im Gegensatz zum Curie-Paramagneten sind die einzelnen Spins nicht unabhängig voneinander, da sie das gleiche Energieband besetzen. Aufgrund der ersten Hundschen Regel sind alle Spins parallel zueinander ausgerichtet, unabhängig von der Umgebungstemperatur. Es wird ein temperaturunabhängiger Paramagnetismus beobachtet. Das Ausmaß der Magnetisierung ist nur vom externen Magnetfeld abhängig.

Als nächstes fragen wir uns, was passiert, wenn die Orbitale der Valenzelektronen weniger gut überlappen. Einen ersten Hinweis darauf liefert die Bethe-Slater-Kurve. In ihr ist die Austauschenergie (bzw. Kopplungskonstante) eines Metalls gegen den Quotienten a/r aufgetragen (Abb. 10.12), wobei a der Atomabstand und r der Radius der d- bzw. f-Schale ist. Das Verhältnis a/r ist sozusagen ein Maß für das Ausmaß der Überlappung der Atomorbitale. Wir sehen, dass mit zunehmenden Quotienten ferromagnetische Wechselwirkungen auftreten, die jedoch wieder schwächer werden, wenn das Verhältnis sehr groß wird, also die Orbitale nur noch sehr schlecht überlappen (wie beim Gadolinium).

Den Ferromagnetismus von Gadolinium kann man mit dem Modell des *Magnetismus der lokalisierten Elektronen* erklären [46]. Dieses Modell geht davon aus, dass die f-Elektronen des Gadoliniums nur unwesentlich an Bindungen beteiligt sind, da sie stark kontrahiert (sehr kernnah) sind. Dementsprechend ist die Aufspaltung zwischen den bindenden und antibindenden Niveaus der entstehenden Molekülorbitale klein und die kleine Aufspaltung führt zu einer kleinen Bandbreite ΔE. Aufgrund der geringen Bandweite liegen die einzelnen Energieniveaus sehr dicht beieinander und werden, gemäß der Hundschen Regel, zunächst alle einfach mit parallelen Spin besetzt. Die Fermi-Kante liegt im oberen Bereich des Energiebandes (Abb. 10.13). Das Konzept ist mit den high-spin- und low-spin-Zuständen bei einigen Komplexen vergleichbar. Der Energieverlust, der aus der Besetzung des gesamten Bandes mit Elektronen entsteht, ist geringer als der, der durch die Elektronenpaarung entstünde. Wir erhalten einen Ferromagneten, bei dem auch in Abwesenheit eines externen Magnetfeldes eine Magnetisierung beobachtet wird. In der Tat sind für die Leitfähigkeit des

Abb. 10.12 Bethe-Slater-Kurve zur Erklärung des Magnetismus von Metallen. Das Verhältnis a/r ist der Quotient aus dem Atomabstand a und dem Radius r der d- bzw. f-Schale. Die Darstellung veranschaulicht den Einfluss des Atomabstandes auf die Austauschwechselwirkung

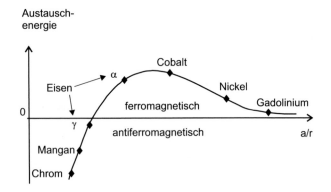

Abb. 10.13 Fermienergie in
Abhängigkeit von der
Bandbreite ΔE der
Energiebänder

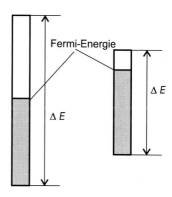

Gadoliniums nicht die Energiebänder der f-Orbitale, sondern die durch Überlappung der 6 s-Orbitale entstehenden Energiebänder verantwortlich.

Liegen die Valenzelektronen in d-Orbitalen vor und ist dann auch noch der Abstand zwischen den Metallzentren kürzer, dann ist die Bindung zwischen den Metallzentren deutlich stärker und die Bandbreite nimmt zu. Wenn das der Fall ist, dann ist der Abstand zwischen den einzelnen Energieniveaus größer und die Spinpaarung wird bevorzugt.

Der in der Bethe-Slater-Kurve dargestellte Zusammenhang ist auf den ersten Blick sehr einleuchtend. Ausgehend von Gadolinium führt eine bessere Überlappung der Orbitale zunächst zu stärkeren Austauschwechselwirkungen. Ist die Überlappung zu stark, werden die Elektronen gemäß des Pauli-Prinzips auf die Molekülorbitale verteilt. Allerdings muss hinzugefügt werden, dass im Falle von Eisen (und auch bei Cobalt und Nickel) die Erklärung nicht mehr ausreichend ist. Der Unterschied zwischen dem Quotienten a/r bei γ-Eisen und α-Eisen ist zu klein, um die sehr ausgeprägten Unterschiede beim Magnetismus zu erklären. Um den Ferromagnetismus von Eisen zu erklären, muss das Energieband zunächst einmal in die α- und β-Spins unterteilt werden, wie bereits für das Lithium in Abb. 10.11 rechts gezeigt. Diese Darstellung wird auch als spinaufgelöste Darstellung bezeichnet. Rechnungen zeigen, dass für eine korrekte Beschreibung der elektronischen Struktur von α-Eisen, die α- und β-Niveaus auch in Abwesenheit eines externen Magnetfeldes energetisch zueinander verschoben und deswegen unterschiedlich besetzt sind. Es findet eine Spinpolarisation statt. Daraus resultiert ein verbleibendes magnetisches Moment, das für den Ferromagnetismus verantwortlich ist. Im nicht-magnetischen α-Eisen wären stark antibindende Fe-Fe-Zustände besetzt, was einem Energieverlust für das gesamte System gleichzusetzen ist. Es gibt nun zwei Möglichkeiten, diesen Zustand zu beheben. Die Erste wäre eine geometrische Verzerrung des Gitters, wie sie z. B. in Komplexen beim Jahn-Teller-Effekt auftritt. Bei Jahn-Teller-verzerrten Komplexen ist ein Energiegewinn für das System die Triebkraft. Beim α-Eisen wissen wir, dass die Struktur nicht verzerrt ist. Der Energiegewinn wird über eine Verzerrung der elektronischen Struktur erreicht, die elektronische Symmetrie wird durch eine Aufhebung der Äquivalenz von α- und β-Spin erniedrigt [47].

10.5.3 Orthogonale Orbitale

Die bei den Metallen diskutierten Gründe für das Auftreten von Ferromagnetismus lassen sich auf den ersten Blick nur schlecht auf Komplexe (oder anorganische Festkörper wie Oxide oder Halogenide) übertragen. Bei Komplexen betrachten wir Orbitale und keine Energiebänder. Der zweite signifikante Unterschied ist, dass bei Komplexen die Metallzentren i. d. R. nicht direkt nebeneinander liegen, sondern durch Brückenatome voneinander getrennt sind. Man unterscheidet auch zwischen magnetischen Isolatoren (Magnetismus wird über Brückenatome vermittelt) und magnetischen Leitern, bei denen eine direkte Wechselwirkung zwischen den magnetischen Orbitalen stattfindet. Zwei Aspekte lassen sich von den Metallen auf Komplexe übertragen. Eine gewisse räumliche Nähe der magnetischen Orbitale (das können auch über den Liganden delokalisierte Orbitale sein) ist Voraussetzung dafür, dass eine Wechselwirkung stattfinden kann. Je näher die magnetischen Orbitale beieinander liegen, umso stärker ist die Wechselwirkung. Der zweite wichtige Punkt ist die Frage, ob und in welchem Ausmaß die Orbitale überlappen. Am Beispiel Gadolinium (Magnetismus der lokalisierten Elektronen) haben wir gesehen, dass ferromagnetische Wechselwirkungen aufgrund einer schwachen Wechselwirkung zwischen den magnetischen Orbitalen entstehen. Die Bedeutung dieses Punktes für Komplexe lässt sich am besten am Konzept der orthogonalen magnetischen Orbitale veranschaulichen.

Wir betrachten zwei magnetische Orbitale, die räumlich nahe genug beieinander liegen, um miteinander wechselwirken zu können. Ein gutes Beispiel hierfür ist der in Abb. 10.14 auf

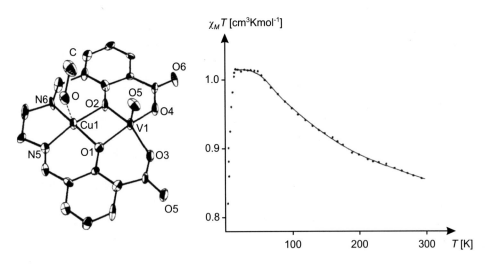

Abb. 10.14 Links: Struktur eines zweikernigen Kupfer(II)-Vanadium(IV)-Komplexes. Rechts: Ergebnis der Magnetmessung an diesem Komplex. Abgebildet ist das Produkt von $\chi_M T$ in Abhängigkeit von T. Beim Abkühlen (von *rechts* nach *links*) ist eine Zunahme des $\chi_M T$-Produktes zu beobachten, bis unterhalb von ca. 50 K ein Plateau erreicht wird. Angepasst nach Ref. [48]

der linken Seite gegebene Komplex. Der hier verwendete Ligand wurde so ausgelegt, dass in zwei voneinander unabhängigen Schritten zwei verschiedene Metallionen komplexiert werden können. Aufgrund der sehr großen räumlichen Nähe der beiden Metallionen, können wir zunächst einmal von einer direkten Wechselwirkung zwischen den Metallionen ausgehen und den Einfluss der Brückenliganden (die beiden Sauerstoffatome O1 und O2) ignorieren. Um in dem abgebildeten Komplex ferromagnetische Wechselwirkungen zu erhalten, müssen die magnetischen Orbitale (d. h. die Orbitale mit den ungepaarten Elektronen) orthogonal zueinander stehen. Der Begriff orthogonal bedeutet, dass aus Symmetriegründen keine Überlappung zwischen den Orbitalen möglich ist, obwohl sie in räumlicher Nähe sind. In Abb. 10.14 auf der rechten Seite sehen wir anhand der Magnetmessung, dass das beim abgebildeten Kupfer(II)-Vanadium(IV)-Komplex anscheinend der Fall ist. Das Produkt aus magnetischer Suszeptibilität (χ_M) und der Temperatur steigt mit abnehmender Temperatur an, wie wir es für ferromagnetische Wechselwirkungen erwarten. Vom gleichen Liganden lässt sich auch ein entsprechender zweikerniger Komplex mit zwei Kupfer(II)-Ionen herstellen. Bei diesem nicht abgebildeten Komplex werden antiferromagnetische Wechselwirkungen beobachtet, das Produkt aus $\chi_M T$ nimmt mit abnehmender Temperatur ab [48].

Um das unterschiedliche magnetische Verhalten der beiden Komplexe zu verstehen, müssen wir die magnetischen Orbitale bestimmen und deren relative Lage zueinander in Betracht ziehen. Wir sehen in der in Abb. 10.14 abgebildeten Struktur des zweikernigen Komplexes, dass das Kupfer(II)-Ion eine annähernd quadratisch planare Koordinationsumgebung besitzt. Aus der Elektronenkonfiguration bestimmen wir die Anzahl der Valenzelektronen, das sind beim Kupfer(II)-Ion neun 3d-Elektronen. Anhand der Aufspaltung der d-Orbitale in einem quadratisch planaren Ligandenfeld (siehe Abschn. 4.3.4) können wir nun bestimmen, welches der fünf d-Orbitale nur mit einem Elektron besetzt ist und demzufolge unser magnetisches Orbital ist (alle anderen sind doppelt besetzt). Das ungepaarte Elektron des Kupfers ist im $d_{x^2-y^2}$-Orbital lokalisiert. Das Vanadium(IV)-Ion besitzt nur ein Valenzelektron, ebenfalls in der 3d-Schale. Die Koordinationsgeometrie ist in diesem Fall quadratisch pyramidal, wobei berücksichtigt werden muss, dass der Oxido-Ligand (O5 in der Struktur) wegen des Doppelbindungsanteils wesentlich stärker an das Vanadium gebunden ist als die anderen vier Sauerstoffatome. Die Aufspaltung der d-Orbitale im Ligandenfeld entspricht deswegen annähernd einem gestauchten Oktaeder und das energetisch am tiefsten liegende Orbital ist das d_{xy}-Orbital, in dem das eine ungepaarte Elektron untergebracht ist [48]. In Abb. 10.15 ist die relative Orientierung der magnetischen Orbitale zueinander für den Kupfer(II)-Vanadium(IV)-Komplex und den Kupfer(II)-Kupfer(II)-Komplex gegeben.

Beim Kupfer(II)-Vanadium(IV)-Komplex können die Orbitale aus Symmetriegründen nicht überlappen. Es liegt eine strikte, symmetriebedingte Orthogonalität der beiden magnetischen Orbitale vor und die Wechselwirkung zwischen den beiden Metallzentren ist ferromagnetisch. Die beiden Orbitale liegen nahe genug beieinander, um sich gegenseitig zu beeinflussen, und haben eine ähnliche Energie. Demzufolge werden sie gemäß der ersten Hundschen Regel (Gesamtspin maximal) besetzt. Beim Kupfer(II)-Kupfer(II)-Komplex ist eine Überlappung zwischen den beiden d-Orbitalen möglich und es werden antiferro-

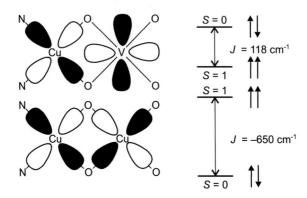

Abb. 10.15 Relative Orientierung der magnetischen Orbitale in einem zweikernigen Kupfer(II)-Vanadium(IV)-Komplex und in dem analogen Kupfer(II)-Kupfer(II)-Komplex. Beim Kupfer(II)-Vanadium(IV)-Komplex können die Orbitale aus Symmetriegründen nicht überlappen. Sie sind zueinander orthogonal und es werden ferromagnetische Wechselwirkungen beobachtet. Beim Kupfer(II)-Kupfer(II)-Komplex ist eine Überlappung zwischen den beiden d-Orbitalen möglich und es werden antiferromagnetische Wechselwirkungen beobachtet. Angepasst nach Ref. [48]

magnetische Wechselwirkungen beobachtet. Die Wechselwirkungen können hier als extrem schwache Bindung veranschaulicht werden, bei der bindende und antibindende „Molekülorbitale" gebildet werden. Es kommt zu einer Aufspaltung der Orbitale die dazu führt, dass die energetisch am tiefsten liegenden Orbitale zuerst besetzt werden.

Ein drittes Beispiel ist ein entsprechender gemischter Cu-Ni-Komplex. Nickel(II) ist oktaedrisch koordiniert und hat als d^8-System zwei ungepaarte Elektronen, was zwei magnetischen Orbitalen entspricht. Das d_{z^2}-Orbital ist orthogonal zum $d_{x^2-y^2}$-Orbital des Kupfers, während über das zweite Orbital ($d_{x^2-y^2}$) antiferromagnetische Wechselwirkungen zu erwarten sind, die auch tatsächlich beobachtet werden. Bei tiefen Temperaturen wird nur noch ein magnetisches Moment für ein ungepaartes Elektron beobachtet [44].

Orthogonale Orbitale können auch in Festkörpern für die Erklärung von ferromagnetischen bzw. antiferromagnetischen Eigenschaften herangezogen werden. Ein Beispiel sind Oxide mit NaCl-Struktur, wie z. B. das Paar NiO (antiferromagnetisch)/LiNiO$_2$ (ferromagnetisch). Bei diesem Beispiel ist der Superaustauschmechanismus für die magnetischen Wechselwirkungen verantwortlich. Dieser wird im folgenden Abschnitt genau erklärt. Zunächst einmal ist wichtig, dass bei einem Ni-O-Ni-Winkel von 180° antiferromagnetische und bei einem Winkel von 90° ferromagnetische Wechselwirkungen zwischen den beiden Nickelionen auftreten. Treten beide Wechselwirkungen auf, dann dominieren die antiferromagnetischen Wechselwirkungen und das Material ist antiferromagnetisch. Dies ist bei NiO, das in einer NaCl-Struktur kristallisiert, der Fall. In Abb. 10.16 ist auf der linken Seite ein Ausschnitt aus der NiO-Struktur abgebildet. Es ist zu erkennen, dass zwei verschiedene Ni-O-Ni-Winkel auftreten, mit 90° und 180°. Das bedeutet, dass das System nur dann ferromagnetisch wird, wenn keine 180° Ni-O-Ni-Winkel auftreten, da sonst die antiferro-

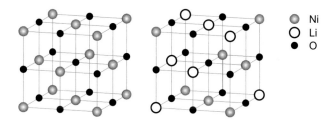

Abb. 10.16 Links: NaCl-Struktur am Beispiel NiO. Rechts: Schematische Darstellung der Schichtstruktur von LiNiO$_2$

magnetischen Wechselwirkungen dominieren. Das wird erreicht, wenn ein gemischtes Oxid gebildet wird, wie es bei LiNiO$_2$ der Fall ist. Bei diesem gemischten Oxid werden Schichten aus Li(I)- und Ni(III)-Ionen ausgebildet, die sich so aneinander reihen, dass es keine 180° Winkel mehr gibt. Das Nickel(III)-Ion liegt dabei im $S = \frac{1}{2}$ low-spin-Zustand vor. Das Material ist nun ferromagnetisch. Eine solche Struktur ist schematisch auf der rechten Seite von Abb. 10.16 gezeigt.

Superaustausch Bei den bisher besprochenen Beispielen findet eine direkte Wechselwirkung zwischen den magnetischen Orbitalen statt. Liegen die beiden spintragenden Zentren weit auseinander, geht die Überlappungsdichte zwischen beiden Orbitalen gegen Null und eine direkte Wechselwirkung ist nicht mehr möglich. Die magnetische Wechselwirkung ist nun von den Orbitalen des Brückenliganden abhängig. Im Folgenden werden zwei verschiedene Mechanismen diskutiert: der Superaustausch und die Spinpolarisation. Der Grundgedanke hinter beiden Mechanismen ist, dass die magnetischen Orbitale nicht „reine" d- bzw. f-Orbitale sind, sondern auch Ligand-basierte Komponenten besitzen.

Beim Superaustauschmechanismus [49] findet die Wechselwirkung über voll besetzte s- oder p-Orbitale von intermediären diamagnetischen Brückenatomen statt. Die beiden Elektronen in den voll besetzten s- bzw. p-Orbitalen sind aufgrund des Pauli-Prinzips antiparallel ausgerichtet. Der Grundgedanke ist nun, dass sich zwischen benachbarten (bzw. überlappenden) Orbitalen die Elektronen, die direkt nebeneinander liegen, immer so ausrichten, dass auch hier eine antiparallele Orientierung der Spins vorliegt. In Abb. 10.17 ist das Grundprinzip für zwei μ-oxido-verbrückte Metallzentren in Abhängigkeit von dem M-O-M-Winkel gezeigt. Das ungepaarte Elektron ist jeweils in einem d-Orbital am Metallzentrum und vom Brückenliganden Sauerstoff dient ein voll besetztes p-Orbital als Brückenorbital. In Abhängigkeit vom M-O-M-Winkel treten antiferromagnetische (lineare Anordnung oder stumpfer Winkel, die Orbitale können überlappen) oder ferromagnetische (90° Winkel, die Orbitale sind orthogonal zueinander) Wechselwirkungen auf. Im Falle des 90° Winkels überlappen die d-Orbitale der beiden Metallzentren jeweils mit einem p-Orbital vom Sauerstoff. Da es sich bei den Orbitalen am Sauerstoff um zwei verschiedene p-Orbitale handelt, können diese nicht überlappen. Sie sind orthogonal zueinander und es treten ferromagnetische Wechselwirkungen auf. Welcher der beiden gezeigten Austauschmechanismen bei einer gewinkelten

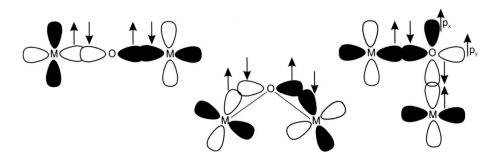

Abb. 10.17 Superaustauschmechanismus für einen μ-oxido-Komplex mit verschiedenen M-O-M-Winkeln. Beim 180°-Winkel und stumpfen Winkeln kann der Superaustausch stattfinden und es treten antiferromagnetische Wechselwirkungen auf. Liegt ein 90°-Winkel vor, dann können die Orbitale am Sauerstoff symmetriebedingt nicht überlappen. Die Orbitale sind orthogonal zueinander und es treten ferromagnetische Wechselwirkungen auf

Anordnung auftritt, hängt nicht nur vom M-O-M-Winkel ab, sondern auch vom magnetischen Orbital. Bei dem bereits diskutierten Beispiel NiO/LiNiO$_2$ sind die magnetischen Orbitale vom Nickel(II)- bzw. Nickel(III)-Ion (oktaedrische Koordinationsumgebung, d^8 bzw. d^7) das d$_{x^2-y^2}$-Orbital und/oder das d$_{z^2}$-Orbital. Bei beiden liegen die Orbitallappen auf den Achsen der Metall-Ligand-Bindung. Bei einem 90°-Winkel ist nur die in Abb. 10.17 ganz rechts gezeigte Variante der Überlappung mit den Orbitalen des Sauerstoffs möglich. Liegen die ungepaarten Elektronen in den d$_{xz}$-, d$_{yz}$- oder d$_{xy}$-Orbitalen vor, dann wäre auch die in der Mitte dargestellte Variante denkbar, welche dann wieder zu antiferromagnetischen Wechselwirkungen führt.

Ein Beispiel für antiferromagnetische Wechselwirkungen aufgrund des Superaustauschmechanismus liefert das Kupferacetat. Der Komplex liegt als Dimer vor mit der genauen Zusammensetzung [(Cu(ac)$_2$H$_2$O)$_2$], bei der noch ein Wasser als zusätzlicher Ligand pro Kupferion koordiniert ist. Die Struktur des zweikernigen Komplexes, das Ergebnis der magnetischen Messungen und der Austauschmechanismus sind in Abb. 10.18 gegeben. Die magnetischen Messungen zeigen deutlich, dass zwischen den beiden Kupferionen antiferromagnetische Wechselwirkungen vorliegen. Das $\chi_M T$-Produkt fällt bei tiefen Temperaturen ab, unterhalb von 50 K ist die Verbindung diamagnetisch. Wie bei den bereits besprochenen Kupfer(II)-Komplexen ist das magnetische Orbital wieder das d$_{x^2-y^2}$-Orbital, das gut σ-Bindungen mit den Orbitalen der verbrückenden Acetat-Liganden ausbilden kann. Wie in Abb. 10.18 auf der rechten Seite gezeigt, führt der Superaustausch über die Acetat-Liganden zu antiferromagnetischen Wechselwirkungen [44].

Spinpolarisation In einigen mehrkernigen Komplexen kann es vorkommen, dass die magnetischen Orbitale nicht mit dem σ-, sondern mit dem π-Orbitalen des Liganden überlappen. In diesen Fällen können die magnetischen Eigenschaften mit dem Spinpolarisationsmechanismus erklärt werden. Der Spinpolarisationsmechanismus wird von einem Molekülorbitalmodell abgeleitet, das von Longuet-Higgins [50] für aromatische Kohlenwasserstoffe vor-

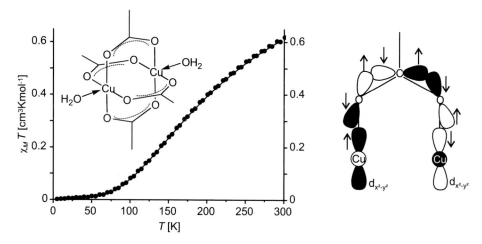

Abb. 10.18 von Kupferacetat und Ergebnis der magnetischen Messung. Die antiferromagnetischen Wechselwirkungen sind auf einen über die verbrückenden Acetat-Liganden vermittelten Superaustausch zurückzuführen

geschlagen wurde. Ausgangspunkt war die Fragestellung, wann organische Diradikale stabil sind und welche Relevanz Valenzstrichformeln für die Beantwortung dieser Fragestellung haben. Rechnungen haben ergeben, dass ferromagnetische Wechselwirkungen zwischen zwei Radikalen möglich sind, wenn sie über eine m-Phenylenbrücke verknüpft sind, da sich die beiden ungepaarten Elektronen in einem Paar entarteter SOMOs (SOMO = single occupied molecular orbital) gleicher Orthogonalität befinden. Wieder findet die erste Hundsche Regel ihre Anwendung. Interessanterweise lässt sich, wie in Abb. 10.19 gezeigt, für die *meta*-Verbrückung keine alternative Valenzstrichformel aufstellen, bei der der Diradikalcharakter verloren geht. Ein Resultat dieses Verhaltens ist die alternierende Anordnung von α- und β-Spins bei den verbrückenden Atomen, der sogenannten Spinpolarisation. Anders gesagt, die Spindichten benachbarter Atome in einem π-konjugierten System bevorzugen entgegengesetzte Vorzeichen. Wir haben sozusagen eine antiferromagnetische Wechselwirkung von Elektronen in nicht orthogonalen 2p-Orbitalen. Dieser Mechanismus eignet sich sehr gut, um Vorhersagen über die Existenz von organischen Polyradikalen zu treffen, kann aber auch auf Komplexe übertragen werden, wenn die Austauschwechselwirkungen über das π-System eines planaren, sp^2-hybridisierten Liganden stattfinden.

Wir sehen uns zwei Beispiele für Komplexe an. In beiden Fällen wurden Liganden hergestellt, mit denen sich gezielt *meta*-verbrückte dreikernige Komplexe herstellen lassen. Von dem in Abb. 10.20 gezeigten Liganden wurde ein dreikerniger Kupfer(II)-Komplex und ein dreikerniger Vanadium(IV)-Komplex hergestellt. Beim Kupfer(II)-Komplex ist wieder das $d_{x^2-y^2}$-Orbital das magnetische Orbital. Der Ligand ist so ausgelegt, dass ein quadratisch planares Ligandenfeld erhalten wird. Das $d_{x^2-y^2}$-Orbital kann nur mit den σ-Bindungen des Liganden überlappen. Unter diesen Voraussetzungen kommt als Austauschmechanismus nur

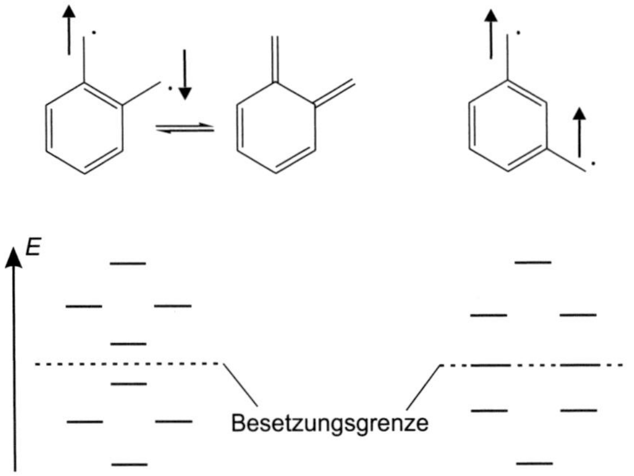

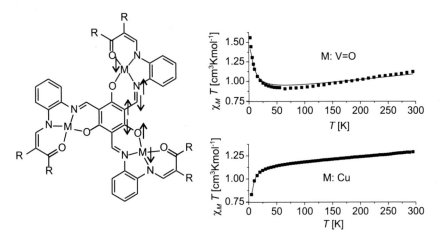

Abb. 10.19 Ausschnitt aus dem MO-Schema und Valenzstrichformeln von zwei organischen Diradikalen. Für das auf der linken Seite abgebildete *ortho*-verbrückte Diradikal lässt sich eine alternative Valenzstrichformel aufstellen, bei der der Diradikalcharakter verloren geht. Der diamagnetische Grundzustand ist im Einklang mit dem berechneten MO-Schema. Bei einem *meta*-verbrückten Diradikal gibt es diese Möglichkeit nicht und das MO-Schema entspricht ebenfalls einem paramagnetischen Grundzustand [50]

Abb. 10.20 Vergleich der magnetischen Eigenschaften eines dreikernigen *meta*-verbrückten Kupfer(II)-Komplexes und eines dreikernigen *meta*-verbrückten Vanadyl(IV)-Komplexes. Die Pfeile in der Strukturformel deuten den Spinpolarisationsmechanismus an

der Superaustausch in Frage und es dominieren die antiferromagnetischen Wechselwirkungen. Entsprechend wird bei der Magnetmessung ein Abfall des Produktes von $\chi_M T$ bei tiefen Temperaturen beobachtet. Beim Vanadyl(IV)-Komplex, der wie im letzten Beispiel eine quadratisch pyramidale Koordinationsumgebung hat, ist das magnetische Orbital das d_{xz}- bzw. d_{yz}-Orbital. Das liegt daran, dass der hier verwendete equatoriale Ligand deutlich

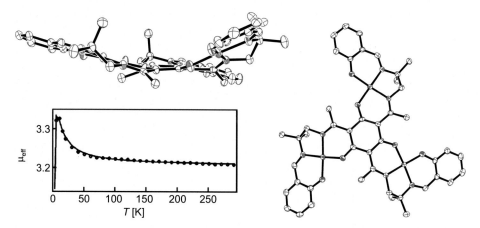

Abb. 10.21 Magnetischen Eigenschaften eines sattelförmigen, dreikernigen *meta*-verbrückten Kupfer(II)-Komplexes. Angepasst nach Ref. [51]

stärker ist und die Aufspaltung der d-Orbitale im Ligandenfeld diesmal der eines gestreckten Oktaeders entspricht. Beide d-Orbitale können mit dem π-System des planaren Liganden überlappen und die Spinpolarisation führt zu ferromagnetischen Wechselwirkungen, wie in Abb. 10.20 gezeigt. Aufgrund der großen Distanz zwischen den Metallzentren sind die Wechselwirkungen deutlich schwächer als bei den bisher diskutierten Beispielen. In Abb. 10.21 sind die magnetischen Eigenschaften von einem sehr ähnlichen Kupfer(II)-Komplex gezeigt, bei dem jedoch ferromagnetische Wechselwirkungen beobachtet werden. In Abhängigkeit von der Struktur des Liganden gibt es unterschiedliche Möglichkeiten für die Übertragung der Spinpolarisation auf das π-System des Liganden [51].

Doppelaustausch Der Doppelaustausch-Mechanismus [52] kann nur bei gemischtvalenten Komplexen oder Festkörpern beobachtet werden. Ein Beispiel dafür wären z. B. gemischtvalente Eisen(II/III)-Komplexe (oder Festkörper), bei denen die Koordinationsumgebung der beiden Eisenzentren nahezu identisch ist. In diesem Fall können die Oxidationsstufen den einzelnen Atomen nicht eindeutig zugeordnet werden, die zusätzlichen Elektronen sind sozusagen über mehrere Metallionen delokalisiert. Dieses (thermisch aktivierte) Hopping der Elektronen kann nur stattfinden, wenn sich der Spin des Elektrons dabei nicht ändert. Nur dann befindet sich das springende Elektron gemäß der 1. Hundschen Regel in einem energetisch günstigen Zustand. Daraus resultiert ein parallel ausgerichteter Spin für benachbarte Metallionen, was einer ferromagnetischen Wechselwirkung entspricht. Dieser Mechanismus geht immer mit einer hohen elektrischen Leitfähigkeit des Materials einher.

Ein gutes Beispiel für den Doppelaustausch sind Perowskite der Zusammensetzung $La_{1-x}Pb_xMnO_3$. Ist $x = 0$, dann hat Mangan die Oxidationsstufe +3, und bei $x = 1$ ist die Oxidationsstufe +4. Beide Randphasen ordnen antiferromagnetisch. Für $0{,}2 \leq x \leq 0{,}8$

Abb. 10.22 Beispiel für ein
Eisen(II)-Koordina-
tionspolymer bei dem die
Eisenzentren jeweils 90°
zueinander verdreht sind mit
Ergebnis der Magnetmessung

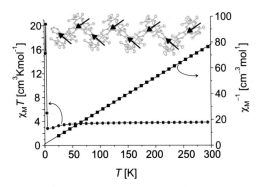

wird eine gemischtvalente Verbindung erhalten. Es werden ferromagnetische Wechselwirkungen beobachtet, die mit einer Erhöhung der Leitfähigkeit einhergehen.

Spincanting Bei allen bisher besprochenen Beispielen sind die magnetischen Momente der Metallzentren parallel oder antiparallel zueinander orientiert. Das muss aber nicht immer der Fall sein. Es gibt Beispiele, bei denen ein Winkel zwischen den Spin-Orientierungen auftritt, der verkantete Antiferromagnetismus wurde schon in Tab. 10.6 aufgeführt. Häufig hängt so ein Verhalten mit äußeren Parametern zusammen (Packung im Festkörper, oder, wie in Abb. 10.22 gezeigt, durch die Koordinationsumgebung bedingt). Bei dem in der Abbildung gezeigten Eisen(II)-Koordinationspolymer sind die Eisenzentren annähernd 90° zueinander verdreht. Über den Brückenliganden treten antiferromagnetische Wechselwirkungen auf. Durch die spezielle Orientierung der Eisenzentren und damit auch der magnetischen Momente geht das magnetische Moment bei tiefen Temperaturen nicht auf Null runter, sondern wir beobachten eine spontane Magnetisierung. Aufgrund der relativ schwachen Wechselwirkungen (der Ligand ist ziemlich groß), tritt diese erst bei sehr tiefen Temperaturen auf.

10.5.4 Mikrostruktur von Ferromagneten

Das Auftreten von ferromagnetischen Wechselwirkungen führt nicht zwangsläufig dazu, dass das Material ein Ferromagnet ist. Das Gleiche gilt für ferrimagnetische Wechselwirkungen. Für das Auftreten von Ferromagnetismus bzw. Ferrimagnetismus benötigen wir zusätzlich zu den richtigen Wechselwirkungen eine mindestens eindimensional ausgedehnte Struktur gekoppelter Zentren. In den meisten Fällen handelt es sich um 2D- oder 3D-Strukturen. Das spiegelt sich darin wieder, dass die meisten Ferro- bzw. Ferrimagneten Festkörper sind.

Eine besondere Eigenschaft des Ferromagneten ist die Hysterese der Magnetisierung. In einem ferromagnetischen Material werden aufgrund der starken, aber kurzreichweitigen Austauschwechselwirkungen Domänen ausgebildet, in denen alle Zentren die gleiche

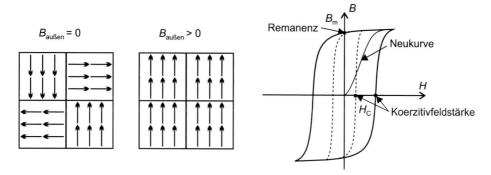

Abb. 10.23 Schematische Darstellung der Weissschen Bezirke für einen nicht magnetisierten Ferromagneten *(links)* und einen mit Hilfe eines externen Magnetfeldes magnetisierten Ferromagneten *(mitte)*. Rechts ist die Magnetisierungskurve eines Ferromagneten dargestellt. Eingezeichnet sind die Neukurve für die erste Magnetisierung des Materials und die Hysterese-Kurven für einen weichmagnetischen *(gestrichelte Linie)* und einen hartmagnetischen *(durchgezogene Linie)* Stoff

Magnetisierung aufweisen. Diese Domänen werden als Weisssche Bezirke bezeichnet und besitzen eine Größe im Bereich von 1–$100\,\mu$m. In Abb. 10.23 sind die Weissschen Bezirke schematisch dargestellt. Bei einem nicht-magnetisierten Material ist die Ausrichtung des magnetischen Momentes der einzelnen Domänen ungeordnet, so dass für das gesamte Material keine Magnetisierung beobachtet wird (Abb. 10.23 links). Beim Anlegen eines externen Magnetfeldes wird das magnetische Moment in allen Domänen parallel zum externen Magnetfeld ausgerichtet (Abb. 10.23 Mitte). Langreichweitige Wechselwirkungen (Dipolwechselwirkungen) sorgen nun dafür, dass nach dem Abschalten des externen Magnetfeldes ($H = 0$) die Magnetisierung (bzw. magnetische Induktion) nicht verschwindet, sondern nur bis zur Remanenz (B_m) abnimmt. Die Magnetisierung verschwindet erst, wenn die Koerzitivfeldstärke (H_C) in Gegenrichtung angelegt wird. Hierbei unterscheiden wir zwischen weichmagnetischen und hartmagnetischen Materialien. Die beiden Materialien unterscheiden sich in der Koerzitivfeldstärke, die ein Maß für die Breite der Hysteresis ist. Bei weichmagnetischen Materialien, die unter anderem in Transformatoren und Motoren eingesetzt werden, ist die Koerzitivfeldstärke klein ($H_C < 10\,$A/cm). Es wird nur ein kleines externes Magnetfeld benötigt, um die Magnetisierung der Probe umzukehren. Hartmagnetische Werkstoffe kennen wir z. B. in Form von Permanentmagneten. Hier wird eine große Koerzitivfeldstärke benötigt, um die Magnetisierung des Materials umzukehren.

In diesem Zusammenhang sei noch kurz auf das Phänomen Superparamagnetismus hingewiesen. Diese Eigenschaft tritt bei sehr kleinen Partikeln von einem ferro- bzw. ferrimagnetischen Material auf, bei dem die Partikelgröße kleiner als die Domänengröße der Weissschen Bezirke ist. Bei superparamagnetischen Materialien verschwindet die Hysterese der Magnetisierung. Die Umkehr des externen Magnetfeldes führt dazu, dass sich der Partikel einfach umdreht. Eine Hysterese kann beobachtet werden, wenn die Partikel in einer Matrix so fixiert werden, dass die Bewegung nicht mehr möglich ist.

10.6 Spin-Crossover

Bei 3d-Elementen kann neben den bereits erwähnten Phänomenen des kollektiven Magnetismus noch ein weiteres Phänomen bei temperaturabhängigen Messungen der magnetischen Suszeptibilität beobachtet werden – der als *Spin-Crossover* bezeichnete, thermisch induzierte Spinübergang.

Der Spin-Crossover ist ein faszinierendes Beispiel für Bistabilität bei Koordinationsverbindungen. Am häufigsten wird dieses Phänomen bei oktaedrischen Komplexen beobachtet. Bei einem Metallzentrum mit einer d^n-Elektronenzahl von $n = 4-7$ sind zwei verschiedene Spinzustände denkbar. Als Einstieg betrachten wir Eisen(II)-Komplexe mit einer d^6-Elektronenkonfiguration. Beim Hexaaqua-Komplex mit Wasser als Schwachfeldligand ist die energetische Aufspaltung zwischen den t_{2g}-Orbitalen und den e_g-Orbitalen (Δ_O) deutlich kleiner als die Spinpaarungsenergie P, die aufgebracht werden muss, wenn ein Orbital mit zwei Elektronen besetzt wird ($\Delta_O \ll P$). Die Elektronen werden gemäß der Hundschen Regel so auf die Orbitale verteilt, dass alle zunächst einfach besetzt werden. Es wird ein high-spin-(HS)-Komplex erhalten, bei dem die maximal mögliche Anzahl ungepaarter Elektronen vorliegt. Mit dem Starkfeldliganden Cyanid ist die Aufspaltung zwischen den t_{2g}-Orbitalen und den e_g-Orbitalen deutlich größer als beim Aqua-Komplex und auch deutlich größer als die Spinpaarungsenergie ($\Delta_O \gg P$). Dementsprechend ist es energetisch günstiger, dass zunächst nur die tiefer liegenden t_{2g}-Orbitale besetzt werden. Es wird ein low-spin-(LS)-Komplex erhalten, bei dem die minimale Anzahl ungepaarter Elektronen vorliegt. Bei einigen Liganden kommt es vor, dass keine der beiden Bedingungen eindeutig erfüllt wird ($\Delta_O \approx P$). Dieser Zustand wird z. B. beim Eisenkomplex [Fe(ptz)$_6$](BF$_4$)$_2$ (ptz = 1-Propyltetrazol) beobachtet. Bei solchen Verbindungen kann ein Spinübergang beobachtet werden, der durch eine Änderung externer Parameter (Temperatur, Druck, Einstrahlung von Licht, …) ausgelöst wird und mit einer Änderung der physikalischen Eigenschaften der Verbindung verbunden ist. Dieses Phänomen wird als Spin-Crossover (SCO) bezeichnet (Abb. 10.24. [53, 54]).

Wenn man vom Phänomen des Spinübergangs spricht, muss man sich im Klaren darüber sein, dass es zwei verschiedene Formen dieses Ereignisses gibt – den Spinübergang mit und ohne Änderung der Koordinationszahl. Umgangssprachlich meint man i. d. R. Letzteres und auch in diesem Abschnitt beschränken wir uns auf die Variante des Spin-Crossovers unter Erhalt der Koordinationszahl. Der Vollständigkeit halber sei jedoch ein Beispiel für eine Verbindungsklasse mit Spinübergang unter Änderung der Koordinationszahl genannt. Es handelt sich um Nickel(II)-Komplexe [Ni(L)$_2$] wobei L ein Ketoenolat ist (Abb. 10.25). Sind die Substituenten R sperrig, liegt das Molekül wie in Abb. 10.25 links abgebildet bei Raumtemperatur als Monomer vor. Die Verbindung ist rot und diamagnetisch (quadratisch planares Ligandenfeld mit d^8-Konfiguration). Bei tieferen Temperaturen oder kleineren Substituenten R geht die Verbindung in eine nun grüne, trimere paramagnetische Modifikation über, bei der sich die Koordinationszahl von vier auf sechs (oktaedrisch) erhöht.

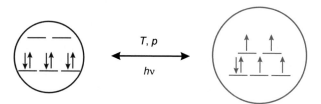

Abb. 10.24 Schematische Darstellung eines Spin-Crossovers für eine Verbindung mit d^6-Elektronenkonfiguration. Der Übergang zwischen dem LS-Zustand *(maximale Anzahl gepaarter Elektronen, links)* in den HS-Zustand *(maximale Anzahl ungepaarter Elektronen, rechts)* kann durch verschiedene äußere Parameter wie Änderung der Temperatur, Änderung des Drucks oder Einwirkung elektromagnetischer Strahlung ausgelöst werden. Die Koordinationszahl der Verbindung (in diesem Fall 6) bleibt dabei konstant

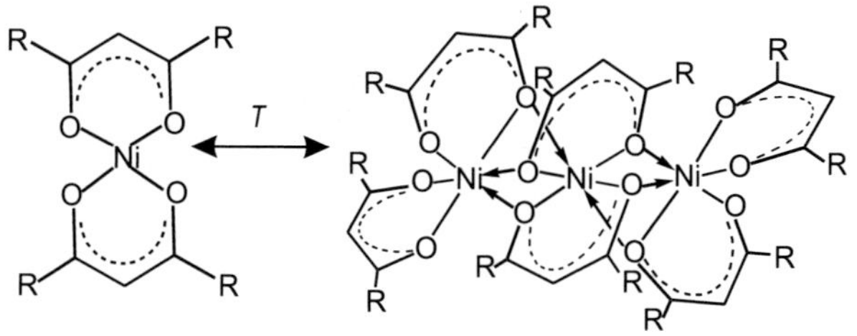

Abb. 10.25 Schematische Darstellung eines Spin-Crossovers unter Änderung der Koordinationszahl. In der monomeren Verbindung *(links)* liegt das d^8-Nickel(II)-Ion in einer quadratisch planaren Koordinationsumgebung vor. Die Verbindung ist rot und diamagnetisch. Bei tieferen Temperaturen oder kleinen Substituenten R wird eine trimere Modifikation gebildet. Die Koordinationszahl ändert sich von vier auf sechs und die Verbindung ist nun paramagnetisch

Der Effekt des Spin-Crossovers unter Erhalt der Koordinationszahl wurde 1931 von *Cambi et al.* an Eisen(III)tris(dithiocarbamaten) entdeckt (Abb. 10.26) [55]. Der erste Eisen(II)-Komplex wurde 1964 synthetisiert und untersucht [56] und von da an begann eine lebhafte Erforschung dieses Phänomens. Höhepunkte in der Spin-Crossover-Forschung waren die Entdeckung des LIESST-Effektes (Schalten des Spinübergangs mit Licht, 1984 [57, 58]) sowie die Realisierung der Nanostrukturierung und Funktionalisierung dieser Verbindungen, was insbesondere für potentielle Anwendungen von Interesse ist. Besonders häufig ist das Phänomen Spin-Crossover bei Eisen(II/III)- und Cobalt(II)-Komplexen anzutreffen, aber auch von Nickel(II), Cobalt(III), Mangan(III) und Chrom(II) sind Verbindungen mit thermischem Spinübergang bekannt [53, 54].

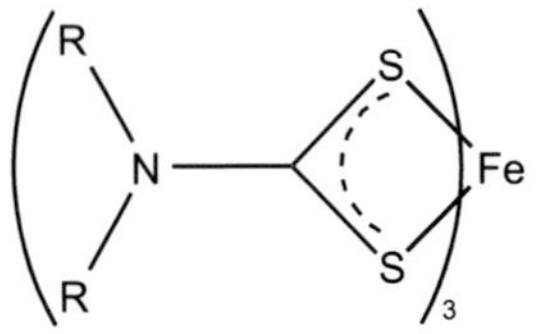

Abb. 10.26 Generelle Formel
der Eisen(III)-
tris(dithiocarbamat)-Komplexe

10.6.1 Theoretische Betrachtungen

Die Gleichung $\Delta \approx P$ stellt die Voraussetzung für einen thermischen Spinübergang anschaulich dar, ist jedoch sehr ungenau. Das ist darauf zurückzuführen, dass die Ligandenfeldaufspaltung Δ (bzw. der Parameter $10\,Dq$) im LS-Zustand von der im HS-Zustand verschieden ist, und auch die Spinpaarungsenergie beider Zustände ist nicht zwingend äquivalent. Das in der Gleichung verwendete Δ gehört weder zum HS noch zum LS Zustand, sondern stellt den Schnittpunkt der Potentialkurven des HS und LS Zustandes dar. Für eine korrekte Betrachtung des Spin-Crossover Phänomens sollte diese Näherung daher vermieden werden. Auf molekularer Ebene entspricht der Spinübergang einem „intraionischen Elektronentransfer", das heißt die Elektronen bleiben in der unmittelbaren Umgebung des Metallions. Da im HS-Zustand die stärker antibindenden e_g-Orbitale höher besetzt sind als im LS-Zustand, nehmen die mittleren Metall-Ligand Bindungslängen beim LS $\rightarrow$ HS Übergang zu. Die Größenordnungen betragen 0.14–0.24 Å bei Eisen(II)-Verbindungen, 0.11–0.15 Å bei Eisen(III)-Verbindungen und 0.09–0.11 Å für Cobalt(II)-Verbindungen [53]. Diese Zunahme der Bindungslängen ist die Ursache für die unterschiedliche Aufspaltung der d-Orbitale im Ligandenfeld. Die Abstandsabhängigkeit des Parameters $10\,Dq$ ist durch folgende Gleichung gegeben:

$$10\,Dq(r) = 10\,Dq(r_0)\left(\frac{r_0}{r}\right)^6$$

Um einen Spin-Crossover ligandenfeldtheoretisch korrekt zu betrachten, nimmt man die Tanabe-Sugano-Diagramme zu Hilfe (siehe Abschn. 5.4). Bei Komplexen mit Schwachfeldliganden ist der HS-$^5T_2$-Zustand der Grundzustand, während oberhalb einer kritischen Ligandenfeldstärke Δ_{crit} der LS-$^1A_1$-Zustand der Grundzustand ist. Nun muss nur noch die Abstandsabhängigkeit der d-Orbitalaufspaltung ($10\,Dq$) berücksichtigt werden, um die Änderung der Ligandenfeldstärke in Abhängigkeit vom Abstand abzuschätzen. Für Spin-Crossover-Verbindungen gilt $10\,Dq(\text{HS}) < \Delta_{crit} < 10\,Dq(\text{LS})$. Der Termüberschneidungspunkt Δ_{crit} im Tanabe-Sugano-Diagramm ist dabei mit dem Kreuzungspunkt der beiden Potentialtöpfe für den HS und den LS-Zustand gleichzusetzen. Dieses Bild ermöglicht eine korrekte Formulierung zur Beschreibung der Voraussetzungen für einen Spin-Crossover: $\Delta E_0(\text{HL}) \approx k_B T$. Dabei entspricht $\Delta E_0(\text{HL})$ der Differenz der Nullpunktenergien der Potentialkurven des HS und LS Zustandes. Der Bereich von $10\,Dq$, in dem Eisen(II)-Spin-Crossover-Komplexe zu erwarten sind, ist in Tab. 10.7 gegeben [53].

Tab. 10.7 Größenordnung der Ligandenfeldaufspaltung 10 Dq bzw. Δ_O für Eisen(II) HS-, LS- und SCO-Komplexe

$10\,Dq^{HS}$	$<11000\,cm^{-1}$	HS-Komplex
$10\,Dq^{HS}$	$\approx 11500\text{--}12500\,cm^{-1}$ und	
$10\,Dq^{LS}$	$\approx 19000\text{--}21000\,cm^{-1}$	Spin-Crossover-Komplex
$10\,Dq^{LS}$	$>21500\,cm^{-1}$	LS-Komplex

Thermodynamische Betrachtungen Nachdem nun die Voraussetzungen für das Auftreten eines Spin-Crossovers näher betrachtet wurden, stellt sich als nächstes die Frage nach der Temperaturabhängigkeit. Um diese zu verstehen, wird die Gibbs-Helmholtz-Gleichung herangezogen (wir gehen davon aus, dass der Druck konstant bleibt):

$$\Delta G = \Delta H - T\,\Delta S$$

Der Grundzustand in einem Spin-Crossover-System ist jeweils derjenige mit der niedrigsten Freien Energie *(G)*, die sich aus einem Entropie- *(S)* und einem Enthalpieanteil *(H)* zusammensetzt. Das Δ bezieht sich jeweils auf den Unterschied zwischen dem HS- und dem LS-Zustand. Wir definieren nun die kritische Temperatur (T_C oder auch $T_{\frac{1}{2}}$), bei der die gleiche Anzahl von Molekülen im HS- und im LS-Zustand vorliegt. Bei ihr gilt:

$$\Delta G = 0$$

und damit:

$$T_C = \frac{\Delta H}{\Delta S}$$

Die Entropieänderung setzt sich aus einem elektronischen- und einem Schwingungsanteil zusammen. In einem perfekt oktaedrischen Eisen(II)-Komplex ist der LS-Zustand einfach entartet, während beim HS-Zustand eine 15-fache Entartung (bezogen auf den Gesamtspin und den Gesamtbahndrehimpuls, $((2S+1)\cdot(2L+1))$ vorliegt. ΔS_{el} beträgt damit:

$$\Delta S_{el} = Nk_B ln\left(\frac{\Omega_H S}{\Omega_L S}\right) = 1.882\,cm^{-1}K^{-1} = 22.5\,JK^{-1}mol^{-1}$$

Nur zur Erinnerung: $1\,cm^{-1} = 1.986\times10^{-23}\,J = 11.98\,J\,mol^{-1} = 0.124\,meV$.

Die Schwingungsunordnung im HS-Zustand ist ebenfalls höher als im LS-Zustand, da die Metall-Ligand-Bindungslängen größer sind. Da ΔS positiv ist, muss ΔH ebenfalls positiv sein, um einen Spinübergang (in einem physikalisch sinnvollen Temperaturbereich) beobachten zu können. Das Minimum der LS-Potentialenergiekurve muss dementsprechend etwas niedriger als das der HS-Potentialenergiekurve liegen. In Abb. 10.27 ist die relative Lage des HS- und LS-Potentialtopfes dargestellt. Bei niedrigen Temperaturen dominiert der

Abb. 10.27 Relative Lage der Potentialtöpfe des $^5T_2$ high-spin- und $^1A_1$ low-spin-Zustands für einen Eisen(II)-Spin-Crossover-Komplex. Aufgrund der Besetzung der antibindenden e_g-Orbitale im High-Spin-Zustand nehmen die Bindungslängen beim Übergang von LS nach HS zu

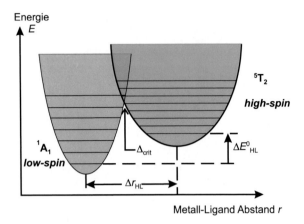

Enthalpie-Faktor und der LS-Zustand ist stabiler, während bei höheren Temperaturen die Entropie dominiert.

Unter Anwendung von ein wenig Mathematik kann nun ein Ausdruck zur Beschreibung der temperaturabhängigen Besetzung des HS-Zustandes hergeleitet werden. Dazu benötigen wir noch einen weiteren Ausdruck zur Bestimmung der freien Energie:

$$\Delta G = -k_B T ln(K)$$

K ist in diesem Fall die Gleichgewichtskonstante für das Gleichgewicht zwischen dem HS- und dem LS-Zustand. Für sie kann folgender Ausdruck verwendet werden:

$$K = \frac{\gamma_{HS}}{\gamma_{LS}} = \frac{\gamma_{HS}}{1 - \gamma_{HS}}$$

γ_{HS} und γ_{LS} stehen für den molaren Anteil von HS- bzw. LS-Molekülen. Der Wert geht von 1 (alles HS bzw. LS) bis 0 (alles LS bzw. HS). Da nur zwei Spezies im Gleichgewicht vorliegen, kann anstelle von γ_{LS} auch $(1 - \gamma_{HS})$ verwendet werden. Nun setzen wir beide Ausdrücke zusammen und erhalten:

$$\Delta H - T \Delta S = -k_B T ln \left(\frac{\gamma_{HS}}{1 - \gamma_{HS}} \right)$$

Umgeformt ergibt sich folgender Ausdruck für die Temperaturabhängigkeit von γ_{HS}:

$$\gamma_{HS} = \frac{1}{1 + e^{\left(\frac{\Delta H}{k_B T} - \frac{\Delta S}{k_B} \right)}}$$

Im Falle von Eisen(II)-Spin-Crossover-Verbindungen liegen die Werte von ΔH im Bereich von 6–15 kJ/mol bzw. ΔS im Bereich von 40–65 JK^{-1}mol^{-1} mit Spinübergangstemperaturen um 130 K. Etwa 30 % des gemessenen Entropiegewinns entfallen auf den elektronischen (magnetischen) Anteil. Der größte Teil der verbleibenden 70 % verteilt sich (ca. halbe – halbe) auf intramolekulare Streck- und Deformationsschwingungen. Änderungen der intermolekularen Schwingungen bewirken nur einen relativ geringen Anteil [53].

10.6.2 Druckabhängigkeit

Aufgrund der Tatsache, dass die Komplexmoleküle im HS-Zustand größer sind als im LS-Zustand, ist zu erwarten, dass bei Druckerhöhung der LS-Zustand stabilisiert wird. Dies wird generell bei Druckexperimenten an Eisen(II)-Komplexen im festen Zustand beobachtet (Verschiebung des Spinübergangs zu höheren Temperaturen) [59, 60]. Auch bei der Einbettung von Komplexmolekülen in ein entsprechendes Wirtsgitter kann ein negativer Bilddruck erzeugt werden. Bei Gittern mit größeren Ionen (z. B. Zn^{2+}) wird der HS-Zustand stabilisiert. Die Spinübergangskurve verschiebt sich mit zunehmender Verdünnung zu niedrigeren Temperaturen und wird gleichzeitig gradueller, da die kooperativen Wechselwirkungen zwischen den einzelnen Spin-Crossover-Komplexmolekülen unterdrückt werden. Ähnliches wurde bei Mn(II)- und Co(II)-Wirtsgittern beobachtet [59]. In Abb. 10.28 ist die Auswirkung der Druckänderung auf die relative Lage des HS- und LS-Potentialtopfes dargestellt.

10.6.3 Schalten mit Licht – der LIESST-Effekt

Durch den Einfluss elektromagnetischer Strahlung konnte bei einigen Spin-Crossover-Verbindungen ein Schaltvorgang zwischen dem LS- und dem HS-Zustand bei tiefen Temperaturen ausgelöst werden. Das bekannteste dieser Phänomene ist der lichtinduzierte Spinübergang, der Light Induced Excited Spin State Trapping, kurz LIESST, genannt wird [53]. Die Voraussetzung für den LIESST-(LS → HS) und umgekehrten LIESST-Effekt

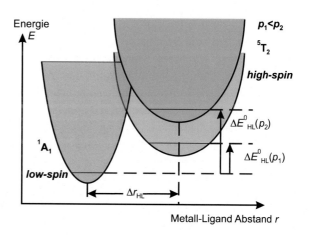

Abb. 10.28 Relative Verschiebung der Potentialtöpfe des $^5T_2$ high-spin- und $^1A_1$ low-spin-Zustands bei Druckerhöhung

(HS → LS) sind zwei Minima in der Potentialenergiekurve. Bei Spin-Crossover Systemen ist diese Voraussetzung gegeben, wobei, wie bereits diskutiert, das LS-Minimum etwas niedriger als das HS-Minimum liegt. Dieses Phänomen wurde erstmals von Decurtins *et al.* an [Fe(ptz)$_6$](BF$_4$)$_2$ entdeckt (1984, ptz = 1-Propyltetrazol) [57, 58]. Der Komplex ist im HS-Zustand farblos und im LS-Zustand dunkelrot. Im Einkristall-Absorptionsspektrum werden Banden bei 820 nm bzw. 514.5 nm beobachtet, die den $^5T_2 \rightarrow {}^5E$ bzw. den $^1A_1 \rightarrow {}^1T_1$ Übergängen im Tanabe-Sugano-Diagramm zugeordnet werden können. Die Details dazu wurden bereits im Abschn. 5.4 diskutiert. Anhand der relativen Intensität dieser Banden kann die Übergangskurve für den thermischen Spinübergang dieses Komplexes verfolgt werden, die gut mit der aus Suszeptibilitätsmessungen übereinstimmt. Bestrahlt man den Kristall unterhalb einer Temperatur von 50 K (die Verbindung ist dann im LS-Zustand und rot) mit einer Wellenlänge von 514.5 nm ($^1A_1 \rightarrow {}^1T_1$-Bande), dann bleicht dieser innerhalb von kürzester Zeit aus und das für den HS-Zustand typische Absorptionsspektrum erscheint. Der HS-Zustand ist metastabil mit nahezu unbegrenzter Lebensdauer und erst bei Temperaturen deutlich über 50 K setzt eine Relaxation zurück in den LS-Zustand ein. Die Temperatur, bei der die Rückkehr in den LS-Zustand stattfindet, bezeichnet man als T(LIESST)-Temperatur. Bestrahlt man den farblosen Kristall im HS-Zustand nun bei 820 nm ($^5T_2 \rightarrow {}^5E$-Bande), erhält dieser nach kurzer Zeit seine rote Farbe zurück. Allerdings ist die Rückumwandlung nicht vollständig ($\gamma_{HS} = 0.1$).

In Abb. 10.29 ist der Mechanismus schematisch dargestellt. Der Mechanismus des LIESST-Effektes wurde an der Verbindung [Fe(ptz)$_6$](BF$_4$)$_2$ im Detail aufgeklärt [61]. Bei Bestrahlung des Komplexes im low-spin-Zustand mit grünem Licht (514.5 nm) erfolgt eine Spin-erlaubte ($\Delta S = 0$) Anregung des Systems in den $^1T_1$- oder $^1T_2$-Zustand. Zwei aufeinander folgende schnelle Intersystem-Crossing-Schritte (Spin-verboten, $\Delta S \neq 0$) über den Zwischenzustand $^3T_1$ bewirken eine strahlungslose Relaxation in den HS-Zustand $^5T_2$ und den LS-Zustand $^1A_1$. Bei andauernder Bestrahlung mit grünem Licht wird das System kontinuierlich vom LS-Zustand in den HS-Zustand überführt, bis der $^1A_1$-Potentialtopf geleert ist und keine Anregung mehr stattfinden kann. Eine Bestrahlung des nun vorliegenden HS-Zustands mit rotem Licht (820 nm) hat eine Spin-erlaubte ($\Delta S = 0$) Anregung in den ^5E-Zustand zur Folge. Durch zwei schnelle Intersystem-Crossing-Schritte, wieder über den Zwischenzustand $^3T_1$, relaxiert das System wiederum in den low-spin-Zustand $^1A_1$ und den HS-Zustand $^5T_2$ zurück. Kontinuierliche Bestrahlung mit rotem Licht führt zur weitgehenden Überführung des Komplexes in den LS-Zustand. Die direkte Relaxation $^5T_2 \rightarrow {}^1A_1$ erfolgt bei niedrigen Temperaturen sehr langsam, weshalb die schnelleren Intersystem-Crossing-Relaxationen bevorzugt sind. Der metastabile, lichtinduzierte HS-Zustand ist deshalb bei tiefen Temperaturen sehr langlebig.

Seit der Entdeckung des Effektes konnte er bei vielen Eisen(II)-SCO-Komplexen nachgewiesen werden. Das gelang nicht nur bei konzentrierten Verbindungen, sondern auch bei verdünnten Mischkristallen oder SCO-Komplexen eingebettet in Polymerfolien [53]. Die Lebensdauer des metastabilen HS-Zustandes liegt bei tiefen Temperaturen zwischen 10 und 10^5 s. Bei der Relaxation machen sich im konzentrierten Festkörper starke kooperative

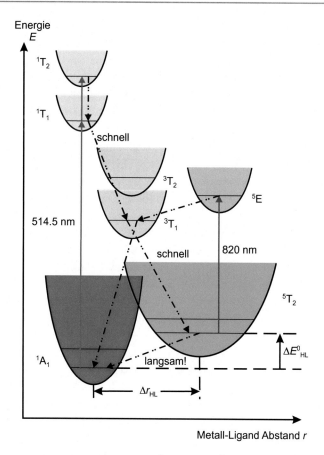

Abb. 10.29 Relative Lage der Potentialtöpfe des $^5T_2$ HS- und $^1A_1$ LS-Zustands, sowie der angeregten Zustände für einen Eisen(II)-Spin-Crossover-Komplex mit den für den LIESST-Effekt relevanten Übergängen

Wechselwirkungen bemerkbar. Derzeit laufen systematische Untersuchungen, um herauszufinden, welche Faktoren die Lebensdauer des metastabilen HS-Zustandes beeinflussen. Eine wichtige Gesetzmäßigkeit ist das „Inverse Energy Gap Law" von *Hauser et al.* [62]. Hier wird ein umgekehrt proportionaler Zusammenhang zwischen der thermischen Spinübergangstemperatur $T_{\frac{1}{2}}$ und T(LIESST) vorhergesagt. Dieser Zusammenhang wird von *Letard et al.* bestätigt, der systematische Untersuchungen an einer Vielzahl von SCO-Komplexen durchgeführt hat. Hier wird noch ein weiterer Faktor für den Betrag von T(LIESST) verantwortlich gemacht – die Starrheit der inneren Koordinationssphäre um das SCO-Zentrum. Je starrer die Koordinationsumgebung um das Eisenzentrum ist, umso höher liegt T(LIESST) bei gleichem $T_{\frac{1}{2}}$ [63].

Die bisher höchste T(LIESST)-Temperatur wurde bei einem Eisen(II)-Komplex bestimmt, bei dem das Eisenzentrum im HS-Zustand die Koordinationszahl 7 aufweist. Beim thermischen Übergang in den LS-Zustand wird eine der koordinativen Bindungen gelöst, um dann im lichtinduzierten HS-Zustand wieder geknüpft zu werden. Diese Bindungsknüpfung führt vermutlich zu der hohen Stabilität des lichtinduzierten HS-Zustandes [64]. Diese Stabilisierung kann so weit gehen, dass selbst bei einem reinen LS-Komplex (untersucht bis 400 K) ein lichtinduzierter HS-Zustand bei tiefen Temperaturen beobachtet wird [64]. Besonders interessant ist die Möglichkeit, innerhalb einer Hysterese um Raumtemperatur mittels Licht (Laserpuls) zwischen dem HS- und dem LS-Zustand hin- und herzuschalten. Dies wurde erstmals für den Komplex [Fe(pyrazin) Pt(CN)$_4$] realisiert [65]. Der metastabile HS-Zustand kann nicht nur optisch sondern auch durch eine Reihe von anderen Mechanismen angeregt werden. Eine Möglichkeit wurde in Mössbauer-Emissionsspektren beobachtet, bei denen der HS-Zustand durch ^{57}Co(EC)^{57}Fe Kernzerfall (EC = electron capture = Elektroneneinfang) erzeugt wurde. Dieses durch Kernzerfall induzierte Phänomen wurde in Analogie zu LIESST NIESST (Nuclear decay Induced Excited Spin State Trapping) genannt [53]. Auch harte oder weiche Röntgenstrahlen können zur Besetzung des metastabilen HS-Zustands führen (HAXIESST = HArd X-ray Induced Excited Spin State Trapping und SOXIESST = SOft X-ray Induced Excited Spin State Trapping) [66].

10.6.4 Kooperative Wechselwirkungen und Hysterese

Untersucht man einen Spinübergang in Lösung, wird immer ein gradueller Spin-Crossover beobachtet, der einer Boltzmannverteilung folgt. Der entsprechende mathematische Ausdruck für die Temperaturabhängigkeit wurde bereits hergeleitet. Im Festkörper können verschiedene Arten des Spin-Crossover-Verhaltens beobachtet werden. Er kann vollständig oder unvollständig sein, graduell oder abrupt, es können Stufen oder Hysteresen auftreten (Abb. 10.30) [67]. Die Voraussetzung für das Auftreten von thermischen Hystereseschleifen sind kooperative Wechselwirkungen zwischen den Spin-Crossover-Zentren. Eine Annahme ist, dass die Information der Volumenänderung des einzelnen Moleküls beim Spinübergang von einem Startpunkt aus im Kristall von einem Molekül zum nächsten weitergeleitet wird. In diesem Zusammenhang spricht man von elastischen Wechselwirkungen zwischen den Komplexmolekülen. Zur mathematischen Beschreibung dieser Wechselwirkungen wurden verschiedene Modelle entwickelt. Erwähnt seien hier das Modell der elastischen Wechselwirkungen [67], das Modell des internen Druckes, das Ising-Modell oder das Domänen-Modell. Alle führen zu ähnlichen, ineinander umwandelbaren, mathematischen Ausdrücken [68]. Die Grundidee ist, dass, ausgehend vom HS-Zustand (Abb. 10.30, Punkt a), bei Temperaturerniedrigung besagte Wechselwirkungen zunächst den Spinübergang an einzelnen Metallzentren verhindern (Abb. 10.30, Punkt b, c), bis die Temperatur niedrig genug ist, dass das System komplett in den LS-Zustand wechselt (Abb. 10.30, Punkt d). Das Gleiche gilt für eine Temperaturerhöhung. Bei hinreichend starken Wechselwirkungen kann es so

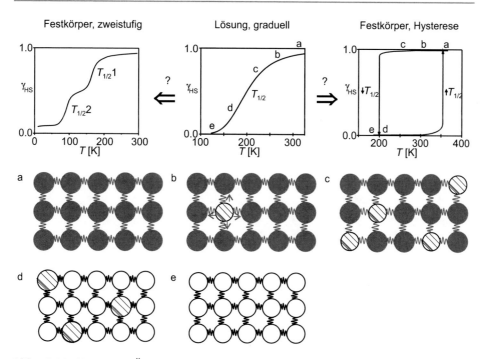

Abb. 10.30 Oben: Beim Übergang von Lösungen zu Festkörpern können verschiedene zwischen-molekulare Wechselwirkungen zu Änderungen im Spin-Crossover-Verhalten führen: *links:* stufen-weiser Spinübergang, *mitte:* gradueller Spinübergang, *rechts:* Spinübergang mit Hysterese. Unten: Schematische Darstellung des Konzeptes des regular solution Modells, das häufig zur Erklärung von Hysteresen verwendet wird. Die „Federn" illustrieren die zwischenmolekularen Wechselwirkungen, weiß sind die Moleküle im LS-Zustand, schwarz im HS-Zustand und schraffiert steht für Moleküle, die ihren Spinzustand aufgrund der zwischenmolekularen Wechselwirkungen dem System anpassen

zum Auftreten von thermischen Hystereseschleifen kommen. In Abb. 10.30 ist der Vorgang schematisch skizziert.

Der präparativ arbeitende Chemiker hat nun zwei Faktoren, die er beeinflussen kann: i) die Art der Wechselwirkungen und ii) die Dimension des Netzwerkes. Als mögliche Wech-selwirkungen werden in der Literatur derzeit i) van-der-Waals-Wechselwirkungen (Kontakte die kürzer sind als die Summe der van-der-Waals-Radien), ii) π-π-Wechselwirkungen, iii) Wasserstoffbrückenbindungen und iv) sogenannte kovalente Vernetzungen diskutiert. Die letzte Variante ist für den präparativen Chemiker besonders reizvoll, da sie die beste Kon-trolle über die Dimension der Vernetzung ermöglicht. Systematische Untersuchungen an einer Vielzahl von eindimensionalen Koordinationspolymeren deuten darauf hin, dass die kovalenten Brücken bei diesen Verbindungen nur dann einen Beitrag zu den kooperati-ven Wechselwirkungen leisten, wenn sie starr sind und in Kombination mit zusätzlichen Wechselwirkungen zwischen den Polymersträngen auftreten [69, 70]. Dieser experimen-telle Befund wurde auch durch Simulationen an solchen Verbindungen bestätigt [71]. Die

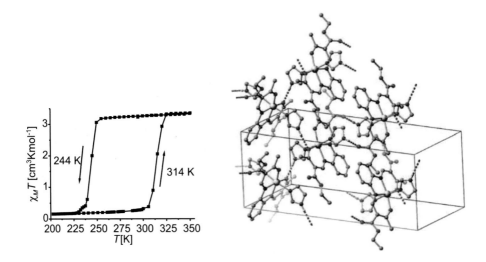

Abb. 10.31 Ausschnitt aus der Molekülstruktur der Verbindung [FeL$_{eq}$(HIm)$_2$], L$_{eq}$ ist ein vierzähniger Schiff-Base-Ligand, und Ergebnis der magnetischen Messung. Die Wasserstoffbrückenbindungen sind als gestrichelte Linien dargestellt. Angepasst nach Ref. [72]

breitesten Hysteresen bei strukturell aufgeklärten Verbindungen (eine Kristallstruktur ist essentiell, um die Ursachen für das Auftreten von breiten Hysteresen genau zu untersuchen) wurden bisher an Komplexen beobachtet, die über Wasserstoffbrückenbindungen vernetzt sind (breiteste Hysterese um 70 K) [72] oder wo starke π-π-Wechselwirkungen beobachtet werden (breiteste Hysteresen um 40 K) [73, 74]. In Abb. 10.31 ist als Beispiel die Molekülstruktur und das Ergebnis der magnetischen Messungen der Verbindung mit 70 K breiter Hysterese gegeben.

10.7 Fragen

1. a) Was bedeuten die Symbole H, B, χ und μ_r in der Magnetochemie? b) In welchem Zusammenhang stehen sie?
2. Welche Quantenzahlen haben einen Einfluss auf das magnetische Moment? Wie ist der Zusammenhang?
3. a) Wann spricht man von kooperativen Phänomenen bzw. kooperativem Magnetismus? b) Welche unterschiedlichen kooperativen Phänomene können auftreten? Skizzieren Sie jeweils den Verlauf der Suszeptibilität χ und des Produktes χT bei sich ändernder Temperatur!
4. Welchen Unterschied gibt es zwischen dem Superaustauschmechanismus und der Spinpolarisation? Welche Gemeinsamkeiten gibt es?

5. Warum gibt es keinen oktaedrischen Eisen(II)-Komplex mit einer Ligandenfeldaufspaltung von $15000\,cm^{-1}$?

6. Warum ist die Änderung der Bindungslängen bei einem Spin-Crossover bei Eisen(II)-Verbindungen am ausgeprägtesten und bei Cobalt(II)-Verbindungen am schwächsten?

7. Warum sind die Nickel(II)-Komplexe $[Ni(L)_2]$ mit L = Ketoenolat, ein zweizähniger Chelatligand als Monomere diamagnetisch und als Trimere paramagnetisch?

Lumineszenz bei Komplexen

Im Kapitel zur Farbigkeit von Komplexen haben wir uns damit beschäftigt, wie ein Komplex vom elektronischen Grundzustand in einen elektronisch angeregten Zustand überführt wird. Die verschiedenen Varianten von elektronischen Übergängen wurden besprochen und die dazu gehörenden Auswahlregeln diskutiert. Dabei wurde nicht betrachtet, was mit dem energiereichen angeregten Zustand passiert. Hier gibt es drei grundsätzliche Möglichkeiten: i) er kann strahlungslos in den Grundzustand übergehen (Rekombination); ii) er kann die Energie durch Emission von Strahlung wieder abgeben (Lumineszenz) oder iii) für Reaktionen verwendet werden (Siehe Kap. 13/Photokatalyse). Die Grundlagen für die ersten beiden Varianten sollen im folgenden Kapitel besprochen werden. Als weiterführende Literatur zu diesem sehr aktuellen Forschungsgebiet seien folgende Review-Artikel und Bücher empfohlen [75–79].

11.1 Grundlagen

Lumineszierende Materialien und die dabei involvierten angeregten Zustände sind hochinteressant und haben, gerade im Hinblick auf die Energiewende, ein hohes Anwendungspotential. Langlebige angeregte Zustände sind wichtig für die Funktion von Farbstoffsolarzellen (Grätzel-Zelle; englisch dye-sensitized solar cell, kurz DSSC) bei der Umwandlung von Lichtenergie in elektrische Energie. Umgekehrt, für die energieeffiziente Umwandlung von elektrischer Energie (Strom) in Licht in organischen Leuchtdioden (OLED) bzw. phosphoreszierenden Leuchtdioden (PhoLED) werden lumineszierende Materialien gebraucht. Weitere Anwendungsgebiete liegen zum Beispiel in der Bildgebung oder als Sensormaterialien.

Die Originalversion dieses Kapitels wurde revidiert. Ein Erratum ist verfügbar unter https://doi.org/10.1007/978-3-662-63819-4_14

B. Weber, *Koordinationschemie*, https://doi.org/10.1007/978-3-662-63819-4_11

Die Erzeugung des für die Lumineszenz essentiellen angeregten Zustandes kann nicht nur durch Lichtabsorption geschehen (auch als Photolumineszenz bezeichnet), sondern auch durch ein elektrisches Feld (in LEDs) oder eine chemische Reaktion (Chemilumineszenz, z. B. Luminol zum Nachweis von Blut). Bei der letzten Variante werden chemische Reaktionen in lebenden Organismen separat als Biolumineszenz bezeichnet (z. B. Glühwürmchen). Wir betrachten im Folgenden nur die Photolumineszenz und beginnen mit den verschiedenen elektronischen Übergängen in Komplexen, die wir für die Absorption schon kennengelernt haben, und die umgekehrt bei der Emission genauso stattfinden können.

In Abb. 11.1 ist ein vereinfachtes allgemeines MO-Schema von einem oktaedrischen Komplex gegeben, wie wir es bereits bei den Bindungsmodellen kennengelernt haben. Im Allgemeinen können in Metallkomplexen vier unterschiedliche Typen von Übergängen diskutiert werden, die sich, wie wir im Kapitel zur Farbigkeit feststellen konnten, in charakteristischer Weise in ihrer Wahrscheinlichkeit und Energie unterscheiden. Die d-d-Übergänge, die im Folgenden auch als metallzentrierte (MC für metal-centered) Übergänge bezeichnet werden, sind bei inversionssymmetrischen Komplexen nach Laporte symmetrieverboten (Paritätsverbot). Durch Schwingungen mit u-Charakter kann das Inversionszentrum vorübergehend aufgehoben werden und die Übergänge können doch stattfinden, aber mit geringer Intensität. In diesem Zusammenhang spricht man auch von einer vibronischen Kopplung, da elektronische und Schwingungsübergänge zusammenhängen und sich gegenseitig beeinflussen. In Gegenwart von geeigneten Liganden sind zusätzlich noch ligandzentrierte (LC für ligand-centered) Übergänge zwischen besetzten und leeren Ligandorbitalen möglich (z. B. $\pi - \pi^*$). Dazu kommen noch die Metal-to-Ligand und Ligand-to-Metal Charge-Transfer Übergänge (MLCT und LMCT), sowie in einigen Fällen noch Ligand-to-Ligand Charge-Transfer (LL'CT) Übergänge. Theoretisch ist nun bei allen Übergängen der umgekehrte Prozess, die spontane Rückkehr in den Grundzustand unter Emission von Licht, denkbar.

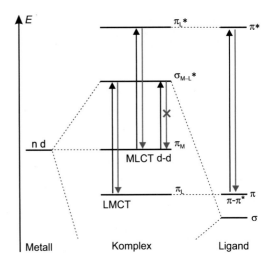

Abb. 11.1 Vereinfachtes MO-Schema eines oktaedrischen Komplexes ohne π-Bindung mit den verschiedenen elektronischen Übergängen. Die Anregung ist in schwarz eingetragen und die Emission in grün. Für die metallzentrierten d-d-Übergänge wird in der Regel keine Emission beobachtet, da hier die strahlungslose Relaxation in den Grundzustand dominiert (es gibt Ausnahmen, siehe Chrom(III))

Diese Vorhersage tritt aus mehreren Gründen nicht ein. Vielmehr findet Lumineszenz (wenn sie denn eintritt; die überwiegende Zahl an Komplexen emittiert nicht) im Allgemeinen nicht aus dem initial angeregten Zustand statt, sondern aus dem niedrigsten angeregten Zustand. D. h. vor der Emission kommt es noch zu Relaxationsprozessen struktureller und/oder elektronischer Natur. Erst der niedrigste angeregte Zustand ist langlebig genug, um strahlende und nichtstrahlende Prozesse in Konkurrenz treten zu lassen. Dieses Faktum ist als *Regel von Kasha* aus der organischen Photochemie wohlbekannt. Es sei angemerkt, dass diese Regel in der Komplexchemie mehr Ausnahmen zulässt als in der organischen Chemie.

In Konsequenz bedeutet diese Aussage, dass die Natur der Emission weitgehend von der Natur der Anregung entkoppelt ist. Während wir alle oben beschriebenen Zustände in der Anregung womöglich gezielt besetzen können, ist es letztlich nur der niedrigste angeregte Zustand, der die Emission steuert. Eine weitere Verschärfung gilt dann, wenn der niedrigste angeregte Zustand d-d-Charakter aufweist. Für die metallzentrierten d-d-Übergänge wird in der Regel keine Emission beobachtet. Eine Ausnahme von dieser Regel betrachten wir am Ende des Kapitels für das Chrom(III)-Ion.

Bei Betrachtungen zur Lumineszenz von Komplexen untersuchen wir nun, was das Schicksal des angeregten Zustandes ist. Wie ist seine Entwicklung mit der Zeit, d. h. welche Möglichkeiten und Wege gibt es wieder in den elektronischen Grundzustand zurückzukommen? In Abb. 11.2 sind die verschiedenen Prozesse zusammengefasst [76, 78]. Bei dem Kapitel zur Farbigkeit von Komplexen sind wir immer davon ausgegangen, dass die Rückkehr in den elektronischen Grundzustand strahlungslos erfolgt, d. h. die Energie des angeregten Zustandes wird durch Schwingungen (vibrational relaxation, vr) oder Kollision mit anderen Molekülen abgegeben. Lumineszenz ist der Überbegriff für Prozesse, bei denen die Energie des elektronisch angeregten Zustandes durch Emission von Strahlung abgegeben wird. Dabei wird zwischen dem spin-erlaubten Prozess der Fluoreszenz und der unter Spinumkehr stattfindenden, und damit formal spin-verbotenen, Phosphoreszenz

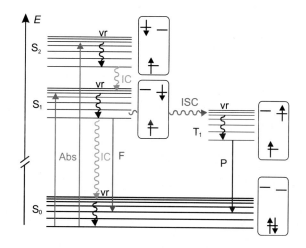

Abb. 11.2 Jablonski-Diagram mit den verschiedenen Prozessen, die nach elektronischer Anregung eines Moleküls stattfinden können [76, 78]. Abs: Absorption; F: Fluoreszenz; P: Phosphoreszenz; vr: Schwingungsrelaxation; IC: internal conversion; ISC: intersystem crossing. Zur besseren Veranschaulichung der verschiedenen elektronischen Zustände sind in den Kästchen entsprechende Mikrozustände gegeben

unterschieden. Fluoreszenz wird häufig bei organischen Molekülen beobachtet, wobei der Übergang zwischen einem S_1 (oder S_n) angeregten Zustand in den S_0 Grundzustand stattfindet. S steht dabei für Singulett und bezieht sich auf die Spin-Multiplizität des Systems. Die strahlungslose Relaxation zwischen zwei angeregten Zuständen unter Spinerhalt wird als innere Umwandlung (internal conversion, IC) bezeichnet. Bei Metallkomplexen mit schweren Übergangsmetallen und ausgeprägter Spin-Bahn-Kopplung (siehe Magnetismus) kann zusätzlich ein als intersystem crossing (ISC) bezeichneter (spinverbotener) Übergang, z. B. von einem Singulett in einen Triplett-Zustand stattfinden. Wie in Abb. 11.2 angedeutet, liegen Triplett-Zustände bei gleicher Elektronenkonfiguration aufgrund der größeren Austauschwechselwirkung immer energetisch unter den entsprechenden Singulett-Zuständen. Von hier ist die spin-verbotene Emission von Strahlung aus einem angeregten Triplett-Zustand in den Singulett Grundzustand möglich, die Phosphoreszenz. Da dieser Vorgang spinverboten ist, sind die Lebensdauern des angeregten Zustandes bei Phosphoreszenz deutlich länger als bei der Fluoreszenz. Die Phosphoreszenz wird, im Gegensatz zur Fluoreszenz, von Sauerstoff, der ebenfalls einen Triplett-Grundzustand hat, gequencht.

Ausschlaggebend dafür welche Übergänge stattfinden, sind immer die Geschwindigkeiten der Prozesse bzw. Lebensdauern der einzelnen Zustände. Dazu betrachten wir als Nächstes das in Abb. 11.2 gezeigte Jablonski-Diagramm, in dem alle beschriebenen Prozesse gegeben sind. Die dazu gehörenden Lebensdauern sind im Kasten Kinetik zusammengefasst. Bei der Anregung wird ausgehend von einem elektronischen und Schwingungs-Grundzustand (S_0) ein Elektron in einem angeregten Zustand mit gleichem Spin (S_1 bzw. S_2) angehoben. Bei diesem Übergang müssen wir nun das Franck-Condon-Prinzip [80] berücksichtigen, das wir bei den Redoxreaktionen schon kennengelernt haben, bei der Farbigkeit von Komplexen aber bisher außer Acht gelassen haben. Da ein Elektron viel leichter ist als ein Atomkern, sind elektronische Übergänge und die Kernbewegung voneinander entkoppelt. Das bedeutet, dass sich die Positionen der Atomkerne unseres Komplexes (bzw. Moleküls) während des elektronischen Übergangs nicht ändern; man spricht deshalb auch von einem vertikalen Übergang, weil wir uns auf der Reaktionskoordinate nicht bewegen. Die Anregung erfolgt allerdings nicht nur in den Schwingungsgrundzustand des elektronisch angeregten Zustandes, sondern auch in angeregte Schwingungszustände. Im angeregten Zustand liegt nun in der Regel eine andere Elektronendichteverteilung vor. Es könnten zum Beispiel bezüglich bestimmter Bindungen antibindende Orbitale besetzt sein, was im Gleichgewicht zu einer Verlängerung der Bindungen führt. Nach der sehr schnellen Anregung (10^{-15} s) erfolgt deswegen eine Schwingungsrelaxation (vr), bei welcher der Komplex bzw. das Molekül die Gleichgewichtsgeometrie des jeweiligen angeregten Zustandes annimmt. Dieser Prozess wird auch als vibrational cooling (vc) bezeichnet.

Wenn mehrere angeregte Zustände existieren, liegen diese energetisch häufig dicht beieinander und internal conversion (IC, keine Spinumkehr) oder intersystem crossing (ISC,

Spinumkehr) kann stattfinden. Beide Vorgänge sind isoenergetische (hopping) Prozesse zwischen den Potentialenergieoberflächen mit anschließender Schwingungsrelaxation. Im Folgenden werden wir uns an ausgewählten Beispielen die Details dazu noch einmal etwas genauer ansehen.

Um die Geschwindigkeit der einzelnen Prozesse zu vergleichen, wird häufig die Lebensdauer τ' bzw. die Halbwertszeit τ des angeregten Zustandes angegeben. Beide Werte beziehen sich auf eine (Boltzman-verteilte) Ansammlung von Molekülen und bei den hier betrachteten Prozessen handelt es sich um monomolekulare Prozesse. Während die Halbwertszeit als die Zeit definiert ist, bei der die Hälfte aller Moleküle in unserem Fall z. B. wieder in den elektronischen Grundzustand zurückgekehrt sind, bezieht sich die Lebensdauer auf die Zeit, die 2/e-tel der Moleküle benötigen, um in den elektronischen bzw. den Schwingungs-Grundzustand zurückzukehren.

Typische Lebensdauer (τ') der einzelnen Prozesse [76]:

Absorption	Abs.	10^{-15} s
Fluoreszenz	F	10^{-10} s $- 10^{-7}$ s
Phosphoreszenz	P	10^{-6} s $- 10$ s
Schwingungsrelaxation vr		10^{-14} s $- 10^{-10}$ s
intersystem crossing	ISC	10^{-12} s $- 10^{-8}$ s

11.2 Fluoreszenz am Beispiel eines Zink(II)-Komplexes

In Abb. 11.3 rechts sind das Absorptions- und Emissionsspektrum eines quadratisch pyramidalen Zink(II)-Komplexes gegeben. Es fällt auf, dass sich Absorption und Emission wie Bild und Spiegelbild verhalten. Dies hat seine Ursache darin, dass beim elektronischen Übergang in beiden Fällen Schwingungsanregungen eine Rolle spielen. Diesem Umstand genügen wir in einem erweiterten Jablonski-Diagramm (Abb. 11.3), welches die an An- und Abregung beteiligte diagnostische Schwingungsmode als harmonischen Oszillator auffasst. Des Weiteren fällt auf, dass Absorptions- und Emissionsspektrum auf der Energieskala gegeneinander verschoben sind. Es ist generell so, dass die emittierten Quanten eine geringere Energie (größere Wellenlänge) aufweisen als die absorbierten. Der Energieunterschied wird als Stokes-Shift bezeichnet. Herkunft und Größe des Stokes-Shift lassen sich im Rahmen der vibronischen Kopplung des Elektronenüberganges einfach deuten (siehe unten). Gewöhnlich unterscheiden sich die Elektronenverteilungen im elektronischen Grundzustand und im elektronisch angeregten Zustand und damit die Potentialhyperflächen und die Lage ihrer absoluten Minima. Die Anregung bewirkt die Besetzung (partiell) antibindender Zustände.

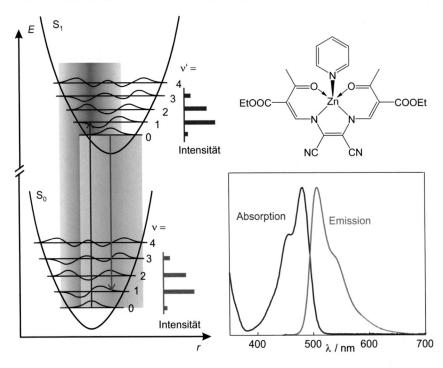

Abb. 11.3 Links: erweitertes Jablonski-Diagramm für ein fluoreszierendes Molekül, für die Darstellung der Schwingungsniveaus und ihrer Eigenfunktionen wurde der harmonische Oszillator als Näherung verwendet. Rechts: Struktur des Zinkkomplexes [Zn(L1)] mit normiertem Absorptions- und Emissionsspektrum. Die Energieabstände zwischen den einzelnen Banden von Absorption und Emission von ca. $1350\,\mathrm{cm}^{-1}$ entsprechen Gerüstdeformationsschwingungen des Liganden

Damit kommt es zur Lockerung einer oder mehrerer Bindungen. Dieser Lockerung trägt man dadurch Rechnung, dass die Minima des angeregten Zustandes und des Grundzustandes auf der Reaktionskoordinate r gegeneinander verschoben sind; der Regelfall einer Bindungslockerung im angeregten Zustand bedeutet dann eine Verschiebung nach rechts, $r(GZ) < r(AZ)$. Die elektronische Anregung weist viele Parallelen zur Markus-Theorie für Elektronentransferprozesse auf, es handelt sich dabei auch um einen elektronischen Übergang. Das Zink(II)-Ion spielt bei den elektronischen Übergängen als formal nicht redox-aktives diamagnetisches d^{10} Element eine untergeordnete Rolle. In 1. Näherung gehen wir davon aus, dass es sich um ligandzentrierte Übergänge handelt. Um die unterschiedliche Lage und Form der Banden für die Absorption und die dazu gehörende Emission zu verstehen, benötigen wir das auf der linken Seite gegebene Energie-Diagramm. Zu jedem elektronischen Zustand eines Komplexes bzw. Moleküls gehört eine Potentialhyperfläche, deren absolutes Minimum der Gleichgewichtsgeometrie im Molekül entspricht. Die Gesamtenergie des elektronischen Zustandes (hier der S_0- bzw. S_1-Zustand) ist eine Funktion der Elektronenverteilung (also der Elektronenkonfiguration bzw. genauer der einzelnen Mikrozustände)

und der Kernabstände und wird durch die Kern-Elektronen-, Kern-Kern- und Elektronen-
Elektronen-Wechselwirkungen bestimmt. Die Potentialhyperfläche beschreibt die Energie-
änderung des Zustandes in Abhängigkeit von der Geometrieänderung. Zur besseren Darstellung betrachtet man nicht den ganzen 3N-dimensionalen Raum, sondern wählt eine
sinnvolle Normalkoordinate mit den dazu gehörenden Schwingungszuständen aus. Diese
können durch ein harmonisches oder das Morse-Potential (anharmonisch) genähert werden.
In Abb. 11.3 links ist ein harmonisches Potential gegeben (Harmonischer Oszillator, gleiche
Abstände zwischen den einzelnen Schwingungsniveaus, Gleichgewichtsabstand ändert sich
nicht), während in Abb. 11.2 das Morse-Potential angenommen wurde (Abstände zwischen
den einzelnen Schwingungsniveaus nehmen mit zunehmender Energie ab). Da der Unterschied zwischen den beiden Modellen für die im Folgenden betrachteten ersten Schwingungsniveaus vernachlässigbar ist, verwenden wir zunächst das einfachere Modell des harmonischen Oszillators. Wir gehen davon aus, dass beim elektronischen Grundzustand nur
der Schwingungsgrundzustand ($v = 0$) für die Anregung relevant ist (bei Raumtemperatur
ist das eine sinnvolle Annahme), während im angeregten Zustand mehrere Schwingungsniveaus berücksichtigt werden müssen. Die Intensität der einzelnen vibronischen Übergänge
($S_0, v_0 \rightarrow S_1, v'_n$ mit $n = 0, 1, 2, 3, \ldots$; kürzer: $S(00) \rightarrow S(1n)$) ist proportional zum Quadrat
des Überlappungsintegrals zwischen den Schwingungseigenfunktionen der am Übergang
beteiligten Zustände. Ändert sich der Gleichgewichtsabstand der Atomkerne beim elektronischen Übergang nicht (beide Potentialtöpfe liegen genau übereinander), dann ist der
Übergang zwischen den beiden Schwingungsgrundzuständen ($S(00) \rightarrow S(10)$) am intensivsten. Wenn sich, wie in Abb. 11.3 gezeigt, die Gleichgewichtsabstände deutlich ändern,
sind die intensivsten Übergänge mit dem größten Überlappungsintegral jene, die in höhere
Schwingungsniveaus führen ($S(00) \rightarrow S(1n)$). Dies führt zu einer unsymmetrischen Ver-
breiterung der Absorptionsbande, bei der häufig die Schwingungsfeinstruktur aufgelöst ist.
Das ist bei dem hier gezeigten Beispiel der Fall. Bitte beachten Sie, dass die Anregung
aus allen möglichen Kernabständen des Schwingungsgrundzustandes stattfinden kann, der
Bereich ist in Abb. 11.3 blau hinterlegt.

11.2.1 Voraussetzungen für Fluoreszenz

Das Molekül im elektronisch angeregten Zustand kann nun über verschiedene Möglichkeiten
seine Energie wieder abgeben (also relaxieren). Der erste Schritt ist meist die Schwingungsrelaxation. Sie umfasst intramolekulare strahlungslose Prozesse, also die Energiedissipa-
tion auf verschiedene Akzeptormoden im Molekül. Wird die Energie auch auf umgebende
Moleküle übertragen spricht man von einem intermolekularen Schwingungsenergietrans-
fer, und die Umgebung des angeregten Moleküls wird erwärmt. Für die Betrachtung der
intramolekularen Prozesse müssen wir zunächst festhalten, dass ein nicht lineares Molekül (oder Komplex) aus N Atomen $3N - 6$ Schwingungsfreiheitsgrade besitzt. In einem
dreiatomigen linearen Molekül wie CO_2 sind 3N-5 Schwingungen erlaubt, es ist also mit

drei sog. Normalschwingungen zu rechnen. In größeren Molekülen nimmt die Zahl der erlaubten Schwingungen entsprechend schnell stark zu. Für das Beispiel des Zn-Komplexes aus Abb. 11.3 mit 58 Atomen ergeben sich beispielsweise schon 168 Normalschwingungen. Diese können aber nicht alle bei einem elektronischen Übergang angeregt werden. Um das zu verstehen, betrachten wir noch einmal d-d-Übergänge in einem idealen oktaedrischen Komplex. Im Kapitel zur Farbigkeit von Koordinationsverbindungen haben wir gelernt, dass d-d-Übergänge bei zentrosymmetrischen Komplexen nach Laporte verboten sind. Dass trotzdem Farbigkeit beobachtet wird liegt daran, dass die Zentrosymmetrie durch Schwingungen aufgehoben werden kann. Diese Voraussetzung ist für Normalschwingungen mit ungerader Parität der Schwingungsmode erfüllt. Es erfolgt dann eine gleichzeitige Anregung des elektronischen Übergangs und der ungeraden Normalmode, man spricht dabei von der vibronischen Kopplung. Bei solchen gekoppelten Übergängen hängt die Form der Banden des Elektronenspektrums von der Kernbewegung im angeregten elektronischen Zustand (Absorption) und im elektronischen Grundzustand (Emission) ab. Wenn sich also Grundzustand und angeregter Zustand strukturell stark unterscheiden, findet zusätzliche eine Schwingungsprogression statt, bei der auch in symmetriebedingt nicht-erlaubte Schwingungsniveaus angeregt wird. Diese überschüssige Schwingungsenergie wird während der Relaxation auf andere, isoenergetische Schwingungszustände die nicht angeregt wurden, verteilt. Die Zeit bis zur Relaxation in den Schwingungsgrundzustand beträgt ca. $10^{-10} - 10^{-14}$ s. Diese Schritte finden immer nach der elektronischen Anregung statt. Im angeregten Schwingungsgrundzustand (S(1n)) kommt es nun zu einer mechanistischen Verzweigung in miteinander konkurrierende Prozesse, die strahlungslose Deaktivierung (nr), die strahlende Deaktivierung (Fluoreszenz) und den strahlungslosen Spinübergang (Intersystem Crossing). Die Effizienz der Fluoreszenz $\phi(F)$ bemisst sich nach den jeweiligen Geschwindigkeitskonstanten k:

$$\phi(F) = \frac{k(F)}{k(F) + k(ISC) + k(nr)}$$

Das nach Anregung und Relaxation beobachtete Emissionsspektrum ist immer zu größeren Wellenlängen (kleineren Energien) hin verschoben, wie in Abb. 11.3 rechts gezeigt. Auch bei der Fluoreszenz werden wieder mehrere Schwingungsniveaus, diesmal vom Grundzustand, angeregt, wobei die Intensität wieder vom Quadrat des Überlappungsintegrals der beteiligten Schwingungseigenfunktionen abhängt. Die Regeln für die Emission sind die gleichen wie für die Absorption. Fluoreszenz ist immer dann bevorzugt, wenn strahlungslose Kanäle ineffizient werden, d. h. in Abwesenheit von Schweratomen (k(F) $\gg$ k(ISC)) und bei großer energetischer Separation von S(0) und S(1). Der letzte Punkt, k(nr) ist umgekehrt proportional zu

$$E(S1) - E(S0)$$

, wird auch Energy-Gap-Law bezeichnet. Neben einer geringen Energiedifferenz zwischen dem elektronischen Grundzustand und dem elektronisch angeregten Zustand kann auch eine starke Verzerrung des elektronisch angeregten Zustandes ein Grund für eine effiziente strahlungslose Relaxation sein (strong-coupling limit).

Die Erfahrung lehrt, dass es meist planare, wenig flexible Moleküle sind, die effizient fluoreszieren. Warum ist das so? Dieser Befund lässt sich wieder befriedigend im Parabelbild der vibronischen Kopplung aus Abb. 11.3 deuten. Im Falle starrer Moleküle bewirkt die Anregung nur eine relativ geringe strukturelle Anpassung an den neuen elektronischen Zustand; die beiden Parabeln sind nur wenig gegeneinander verschoben. Entsprechend gibt es aus dem Schwingungsgrundzustand S(10) keine Kopplung an angeregte Schwingungsniveaus von S(0); die Kurven schneiden einander erst bei hoch angeregten Schwingungszuständen von S(1) (hot states). Anders ist die Lage, wenn die Potentialtöpfe stark horizontal verschoben sind. Die Kurven von S(0) und S(1) schneiden sich nahe am Minimum von S(1), es kommt zu einer aktivierungsfreien strahlungslosen Entvölkerung des angeregten Zustandes.

11.3 Phosphoreszenz von diamagnetischen Komplexen

11.3.1 d^6 [M(bipy)$_3$]$^{2+}$-Komplexe

Als erstes Beispiel für Komplexe mit langlebigen MLCT-Zuständen, die für Phosphoreszenz verantwortlich sind, betrachten wir das [Ru(bipy)$_3$]$^{2+}$-Ion und vergleichen die Situation mit dem leichteren Homologen [Fe(bipy)$_3$]$^{2+}$, das weder Phosphoreszenz noch Fluoreszenz zeigt. Low-spin d^6-Komplexe wie Ruthenium(II)-Komplexe mit verschiedenen (poly-) Pyridin-Liganden und Iridium(III)-Komplexe haben langlebige angeregte Zustände mit CT-Charakter. Die Kombination dieser beiden Faktoren (Langlebig + CT-Charakter) ist die Voraussetzung für den Einsatz solcher Komplexe in Farbstoffsolarzellen, PhoLEDs und der Photokatalyse [77–79]. Die Langlebigkeit rührt daher, dass der niedrigste angeregte Zustand ein Triplett-Zustand ist, dessen Deaktivierung eine Spin-Umkehr fordert.

Phosphoreszenz ist, wie oben gesagt, ein strahlender Übergang zwischen Zuständen unterschiedlicher Spin-Multiplizität. Da auch die Bildung des phosphoreszierenden Zustandes eine Spin-Umkehr fordert, fördern z. B. Schweratome über die Spin-Bahn-Wechselwirkung sowohl die Bevölkerung als auch die Entvölkerung des emittierenden Zustandes. Ganz analog zur Fluoreszenz besteht auch hier eine Abhängigkeit vom Energieabstand

$$E(T1) - E(S0)$$

der beteiligten Zustände im Sinne des Energy-Gap-Laws.

Um die Grundlagen der Phosphoreszenz bei [Ru(bipy)$_3$]$^{2+}$ zu verstehen, betrachten wir neben der Lage der Potentialhyperflächen die relevanten Mikrozustände, d. h. einzelne Elektronenkonfigurationen die uns dabei helfen, das Grundprinzip der Phosphoreszens besser zu illustrieren. In Abb. 11.4 sind die für die folgende Diskussion relevanten Potentialhyperflächen und die Elektronenkonfigurationen einzelner Mikrozustände gegeben. Wir verzichten bei den folgenden Beispielen auf die Darstellung der Schwingungsniveaus bei den Potentialhyperflächen.

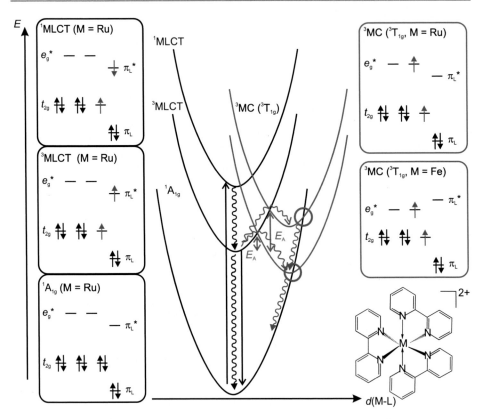

Abb. 11.4 Schematische Darstellung der Potentialhyperflächen eines $[M(bipy)_3]^{2+}$ Komplexes mit M = Ru bzw. Fe und ausgewählten Mikrozuständen. Die Anregung der Komplexe erfolgt bei beiden Metallen aus dem $^1A_{1g}$ Grundzustand in einen ^{1}MLCT-Zustand, der durch schnelles ISC in einen ^{3}MLCT-Zustand übergeht. Aus diesen Zustand heraus erfolgt die Phosphoreszenz. In Konkurrenz dazu erfolgt durch thermisch aktivierte IC ein Übergang in den ^{3}MC-Zustand, der einen Kreuzungspunkt mit der $^1A_{1g}$ Energiepotentialfläche hat, über den eine schnelle thermische Relaxation erfolgt. Die relative Lage der beiden Potentialhyperflächen (^{3}MLCT und ^{3}MC) zueinander hängt von der energetischen Reihenfolge der e_g^* und π^* Orbitale ab und ist ausschlaggebend dafür, ob Phosphoreszenz beobachtet wird oder nicht

$[Ru(bipy)_3]^{2+}$ ist ein diamagnetischer low-spin Komplex mit einem $^1A_{1g}$ Grundzustand. Durch Anregung mit Licht findet ein MLCT in einen ^{1}MLCT Zustand (damit bezeichnen wir den angeregten Zustand, das ungepaarte Elektron befindet sich im π^*-Orbital des Liganden und ein Elektronenloch am Metall, formal $[Ru^{III}(bipy^{\cdot-}(bipy)_2)]$), gefolgt von sehr schnellem ISC in den ^{3}MLCT-Zustand statt. Durch die Anregung ändern sich die Ru-N-Längen kaum (siehe auch Reorganisationsenergie beim Elektronentransfer zwischen $[Ru(bipy)_3]^{2+}$ und $[Ru(bipy)_3]^{3+}$ im Kapitel Redoxreaktionen, kaum Bindungslängenänderung). Dementsprechend sind die drei Potentialhyperflächen entlang der x-Achse, die dem M-L-Abstand entspricht, kaum gegeneinander verschoben. Die negative Ladung des in den angeregten Zuständen formal gebildeten Bipyridin-Radikalanions ist zunächst über die drei Liganden delokalisiert, lokalisiert sich aber anschließend auf einem der bipy-Liganden. Im $[Ru(bipy)_3]^{2+}*$ ist der thermisch äquilibrierte ^{3}MLCT Zustand der niedrigste angeregte Zustand. Er besitzt bei RT eine Lebensdauer im Mikrosekundenbereich. Neben dem Ligand-zentrierten Triplett-Zustand gibt es auch einen Metall-zentrierten Triplett Zustand (^{3}MC), bei dem das energetisch höher liegende ungepaarte Elektron nicht im $\pi*$ Orbital des Liganden, sondern im e_g* Orbital des Metalls lokalisiert ist. In diesem Fall führt die Besetzung der σ-antibindenden Orbitale zu einer deutlichen Verlängerung des Metall-Ligand-Abstands (vgl. Redox-Reaktionen, MO-Schema von Komplexen). Das bedeutet, dass die Potentialhyperfläche hin zu längeren M-L Abständen verschoben ist, wie in Abb. 11.4 gezeigt. Zwischen den Metall- und Ligand-zentrierten Triplett-Zuständen kann nun thermisch aktivierte IC stattfinden. Wie effizient dieser Vorgang ist, hängt von der relativen Lage dieser beiden Potential-hyperflächen zueinander und damit von der energetischen Lage der e_g*- und $\pi*$-Orbitale ab. Für das 4d-Element Ruthenium führt die große Aufspaltung der d-Orbitale im oktaedrischen Ligandenfeld dazu, dass die $\pi*$-Orbitale energetisch unter den e_g*-Orbitalen liegen. Der ^{3}MLCT-Zustand ist deswegen energetisch günstiger als der ^{3}MC-Zustand und für die IC wird eine relativ hohe Aktivierungsenergie benötigt. Im Falle des 3d-Elements Eisen ist die Reihenfolge der Orbitale umgekehrt und damit liegt der ^{3}MC-Zustand energetisch unter dem ^{3}MLCT-Zustand. Das führt zu einer deutlich geringeren Aktivierungsenergie für die IC und zu einer schnellen und effizienten Besetzung des ^{3}MC-Zustandes. Durch die Abstandsän-derung und die damit einhergehende Verschiebung der ^{3}MC-Energiepotentialfläche entlang der x-Achse entsteht ein Kreuzungspunkt mit der Potentialfläche des $^1A_{1g}$ Grundzustandes. Dieser Kreuzungspunkt, der einen weiteren Pfad für eine strahlungslose Relaxation eröffnet, wird als minimum energy crossing point (MECP) bezeichnet. In der schematischen Darstel-lung ist sehr gut erkennbar, dass die Lage des ^{3}MC ($^3T_{1g}$) Potentials großen Einfluss auf die Aktivierungsenergie für die IC und den MECP Punkt mit dem Grundzustands-Potential hat. Diese theoretische Betrachtung stimmt gut mit den experimentellen Fakten, der Emis-sionsquantenausbeute (Verhältnis zwischen der Anzahl der emittierten und absorbierten Photonen) überein. Für $[Ru(bipy)_3]^{2+}$ liegt die Emissionsquantenausbeute in Lösung bei Raumtemperatur bei 0.095 (ohne Sauerstoff) bzw. 0.018 (mit Sauerstoff, die Phosphores-zenz wird anteilig ausgelöscht). Da die thermisch aktivierte IC signifikant zur strahlungs-losen Relaxation beiträgt, ist die Quantenausbeute und damit auch die Lebensdauer des angeregten Triplett-Zustandes temperaturabhängig. Die Lebensdauer beträgt 5 μs bei 77 K und 850 ns bei RT. Beim homologen Eisen(II)-Komplex $[Fe(bipy)_3]^{2+}$ ist die IC so schnell, dass auch bei tiefen Temperaturen keine Phosphoreszenz beobachtet wird. Iridium(III) als 5d-Element mit hoher Oxidationsstufe hat eine sehr große Oktaederaufspaltung Δ_O und dadurch eine sehr hohe Aktivierungsenergie für die IC. Hier ist dieser Relaxationspfad deutlich benachteiligt und dadurch die Emissionsquantenausbeute noch einmal höher.

11.3.2 3d^{10} Komplexe am Beispiel von Kupfer(I)

Einer der Gründe für das Interesse an der 3d-Element Photochemie ist das generell deutlich größere und breitere Vorkommen der 3d-Elemente. So ist das 3d-Element Kupfer deutlich besser verfügbar und kostengünstiger als 4d- und 5d-Elemente wie Ruthenium und Iridium [75, 81]. Bei der Kombination eines elektronenreichen Metallzentrums wie dem d^{10} Kupfer(I)-Ion mit elektronenarmen Liganden wie Pyridinen werden durch Anregung mit Licht angeregte MLCT-Zustände besetzt. Genauso wie beim bereits besprochenen Rutheniumkomplex wird das Metall formal oxidiert und der entsprechende reduzierte Radikalanionen-Ligand L$^{\cdot-}$ (z. B. py$^{\cdot-}$ oder phen$^{\cdot-}$) gebildet. Ein Vorteil gegenüber dem Rutheniumsystem ist, dass bei d^{10}-Elementen keine tiefliegenden metallzentrierten (MC) Zustände vorliegen. Damit sind tetraedrische Kupfer(I)-Komplexe mit (Poly-)Pyridinen als Liganden und MLCT-Zuständen geeigneter Energie ideal für die Beobachtung von langlebigen angeregten Zuständen, die unter Umständen Lumineszenz zeigen, wie wir es schon beim d^{10}-Ion Zink kennengelernt haben. Der Unterschied Zn/Cu lässt sich am Charakter des niedrigsten angeregten Zustandes festmachen. Im Falle von Zn sind nur geringe Metallbeiträge festzustellen, während im Falle des Cu der MLCT Charakter dominiert. Auch wenn bei Cu(I) keine direkte Relaxation über MC Zustände stattfinden kann, existiert ein effizienter Relaxationspfad. Massive strukturelle Reorganisation spiegelt den Cu(II)-Charakter des angeregten Zustandes und die Vorliebe von Cu(II) für die planare Umgebung wieder. Man bezeichnet diese strukturelle Relaxation als *excited state flattening distortion*. Ihre Wirkung entfaltet diese Verzerrung über die horizontale Verschiebung der Potentialkurve des angeregten Zustandes. Ursache dafür sind die sehr unterschiedlichen bevorzugten Koordinationsgeometrien von Kupfer(I) und (II) bei Koordinationszahl 4, die schon einmal bei den Redox-Reaktionen besprochen wurden. Während Kupfer(I) keine konfigurationsbedingte Vorzugsgeometrie besitzt und in der Koordinationszahl 4 demnach tetraedrisch koordiniert, liegt im elektronisch angeregten Zustand formal ein Kupfer(II)-Ion vor, das als d^{9}-Ion Jahn-Teller-verzerrte Geometrien wie z. B. eine quadratisch planare Koordinationsumgebung bevorzugt. Bei Komplexen mit einzähnigen oder zweizähnigen Liganden, die sich frei bewegen können, tritt im angeregten Zustand das Flattening auf der Pikosekundenzeitskala ein, und zwar schon im ^{1}MLCT-Zustand, bevor der Übergang in den ^{3}MLCT-Zustand stattfindet. Wie in Abb. 11.5 links gezeigt, begünstigen stark verzerrte angeregte Zustände (^{1}MLCT*) die strahlungslose Relaxation durch eine deutliche Verschiebung der Potentialhyperflächen entlang der Reaktionskoordinate, die diesmal den Winkel α zwischen den Ebenen zweizähniger Liganden, 90+x, darstellt. Um eine effiziente Lumineszenz zu erhalten, werden sogenannte *nested states* im angeregten Zustand benötigt, die nur geringfügig gegenüber dem Grundzustand verzerrt sind. In Lösung kann diese Voraussetzung realisiert werden, wenn Chelatliganden mit sterisch anspruchsvollen Substituenten verwendet werden, welche die flattening distortion im angeregten Zustand verhindern. Eine Alternative ist die Charakterisierung der Komplexe als Feststoff, da hier die Struktur durch die Packung fixiert ist.

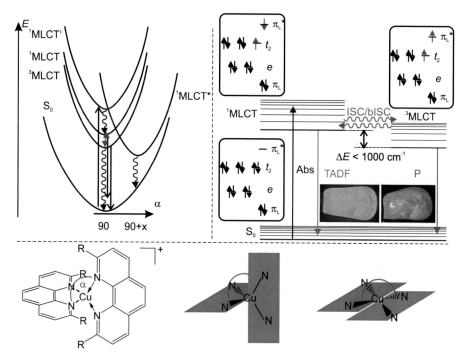

Abb. 11.5 Links: Schematische Darstellung der Potentialhyperflächen eines $[Cu(phen^{R2})_2]^+$ Komplexes im Grundzustand und angeregten Zustand. Bei der Anregung entsteht formal ein Kupfer(II)-Komplex, was zu einer Planarisierung der Struktur des angeregten Zustands (Zunahme des Diederwinkels α zwischen den beiden Phenanthrolin-Liganden) und damit zur strahlungslosen Deaktivierung führt. Die entsprechenden Strukturen mit dem Winkel α sind unten gegeben. Rechts: Jablonski-Diagramm von Komplex $[CuI(PPh_3)_2(py)]$ mit dazu gehörenden Mikrozuständen. Bei Raumtemperatur wird Fluoreszenz beobachtet, während bei tiefen Temperaturen die Phosphoreszenz dominiert. Die unterschiedliche Farbe der Emission in Abhängigkeit von der Temperatur ist gezeigt

Komplexe der Zusammensetzung $[CuX(PPh_3)_2(L)]$ (L = Stickstoffdonor wie z. B. Pyridin, X = Halogenid) zeigen im Feststoff eine intensive Lumineszenz mit einer Quantenausbeute von bis zu 100 %; in Lösung emittieren diese Komplexe nicht. In Abb. 11.5 rechts sind das Jablonski-Diagramm und die Mikrozustände für den Komplex $[CuI(PPh_3)_2(py)]$ dargestellt. Bei diesem und ähnlichen Kupfer(I)-Komplexen werden temperaturabhängig unterschiedliche Emissionseigenschaften beobachtet. Wie schon ausgeführt, findet die Anregung analog zu den bereits besprochenen low-spin d^6-Systemen in angeregte $^1MLCT'$-Zustände statt. Über Schwingungsrelaxation und IC wird der niedrigste angeregte ^1MLCT-Zustand erreicht, von dem aus ISC in den energetisch am tiefsten liegenden ^3MLCT-Anregungszustand stattfindet. Damit sind alle Voraussetzungen für das Auftreten von Phosphoreszenz erfüllt, die man bei tiefen Temperaturen auch beobachten kann. Als spinverbotener Übergang ist Phosphoreszenz vergleichsweise langsam und die Lebensdauer des

^{3}MLCT-Zustandes dementsprechend lang. Für den Kupferkomplex [CuI(PPh$_3$)$_2$(py)] und ähnliche Derivate gibt es noch eine weitere Besonderheit. Der ^{3}MLCT-Zustand liegt energetisch nur sehr wenig unter dem ^{1}MLCT-Zustand, ($<1000\,cm^{-1}$, $<12\,kJ\,mol^{-1}$). Durch die Kombination aus dem geringen Energieabstand und der langen Lebensdauer des ^{3}MLCT-Zustandes wird ein thermisch aktiviertes back-ISC (back-Intersystem Crossing) in den ^{1}MLCT-Zustand bei hinreichend hohen Temperaturen (z. B. RT) ermöglicht. Von hier kann nun die spinerlaubte Fluoreszenz stattfinden, die viel schneller ist und damit bei höheren Temperaturen dominiert. Es wird also eine Fluoreszenz beobachtet, deren Abklingdauer der Lebensdauer des Triplett-Zustandes entspricht. Der gesamte Vorgang wird als *thermally activated delayed fluorescense* (TADF) bezeichnet, bei der die Besetzung von ^{1}MLCT und ^{3}MLCT temperaturabhängig ist und einer Boltzmannverteilung folgt.

11.4 Phosphoreszenz von Metallzentrierten Übergängen

Bei den bisherigen Beispielen waren CT-Zustände (bei uns vor allem MLCT, es gibt aber auch LMCT Beispiele mit d^0-Metallen) die Ursache für die Beobachtung von Lumineszenz, während wir bei metallzentrierten Übergängen bisher davon ausgegangen waren, dass die strahlungslose Relaxation dominiert. Die Ursache für das Fehlen von lumineszenten d-d-Zuständen ist, dass MC-angeregte Zustände in den meisten Fällen zu einer deutlichen Geometrieverzerrung führen. Normalerweise führt bei oktaedrischen Komplexen die Besetzung der antibindenden e$_g$*-Orbitale (d-d-Übergang) zu einer starken Verzerrung im angeregten Zustand. Zustände mit geringer geometrischer Verzerrung *(nested states)* können dagegen zur Emission von Licht führen. Es ist damit naheliegend, dass lumineszente MC-Zustände dort zu suchen sein werden, wo sich trotz Anregung die Besetzung der e$_g$*-Orbitale nicht ändert. Angeregte Zustände ohne Veränderung der Besetzung der t$_{2g}$- und e$_g$*-Orbitale kann man erhalten, wenn eines der Elektronen seinen Spin umkehrt. Die dabei erhaltenen sogenannten *spin-flip*-Zustände sind in der Regel langlebige *nested states,* von denen aus Phosphoreszenz beobachtet werden kann [75, 82].

Diese Voraussetzung wird bei einer d^3-Elektronenkonfiguration wie zum Beispiel beim Chrom(III)-Ion im oktaedrischen Ligandenfeld erreicht. In Abb. 11.6 sind das zu einem d^3-System gehörende vereinfachte Tanabe-Sugano-Diagramm und ein Jablonski-Diagramm mit den für die Diskussion relevanten Zuständen gezeigt. Ausgehend vom Quartett ^{4}A$_{2g}$ Grundzustand gibt es in einem ähnlichen Energiebereich Quartett (^{4}T$_{2g}$) und Dublett (^{2}E$_g$ und ^{2}T$_{1g}$) angeregte Zustände. Die Dublett-Zustände sind *spin-flip*-Zustände, bei denen sich die Besetzung der t$_{2g}$- und e$_g$*-Orbitale nicht ändert, sondern nur der Spin eines Elektrons umkehrt. Die Energie dieser unverzerrten bzw. nur sehr schwach verzerrten Zustände ist deswegen von der Ligandenfeldaufspaltung Δ_O nahezu unabhängig. Im Gegensatz dazu hängt die Energie der angeregten Quartett-Zustände eindeutig von der Ligandenfeldaufspaltung Δ_O ab. Das führt dazu, dass bei einer hinreichend großen Aufspaltung des Ligandenfeldes ($\Delta_O \gg 20\,B$) ISC vom angeregten Quartettzustand in den Doublett-

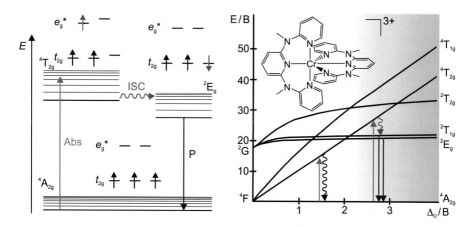

Abb. 11.6 Links: vereinfachtes Jablonski-Diagramm von einem oktaedrischen Chrom(III)-Komplex mit dazu gehörenden Mikrozuständen. Rechts: vereinfachtes Tanabe-Sugano-Diagramm für d^3 [ML_6] Komplexe. Um Phosphoreszens beobachten zu können, müssen sich die ^2E_g- und $^2T_{1g}$-Zustände energetisch unter dem angeregten Zustand $^4T_{2g}$ befinden. Da die Lage dieser beiden Zustände von der Oktaederaufspaltung Δ_O nahezu unabhängig ist, kann diese Voraussetzung bei einer hinreichend hohen Ligandenfeldaufspaltung realisiert werden. Der geeignete Bereich ist farbig hinterlegt

Zustand (angeregter Zustand mit niedrigster Energie) erfolgen kann. Wenn der energetische Unterschied groß genug ist, dass kein bISC erfolgen kann (im Gegensatz zu den gerade diskutierten Kupferkomplexen), dann wird eine scharfe Phosphoreszenz-Bande beobachtet. Wir fangen mit einem Beispiel aus der Festkörperchemie an, wo dieses Prinzip realisiert wurde. Beim Rubin (mit Cr(III) dotiertes Al_2O_3) werden zwei scharfe Phosphoreszenz-Banden bei 694.3 nm und 692.9 nm beobachtet, die sogenannten R_1- und R_2-Linien. Das Chrom(III)-Ion hat hierbei eine nahezu ideal oktaedrische Koordinationsumgebung und die Chrom-Sauerstoff-Abstände im Korund-Wirtsgitter sind viel kürzer, als es bei freien Cr(III)-Komplexen mit O_6-Umgebung der Fall wäre. Die Komprimierung der Koordinationssphäre ist direkte Konsequenz der sterischen Zwänge des Wirtsgitters. In anderen Worten: Was nicht passt ($r(Cr) > r(Al)$!) wird passend gemacht. Damit sind die Regeln für die Realisierung molekularer Analoga schon festgesetzt. Ein starkes Ligandenfeld kann z. B. durch Cyanido-Liganden realisiert werden. Zusätzlich wird eine möglichst ideale Oktaedergeometrie benötigt, die zum Einen zu einer größeren Aufspaltung Δ_O führt, und zusätzlich die strahlungslose Relaxation unterdrückt, die wie immer durch Verzerrung unterstützt wird. Auch dreizähnige Pyridin-basierte Liganden können zu guten Emissionseigenschaften führen, wenn durch Ligandendesign sichergestellt wird, dass eine ideale Oktaedergeometrie (L-M-L-Winkel von 90°) realisiert wird. Das kann dadurch realisiert werden, dass Chelat-6-Ringe aufgespannt werden anstelle von Chelat-5-Ringen.

In Chrom(III)-Komplexen liegen zwei Doublett-Zustände dicht beieinander, wie in Abb. 11.6 gezeigt. Der energetische Abstand zwischen den beiden Zuständen ist relativ klein. Wenn die IC zwischen beiden Zuständen schnell ist und die beiden Zustände quasientartet, dann treten die Zustände phänomenologisch als ein Zustand in Erscheinung, mit einer gemeinsamen Zerfallszeit. Unter dieser Voraussetzung liegt eine Boltzmann-verteilte Besetzung der beiden Zustände vor, und dementsprechend werden zwei Emissionsbanden beobachtet, deren relative Intensität von der Temperatur abhängt (die Lebensdauer der beiden Zustände ist gleich). Diese Beobachtung hat eine gewisse Ähnlichkeit mit dem bei den Kupfer(I)-Komplexen besprochenem temperaturabhängigen Wechsel zwischen Phosphoreszenz und Fluoreszenz, wo das bISC nur stattfinden kann, wenn der ^{3}MLCT-Zustand lange genug lebt. Bei beiden Beispielen ist die Voraussetzung dafür eine geringe Verzerrung der angeregten Zustände. Ein Einsatz solcher molekularer Chrom(III)-Komplexe als optische Thermometer, die keine externe Referenz brauchen, ist z. B. in biologischen Systemen, denkbar.

11.5   Lumineszenz durch Aggregation von Platin(II)-Komplexen

Bei den Beispielen die wir bisher besprochen haben, beruhten die lumineszenten Eigenschaften auf den photophysikalischen Eigenschaften eines einzelnen Komplexes bzw. Moleküls. Abschließend betrachten wir ein Beispiel, bei dem die Lumineszenz durch die Zusammenlagerung (Aggregation) von einzelnen Molekülen zu einem supramolekularen Aggregat erzeugt oder deutlich beeinflusst wird. Dafür betrachten wir quadratisch planare Platin(II)-Komplexe [83, 84]. In Abb. 11.7 ist die Lage der relevanten Orbitale für einen mononuklearen

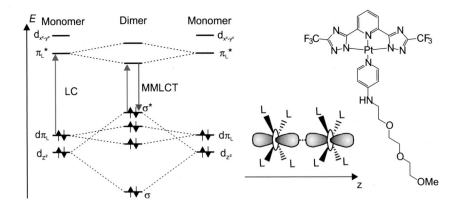

Abb. 11.7 Einfluss von metallophilen Wechselwirkungen bei quadratisch planaren Platin(II)-Komplexen auf die relative Lage der Orbitale und damit die photophysikalischen Eigenschaften. Als Beispiel ist die Struktur eines neutralen, quadratisch planaren Platinkomplexes gegeben, der aufgrund seiner Struktur ein sehr vielfältiges Aggregationsverhalten zeigt [85]

und einen dimeren Komplex gezeigt. Voraussetzung für die gezeigten Energie-Schemata sind quadratisch planare Platin(II)-Komplexe mit mehrzähnigen Starkfeldliganden, die gute π-Akzeptoren sind. Die Starkfeldliganden bewirken eine Anhebung des $d_{x^2-y^2}$-Orbitals und damit der metallzentrierten Zustände und die π-Akzeptorliganden sorgen für niedrigliegende, emissive MLCT-Zustände. Bei den mononuklearen Verbindungen hat das höchste besetzte Molekülorbital (HOMO) $d\pi$-Charakter und das niedrigste unbesetzte Molekülorbital (LUMO) π^*-Charakter. Beide Orbitale sind vorrangig ligandzentriert, und die zwischen den beiden Orbitalen stattfindenden elektronischen Übergänge haben dementsprechend LC Charakter. Das d_{z^2}-Orbital ist bei quadratisch planaren d^8 Systemen voll besetzt und hat nur wenig Wechselwirkung mit Liganden. Mit den gegebenen Rahmenbedingungen liegt es beim mononuklearen Komplex unter dem HOMO, steht aber durchaus für MLCT-Übergänge zur Verfügung. Die Reihenfolge der Orbitale (metallbasiert vs. ligandbasiert) ändert sich bei Wechselwirkungen mit zusätzlichen Liganden, die in axialer Position am Platin koordinieren oder durch zwischenmolekulare Wechselwirkungen mit benachbarten Platinkomplexen. Insbesondere das Auftreten von Platin-Platin-Wechselwirkungen (metallophile Wechselwirkungen) führt zu einem neuen HOMO mit σ^*-Charakter, das dem antibindenden Orbital der metallophilen Wechselwirkungen zwischen den zwei d_{z^2}-Orbitalen entspricht, wie in Abb. 11.7 gezeigt. Der Grund für die Aggregation der Monomere sind nicht die metallophilen Wechselwirkungen (da bindende und antibindende Orbitale voll besetzt sind, ist die Bindungsordnung 0), sondern π-π-Wechselwirkungen zwischen den planaren Liganden und zusätzlich noch dispersive Wechselwirkungen der Substituenten am Liganden. Zum Beispiel können Alkylketten über Van-der-Waals-Wechselwirkungen die Aggregation beeinflussen. Die neue energetische Reihenfolge bei den Orbitalen führt nun zum Auftreten von Metal-Metal-to-Ligand Charge Transfer Übergängen (MMLCT, $d\sigma^*-\pi^*$). Die Besetzung der zugrundeliegenden CT-Zustände benötigt weniger Energie als in den Monomeren, ist also im Spektrum bathochrom verschoben (Rotverschiebung in den längerwelligen energieärmeren Bereich des Spektrums). Auch die Lumineszenz aus diesen Zuständen ist entsprechend gegenüber der des Monomers bathochrom verschoben. Wie in Abb. 11.7 zu erkennen ist, hängt die energetische Lage des $d\sigma^*$-Orbitals und damit auch die Energie des MMLCT stark von dem Pt-Pt-Abstand und damit der Stärke der dispersiven Wechselwirkungen ab. Typischerweise treten die Wechselwirkungen bei Abständen auf, die kürzer als 3.5 Å sind. Die Aggregation und damit die Lumineszenz sind durch die Umgebung, z. B. das Lösemittel, beeinflussbar. Ein schönes Beispiel dafür ist der in Abb. 11.7 gezeigte Komplex aus der Publikation [85], wo verschiedene Aggregate mit unterschiedlichen Emissionseigenschaften gebildet werden. In der Supporting Information kann man sich beim Verlag die Videos dazu ansehen.

11.6 Fragen

- Erklären Sie mit Hilfe eines Jablonski-Diagramms die folgenden Begriffe: Fluoreszenz, Phosphoreszenz, internal conversion (IC), intersystem crossing (ISC), thermisch aktivierte verzögerte Fluoreszenz (TADF)!
- Was versteht man unter Schwingungsrelaxation? Inwieweit beeinflusst sie die Quantenausbeute der Emission? Erklären Sie in diesem Zusammenhang den Begriff *nested state* an einem selbstgewählten Beispiel.

Bioanorganische Chemie 12

In biologischen Systemen spielen Metalle eine essentielle Rolle. Die Metallzentren sind in Proteinen (= Metalloproteine) entweder über Aminosäure-Seitengruppen direkt an das Proteingerüst gebunden oder durch makrocyclische Liganden koordiniert. Je nach Funktion der Metallzentren kann man Metalloproteine in fünf Grundtypen unterteilen.

- *Strukturbildung:* Metallionen, die an ein Protein gebunden sind, können die Tertiär- oder Quaternärstruktur mitbestimmen und stabilisieren. Beispiele sind die Zinkfinger (Zn^{2+}) oder durch Erdalkalimetallionen stabilisierte Proteine bei thermophilen Bakterien. Diese existieren unter Bedingungen, bei denen normalerweise die Protein-Denaturierung stattfinden würde.
- *Speicherung von Metallionen:* Ein beeindruckendes Beispiel ist hier das Ferritin, das Speicherprotein für Eisen in höheren Organismen. Ein anorganischer Eisen(III)-oxid-Kern ist von einer Proteinhülle umgeben.
- *Elektronentransfer:* An Proteingerüste oder Makrocyclen koordinierte Metallzentren spielen bei den Elektronentransfer-Ketten der Atmung und Photosynthese eine wichtige Rolle.
- *Bindung von Sauerstoff:* Hier sind die Metallzentren entweder direkt am Proteingerüst gebunden oder in einer Porphyrineinheit lokalisiert.
- *Katalyse:* Diese Gruppe der Metalloproteine wird als Metalloenzyme bezeichnet und kann je nach Reaktionstyp weiter unterteilt werden.

Die in der Natur vorkommenden Systeme wurden durch den hohen Evolutionsdruck optimiert. Das Verständnis der Funktionsweise von Metalloproteinen und deren Besonderheiten hilft uns, vom Vorbild der Natur zu lernen, also biomimetische anorganische Chemie zu betreiben. Im Rahmen dieses Buches werden zwei ausgewählte Beispiele im Detail besprochen. Die Besonderheiten der Koordinationschemie werden hervorgehoben und die Bedeutung von Modellverbindungen wird diskutiert. Als weiterführende Literatur werden

B. Weber, *Koordinationschemie*, https://doi.org/10.1007/978-3-662-63819-4_12

die Bücher „Bioanorganische Chemie" von Kaim und Schwederski [86] sowie „Bioanorganische Chemie: Metalloproteine, Methoden und Konzepte" von Herres-Pawlis und Klüfers [87] empfohlen.

12.1 Biologisch relevante Eisenkomplexe

Eisen ist ein essentielles Spurenelement für nahezu alle Organismen. Seine Verteilung im Körper eines erwachsenen Menschen ist in Tab. 12.1 gegeben. Aus ihr wird die vielseitige Rolle des Eisens und speziell der Häm-Gruppierung in der Biochemie des Menschen offensichtlich. Da der Sauerstofftransport keine katalytische sondern eine „stöchiometrische" Funktion darstellt, entfallen ca. 65 % des im menschlichen Körper vorkommenden Eisens auf das Transportprotein Hämoglobin, der Anteil an Myoglobin macht etwa 6 % aus. Metall-Speicherproteine wie etwa Ferritin machen im Wesentlichen den Rest des körpereigenen Eisens aus, die katalytisch wirksamen Enzyme liegen naturgemäß nur in geringer Menge vor.

Tab. 12.1 Ausgewählte biologisch relevante Eisenkomplexe und deren Funktion im menschlichen Körper. Die Mengenangaben beziehen sich auf die Verteilung im Körper eines erwachsenen Menschen

Protein	Menge an Eisen (g)	% der Gesamteisenmenge	Häm (h) oder Nicht-Häm (nh)	Funktion
Hämoglobin	2.60	65	h	O_2-Transport im Blut
Myoglobin	0.13	6	h	O_2-Speicherung im Muskel
Ferritin	0.52	13	nh	Eisenspeicherung in Zellen
Hämosiderin	0.48	12	nh	Eisenspeicherung in Zellen
Katalase	0.004	0.1	h	Metabolismus von H_2O_2
Cytochrom c	0.004	0.1	h	Elektronentransfer
Cytochrom c-Oxidase	<0.02	<0.5	h	terminale Oxidation
Flavoprotein-Oxygenasen (P450)	gering	gering	h	Einbau von molekularen Sauerstoff
Eisen-Schwefel-Proteine	ca. 0.04	ca. 1	nh	Elektronentransfer

Viele, jedoch nicht alle der redoxkatalytisch wirksamen Eisenenzyme enthalten genauso wie Hämoglobin und Myoglobin die Häm-Gruppierung. Zu den Hämoproteinen gehören Peroxidasen, Cytochrome, die Cytochrom-*c*-Oxidase und das P450-System. Die Aufstellung zeigt, welch bestimmende Rolle offenbar die Proteinumgebung für die unterschiedliche Funktionalität eines Tetrapyrrol-Komplexes spielt. Häm-enthaltende Enzyme sind an Elektronentransport und -akkumulation, an der kontrollierten Umsetzung sauerstoffhaltiger Zwischenprodukte wie etwa O_2^{2-}, NO_2^- oder SO_3^{2-}, sowie, zusammen mit anderen prosthetischen Gruppen, an komplexeren Redoxprozessen beteiligt. Eine prosthetische Gruppe gehört zu den Cofaktoren. Als Cofaktor bezeichnet man Moleküle oder Molekülgruppen, die für die Funktion eines bestimmten Enzyms unerlässlich sind. Unterschieden wird dabei zwischen einer prosthetischen Gruppe, die kovalent an das Enzym gebunden ist, und einem Coenzym, das nicht kovalent gebunden ist und nach der Reaktion wieder abdissoziieren kann.

Welche Funktion von der Häm-Einheit eingenommen wird, hängt von den zusätzlichen Liganden am Eisenzentrum und der Umgebung in der Proteintasche ab. Die Häm-Einheit besteht aus einem Eisen als Zentralion, das von einem vierzähnigen makrocyclischen N_4^{2-}-Liganden umgeben ist, der ein durchkonjugiertes aromatisches System ist. Dieser in biologischen Systemen häufig auftretende Ligand wird als Protoporphyrin IX bezeichnet. In Abb. 12.1 sind als Beispiel die Häm-Einheiten vom Cytochrom *c*3, Cytochrom P450 und vom Myoglobin gegeben. Bei dem für den Elektronentransfer verantwortlichen Cytochrom *c*

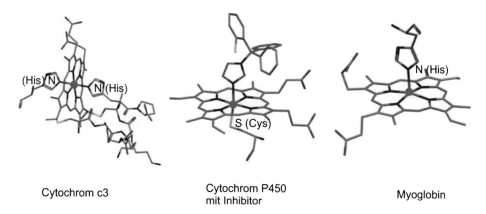

Cytochrom c3   Cytochrom P450   Myoglobin
                      mit Inhibitor

Abb. 12.1 Häm-Einheit im Cytochrom *c*3, Cytochrom P450 und Myoglobin. Die unterschiedlichen Funktionen (Elektronentransfer, Katalyse, Sauerstoffspeicherung) werden durch die zusätzlichen Liganden und die Proteinumgebung bestimmt

sind beide axiale Koordinationsstellen des Eisens durch einen Imidazol-Liganden (Histidin-Seitenkette vom Protein) besetzt. Für den schnellen Elektronentransfer (siehe Kap. 7) ist es notwendig, dass sich die Koordinationsumgebung des Eisens in den unterschiedlichen Oxidationsstufen ($+2$ und $+3$) möglichst nicht ändert. Dies wird durch den starren makrocyclischen Liganden und die Proteinumgebung gut realisiert. Das katalytisch aktive Cytochrom P450 und das für die Sauerstoffspeicherung im Muskel verantwortliche Myoglobin verfügen jeweils über eine freie Koordinationsstelle, an die der Sauerstoff koordinieren kann. Die unterschiedliche Funktion wird durch die Proteinumgebung und den sechsten Liganden (Stickstoff vom Histidin beim Myoglobin bzw. Sulfid vom Cystein beim Cytochrom P450) bestimmt.

12.1.1 Modellverbindungen

Beim Hämoglobin und Myoglobin ist das Eisenzentrum im unbeladenen Zustand pentako-ordiniert mit einem Imidazol (von der Aminosäure Histidin) als fünften Liganden und liegt in der Oxidationsstufe $+2$ vor. Bei der Reaktion mit Sauerstoff geht das System in einen sechsfach koordinierten Zustand über. Ob das Eisenzentrum gleichzeitig auf die dreiwertige Stufe oxidiert wird (unter Reduktion des koordinierten Sauerstoffs zum Hyperoxid), wird teilweise noch kontrovers diskutiert und im Folgenden näher betrachtet. Um einen besseren Einblick in die Bindungsverhältnisse zu bekommen, werden häufig Modellverbindungen zu Hilfe genommen. In Abb. 12.2 sind die Häm-Einheit und potentielle Liganden für Modellverbindungen dargestellt.

Der Vorteil von Modellverbindungen liegt in der deutlich besseren Zugänglichkeit und häufig auch der einfacheren Charakterisierbarkeit. Man unterscheidet zwischen strukturellen und funktionellen Modellverbindungen. Wie der Name bereits andeutet, spiegeln die strukturellen Modellverbindungen die Struktur (und spektroskopische Eigenschaften) der Metalloproteine wider, während die funktionellen Modellverbindungen die Funktion (z. B. katalytische Eigenschaft) wiedergeben. In Abb. 12.3 ist ein Beispiel für eine strukturelle Modellverbindung gegeben. Wie im Häm ist das Eisenzentrum von einem vierzähnigen makrocyclischen N_4^{2-}-Liganden umgeben, der allerdings nicht ganz durchkonjugiert ist. Bei diesem Komplex führt die Reaktion mit Sauerstoff (aus der Luft) jedoch nicht zu einer reversiblen Bindung, sondern zu einer irreversiblen Oxidation des Metallzentrums in die dreiwertige Stufe unter Ausbildung eines μ-oxido-Komplexes. Das gleiche Verhalten wird bei synthetischen Porphyrinen (der Häm-Grundkörper mit anderen Substituenten) beobachtet, so dass man schlussfolgern kann, dass das umgebende Protein maßgeblich am reversiblen

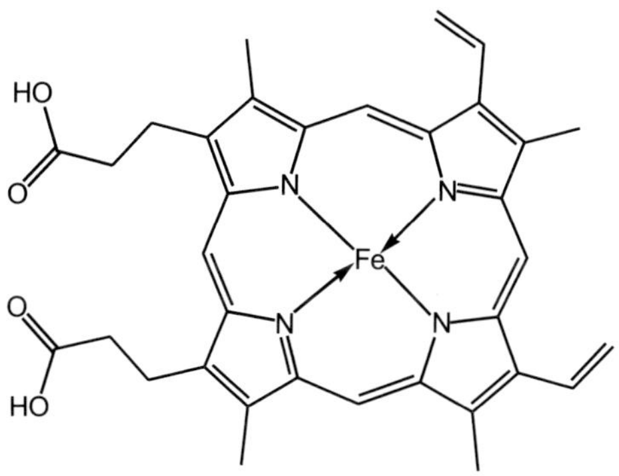

Häm (Fe-Protoporphyrin IX)

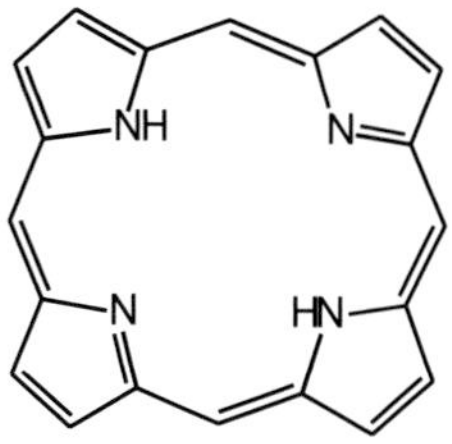

Porphyrin Grundgerüst

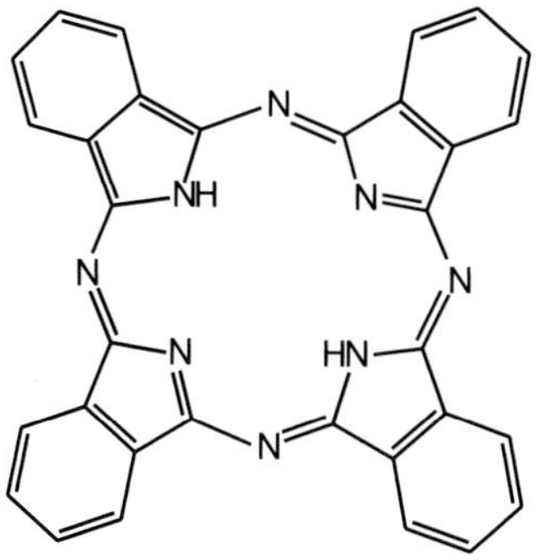

Phtalocyanin

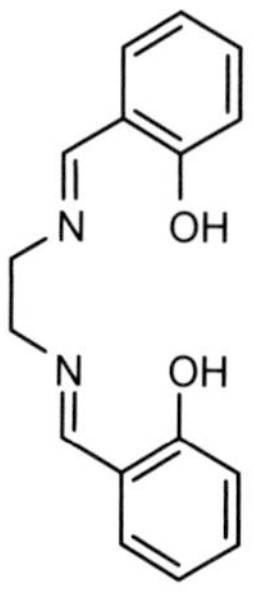

H_2salen

Abb. 12.2 Schematische Darstellung der Häm-Einheit (oben) und von verschiedenen Liganden für Modellverbindungen (unten). Die Modellverbindungen können das natürliche Vorbild strukturell nachahmen (Synthetische Porphyrine, Pthalocyanin-Liganden), es gibt aber auch Modellverbindungen, die auf den ersten Blick ganz anders aussehen, aber die Funktion des natürlichen Vorbilds gut wiedergeben

Charakter der Fe-O_2-Bindung beteiligt ist. In der Tat konnte bei sogenannten „picket fence"-Porphyrinen, bei denen die Proteintasche durch sehr sperrige und räumlich anspruchsvolle Substituenten simuliert wird, eine reversible Bindung von Sauerstoff realisiert werden. Die erste funktionelle Modellverbindung für diese Reaktion war ein Cobaltsalen-Komplex.

Abb. 12.3 Beispiel für eine
strukturelle
Eisen(II)-Modellverbindung
für das Häm und deren
Reaktionsprodukt mit
Sauerstoff

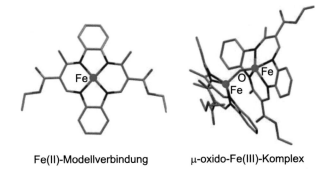

Fe(II)-Modellverbindung   μ-oxido-Fe(III)-Komplex

12.2   Sauerstofftransport am Beispiel Hämoglobin

Die Uratmosphäre unserer Erde bestand zu weniger als 1 Vol% aus Sauerstoff. Das
Aufkommen der Photosynthese führte zu einem kontinuierlichen Anstieg der Sauerstoff-
Konzentration in der Atmosphäre. Für die damals lebenden Organismen war das mit einer
Umweltkatastrophe gleichzusetzen. Sauerstoff ist das Element mit der zweithöchsten Elek-
tronegativität (nach Fluor) und ein sehr starkes Oxidationsmittel. Der stark oxidierende
Charakter und die bei diesen Reaktionen auftretenden hochreaktiven (zumeist radikalischen)
Zwischenstufen führten dazu, dass nur Organismen mit dafür geeigneten Schutzmechanis-
men die gravierenden Umweltveränderungen überlebten. Die weitere Evolution führte zu
neuartigen Organismen, die die Umkehrreaktion der Photosynthese, die kontrollierte kalte
Verbrennung, zur Energiegewinnung nutzten. Dafür mussten Möglichkeiten zur Aufnahme,
des Transports und der Speicherung von Sauerstoff entwickelt werden. Als Beispiel für das
reversible Binden von Sauerstoff, die Grundvoraussetzung für den Sauerstofftransport, wird
im folgenden das Hämoglobin besprochen. Diese Fragestellung ist nicht nur wegen ihrer
biologischen Notwendigkeit interessant. Energieaufwändige Verfahren zur Abtrennung von
Sauerstoff aus der Luft wie z. B. deren fraktionierte Destillation könnten durch schonendere
Prozesse ersetzt werden.

Um die folgende Diskussion besser führen zu können, müssen wir zunächst noch einmal die molekularen Eigenschaften von Sauerstoff betrachten. Obwohl Sauerstoff ein sehr
starkes Oxidationsmittel ist und die entsprechenden Reaktionen exotherm sind, ist eine
hohe Aktivierungsenergie für das Ablaufen dieser Reaktionen notwendig. Der Grund dafür
ist der Triplett-Grundzustand des Sauerstoff-Moleküls, der in Abb. 12.4 anhand des MO-
Schemas dargestellt ist. Die beiden entarteten π^*-Orbitale werden gemäß der Hundschen
Regel einfach besetzt. Das führt zu einem paramagnetischen ($S = 1$) Grundzustand. Die
beiden angeregten Singulett-Zustände werden erreicht, wenn bei einem der beiden Elektronen der Spin umgekehrt wird. Da es sich um angeregte Zustände handelt, verlieren hier die
Hundschen Regeln ihre Gültigkeit! Sie liegen 90 kJ/mol ($^1\Delta$) bzw. 150 kJ/mol ($^1\Sigma$) über
dem Grundzustand. Aufgrund des Triplett-Grundzustandes sind Reaktionen mit anderen

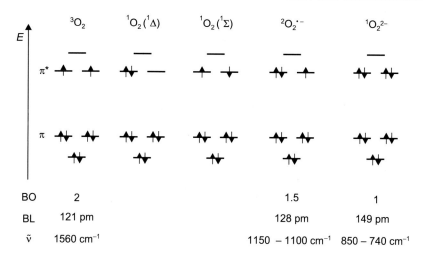

Abb. 12.4 MO-Schema von Sauerstoff ($^3O_2$ und $^1O_2$), dem Superoxidradikalanion ($O_2^{\cdot-}$) und Peroxid (O_2^{2-}). Nur die für die weitere Diskussion relevanten Orbitale sind abgebildet. BO steht für Bindungsordnung und BL für die Sauerstoff-Sauerstoff-Bindungslänge. Dazu ist noch die Streckschwingungsfrequenz angegeben

Singulett-Molekülen gehemmt (Verbot der Spinumkehr, Reaktionen müssen unter Spinerhalt ablaufen). Das Spinverbot gilt nicht für Reaktionspartner, die selbst ungepaarte Elektronen besitzen. Dazu gehören freie Radikale ($S = \frac{1}{2}$), angeregte Triplett-Zustände ($S = 1$) und paramagnetische Übergangsmetallzentren ($S \geq \frac{1}{2}$). Das Problem ist, dass die Reaktion der meisten Übergangsmetalle mit Sauerstoff irreversibel ist. In wässriger Lösung vorliegende Eisen(II)-Ionen werden durch Luftsauerstoff irreversibel zum dreiwertigen Eisen oxidiert. Diese irreversiblen Reaktionen gehen immer mit einer Spaltung der Sauerstoff-Sauerstoff-Bindung einher.

$$4\,Fe^{2+} + O_2 + 2\,H_2O + 8\,OH^- \longrightarrow 4\,Fe(OH)_3$$

Was bedeutet eigentlich $^1\Delta$ und $^1\Sigma$ beim Singulett-Sauerstoff?
So wie wir bereits die Termsymbole für Atome und Ionen kennengelernt haben, gibt es auch für die Elektronenkonfiguration von Molekülen Termsymbole. Die Ziffer oben links steht dabei wieder für die Multiplizität M des Terms, die wir auch bei den Molekülen aus dem Gesamtspin S nach der Formel $M = 2S + 1$ berechnen.

Der große griechische Buchstabe steht für die Projektion des Gesamtdrehimpulses der Elektronen auf die Kernverbindungsachse, Λ. Für $\Lambda = 0, 1, 2, \dots$ werden die Buchstaben $\Sigma, \Pi, \Delta, \dots$ verwendet. Um Λ zu bestimmen, benötigen wir den Bahndrehimpuls des jeweiligen Molekülorbitals entlang der Kernverbindungsachse, λ, und müssen dann wieder alles aufsummieren. Der Bahndrehimpuls von einem σ-Orbital ist 0, der von einem π-Orbital ist ± 1. Für die Bestimmung des Termsymbols werden, wie auch bei Atomen und Ionen, vollständig besetzte Orbitale nicht berücksichtigt. Das bedeutet, dass beim Sauerstoff nur die Besetzung der beiden π^*-Orbitale von Interesse ist, die einen Bahndrehimpuls von $+1$ und -1 haben. Sind beide π^*-Orbitale jeweils mit einem Elektron besetzt, ist

$$\Lambda = +1 + (-1) = 0$$

und das Termsymbol lautet $^1\Sigma$. Der gleiche Bahndrehimpuls wird übrigens auch beim Triplett-Sauerstoff erhalten, der das Termsymbol $^3\Sigma$ hat. Wenn beide Elektronen im gleichen π^*-Orbital gepaart sind, ist $\Lambda = 2$. Jeder Zustand mit $\Lambda > 0$ ist zweifach entartet, hier sind die Werte $+2$ und -2, und das Termsymbol lautet $^1\Delta$. Auch bei Molekülen trägt übrigens der Bahndrehimpuls zum magnetischen Moment der Verbindung bei (siehe Kapitel Magnetismus), und der $^1\Delta$ Singulett-Sauerstoff ist dementsprechend paramagnetisch, obwohl er keine ungepaarten Elektronen besitzt.

Beim Superoxid-Radikalanion ist ein π^*-Orbital doppelt und das andere einfach besetzt. In diesem Fall ist $\Lambda = 1$; auch dieser Zustand ist zweifach entartet mit $+1$ bzw. -1. Das Termsymbol lautet hier $^2\Pi$.

12.2.1 Sauerstoffkomplexe

Für die Bindung von molekularem Sauerstoff an ein Metallzentrum werden drei verschiedene Koordinationsmodi beobachtet, die in Abb. 12.5 mit jeweils einem Beispiel gegeben sind. Neben der η^1 (end-on) und η^2 (side-on) Koordination an ein Metallzentrum gibt es als dritte Möglichkeit die verbrückende $\mu, \eta^1 : \eta^1$ (verbrückend end-on) Option.

Für die Diskussion der Bindungsverhältnisse ist Sauerstoff ein σ-Donor-π-Akzeptor-Ligand. Bei der η^1-Koordination wird die σ-Hinbindung zwischen einem besetzten Molekülorbital des Sauerstoffs (das kann ein σ- oder π-Orbital sein, ähnlich wie beim CO-Liganden) und einem leeren d-Orbital ausgebildet. Für die π-Rückbindung überlappen ein besetztes d-Orbital mit einem leeren bzw. halbbesetzten π^*-Orbital des Sauerstoffs. Eine sehr starke π-Rückbindung kann mit einer intramolekularen Verschiebung von Elektronen vom Metallzentrum zum Sauerstoff gleichgesetzt werden. Deswegen lassen sich die Oxidationsstufen vom Sauerstoffmolekül und dem Metallzentrum im Komplex nicht immer

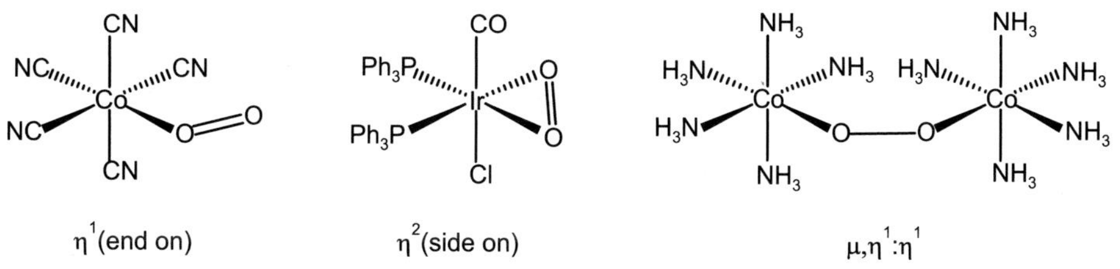

η^1(end on) η^2(side on) $\mu,\eta^1{:}\eta^1$

Abb. 12.5 Beispiele für Komplexe mit molekularem Sauerstoff zur Illustration der verschiedenen Bindungsmodi

zweifelsfrei bestimmen. Diese Erkenntnis, O_2 gehört zu den „non-innocent" Liganden, ist für die weitere Diskussion wichtig. Bei der side-on-Koordination ist die Hinbindung eine π-Bindung zwischen den teilweise gefüllten π^*-Orbitalen vom O_2 und leeren d-Orbitalen am Metallzentrum. Bei der Rückbindung zwischen einem besetzen d-Orbital des Metallzentrums und einem leeren bzw. halb besetzten π^*-Orbital des Sauerstoffs handelt es sich formal um eine δ-Bindung.

12.2.2 Bindungsverhältnisse im Hämoglobin

In höheren Lebewesen wird der Transport und die Speicherung von Sauerstoff durch die Häm-Proteine Hämoglobin (Transport) und Myoglobin (Speicherung) realisiert. Andere Lebewesen (z. B. Weichtiere und Krebse) nutzen für diese Funktion zweikernige Eisen- bzw. Kupferkomplexe, bei denen die Metallzentren direkt über Aminosäureseitengruppen an das Proteingerüst koordiniert sind. Sowohl das Hämoglobin als auch das Myoglobin sind in der Lage, den Sauerstoff reversibel zu binden. Diese Gemeinsamkeit spiegelt sich im Aufbau des aktiven Zentrums wieder, der bei beiden Proteinen gleich ist. Ein wesentlicher Unterschied zwischen den beiden Proteinen ist die Anzahl der Häm-Untereinheiten pro Protein. Beim Hämoglobin sind es vier, während es beim Myoglobin nur eine ist. Die vier Untereinheiten beim Hämoglobin sind wichtig für die kooperativen Effekte bei der Aufnahme (sobald ein Sauerstoffmolekül gebunden ist, werden die weiteren schneller gebunden) und Abgabe von Sauerstoff, die in diesem Buch nicht weiter betrachtet werden. Wir konzentrieren uns auf die Bindungsverhältnisse zwischen dem Sauerstoff und dem Eisenzentrum und darauf, wie eine Bindungsspaltung im Sauerstoffmolekül verhindert wird. Die Bindungsspaltung geht mit einem schrittweisen Elektronentransfer zum Sauerstoff einher, sodass eine Betrachtung der Oxidationsstufen vom Metallzentrum und Sauerstoff besonders interessant ist.

Einen ersten Einblick in die Bindungsverhältnisse zwischen Eisen und Sauerstoff lieferte die Kristallstruktur von Hämoglobin. Die erste Röntgen-Einkristallstrukturanalyse wurde Ende der 50er Jahre durchgeführt, erste Kristalle des roten Blutfarbstoffs wurden schon deutlich eher, 1849, erhalten. 1962 wurden J. C. Kendrew und M. F. Perutz mit dem Nobelpreis für Chemie für die Aufklärung der Kristallstruktur von Hämoglobin geehrt. In der sauerstofffreien *Desoxy*-Form hat das zentrale Eisen(II)-Ion die Koordinationszahl fünf und befindet sich in einer quadratisch pyramidalen Koordinationsumgebung. Das Eisen liegt etwas unterhalb des Porphyrin-Makrocyclus, was einerseits mit der quadratisch pyramidalen Koordinationsumgebung erklärt werden kann. Hinzu kommt, dass das Eisen(II)-Ion im high-spin-Zustand ($S = 2$) vorliegt und damit etwas zu groß für den Porphyrinring ist. Wie in Abb. 12.6 zu sehen, ist der axiale fünfte Ligand das Stickstoffatom vom Imidazol-Fünfring

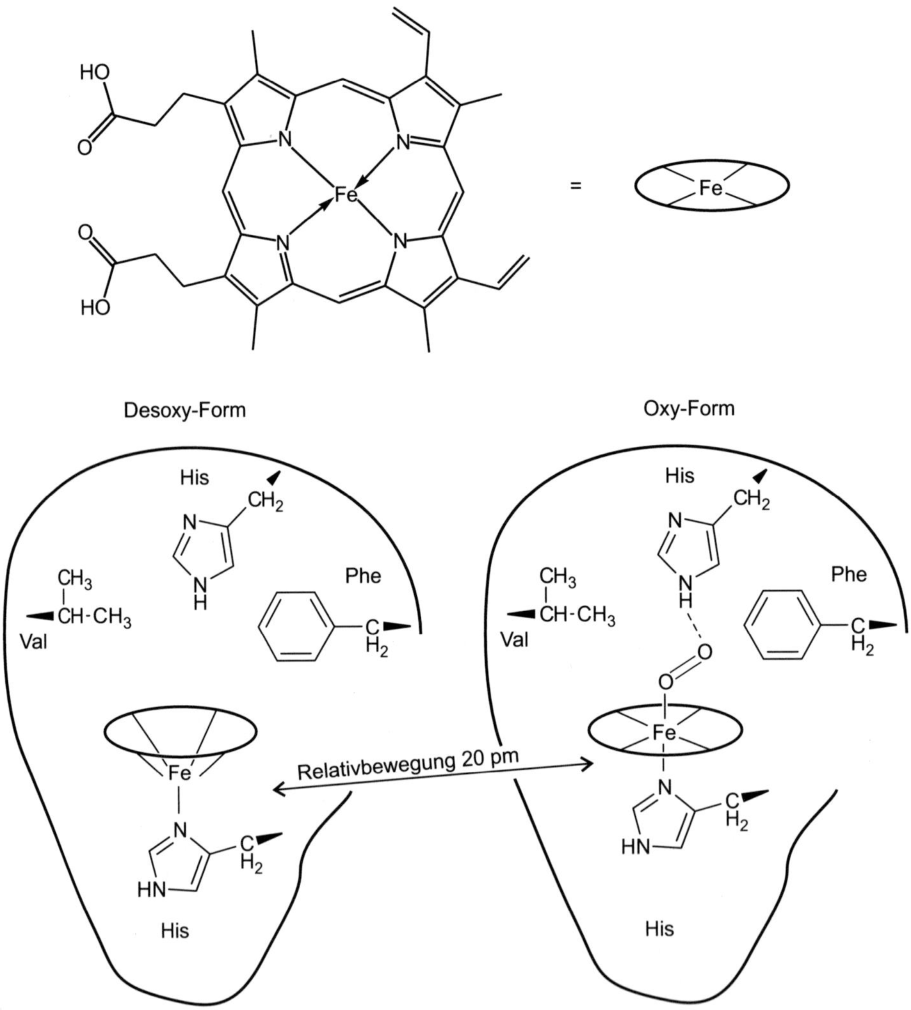

Abb. 12.6 Ausschnitt des aktiven Zentrums von Hämoglobin/Myoglobin in der Desoxy- und Oxy-Form. In der unbeladenen Form hat das Eisenion die Koordinationszahl fünf und befindet sich etwas unterhalb des Porphyrinrings. Bei der Koordination von Sauerstoff erhöht sich die Koordinationszahl von fünf auf sechs und das Eisenion liegt nun in der Ebene des Porphyrinrings. Dadurch bewegt sich das axiale Histidin um ca. 20 pm. Diese Relativbewegung ist wichtig für die kooperativen Effekte beim Hämoglobin

einer Histidin Seitenkette, das auch als axiales Histidin bezeichnet wird. In der unmittelbaren Umgebung vom aktiven Zentrum befinden sich noch ein Histidin (das als distales Histidin bezeichnet wird), eine Valin und eine Phenylalanin-Seitenkette. Die sechste Koordinationsstelle ist frei und wird in der mit Sauerstoff beladenen *Oxy*-Form mit Sauerstoff als sechsten Liganden besetzt. Der Sauerstoff koordiniert dabei end-on, gewinkelt an das Eisenion mit einem Winkel von etwa 120°. Mit der Koordination des Sauerstoffs ($S = 1$) geht das Eisen nun in einen low-spin-Zustand über und das ganze System ist nun diamagnetisch ($S = 0$). Dabei lassen wir zunächst einmal die Frage nach den Oxidationsstufen von Sauerstoff und Eisen außen vor. Durch den Übergang in den low-spin-Zustand nimmt der Durchmesser des Eisenions ab und es passt nun gut in den Porphyrin-Makrocyclus, in den es nun, auch bedingt durch den Koordinationszahlwechsel, „hineinrutscht". Das Eisen hat nun die Koordinationszahl sechs und liegt genau in der Mitte des Oktaeders. Durch diese Bewegung des Eisens in Richtung des Porphyrinrings wird auch die Position des axialen Histidins verändert. Diese Relativbewegung ist beim Hämoglobin für die kooperativen Effekte zwischen den vier Häm-Untereinheiten verantwortlich.

Das distale Histidin bildet in der *oxy*-Form eine Wasserstoffbrückenbindung zu dem koordinierten Sauerstoff aus. Diese Wasserstoffbrückenbindung und die Form der Proteintasche erzwingen die gewinkelte Anordnung des Sauerstoffs. Bei der Diskussion der Bindungsverhältnisse in Sauerstoffkomplexen wurde bereits darauf eingegangen, dass es zwischen Metallzentrum und Ligand zur Ausbildung einer σ-Hin-π-Rückbindung kommt. Allerdings sind die π^*-Orbitale beim Triplet-Sauerstoff beide halb besetzt und deswegen nicht besonders gut zur Ausbildung von einer π-Rückbindung geeignet. Wesentlich geeigneter wären Liganden mit keinem (CO) oder nur einem (NO) Elektron in den π^*-Orbitalen, die dann wesentlich stabilere Komplexe ausbilden können. In der Tat ist die Komplexbildungskonstante für die Koordination von CO an ein Protein-freies Häm ca. 25.000 mal so groß wie die Komplexbildungskonstante für die Koordination von Sauerstoff. Unter diesen Bedingungen wäre schon ein kleiner Anstieg des Kohlenstoffmonoxid-Gehalts in der Atmosphäre kritisch. Durch die Proteinumgebung wird die Bindungsselektivität für Sauerstoff deutlich erhöht. Durch die erzwungene gewinkelte Koordination wird die Ausbildung von π-Bindungen erschwert. Hinzu kommt, dass beim Kohlenstoffmonoxid keine Wasserstoffbrückenbindung ausgebildet werden kann. Dadurch ist die Komplexbildungskonstante für CO nur noch 200 mal so groß wie die für O_2. Aufgrund des wesentlich höheren Sauerstoffanteils in unserer Atmosphäre (20,9 % vs. 50–200 ppb für das CO) funktioniert der Sauerstofftransport in unserem Organismus. Eine zu hohe Konzentration an CO führt zu einer Vergiftung, die durch die Gabe von mit Sauerstoff angereicherter Luft behandelt werden kann.

Die Frage nach einem möglichen Elektronentransfer zwischen Eisen und Sauerstoff bei der Koordination vom Sauerstoff an das Häm-Zentrum hat Wissenschaftler lange beschäftigt und es werden zwei alternative Formulierungen diskutiert.

Formulierung nach Pauling und Coryell

Bereits 1936 wurde vorgeschlagen, dass in der *oxy*-Form ein low-spin-Eisen(II)-Zentrum vorliegt, an das ein Singulett-Sauerstoff-Molekül koordiniert ist. Der Porphyrin Makrocyclus ist ein Starkfeld-Ligand, sodass bei einer oktaedrischen Koordinationsumgebung das Eisen(II)-Ion im $S = 0$ low-spin-Zustand vorliegt. Durch die Koordination des Sauerstoffs an das Eisen wird die Äquivalenz der beiden π^*-Orbitale des Sauerstoffs aufgehoben und das energetisch tiefer liegende wird mit beiden Elektronen besetzt, die nun gepaart sind. Der Sauerstoff liegt nun im $S = 0$ ($^1\Delta$) Zustand vor. Für diese Formulierung spricht die hohe Tendenz des Häm-Zentrums zur Ausbildung von Komplexen mit CO und NO, die beide ein niederwertiges Metallzentrum, also Eisen in der Oxidationsstufe $+2$, bevorzugen.

Formulierung nach Weiss

Ca. 30 Jahre nach dem Vorschlag von Pauling und Coryell wurde 1964 eine alternative Formulierung für die Beschreibung der Bindungsverhältnisse im Hämoglobin vorgeschlagen. Basierend auf einer Reihe von spektroskopischen Ergebnissen sowie weiteren Untersuchungen zur Reaktivität schlug Weiss 1964 vor, dass die *oxy*-Form besser als low-spin-Eisen(III)-Ion ($S = \frac{1}{2}$) mit einem Superoxidradikalanion ($O_2{}^{\cdot-}$, $S = \frac{1}{2}$) beschrieben wird. Den $S = 0$ Gesamtspin des Systems erklärt er mit einer starken antiferromagnetischen Kopplung zwischen den beiden ungepaarten Elektronen. Grundlage für diesen Vorschlag liefern die folgenden Befunde.

- Die O–O-Streckschwingungsfrequenz ist mit ν(O–O) $= 1100\,\mathrm{cm}^{-1}$ typisch für ein Superoxidradikalanion.
- Im Mössbauer-Spektrum werden Parameter erhalten, die charakteristisch für Eisen(III) im low-spin-Zustand sind.
- Die Reaktivität der *oxy*-Form ähnelt der von analogen Eisen(III)-Pseudohalogenid-Komplexen. So lässt sich der Sauerstoff leicht gegen Chlorid-Ionen austauschen. Ein ähnliches Verhalten wird bei entsprechenden Azid (N_3^-)-Komplexen beobachtet.
- Wird das Eisen im aktiven Zentrum gegen ein Cobalt ausgetauscht, dann hat der entsprechende Cobalt(III)-Sauerstoff-Komplex ein Elektron mehr und ist paramagnetisch ($S = \frac{1}{2}$). Mit Hilfe von ESR-Spektroskopie konnte gezeigt werden, dass sich das ungepaarte Elektron in diesem Komplex vorwiegend am Sauerstoff aufhält, was der Formulierung Co(III) ($S = 0$), $O_2{}^{\cdot-}$ ($S = \frac{1}{2}$) entspricht.

Diese Ergebnisse legen einen Elektronentransfer zwischen dem Eisen und dem Sauerstoff bei der Ausbildung des Sauerstoffkomplexes nahe. Allerdings muss hier berücksichtigt werden, dass z. B. das Cobalt und das Eisen als aktives Zentrum aufgrund der unterschiedlichen Elektronenkonfigurationen nur bedingt direkt miteinander verglichen werden können. So könnte es durchaus sein, dass beim Cobalt der Elektronentransfer stattfindet, beim Eisen aber nicht. Die Schwierigkeit bei der Zuordnung der Oxidationsstufen liegt in dem stark kovalenten Charakter der Eisen-Sauerstoff-Bindung begründet. Die Ausbildung von gemeinsamen Molekülorbitalen führt dazu, dass die Elektronen über beide Bindungspartner delokalisiert sind.

12.2.3 Modellverbindungen für Hämoglobin und Myoglobin

Es wurde bereits darauf hingewiesen, dass das nicht durch die Proteinumgebung geschützte Häm irreversibel mit Sauerstoff unter Ausbildung eines μ-oxido-Komplexes reagiert. Ein ähnliches Verhalten wird bei vielen strukturellen Modellverbindungen beobachtet, ein Beispiel dafür ist in Abb. 12.3 gegeben. Diese Beobachtung führte zu der Frage, welche Rolle die Proteinumgebung für die reversible Reaktion mit Sauerstoff übernimmt. In Abb. 12.7 sind die Teilschritte für den irreversiblen Reaktionsverlauf gegeben. Die Reaktion des Eisen(II)-Ausgangskomplexes mit Sauerstoff führt zur Ausbildung eines dimeren μ-Peroxidoeisen(III)-Komplexes. Dieser ist nicht stabil und zerfällt unter Bindungsspaltung in zwei Eisenoxido-Komplexe, bei denen das Eisen die formale Oxidationsstufe $+4$ hat. Diese hochreaktive Spezies, die auch als Zwischenstufe in katalytischen Zyklen, z. B. beim Cytochrom P450, postuliert wird, reagiert sofort mit einem weiteren Eisen(II)-Ausgangskomplex zum stabilen Endprodukt, dem μ-oxido-Eisen(III)-Komplex.

Der Reaktionsverlauf zeigt, dass für eine reversible Bindung von Sauerstoff die Ausbildung eines μ-Peroxidokomplexes und damit der Sauerstoff-Sauerstoff-Bindungsbruch unterbunden werden muss. Dies kann mit Hilfe der Picket-Fence-Porphyrine (Deutsch:

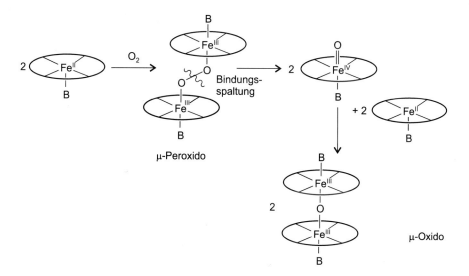

Abb. 12.7 Reaktion des nicht durch die Proteinumgebung geschützten Häm mit Sauerstoff. B steht für eine Base (z. B. Imidazol oder Pyridin), die als fünfter Ligand fungiert

Gartenzaunporphyrine) erreicht werden. Durch das geschickte Anbringen von sterisch anspruchsvollen Substituenten wird eine Seite vom Eisenzentrum abgeschirmt und eine Dimerisierung ist nicht mehr möglich. Beispiele für solche Modellverbindungen sind in Abb. 12.8 gezeigt [88, 89]. Der unsubstituierte Ausgangskomplex, das Eisen-Tetraphenylporphyrin (FeTPP) mit R = H, wird häufig als strukturelle Modellverbindung für das Häm-Zentrum verwendet. Durch die Einführung der Substituenten wird die Proteinumgebung simuliert und die strukturelle Modellverbindung nähert sich dem Vorbild soweit an, dass auch die Funktion des natürlichen Vorbilds wiedergegeben wird. Dieser Prozess der fortlaufenden Anpassung von Modellverbindungen hilft uns, die Funktion des biologischen Vorbilds besser zu verstehen. In weiteren Optimierungsschritten wurden Systeme entwickelt, bei denen der axiale Ligand (B in Abb. 12.7) kovalent an den Porphyrinring gebunden ist. Es gibt auch bereits erste Versuche, das Phänomen der Kooperativität beim Hämoglobin in Modellverbindungen zu simulieren [89].

Die erste synthetische Modellverbindung für das Hämoglobin bzw. Myoglobin, welche die biologische Funktion widerspiegelte, wurde bereits 1938 hergestellt. Bei ihr handelt es sich um das Cobaltsalen; in Abb. 12.2 ist rechts die Struktur des Salen-Liganden gezeigt. Auch andere Komplexe der Gruppe 9 (Co, Rh, Ir) zeigen die Möglichkeit einer reversiblen Bindung von Sauerstoff. Ein Beispiel hierfür ist der Vaskasche Komplex [IrCl(CO)(PPh$_3$)$_2$], der quadratisch planar ist (das Iridium(I)-Ion ist ein d^8-System). Die Reaktion mit Sauerstoff führt zu einem oktaedrischen Iridium(III)-Komplex (d^6-System), bei dem Sauerstoff

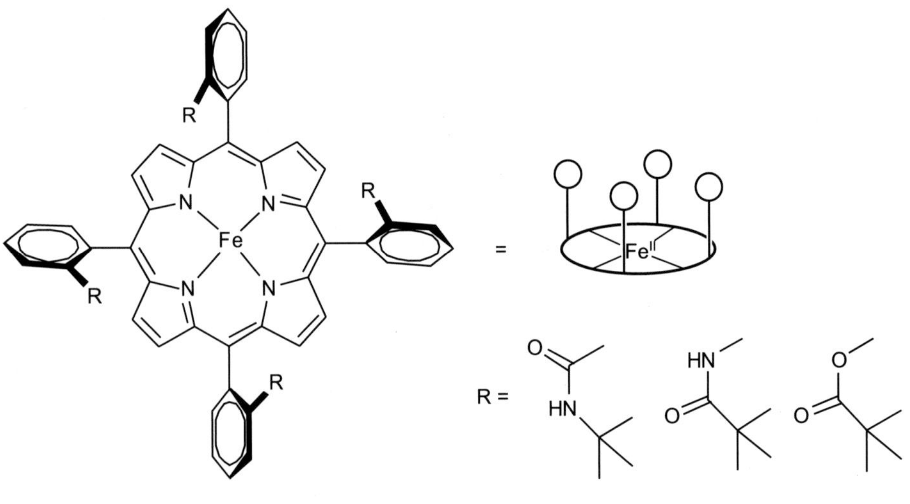

Abb. 12.8 Beispiele für Picket-Fence (Gartenzaun)-Porphyrine. Alle Beispiele gehen vom Tetraphenylporphyrin (TPP) aus, bei dem R = H ist und das oft als Modellverbindung für das Häm herangezogen wird. Durch die Einführung von sterisch anspruchsvollen Substituenten R in *ortho*-Stellung vom Porphyrinring ist das Eisenzentrum zu einer Seite hin abgeschirmt. Wenn an der nicht abgeschirmten Seite der fünfte Ligand (B in Abb. 12.7) koordiniert, dann koordiniert Sauerstoff in einer abgeschirmten Tasche und eine Dimerisierung wird verhindert

side-on, wie in Abb. 12.5 in der Mitte gezeigt, gebunden ist. Beim Cobaltsalen findet die Sauerstoffaufnahme bei Raumtemperatur statt. Das in der sauerstofffreien Form rote Pulver wird schwarz und die Gewichtsänderung spricht für die Aufnahme von einem Sauerstoffmolekül pro Cobaltatom. Bei Temperaturen oberhalb von $100\,°C$ wird der Sauerstoff wieder abgegeben und der ursprüngliche Cobalt(II)-Komplex wird zurückgebildet. Der entsprechende Eisen(II)-Salenkomplex reagiert mit Sauerstoff irreversibel zum μ-oxido-Eisen(III)-Komplex. Der Grund für die unterschiedliche Reaktivität von Eisen und Cobalt kann mit deren Elektronenkonfiguration und den daraus resultierenden bevorzugten Oxidationsstufen erklärt werden. Beim Eisen ist die bevorzugte Oxidationsstufe $+3$, bei der die 3d-Schale halb besetzt und die deswegen besonders stabil ist. Die Oxidationsstufe $+2$ ist nur in Gegenwart von Starkfeldliganden mit einer oktaedrischen Koordinationsumgebung bevorzugt (hohe Ligandenfeldstabilisierungsenergie für ein d^6-System im low-spin-Zustand). Beim Cobalt ist die Situation genau anders herum. Im wässrigen Medium liegt Cobalt i.d.R. in der Oxidationsstufe $+2$ vor, bei der nur die zwei $4s$-Elektronen entfernt wurden. Die Entfernung eines weiteren Elektrons gelingt nur in Gegenwart von relativ starken Liganden unter der Ausbildung von oktaedrischen Komplexen (gleiche Erklärung wie bei Eisen(II)). Diese umgekehrte Reaktivität begünstigt im Falle vom Cobalt die reversible Bindung von Sauerstoff. Dass sich die Natur bei der Wahl des Metallzentrums für Eisen entschieden hat, wird mit dessen deutlich besserer Bioverfügbarkeit zusammenhängen.

12.3 Cobalamine – stabile metallorganische Verbindungen

Cobalamine sind Metalloproteine, die das Spurenelement Cobalt als Zentralatom enthalten. Für den Menschen wichtig sind die Vitamine B_{12} und das davon abgeleitete Coenzym B_{12}. In Abb. 12.9 ist die allgemeine Struktur der Cobalamine gegeben. Sie unterscheiden sich in dem axialen Liganden R. Bei den Vitaminen B_{12} ist $R = CN$, OH oder H_2O, man spricht dann auch vom Cyanocobalamin (Vit B_{12}), Hydroxycobalamin (Vit B_{12b}) bzw. Aquacobalamin (Vit B_{12a}). Die biologisch aktiven Formen sind das Methylcobalamin ($R = Me$, MeB_{12}) und das 5′-Desoxyadenosylcobalamin ($R = 5′$-Desoxyadenosyl, das Coenzym B_{12}). Bei beiden Verbindungen liegt eine Cobalt-Kohlenstoff-Bindung vor. Es handelt sich um klassische metallorganische Verbindungen, die unter physiologischen Bedingungen stabil sind.

Das Coenzym B_{12} ist ein Cofaktor. Das heißt, es ist für die Funktion bestimmter Enzyme unerlässlich, nimmt aber nicht direkt an der Reaktion teil. Was das bedeutet, kann am Beispiel des Coenzyms B_{12} gut illustriert werden. Seine Aufgabe ist die kontrollierte Bildung freier Radikale. Diese Radikale werden dann vom Enzym für die zu katalysierende Reaktion, z. B. für eine 1,2-Verschiebung, benötigt. Das Enzym ist verantwortlich für die Bindung des Substrates (Substratspezifität), hier läuft die eigentliche Reaktion am aktiven Zentrum ab. Das Coenzym ist an dieser Reaktion nicht direkt beteiligt. Ein Enzym ohne Coenzym nennt man auch Apoenzym, während die funktionierende Einheit aus Apoenzym und Coenzym, das Gesamtenzym, auch als Holoenzym bezeichnet wird.

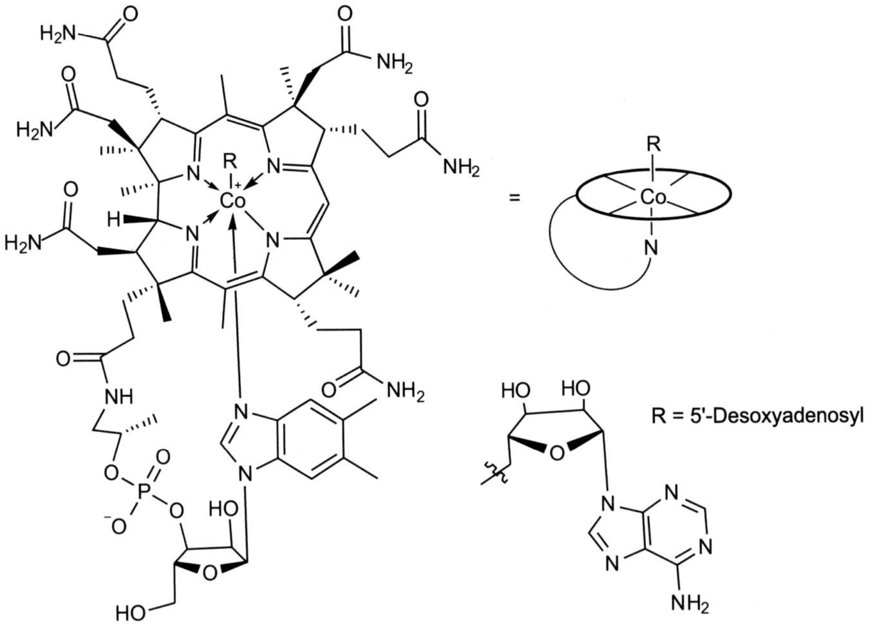

Abb. 12.9 Allgemeine Struktur der Cobalamine. Bei den biologisch inaktiven Formen ist R = CN, OH oder H_2O, die Verbindungen kennen wir als Vitamine B_{12}. Bei den biologisch aktiven Formen handelt es sich um metallorganische Verbindungen, mit R = Me bzw. 5'-Desoxyadenosyl. Die letztere Variante ist das Coenzym B_{12}, das für die kontrollierte Bildung freier Radikale im menschlichen Körper verantwortlich ist

Das Interesse für die Cobalamine ist nicht nur auf bioanorganische Fragen beschränkt. Das Coenzym B_{12} bzw. Modellverbindungen davon werden teilweise in der organischen Chemie für die Realisierung von 1,2-Verschiebungen verwendet. Ein sich neu erschließendes Arbeitsgebiet ist die Detektion von biologischem Cyanid [90]. Einige Arten von Maniok (auch Cassava genannt, eine als stärkehaltiges Grundnahrungsmittel verwendete Pflanze) enthalten cyanogene Glucoside wie das Linamarin (siehe Abb. 12.10). Diese cyanogenen Glycoside können durch pflanzeneigene Enzyme (z. B. die Linamarase) hydrolysiert werden. Eines der Produkte ist Acetoncyanhydrin, das weiter zu Aceton und Blausäure zerfällt. Ähnliche endogene Cyanide befinden sich neben dem Maniok in Bambus und Lein, die Grundnahrungsmittel für viele Menschen in Afrika, Südostasien und Lateinamerika sind. Ein hoher Gehalt an biologischen Cyaniden führt langfristig zu chronischen Cyanidvergiftungen. Um biologisches Cyanid schnell zu detektieren, können Derivate von Cobalaminen verwendet werden, bei denen ein Wassermolekül gegen Cyanid als axialer Ligand ausgetauscht wird. Die Reaktionsgleichung ist in Abb. 12.10 unten gegeben. Durch den Ligandenaustausch kommt es zu einem Farbwechsel, der mit bloßem Auge gut zu erkennen ist. Dass der Ligandenaustausch mit einem Farbwechsel einhergeht, ist nicht unerwartet (Siehe

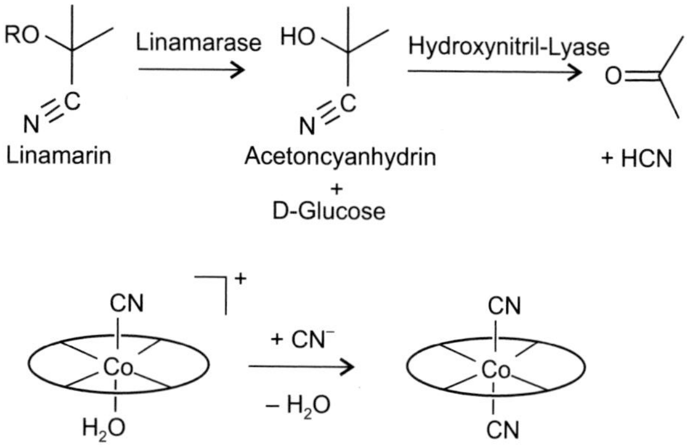

Abb. 12.10 Die Detektion biologischen Cyanides beruht auf einem schnellen Farbwechsel des Cobalamins von gelb nach rot in Gegenwart von Cyanid, der auf einen Ligandenaustausch zurückzuführen ist

Kap. 5, Farbigkeit von Komplexen). Das Interessante an dieser Reaktion ist der Ligandenaustausch an sich, der sehr schnell ist. Im Abschn. 6.2 (Stabilität von Komplexen) haben wir gelernt, dass oktaedrische Cobalt(III)-Komplexe eine sehr hohe kinetische Stabilität besitzen und deswegen Ligandenaustauschreaktionen nur sehr langsam stattfinden.

Im Folgenden beschäftigen wir uns damit, wie die freien Radikale gebildet werden, welche besondere Rolle das Cobalt hierbei spielt und was den schnellen Ligandenaustausch bei Cobalaminen ermöglicht.

12.3.1 Bioverfügbarkeit von Elementen

Die ersten funktionellen Modellverbindungen für die reversible Bindung von Sauerstoff waren Cobalt(II)-Komplexe. In biologischen Systemen nehmen Eisen- und Kupferkomplexe diese Funktion ein. Auf den ersten Blick ist das unerwartet. Aus komplexchemischer Sicht sind Cobalt und dessen höhere Homologen Rhodium und Iridium wesentlich besser für diese Funktion geeignet. Um die gleiche Funktion mit Eisen zu realisieren, müssen weitere Rahmenbedingungen (siehe picket-fence-Porphyrine) berücksichtigt werden. Die Ursache dafür ist die unterschiedliche Bioverfügbarkeit der einzelnen Elemente. In Tab. 12.2 ist die Häufigkeit ausgewählter biologisch relevanter Elemente gegeben. Für die Bioverfügbarkeit ist v. a. der Gehalt im Meerwasser interessant, da die Evolution hier begonnen hat. Bei einigen Elementen hat sich die Bioverfügbarkeit im Laufe der Evolution geändert. Ein gutes Beispiel hierfür ist das Eisen, das vor der Entstehung der Sauerstoffatmosphäre in zweiwertiger Form vorlag und dann gut bioverfügbar (weil gut wasserlöslich) war. In der Oxidationsstufe $+3$ führt das Auftreten schwer löslicher Oxide und Hydroxide zu einem deutlich geringeren Eisengehalt im Meerwasser. Der Blick auf das Cobalt zeigt, dass es von den 3d-Elementen die mit Abstand schlechteste Bioverfügbarkeit aufweist. Überhaupt ist Cobalt das seltenste Element der 3d-Reihe. Dazu kommt, dass Cobalt im Körper nur eine einzige Funktion hat – die des Coenzyms B_{12}. Das ist anders als beim Eisen, das im menschlichen Körper eine

Tab. 12.2 Häufigkeit ausgewählter biologisch relevanter Elemente. Die Elemente der 3d-Reihe sind hervorgehoben. [86]

Element	menschl. Körper [mg/kg]	Meerwasser [mg/l]	Erdkruste [mg/kg]	Verteilung [Gew. %]
H	101 000	107 300	1400	7.7
O	654 000	860 500	467 600	48.9
C	181 000	28	200	0.02
N	30 000	0.5	20	0.017
Ca	15 000	410	36 400	3.4
P	10 000	0.07	1000	0.1
S	2 500	928	260	0.03
K	2 200	380	26 000	2.4
Na	1 500	11 000	28 400	2.7
Cl	1 400	18 100	130	0.11
Mg	470	1 300	21 000	2.0
Fe	60	3×10^{-3}	50 200	4.7
Zn	40	5×10^{-3}	70	7×10^{-3}
Si	20	1	278 600	26.3
F	10	1.4	625	0.06
Sr	4	8.5	375	0.036
Cu	3	3×10^{-3}	55	5×10^{-3}
I	1	0.06	0.5	5×10^{-5}
Mn	0.3	2×10^{-3}	950	0.091
V	0.3	1.5×10^{-3}	135	0.013
Se	0.2	4.5×10^{-4}	0.05	5×10^{-6}
Mo	0.07	0.01	1.5	1.4×10^{-4}
Cr	0.03	6×10^{-4}	100	0.01
Co	0.03	8×10^{-5}	25	4×10^{-3}
Ni	0.014	2×10^{-3}	75	7.2×10^{-3}

Vielzahl verschiedener Funktionen übernimmt (siehe Tab. 12.1). Dieser Umstand deutet darauf hin, dass nur Cobalt, in Kombination mit dem Corrin-Liganden, für die Funktion im Coenzym B_{12} geeignet ist.

12.3.2 Struktur

Die Entdeckung des Coenzyms B_{12} fand wesentlich später statt, als die des roten Blutfarbstoffes Hämoglobin, der bereits in der Mitte des 19. Jahrhunderts in kristalliner Form isoliert wurde. Der Grund dafür sind die unterschiedlichen Konzentrationen, in denen die beiden Komponenten im Blut vorliegen. Sie beträgt bei den Cobalaminen ca. 0,01 mg/l Blut, was eine Anreicherung und Isolierung der Verbindung deutlich erschwerte. Dies gelang erst mit dem Aufkommen chromatographischer Trennverfahren, und so konnte das Cyanocobalamin erstmals 1948 rein dargestellt werden. Die Existenz einer „essentiellen Komponente" wurde bereits in den 1920er Jahren entdeckt. Damals wurden schwere Formen der Anämie durch die Gabe von Leberextrakten behandelt. In diesen Extrakten wurde eine „essentielle Komponente" nachgewiesen, die Cobalt-haltig ist und nur von Mikroorganismen synthetisiert werden kann. Essentielle (organische) Verbindungen, die nicht vom Körper selbst hergestellt werden können, werden als Vitamine bezeichnet. Aus diesem Grund wurde die essentielle Komponente aus den Leberextrakten als Vitamin B_{12} bezeichnet. Im Jahr 1964 gelang Dorothy Crowfoot-Hodgkin die Kristallstrukturanalyse vom Vitamin B_{12} und später auch vom Coenzym. Mit ca. 100 Nicht-Wasserstoffatomen war das zur damaligen Zeit eine herausragende Leistung, die einen wichtigen Beitrag zum Verständnis der Cobalamine leistete und für die Crowfoot-Hodgkin mit dem Nobelpreis für Chemie ausgezeichnet wurde.

In Abb. 12.9 ist die generelle Struktur der Cobalamine gezeigt, die sich lediglich im axialen Liganden R unterscheiden. Wie beim Häm befindet sich das Cobalt in der Mitte eines makrocyclischen N_4-Liganden. Dabei handelt es sich jedoch um den Corrin-Liganden, der sich von den Porphyrinen durch eine geringere Ringgröße (15 gliedrig anstelle von 16 gliedrig) und einer einfachen negativen Ladung (anstelle von zweifach negativ geladen) unterscheidet. Cobalt-Porphyrin-Komplexe lassen sich zwar herstellen und sind auch stabil, sie zeigen jedoch eine andere Reaktivität und eignen sich nicht als Cobalamin-Ersatz. In fünfter Position hat das Cobalt einen weiteren axialen Liganden. Dabei handelt es sich um einen über N(1)-koordinierten 5,6-Dimethylbenzimidazolring, der über eine längere Kette mit dem Corrin-Makrocyclus verbunden ist. Der Corrin-Makrocyclus ist, im Gegensatz zum Porphyrin-Makrocyclus nicht eben, sondern gefaltet in einer Butterfly- bzw. Sattelkonformation. Modellstudien zeigen, dass diese Verzerrung wichtig für die Reaktivität der Cobalamine ist. Wie bei den Porphyrinen ist auch der Corrin-Ligand ein ausgeprochener Starkfeldligand und es werden i. d. R. low-spin-Komplexe erhalten, die allerdings eine verzerrte Struktur aufweisen. Dies beeinflusst die Aufspaltung der d-Orbitale des Cobalts und damit auch die Reaktivität der Verbindung. So ist die verzerrte Struktur sicherlich einer der Gründe, warum die Cobalamine zu einem vergleichsweise schnellen Ligandenaustausch befähigt sind.

12.3.3 Reaktivität

Im Coenzym B_{12} hat das Cobalt die Oxidationsstufe $+3$ und die Koordinationszahl 6. Die Ausgangssituation ist vergleichbar mit den Werner-Komplexen (Kap. 1). Der Starkfeldligand und die hohe positive Ladung des Metallions führen zu einer starken Aufspaltung der d-Orbitale im oktaedrischen Ligandenfeld. Die sechs d-Elektronen des Cobalt(III)-Ions sind in tieferliegenden t_{2g}-Orbitalen gepaart und der Komplex ist diamagnetisch. Die hohe Stabilität oktaedrischer Cobalt(III)-Komplexe hängt mit der hohen Ligandenfeldstabilisierungsenergie zusammen.

Die Reaktivität des Coenzym B_{12} geht mit einem Bruch der Cobalt-Kohlenstoff-Bindung einher. Hier sind drei Varianten denkbar, die in Abb. 12.11 gegeben sind. Die Cobalt-Kohlenstoff-Bindung kann homolytisch oder heterolytisch gespalten werden. Bei einer homolytischen Bindungsspaltung wird den beiden Spaltprodukten je ein Elektron von dem

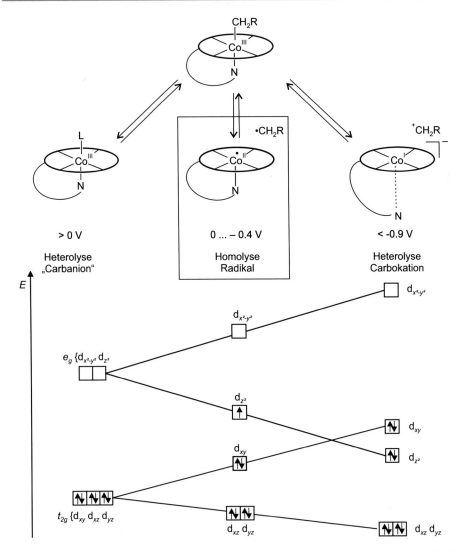

Abb. 12.11 Im Ruhezustand ist das Coenzym B$_{12}$ ein Cobalt(III)-Komplex mit einem oktaedrischen Ligandenfeld, der im low-spin-Zustand vorliegt. Die Cobalt-Kohlenstoff-Bindung kann homolytisch oder heterolytisch gespalten werden. Ersteres führt zur Ausbildung eines quadratisch pyramidalen Cobalt(II)-Komplexes und einem Radikal, die Bindung wird in der Mitte gespalten (Mitte). Bei der heterolytischen Bindungsspaltung verbleibt das gemeinsame Elektronenpaar bei einem der beiden Bindungspartner. Bei der links dargestellten Variante, wird formal ein Carbanion generiert, das gemeinsame Elektronenpaar bleibt beim Kohlenstoff. Diese Reaktion entspricht einem Ligandenaustausch, wie er z. B. bei der Generierung vom Coenzym B$_{12}$ aus dem Vitamin B$_{12}$ stattfindet. Bei der rechts gezeigten Variante bleibt das Bindungselektronenpaar beim Cobalt, es entsteht ein Carbokation und ein Cobalt(I)-Komplex. Die unterschiedlichen Oxidationsstufen werden durch die unterschiedlichen Koordinationsgeometrien stabilisiert. Dabei spielt die Position des 5. Liganden, der auch als Steuerligand bezeichnet wird, eine wichtige Rolle

gemeinsamen Elektronenpaar zugeordnet. Beim Coenzym B_{12} führt das dazu, dass ein Cobalt(II)-Komplex und ein organisches Radikal entstehen. Der Cobalt(II)-Komplex liegt nun in einer quadratisch pyramidalen Koordinationsumgebung vor. Diese Koordinationsumgebung ist für ein Cobalt(II)-Ion mit sieben d-Elektronen günstiger als die oktaedrische Koordinationsumgebung, weil durch die Aufspaltung der e_g-Orbitale das nun tiefer liegende d_{z^2}-Orbital mit dem zusätzlichen Elektron besetzt werden kann und dadurch eine höhere Ligandenfeldstabilisierungsenergie erhalten wird. Bei der heterolytischen Bindungsspaltung wird das gemeinsame Elektronenpaar einem der beiden Bindungspartner zugeordnet. Die hierbei auftretenden zwei Möglichkeiten sind links und rechts in Abb. 12.11 gezeigt. Bleibt das gemeinsame Elektronenpaar am Substituenten R, dann entstehen formal ein Carbanion und ein Cobalt(III)-Komplex. Diese Variante der heterolytischen Bindungsspaltung spielt bei Ligandenaustauschreaktionen eine Rolle, bei denen die Oxidationsstufe des Metallzentrums und die Koordinationszahl erhalten bleiben. Ein Beispiel hierfür wäre die Bildung vom Coenzym B_{12} aus dem Vitamin B_{12}.

Bei der in Abb. 12.11 rechts abgebildeten Variante bleibt das gemeinsame Elektronenpaar am Cobalt und es werden ein Cobalt(I)-Komplex und ein Carbokation erhalten. Hervorzuheben ist, dass sich in diesem Fall der fünfte Ligand komplett vom Cobalt entfernt und dieses nun in einer quadratisch planaren Koordinationsumgebung vorliegt. Diese ist besonders günstig für das Cobalt(I)-Ion mit seinen acht d-Elektronen, da wieder eine hohe Ligandenfeldstabilisierungsenergie erhalten wird. Das in dieser Koordinationsgeometrie stark antibindende $d_{x^2-y^2}$-Orbital wird nicht besetzt, wodurch für das Gesamtsystem ein Energiegewinn erzielt wird. Die Redoxpotentiale für die unterschiedlichen Schritte zeigen, dass die Homolyse im physiologisch interessanten Bereich liegt. Dies ist die bevorzugt ablaufende Reaktion.

Die Redoxpotentiale der zwei Reduktionsschritte vom Cobalt(III) zu Cobalt(II) und Cobalt(I) werden vom axialen Liganden beeinflusst. Die Erniedrigung der Oxidationsstufe geht mit einer Verringerung der Koordinationszahl einher, bis der fünfte Ligand vollständig abgespalten ist. Aus diesem Grund wird dieser Ligand auch als Steuerligand bezeichnet. Der Schritt vom oktaedrischen Cobalt(III)-Komplex zum quadratisch planaren Cobalt(I)-Komplex entspricht der aus der metallorganischen Chemie bekannten reduktiven Eliminierung (die Umkehrreaktion ist die oxidative Addition).

Mit dem Corrin-Liganden ist die Cobalt(I)-Stufe auch unter physiologischen Bedingungen stabil. Das ist bei den analogen Cobaltporphyrin-Komplexen nicht der Fall. Gründe dafür könnten ein etwas schwächeres Ligandenfeld des Porphyrinliganden oder auch die einfach negative Ladung des Corrin-Liganden sein.

Mutase-Aktivität

Es wurde eingangs schon erwähnt, dass die kontrollierte Erzeugung von Radikalen die Funktion des Coenzyms B_{12} ist. Die hierbei erzeugten Radikale werden z. B. für Mutase-Reaktionen benötigt. Die allgemeine Reaktionsgleichung hierfür ist in Abb. 12.12 gegeben.

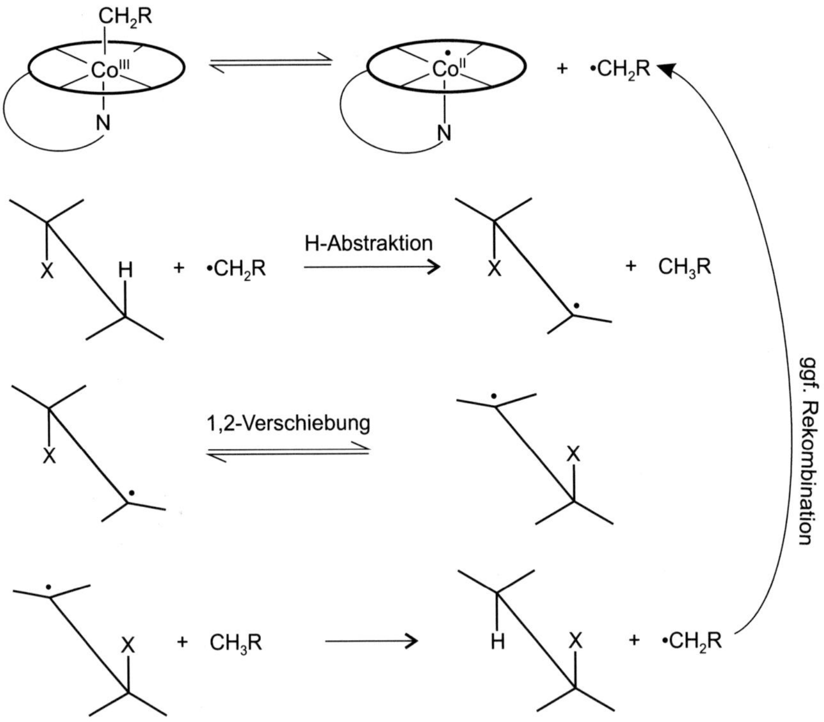

Abb. 12.12 Mutase-Aktivität vom Coenzym B$_{12}$. Das Coenzym B$_{12}$ stellt das für die 1,2-Verschiebung benötigte Radikal zur Verfügung

Wir sehen, dass das Cobalt nicht direkt an der Reaktion beteiligt ist, sondern nur das dafür benötigte Radikal zur Verfügung stellt. Die Rolle des Enzyms besteht in der Substratbindung. Diese löst eine Konformationsänderung aus, die zu einer Verminderung der Cobalt-Kohlenstoff-Bindungsenergie führt und die reversible Homolyse der Cobalt-Kohlenstoff-Bindung initiiert. Zusätzlich schirmt die Proteinumgebung des Enzyms das Radikal ab, um unerwünschte Reaktionen zu vermeiden und ist für die Stereoselektivität der Reaktion verantwortlich. Ein Beispiel ist die Glutamat-Mutase, die die Umwandlung von Glutaminsäure in die β-Methylasparaginsäure katalysiert (Abb. 12.13 oben).

Die 1,2-Verschiebung von funktionellen Gruppen HX, bei denen es sich um OH- oder NH$_2$-Gruppierungen handeln kann, ist wichtig für Dehydratasen und Desaminasen, die ebenfalls Coenzym B$_{12}$-abhängig sind. Hier führt die 1,2-Verschiebung zu einem instabilen Zwischenprodukt, bei dem unter Abspaltung von H$_2$X eine Doppelbindung ausgebildet wird. Der allgemeine Mechanismus ist in Abb. 12.13 unten gezeigt.

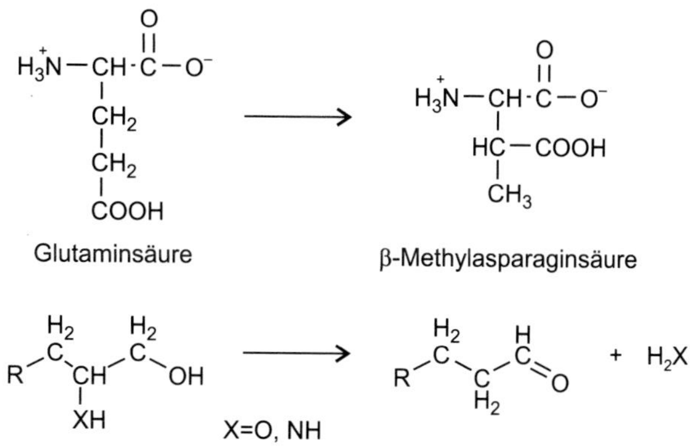

Abb. 12.13 Oben: Mutase-gesteuerte Umwandlung von Glutaminsäure in β-Methylasparaginsäure. Unten: Die Coenzym B_{12}-abhängige 1,2-Verschiebung von HX führt zur anschließenden Eliminierung, wie sie bei Dehydratasen und Desaminasen beobachtet wird

Glutaminsäure → β-Methylasparaginsäure

$X = O, NH$

Alkylierungsreaktion

In Mikroorganismen sind neben den bisher besprochenen Reaktionen Methylgruppen-übertragende Reaktionen wichtig. Ein auch für uns relevantes Beispiel ist die Synthese der essentiellen Aminosäure Methionin aus Homocystein, die z. B. von der Methionin-Synthase in *E. coli* durchgeführt wird. Dabei fungiert das Methylcobalamin als Methylierungsmittel. Als Methylgruppen-Quelle dient z. B. die 5-Methyltetrahydrofolsäure (5-Methyl-THFA). Die entsprechende Reaktionsgleichung ist in Abb. 12.14 gegeben. Bei dieser Reaktion wird eine elektrophile Methylgruppe übertragen, das heißt es entstehen ein Carbokation und die entsprechende Cobalt(I)-Spezies (siehe Abb. 12.11). Je nach Substrat, auf das die Methyl-Gruppe übertragen werden soll, können die Methylierungsreaktionen auch radikalisch oder über die Ausbildung eines Carbanions ablaufen. Letzteres wird bei edlen Elementen wie

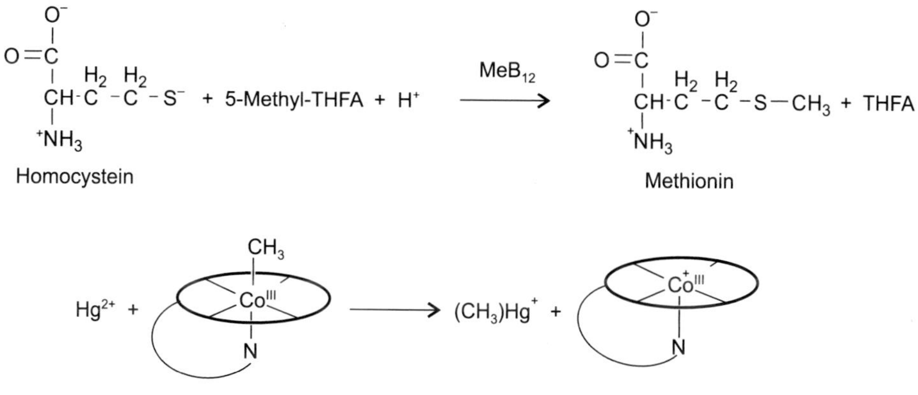

Homocystein → Methionin

$Hg^{2+} + $ → $(CH_3)Hg^+ + $

Abb. 12.14 Methylcobalamin-vermittelte Methylierungsreaktionen können über ein Carbokation, radikalisch oder über ein Carbanion verlaufen. Ein Beispiel für die erste Variante ist die oben dargestellte Synthese der essentiellen Aminosäure Methionin. Von einem carbanionischen Mechanismus wird bei der Bildung von Methylquecksilber ausgegangen

dem Quecksilber vermutet. Die Methylierung führt zur Bildung von Methylquecksilber (MeHg$^+$), einer besonders toxischen Form des Quecksilbers. Die hohe Toxizität lässt sich mit dem sowohl lipophilen als auch hydrophilen Charakter des kleinen Moleküls erklären. Er ermöglicht das Durchdringen der Blut-Hirn-Schranke oder auch der Placenta-Membran und daduch eine nahezu ungehinderte Verteilung im Körper.

Modellverbindungen und Anwendung in der Organischen Chemie

1,2-Verschiebungen sehen auf dem ersten Blick einfach aus, sind aber in der Organischen Chemie schwierig durchführbar. Aus diesem Grund besteht ein großes Interesse an Cobalaminen und entsprechenden Modellverbindungen. Für den Einsatz in der organischen Synthese verspricht man sich von Modellverbindungen eine geringere Empfindlichkeit und eine bessere Löslichkeit, v. a. in organischen Lösemitteln, als bei den Cobalaminen. Bisher wurden v. a. strukturelle Modellverbindungen hergestellt, die nur sehr eingeschränkt die Funktion der Cobalamine nachahmen. Beispiele dafür sind in Abb. 12.15 gegeben. Das Cobaloxim (das Bis(diacetyldioximato)cobalt(II)) war die erste Modellverbindung, die einige Eigenschaften der Cobalamine gut widerspiegelt. Ähnliche Eigenschaften zeigen die Cobalt-Salen und -Salophen-Komplexe. Der Costa-Komplex ist das einzige Beispiel mit makrocyclischem Liganden. Hier wurde eine gute Übereinstimmung mit den Redoxpotentialen des Vorbilds gefunden. Alle Modellverbindungen scheitern, ähnlich wie die Cobaltporphyrine, an der Stabilität der supernukleophilen Cobalt(I)-Stufe. Alternativ dazu wurden Cobester-Komplexe hergestellt. Dabei handelt es sich um B$_{12}$-Derivate ohne Nukleotid-Seitenkette, die aus Cobalaminen hergestellt wurden.

Die Fähigkeit der Alkyl-Cobalt-Bindungsbildung und deren einfache Spaltung unter Ausbildung von Radikalen machen das Vitamin B$_{12}$ und analoge Cobaltkomplexe zu einem interessanten Werkzeug in der organischen Synthese und der Naturstoffsynthese [91]. In der Regel handelt es sich dabei um C-C-Bindungsknüpfungen, der allgemeine Mechanis-

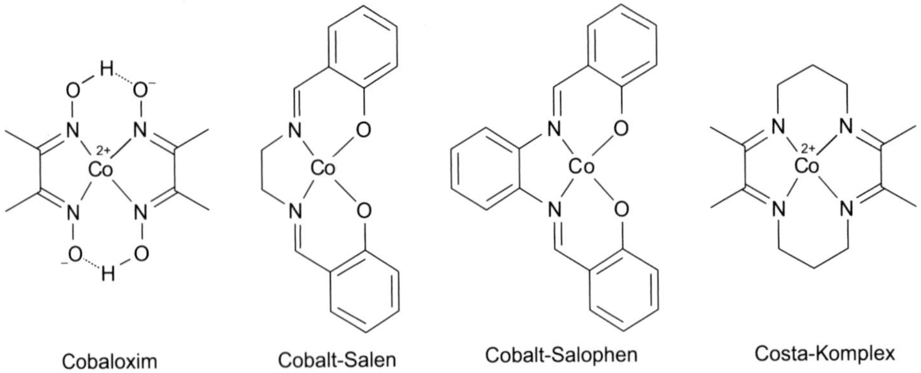

Cobaloxim   Cobalt-Salen   Cobalt-Salophen   Costa-Komplex

Abb. 12.15 Modellverbindungen für Cobalamine

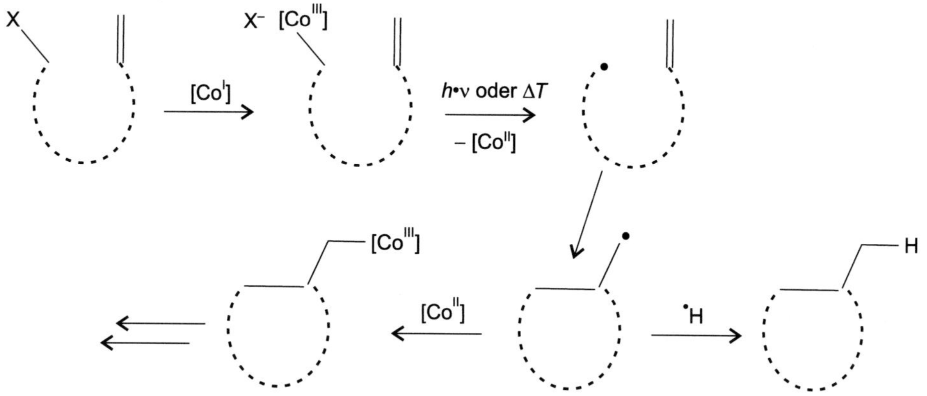

Abb. 12.16 Cobaltkomplex-assistierter Ringschluss

mus ist in Abb. 12.16 am Beispiel von Ringschlussreaktionen gegeben. Der erste Schritt ist die Substitution eines Halogens X durch den supernukleophilen Cobalt-Komplex unter Ausbildung einer Cobalt-Kohlenstoff-Bindung. Diese kann durch Bestrahlung oder Temperaturerhöhung unter Ausbildung eines organischen Radikals und einer Cobalt(II)-Spezies gespalten werden. Es folgt der Ringschluss. Das dabei entstehende Radikal kann abgefangen werden oder mit dem noch vorhandenen Cobalt(II)-Komplex rekombinieren. Diese Variante eröffnet die Möglichkeit weiterer Funktionalisierungsschritte.

12.4   Fragen

- Was ist der Unterschied zwischen einer strukturellen und einer funktionellen Modellverbindung?
- Was versteht man unter einer Hin- bzw. Rückbindung? Zeichnen Sie die relevanten Molekülorbitale eines entsprechenden Komplexes mit molekularem Sauerstoff in der end-on- bzw. side-on-Koordination. Beschriften Sie beim Metallzentrum und beim Sauerstoffmolekül, welche Orbitale überlappen!
- Was passiert bei einer Kohlenmonoxid-Vergiftung und warum hilft die Gabe von mit Sauerstoff angereicherter Luft bei der Behandlung?
- Warum wird für die Stabilisierung der Cobalt(I)-Stufe ein quadratisch planares Ligandenfeld benötigt?

Katalyse

13

Im kurzen historischen Abriss zur Entwicklung der metallorganischen Chemie hat sich die Bedeutung von Komplexen bzw. metallorganischen Verbindungen für die Katalyse bereits widergespiegelt. Die Vielzahl von Nobelpreisen, die für katalytische Verfahren vergeben wurden, unterstreichen das. Im Folgenden soll im ersten Abschnitt exemplarisch auf das Beispiel der Polymerisationskatalyse und deren Entdeckung eingegangen werden. Als weiterführende Literatur zu diesem aktuellen Forschungsgebiet wird das Buch „Organometall-chemie" von Elschenbroich [15] empfohlen. Der zweite Abschnitt dieses Kapitels beschäftigt sich mit der Photokatalyse, die gerade für die Bewältigung der Herausforderungen der heutigen Zeit hoch relevant ist. Als weiterführende Literatur empfiehlt sich zum Beispiel das Buch „Chemical Photokatalysis" von König (Ed.) [92].

13.1 Katalysator

Bevor wir uns mit katalytischen Verfahren beschäftigen, soll zunächst der Begriff Katalysator erläutert werden. Die IUPAC sagt: Ein Katalysator ist eine Substanz, welche die Reaktionsgeschwindigkeit erhöht, ohne die allgemeine Standard-Gibbs-Energiedifferenz ΔG^0 der Reaktion zu verändern. Der Prozess wird als Katalyse bezeichnet. Das heißt, ein Katalysator beschleunigt eine Reaktion, ohne dabei verbraucht zu werden. Er liegt nach der Reaktion unverändert vor und tritt deswegen in der Reaktionsgleichung häufig nicht auf. Neben der Reaktionsgeschwindigkeit beeinflusst der Katalysator oft auch den Reaktionsmechanismus, i. d. R. indem er die Aktivierungsenergie E_A für eine Reaktion herabsetzt. Er beeinflusst aber nicht die Lage des Gleichgewichts. Dieser Zusammenhang ist im Energiediagramm in Abb. 13.1 veranschaulicht.

Die in Abb. 13.1 aufgeführten Reaktionsgleichungen zeigen, dass sich intermediär ein Produkt aus Katalysator und Edukt bildet, das dann unter Rückgewinnung des Katalysators wieder zerfällt. In diesem Zusammenhang sollen noch zwei weitere Begriffe definiert

B. Weber, *Koordinationschemie*, https://doi.org/10.1007/978-3-662-63819-4_13

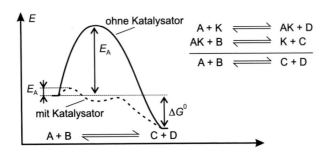

Abb. 13.1 Schematische Darstellung des Einflusses eines Katalysators auf das Energieprofil einer Reaktion *(links)* und den Reaktionsverlauf *(rechts)*. Die gestrichelte Kurve mit Katalysator zeigt zwei Maxima. Das ist ein Zeichen dafür, dass sich hier der Reaktionsmechanismus (siehe Gleichungen) verändert hat und dadurch die Aktivierungsenergie abgesenkt wird

werden, die im Folgenden benötigt werden. Wenn man von katalytischen Verfahren spricht, unterscheidet man zwischen der homogenen und der heterogenen Katalyse. Bei der homogenen Katalyse liegen Katalysator und Edukte in einer Phase vor. Das wäre der Fall, wenn alles z. B. im gleichen Lösemittel gelöst ist und alles in einer flüssigen Phase vorliegt. Auch eine Gasphasenreaktion, bei der Edukte und Katalysator in der Gasphase vorliegen, ist eine homogene Katalyse. Von einer heterogenen Katalyse spricht man, wenn Katalysator und Edukte in unterschiedlichen Phasen vorliegen. Ein typisches Beispiel ist ein fester Katalysator, bei dem die Edukte flüssig oder gasförmig sind und der Katalysator in dieser Flüssigkeit oder Gasphase dispergiert ist. In diesem Fall findet die Reaktion auf der Oberfläche des festen Katalysators statt.

13.2 Darstellung von Polyethylen (PE)

Die Polymerisationskatalyse ist ein katalytisches Verfahren, um aus einfachen Olefinen (z. B. Ethen, im Folgenden gelegentlich auch als Ethylen bezeichnet) langkettige Polymere herzustellen. Die dabei entstehenden Produkte – z. B. das Polyethylen (PE) – sind wichtige Werkstoffe, ohne die wir uns unser Leben gar nicht mehr vorstellen können. Bereits vor der Entdeckung der für uns im Rahmen dieses Buches interessanten Übergangsmetallkatalysierten Polymerisation von Ethylen wurde PE industriell hergestellt. In dem als Hochdruckverfahren bekannten Prozess wurde Ethen bei 1000–2000 bar und Temperaturen bis zu 300 °C radikalisch mit Sauerstoff als Initiator polymerisiert. Durch die extrem hohen Drücke und die hohen Temperaturen werden an die dafür benötigten Reaktoren hohe Ansprüche gestellt. In Abb. 13.2 sind die dabei ablaufenden Reaktionen kurz zusammengefasst. Unter den Reaktionsbedingungen entstehen aus dem Ethen Radikale (Initiation), an die sich weitere Ethen-Moleküle anlagern. Diesen Vorgang bezeichnet man als Kettenwachstum oder auch Propagation. Ein Abbruch des Kettenwachstums findet statt, wenn sich zwei Radikale

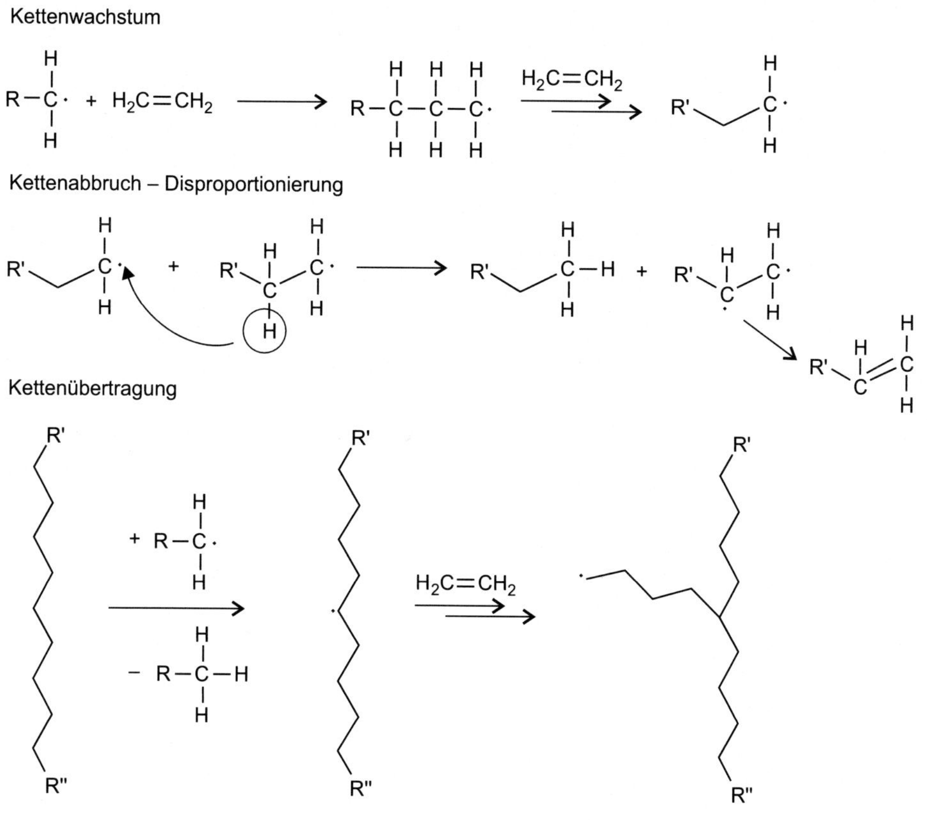

Kettenwachstum

Kettenabbruch – Disproportionierung

Kettenübertragung

Abb. 13.2 Radikalische Polymerisierung von Ethen. Gezeigt ist das Kettenwachstum, die Disproportionierung als Beispiel für eine Abbruchreaktion und die Kettenübertragung, die für die Verzweigung der entstehenden Polymere verantwortlich ist

„treffen" – ein als Rekombination bezeichneter Prozess, oder wenn ein Wasserstoff von einem Radikal auf ein zweites übertragen wird und man ein Alkan und ein Alken erhält. Dieser Vorgang entspricht einer Disproportionierung. Eine weitere wichtige Reaktion ist die Kettenübertragung. Bei ihr abstrahiert ein Radikal ein Wasserstoff aus der Mitte einer Alkylkette. Es entsteht ein neues Radikal, an dem eine neue Kette heranwächst, die einer Verzweigung entspricht.

13.2.1 Zieglers Aufbau- und Verdrängungsreaktion

Die Entdeckung der Übergangsmetall-katalysierten Polymerisationskatalyse beginnt mit Untersuchungen von Karl Ziegler in den 50er Jahren zur „Aufbaureaktion". Er untersuchte die Reaktion von Triethylaluminium mit Ethylen unter hohen Temperaturen und Drücken und beobachtete eine Addition der Al–C-Bindung an die C=C-Doppelbindung vom Ethen, also eine Insertion von Ethylen in die Metall-Kohlenstoff-Bindung. Auf diese Weise gelang ihm die Synthese von Trialkylaluminium-Verbindungen, deren Alkylketten Molekulargewichte bis zu 3000 erreichen konnten (bis zu 100 Insertionen). Das Kettenwachstum lässt sich nicht beliebig fortsetzten. Ab einer bestimmten Kettenlänge findet eine β-H-Eliminierung statt. Die β-H-Eliminierung ist die Umkehrreaktion der Olefininsertion. Beide Reaktionen stehen miteinander im Gleichgewicht (siehe Kap. 3, Elementarreaktionen der Metallorganischen Chemie) und die Lage des Gleichgewichts lässt sich in einem gewissen Umfang durch die Reaktionsbedingungen (z. B. dem Ethylendruck) beeinflussen. Das bei der β-H-Eliminierung entstehende Olefin wird von dem im Überschuss vorhandenen Ethen verdrängt. Dieser Schritt wird auch als Ziegler'sche Verdrängungsreaktion bezeichnet. In Abb. 13.3 sind die miteinander im Gleichgewicht stehenden Reaktionen abgebildet. Wir erkennen, dass es sich um eine durch Triethylaluminium katalysierte Ethylenoligomerisierung handelt. Für eine Polymerisierung müssten über 1000 Insertionen ablaufen, das gelingt unter den hier beschriebenen Reaktionsbedingungen nicht.

Die Ziegler'sche Aufbaureaktion zur Oligomerisierung von Ethen lässt sich wie die radikalische Polymerisation in Kettenstart (Insertion von Ethen in die Al–H-Bindung ausgehend von Ethylaluminiumhydrid), Kettenwachstum (die Aufbaureaktion) und Kettenabbruch (β-H-Eliminierung) unterteilen. Bei der Verdrängungsreaktion wird der Katalysator regeneriert und ein katalytischer Ablauf der Ethen-Oligomerisierung ist möglich. Dabei muss berücksichtigt werden, dass die Aufbaureaktion optimal bei Temperaturen um 100 °C und hohen

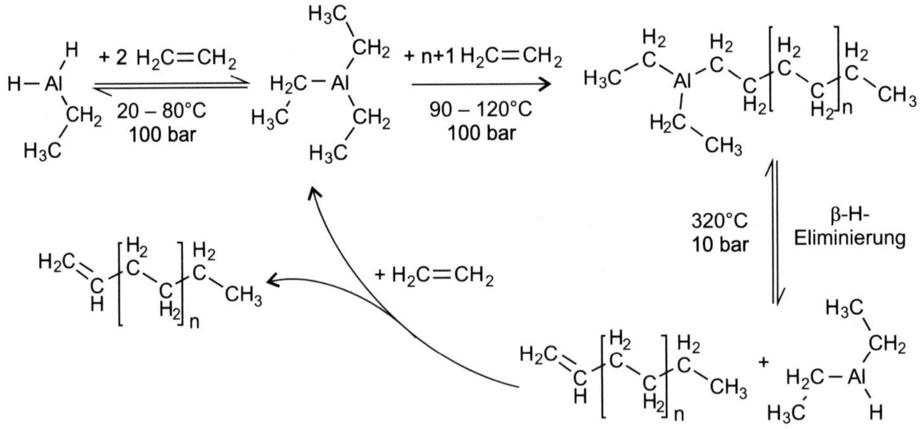

Abb. 13.3 Ablauf der Zieglerschen Aufbaureaktion und Verdrängungsreaktion. Die unterschiedlichen Reaktionsbedingungen ermöglichen einen zweistufigen Prozess, bei dem beide Schritte voneinander getrennt ablaufen. Bei mittleren Temperaturen finden beide Schritte parallel statt und eine katalytische Oligomerisierung von Ethen ist möglich. Aus Gründen der Übersichtlichkeit wurde die Aufbau-Reaktion und Verdrängungsreaktion nur für eine der Ethylgruppen des Aluminiums gezeigt. Tatsächlich findet dieser Vorgang an allen drei Ketten statt

Ethen-Drücken (100 bar) abläuft, während höhere Temperaturen (über 300 °C) und ein geringerer Ethen-Überschuss die β-H-Eliminierung und damit die Verdrängungsreaktion deutlich begünstigen. Deswegen ist es möglich, die Oligomerisierung mit denen in Abb. 13.3 aufgeführten Reaktionsbedingungen als zweistufigen Prozess zu führen. Die Länge der dabei erhaltenen Olefine lässt sich über das Verhältnis von Triethylaluminium zu Ethen kontrollieren. Bei Temperaturen zwischen 180 °C und 200 °C ist ein katalytisches Verfahren möglich, bei dem kürzere Olefine (C4 – C30 Kettenlänge) erhalten werden. Diese Variante wird als großtechnisches Verfahren (*Gulf*-Prozess, 200 °C, 250 bar) bis heute eingesetzt.

Mit den bisher beschriebenen Bedingungen können längerkettige Olefine hergestellt werden. Eine weitere Errungenschaft Zieglers ist das Ziegler-Alkohol-Verfahren, das als großtechnisches Verfahren als *Alfol*-Prozess bekannt ist. Bei diesem zweistufigen Verfahren werden die bei der Aufbaureaktion entstehenden Trialkylaluminium-Verbindungen in einem zweiten Schritt mit Sauerstoff zu Aluminiumalkoholaten oxidiert und anschließend hydrolysiert (Abb. 13.4). Dabei entstehen synthetische Fettalkohole, bei denen Kettenlängen zwischen 12 und 16 C-Atomen eingestellt werden. Diese Fettalkohole sind ideale Ausgangstoffe für die Darstellung biologisch abbaubarer Waschmittel. Damit hat das Verfahren wesentlich dazu beigetragen, die Waschmittelbelastung in Flüssen und Seen zu reduzieren.

Nun können wir uns noch die Frage stellen, warum gerade das Aluminiumion für die Ziegler'sche Aufbaureaktion geeignet ist. Die Aufbaureaktion entspricht einer Insertion von Olefinen in eine Metall-Kohlenstoff-Bindung. Für diese Reaktion wird eine freie Koordinationsstelle am Metallzentrum benötigt, an der das Olefin koordinieren kann. Zusätzlich wird noch eine Metall-Kohlenstoff-Bindung benötigt. Diese beiden Voraussetzungen sind beim Triethylaluminium erfüllt. Zum einem liegt eine Aluminium-Kohlenstoff-Bindung vor, zum anderen ist noch eine freie Koordinationsstelle vorhanden, da das Aluminium(III)-Ion die Koordinationszahl 4 anstrebt. Das Triethylaluminium ist eine Lewis-Säure, der ein Elektronenpaar zum Erreichen der Edelgaskonfiguration (in diesem Fall 8 Valenzelektronen) fehlt. So liegt z. B. das Trimethylaluminium bei Raumtemperatur in fester und gelöster Phase (Kohlenwasserstoffe) dimer vor und dissoziiert erst in der Gasphase bei höheren Temperaturen.

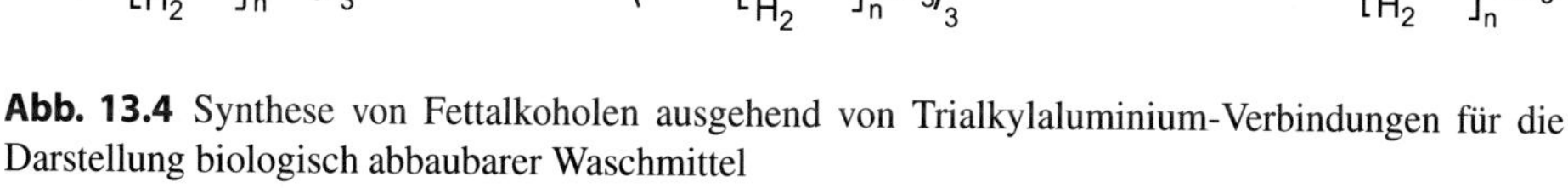

Abb. 13.4 Synthese von Fettalkoholen ausgehend von Trialkylaluminium-Verbindungen für die Darstellung biologisch abbaubarer Waschmittel

13.2.2 Der Nickel-Effekt

Ausgangspunkt für die Entdeckung der Ziegler-Natta Katalysatoren für die Polymerisation von Ethylen im Niederdruckverfahren waren Untersuchungen von Karl Ziegler zu der im vorhergehenden Abschnitt vorgestellten Aufbaureaktion. Bei einer dieser Reaktionen wurde anstelle von langkettigen Olefinen selektiv 1-Buten hergestellt. Bei nachfolgenden Untersuchungen stellte sich heraus, dass im Reaktionsgefäß Spuren einer Nickel-Verbindung enthalten waren. Diese als Nickel-Effekt bekannte Beobachtung führte zur systematischen Untersuchung zum Einfluss von Schwermetallen auf die Zieglersche Aufbaureaktion [93]. Dem Koordinationschemiker stellt sich nun die Frage, warum in Gegenwart von Nickel bevorzugt kurzkettige Olefine erhalten werden, während Ziegel-Natta-Katalysatoren (mit Titan) zur Ausbildung von Polymeren führen. Entscheidend ist hier die unterschiedliche Valenzelektronenzahl des aktiven Übergangsmetall-Zentrums. In Gegenwart von Triethylaluminium wird das Nickel, unabhängig davon, in welcher Oxidationsstufe es vorliegt, zu Nickel(0) reduziert, das eine d^{10}-Elektronenkonfiguration besitzt. Aufgrund der vielen d-Elektronen ist Nickel(0) besonders zur Ausbildung von Komplexen mit Olefinen geeignet (starke π-Rückbindung). Die hohe Stabilität von Nickel-Olefin-Komplexen begünstigt die β-H-Eliminierung (verantwortlich für Abbruch von Kettenwachstum) und es werden nur noch kurze Olefine erhalten. Man könnte von einer nickelkatalysierten Verdrängungsreaktion sprechen, die nun deutlich schneller abläuft. Das Nickel(0) fungiert dabei als Cokatalysator. Es sei darauf hingewiesen, das Nickel(0) an sich auch ein Katalysator ist, mit dem z. B. Butadien zu Cyclooctadien und Cyclododecatrien cyclooligomerisiert werden kann.

Um die nickelkatalysierte Verdrängungsreaktion zu verstehen, muss man die Neigung der Lewis-Säure Trialkylaluminium, in Gegenwart einer Lewis-Base (z. B. Nickel(0)) Lewis-Säure-Base Addukte und Mehrzentrenbindungen auszubilden, berücksichtigen. Darauf basierend wurde folgender Mechanismus für den „Nickel-Effekt" vorgeschlagen (Abb. 13.5). Die Triebkraft für die Reaktion ist die Bildung des im Vergleich zum Ethen energetisch günstigeren Butens.

1. Die als Katalysator eingesetzte Nickel(II)-Verbindung wird durch Trialkylaluminium reduziert.
2. Nickel(0) reagiert mit dem im Reaktionsgemisch vorhandenen Ethen unter Ausbildung von Tris-(ethylen)nickel(0).
3. Zwischen dem Nickel(0)-Komplex und dem Trialkylaluminium bilden sich die in Abb. 13.5 gezeigte Mehrzentrenbindung aus, in der die α-C-Atome des Trialkylaluminiums als Brücke zwischen Nickel und Aluminium dienen.
4. Es kommt zur Umordnung der Bindungen im Sinne einer elektrocyclischen Reaktion.

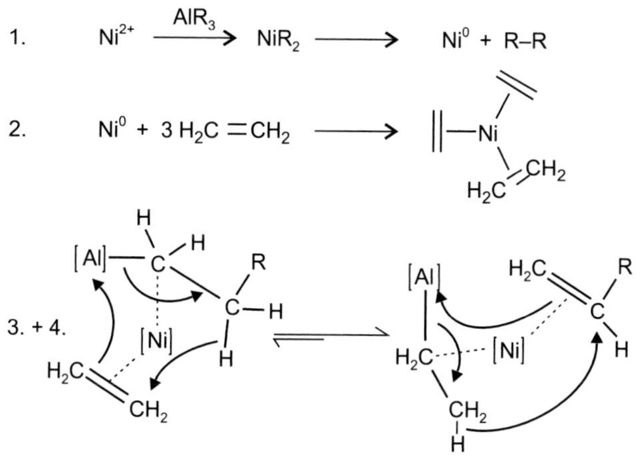

1. $\quad Ni^{2+} \xrightarrow{\ AlR_3\ } NiR_2 \longrightarrow Ni^0 + R\text{–}R$

2. $\quad Ni^0 + 3\,H_2C = CH_2 \longrightarrow$ (Struktur: Ni mit koordinierten Ethylengruppen)

3. + 4. (Strukturschema des Übergangszustandes mit [Al], [Ni] und Kohlenstoffatomen)

Abb. 13.5 Deutung des „Nickel-Effekts". Es kommt zur Ausbildung einer Mehrzentrenbindung zwischen dem Tris(ethylen)nickel(0) und dem Trialkylaluminium. Dabei koordinieren die α-C-Atome des Trialkyaluminiums an das Nickel. Aufgrund der räumlichen Nähe kann es nun zu einer Umordnung der Bindungen im Sinne einer elektrocyclischen Reaktion kommen

13.2.3 Polymerisation von Ethylen im Niederdruckverfahren

Die Entdeckung des Nickel-Effekts löste systematische Untersuchungen zum Einfluss von Schwermetallen (das sind Metalle mit einer Dichte größer $5\,g/cm^3$) auf die Aufbau- und Verdrängungsreaktion aus. Bei Cobalt und Platin wurde ebenfalls eine Beschleunigung der Verdrängungsreaktion beobachtet, während andere Metalle keinen Einfluss zeigten. Zirkonium war das erste Metall, für das eine Polymerisierung von Ethylen beobachtet wurde. Weitere Untersuchungen mit Übergangsmetallen der 4., 5. und 6. Gruppe zeigten, dass mit Titanverbindungen die wirksamsten Katalysatoren erhalten wurden. Mit einem aus Diethylaluminiumchlorid ($Al(Et)_2Cl$) und Titantetrachlorid ($TiCl_4$) hergestellten Katalysator gelang die Polymerisation von Ethylen bei Normaldruck und Raumtemperatur. Das dabei hergestellte Polyethylen unterscheidet sich wesentlich von dem mittels radikalischer Polymerisation erhaltenen. Das mit radikalischer Polymerisation hergestellte Hochdruckpolyethylen ist aufgrund der Radikalübertragungsreaktionen zwischen den Polymerketten verzweigt. Man erhält einen weichen Kunststoff mit einer vergleichsweise geringen Dichte, der sich z. B. für die Darstellung von Plastiktüten eignet. Aus diesem Grund wird es auch als LD-Polyethylen (LD = low-density = geringe Dichte) bezeichnet. Bei der Polymerisation mit den von Ziegler und Mitarbeitern in Mühlheim entwickelten Mischkatalysatoren entstehen nahezu unverzweigte lineare Polymerketten. Das so hergestellte Polyethylen ist ein härterer, teilkristalliner Kunststoff mit höherer Dichte, aus dem Rohre und Behälter angefertigt werden können. Dieser Kunststoff wird als HD-PE (HD = high density = hohe Dichte) bezeichnet. In Abb. 13.6 ist der Unterschied zwischen den beiden Polymeren schematisch dargestellt. Für

Abb. 13.6 Schematische Darstellung der Struktur von High-Density(HD)-Polyethylen und Low-Density(LD)-Polyethylen. Das mit radikalischer Polymerisation gewonnene LD-PE ist verzweigt. Das ist der Grund für die geringe Dichte dieses weichen Kunststoffes. Das mittels koordinativer Polymerisation gewonnene HD-PE ist nahezu unverzweigt, deutlich härter (kristalline Bereiche) und hat eine höhere Dichte

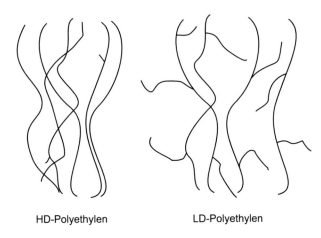

HD-Polyethylen   LD-Polyethylen

diese Errungenschaft (Polymerisation von Ethylen bei Raumtemperatur und Normaldruck) wurde Karl Ziegler 1963 zusammen mit G. Natta (stereospezifische Polymerisation von Propylen) mit dem Nobelpreis für Chemie ausgezeichnet. Die verwendeten Katalysatoren werden als Ziegler-Natta-Katalysatoren (ZN-Katalysatoren), metallorganische Mischkatalysatoren oder auch Mülheimer Katalysatoren bezeichnet. Sie sind eine Kombination aus Übergangsmetallverbindungen (meist Halogenid) und Hauptgruppenmetallalkylen (auch -arylen oder -hydriden), die Ethen oder α-Olefine katalytisch polymerisieren. Das klassische Beispiel ist $TiCl_n$ + $AlEt_3$.

Die Entdeckung der ZN-Katalysatoren führte zu einer Reihe von Untersuchungen, die Aufschluss über den Mechanismus der Ziegler-Natta-Polymerisation liefern sollten. In Abb. 13.7 ist die Generierung des Katalysators aus $TiCl_4$ und $Al(Et)_3$ gezeigt.

Das Titantetrachlorid wird in einem ersten Schritt vom Triethylaluminum reduziert und das dabei entstehende dreiwertige $\{TiCl_3\}_s$ fällt als fasriger Feststoff aus. Dieser Feststoff wird an der Oberfläche durch Triethylaluminium ethyliert und es werden freie Koordinationsstellen generiert. Diese sind für die katalytische Aktivität verantwortlich. Bei den Ziegler-Natta-Katalysatoren handelt es sich um einen heterogenen Katalysator, bei dem die Katalyse an der Oberfläche des Feststoffs stattfindet.

Nun stellte sich die Frage nach dem aktiven Zentrum und dem eigentlichen Mechanismus der koordinativen Polymerisation. Als Alternativen wurde die Ausbildung eines Dimetallkomplexes mit Alkyl/Halogen-verbrückten Ti- und Al-Atomen oder die Ausbildung einer kationischen Spezies durch Abstraktion eines Chloridions diskutiert. Diese Fragestellung konnte erst nach Studien an molekularen Systemen zufriedenstellend aufgeklärt werden.

Abb. 13.7 Generierung eines Ziegler-Natta-Katalysators

$$TiCl_4 \xrightarrow[-\ AlCl(Et)_2]{+\ Al(Et)_3} TiCl_3(Et) \xrightarrow[-\ 1/2\ \{C_2H_4+\ C_2H_6\}]{} \{TiCl_3\}_s$$

Eine homogene Polymerisation von Ethylen gelingt mit Metallocenen als Katalysatoren. Die Kombination von Dichloridobis(cyclopentadienyl)titan(IV) ($[TiCl_2(cp)_2]$) und Triethylaluminium als Co-Katalysator ist ein homogenes Katalysatorsystem, allerdings mit geringer Aktivität. Diese wird deutlich gesteigert, wenn anstelle von reinem Triethylaluminium bzw. Trimethylaluminium MAO als Co-Katalysator eingesetzt wird. MAO steht für Methylaluminoxan. Diese Verbindung wird erhalten, wenn Trimethylaluminium mit Spuren von Wasser versetzt wird. Dabei kommt es zur partiellen Hydrolyse der Aluminium-Kohlenstoff-Bindung und es entstehen oligomere Strukturen, die linear, cyclisch oder käfigförmig sein können. Nur wenige dieser Strukturen sind aktive Co-Katalysatoren, weswegen MAO im großen Überschuss zugegeben werden muss. Seine Funktion ist es, den Katalysator zu methylieren und in einem zweiten Schritt, aufgrund des Lewis-aciden Charakters des Aluminiums, ein Methylanion zu abstrahieren. Dabei entsteht, wie in Abb. 13.8 gezeigt, eine kationische Spezies $[Ti(cp)_2\,Me]^+$, die als aktives Zentrum für den katalytischen Cyclus diskutiert wird. Der endgültige Beweis, dass für den katalytischen Cyclus nur dieses Kation benötigt wird, gelang durch die Isolierung des Salzes $[Zr(cp)_2(Me)(THF)]^+BPh_4^-$. Dieses Kation mit dem nicht-koordinierenden Anion Tetraphenylborat ist auch ohne Aktivator ein Polymerisationskatalysator.

Mit der Kenntnis des katalytisch aktiven Zentrums lässt sich nun der Katalysecyclus formulieren, der für die heterogenen Ziegler-Natta-Katalysatoren und homogenen Metallocen-Katalysatoren gleichermaßen gilt. Wie bei der Zieglerschen Aufbaureaktion findet eine sich immer wieder wiederholende Insertion von Olefinen in die Metall-Kohlenstoff-Bindung statt. Die Polymerkette wächst am Metallzentrum, weswegen man von einer koordinativen Polymerisation spricht. Der Cyclus ist in Abb. 13.9 gegeben. In einem ersten Schritt ($1 \rightarrow 2$) koordiniert das Ethylen an die freie Koordinationsstelle am Katalysator. Es folgt die Insertion des Olefins in die Metall-Kohlenstoff-Bindung ($2 \rightarrow 3$). Diese Insertion erfolgt über einen cyclischen Übergangszustand, bei dem zwischen dem Metallzentrum und einem Kohlenstoff des Ethylen eine Bindung ausgebildet wird. Gleichzeitig wird eine Bindung zwischen

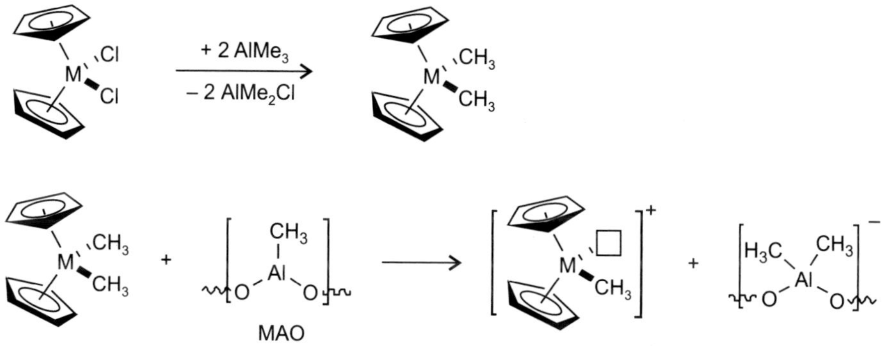

Abb. 13.8 Aktivierung von Metallocen-Polymerisationskatalysatoren mit MAO durch Methylierung und Abstraktion eines Methylanions

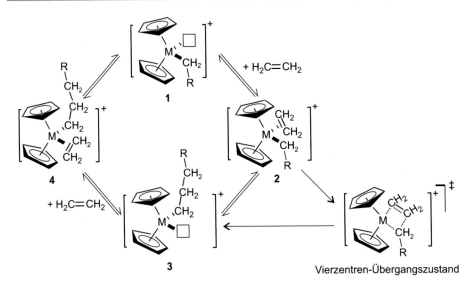

Abb. 13.9 Katalytischer Cyclus der Ethen-Polymerisation. Auf der rechten Seite ist der Vierzentren-Übergangszustand gezeigt. Er bewirkt, dass die Polymerkette immer zwischen zwei Koordinationsstellen am Metallzentrum wandert

dem zweiten Ethylen-Kohlenstoff und der Polymerkette ausgebildet. Dabei wird die Bindung zwischen der Polymerkette und dem Metallzentrum gebrochen und eine neue freie Koordinationsstelle entsteht. Die Polymerkette hat von **1** nach **3** die Seite gewechselt. Man kann die Insertion des Olefins auch als eine *syn*-Addition der Metall-Kohlenstoff-Bindung an die C-C-Doppelbindung vom Olefin beschreiben. Nun kann wieder ein Ethylen an die freie Koordinationsstelle binden und nach Insertion des Olefins in die Metall-Kohlenstoff-Bindung ist der Ausgangszustand wieder hergestellt.

13.2.4 Kettenabbruchreaktionen

In Analogie zu der Zieglerschen Aufbaureaktion finden auch bei der Polymerisation mit den ZN-Katalysatoren Kettenabbruchreaktionen statt, allerdings erst nach einer deutlich höheren Anzahl von Insertionen. Eine mögliche Kettenabbruchreaktion ist – wie bei Zieglers Aufbaureaktion – die β-H-Eliminierung. Bei dieser kann das β-H-Atom entweder auf das Metall oder auf ein gerade an das Metall koordinierte Monomer übertragen werden. Bei beiden Varianten erhält der gebildete Polymerstrang eine olefinische Endgruppe und der Katalysator bleibt aktiv. Eine weitere Kettenabbruchreaktion ist die homolytische Spaltung der Metall-Kohlenstoff-Bindung. Diese Variante führt zur Deaktivierung des Katalysators und man erhält Polymerradikale, die im Verhältnis 1:1 olefinische und alkylische Endgrup-

β-H-Eliminierung

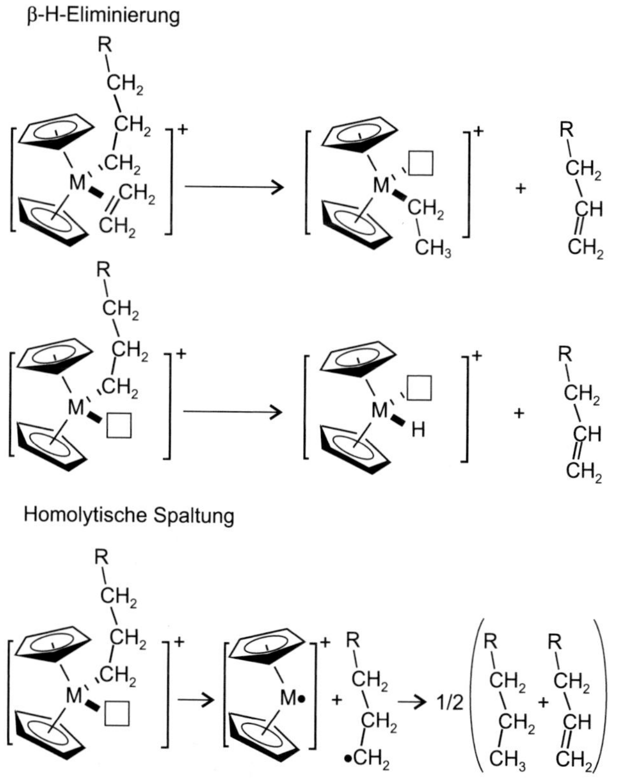

Homolytische Spaltung

Abb. 13.10 Kettenabbruchreaktionen bei der Ethen-Polymerisation mit ZN-Katalysatoren. Nach beiden Varianten der β-H-Eliminierung bleibt der Katalysator aktiv während die homolytische Spaltung zu einer Deaktivierung des Katalysators führt

pen liefern. Theoretisch ist auch eine α-H-Eliminierung denkbar. In Abb. 13.10 sind die ersten beiden Varianten gezeigt.

Die Untersuchung von Metallocen-Katalysatoren für die Olefinpolymerisation hat dazu beigetragen, geeignete Modelle für den Reaktionsmechanismus zu finden. Eine weitere Besonderheit der Ziegler-Natta-Katalysatoren ist die Fähigkeit, Propen stereoselektiv zu polymerisieren. Es wird nahezu ausschließlich isotaktisches Polypropylen erhalten. Dieses Verhalten wird nur mit den ZN-Katalysatoren erhalten, nicht aber für die Metallocene. Damit stellt sich die Frage, wie die Stereoselektivität erreicht wird.

13.3 Polypropylen

Mit dem Ziegler-Natta- und auch den Metallocen-Katalysatoren lässt sich nicht nur Ethylen polymerisieren, sondern es können auch längerkettige Olefine wie das Propen (auch

Propylen genannt) umgesetzt werden. Dabei zeigen die Ziegler-Natta-Katalysatoren eine erstaunlich hohe Regio- und Stereoselektivität, die bei den ersten Metallocen-Katalysatoren nicht beobachtet wurde. Auch wenn die Metallocen-Katalysatoren wirtschaftlich für die Polymerisation von Ethylen und Propylen nicht interessant sind, haben die Untersuchungen an diesen Systemen einen wichtigen Beitrag zur Aufklärung der Stereospezifität der Ziegler-Natta-Katalysatoren geleistet. Die aus diesen Untersuchungen gewonnenen Erkenntnisse werden im Folgenden vorgestellt [94].

13.3.1 Regioselektivität

Im Gegensatz zu Ethen sind beim Propen die beiden C-Atome der Doppelbindung nicht equivalent. Damit stellt sich bei einer Polymerisation die Frage, zwischen welchen Atomen die neue Kohlenstoff-Kohlenstoff-Bindung geknüpft wird. Wird eine Verknüpfungsvariante bevorzugt, dann spricht man von Regioselektivität. Von einer Kopf-Schwanz-Verknüpfung spricht man, wenn die Bindung immer zwischen C1 und C2 (siehe Abb. 13.11) ausgebildet wird. Alternativ könnte eine immer alternierende Kopf-Kopf–Schwanz-Schwanz-Verknüpfung (C1-C1–C2-C2, siehe Abb. 13.11) stattfinden. Beide Varianten sind regioselektiv. Ist die Verknüpfung willkürlich, wird keine Regioselektivität beobachtet.

Die Polymerisation mit Ziegler-Natta-Katalysatoren führt grundsätzlich zu einer regioselektiven 1-2-Verknüpfung (Kopf-Schwanz) vom Propen. Diesen Umstand kann man erklären, wenn man bedenkt, dass es sich um einen heterogenen Katalysator handelt und das die Methylgruppe (C3) einen gewissen sterischen Anspruch hat. In Abb. 13.12 ist der Zusammenhang dargestellt. Dabei werden zwei Varianten unterschieden. Bei Variante (a) findet ausschließlich eine [M]-C1-Bindungsknüpfung statt. Jedes weitere Propen-Molekül wird so angelagert, dass die sterische Wechselwirkung zwischen der Methylgruppe und der Katalysatoroberfläche möglichst gering ist. Bei Variante (b) erfolgt ausschließlich eine [M]-C2-Bindungsknüpfung. Hier bewirkt der sterische Anspruch der Methylgruppe des direkt am Metallzentrum koordinierten Kohlenstoffs, dass das nächste Propen sich mit der Methylgruppe nach unten (zur Katalysatoroberfläche) anlagert, da sonst die sterische Abstoßung zwischen den beiden Methlygruppen zu groß ist.

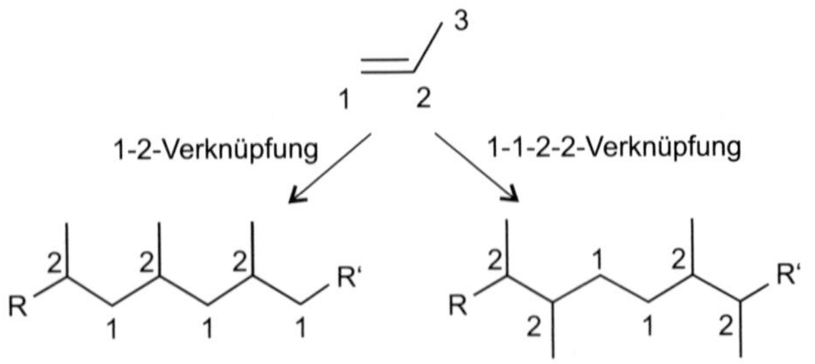

Abb. 13.11 Möglichkeiten der regioselektiven Polymerisation von Propylen. Die alternierende C1-C1–C2-C2-Verknüpfung ist präparativ nicht zu realisieren

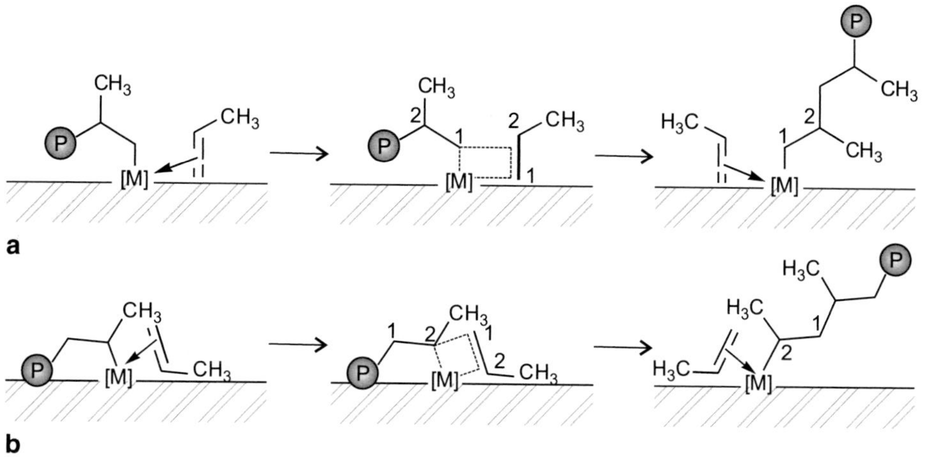

Abb. 13.12 Schematische Darstellung des Mechanismus der regioselektiven Polymerisation von Propen. Es findet entweder ausschließlich eine [M]-C1-Bindungsknüpfung (Variante **a**), oder eine [M]-C2-Bindungsknüpfung (**b**) statt

13.3.2 Stereoselektivität

Propen ist prochiral. Das bedeutet, dass bei der Polymerisation von Propen ein chirales Kohlenstoffatom entsteht. Ein chirales Kohlenstoffatom unterscheidet sich in allen vier Substituenten. Für die in Abb. 13.13 abgebildeten Kohlenstoffketten trifft das immer auf zwei Kohlenstoffatome zu, deren absolute Konfiguration mit *(R)* bzw. *(S)* nach der Cahn-Ingold-Prelog-Konvention (kurz CIP) angegeben ist. Die absolute Konfiguration bestimmt man, indem man die Substituenten nach ihrer Priorität ordnet. In unserem Fall korreliert die Priorität mit der Anzahl der Kohlenstoffatome in der Kette des Substituenten. Das Molekül wir nun so gedreht, dass der Substituent mit der niedrigsten Priorität (in unserem Fall der Wasserstoff) nach hinten (unter die Bildebene) zeigt. Die restlichen Substituenten werden in einer Kreisbewegung mit abnehmender Priorität verbunden. Wird diese Bewegung im Uhrzeigersinn durchgeführt, ist die absolute Konfiguration *(R)*, entgegen dem Uhrzeigersinn entspricht *(S)*.

Bei Polypropen wird anstelle der absoluten Konfiguration die relative Konfiguration angegeben. Diese basiert auf dem ersten chiralen Atom am linken Kettenende und ändert sich nicht, solange das nächste chirale Atom die gleiche relative Konfiguration besitzt. Der Unterschied lässt sich sehr gut am im Abb. 13.13 oben gezeigten isotaktischen Polypropen veranschaulichen. Die absolute Konfiguration ist abhängig davon, auf welcher Seite des Polymerstrangs das chirale Kohlenstoffatom ist. Die relative Konfiguration ist bei allen chiralen Kohlenstoffatomen gleich, die Methylgruppe zeigt in der Fischer-Projektion immer

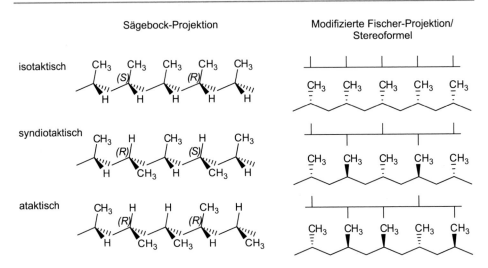

Abb. 13.13 Die regioselektive Polymerisation von Propen kann drei verschiedene Stereoisomere liefern: isotaktisches, syndiotaktisches und ataktisches Polypropen. Die ataktische Polymerisation verläuft ohne Stereoselektivität, während die beiden anderen Varianten stereoselektiv polymerisiert werden. Die besten Materialeigenschaften besitzt isotaktisches Polypropen, das bei der Polymerisation mit Ziegler-Natta-Katalysatoren erhalten wird

nach oben. Damit lautet die relative Konfiguration der drei mittleren C-Atome basierend auf dem ersten (linken) chiralen C-Atom *S S S*.

Die stereoselektive Polymerisation von Propen liefert ein isotaktisches oder syndiotaktisches Polymer. Die erste Variante wird mit den Ziegler-Natta-Katalysatoren erhalten. Die bisher vorgestellten Metallocen-Katalysatoren polymerisieren ohne Stereoselektivität. Dabei wird ataktisches Polypropen erhalten, das bezogen auf die Materialeigenschaften am wenigsten interessant ist.

Für die Stereoselektivität bei der Polymerisation von Propen ist es ausschlaggebend, ob der Katalysator auf der *Re*-Seite oder der *Si*-Seite des Propens koordiniert. Der Zusammenhang ist in Abb. 13.14 gezeigt. Welche Seite *Re* bzw. *Si* ist, wird wieder mit der CIP-Konvention bestimmt. Dabei muss darauf geachtet werden, dass die Doppelbindung die höchste Priorität besitzt. Wie in Abb. 13.14 illustriert, führt der Angriff an der *Re*-Seite zum *S*-Enantiomer, während der Angriff an der *Si*-Seite zum *R*-Enantiomer führt. Um isotaktisches Polypropen zu erhalten, muss das Propen immer mit der gleichen Seite an das Übergangsmetall koordinieren, während für syndiotaktisches Polypropen die Seiten sich alternierend abwechseln müssen.

Stereoselektives Polypropylen mit Metallocen-Katalysatoren

Während die Ziegler-Natta-Katalysatoren von Anfang an stereospezifisch isotaktisches Polypropylen geliefert haben, gelang das mit den Metallocen-Katalysatoren erst mit dem Auf-

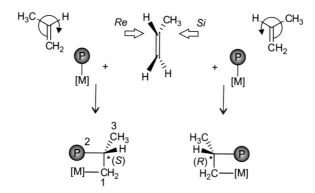

Abb. 13.14 Propen ist prochiral. In Abhängigkeit davon, ob der Angriff des Katalysators auf der *Re*- bzw. *Si*-Seite erfolgt, hat das dabei entstehende chirale C-Atom *S*- bzw. *R*-Konfiguration. Bei der Festlegung der Priorität nach der CIP-Konvention muss darauf geachtet werden, dass beim prochiralen Propen die Doppelbindung und beim Produkt die Seitenkette mit Katalysator die höchste Priorität hat

kommen der ansa-Metallocene. Ansa steht dabei für Henkel und bedeutet, dass die beiden Cyclopentadienyl-Ringe über einen „Henkel" miteinander verbunden sind. Drei Beispiele für solche Präkatalysatoren sind in Abb. 13.15 gegeben. Je nach Substitutionsmuster an den cp-Ringen kann die Stereoselektivität bei der Polymerisation von Propen eingestellt werden.

In Abb. 13.16 ist der Mechanismus für die Darstellung von isotaktischem und syndiotaktischem Polypropen gegeben. Aufgrund der sterischen Abstoßung des Substituenten am Cyclopentadienyl-Ring gibt es immer nur eine Variante, wie das eintretende Propen-Molekül an den Katalysator koordinieren kann. Diese Erkenntnisse lassen sich nun auf die Ziegler-

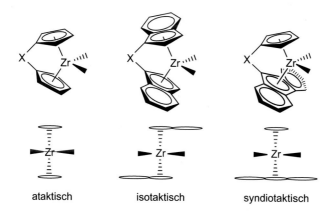

Abb. 13.15 Stereospezifische Polymerisation von Propen mit Metallocen-Katalysatoren. Je nach Subsitutionsmuster am Cyclopentadienly-Ring wird ataktisches, isotaktisches oder syndiotaktisches Polypropen erhalten. Die verbrückende Gruppe X ist z. B. SiMe$_2$

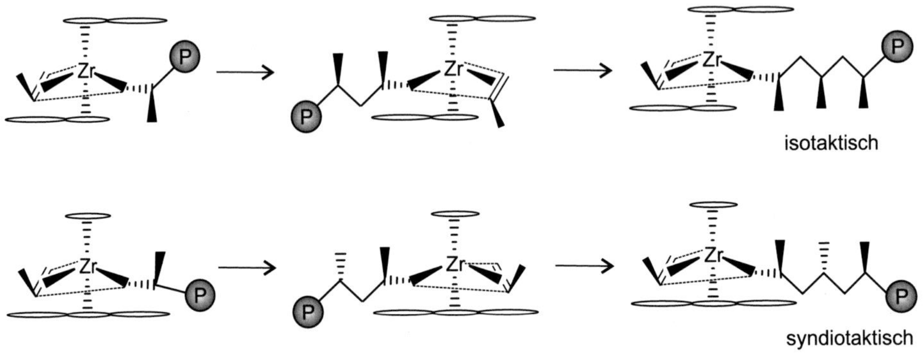

isotaktisch

syndiotaktisch

Abb. 13.16 Schematische Darstellung des Mechanismus der stereospezifischen Polymerisation von Propen mit Metallocen-Katalysatoren

Abb. 13.17 Schematische Darstellung des Mechanismus der stereospezifischen Polymerisation von Propen mit Ziegler-Natta-Katalysatoren

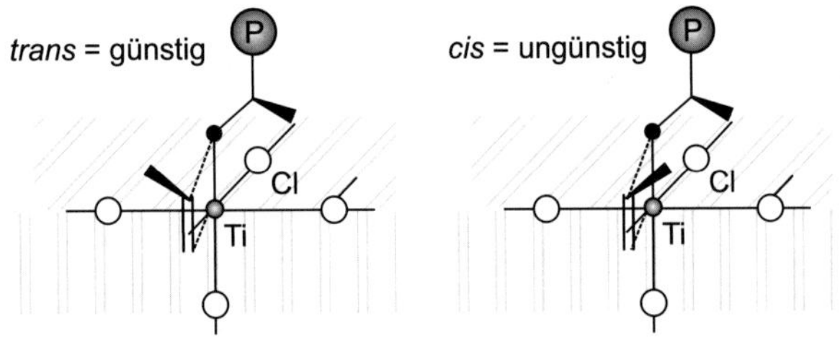

trans = günstig   *cis* = ungünstig

Natta-Katalysatoren übertragen und führen zu dem in Abb. 13.17 gegebenen Vorschlag für die bevorzugte Koordination von Propen am aktiven Zentrum auf der Katalysatoroberfläche.

13.4 Photokatalyse

13.4.1 Grundlagen

Im Abschnitt zur Lumineszenz bei Komplexen haben wir bereits die mit Licht angeregten elektronischen Zustände von Komplexen im Detail betrachtet. Neben der strahlungslosen Deaktivierung oder der Emission von Licht gibt es eine dritte Möglichkeit, wozu dieser Zustand genutzt werden kann: zur Realisierung von chemischen Reaktionen, die ohne Lichteinstrahlung nicht stattfinden würden. Bevor wir uns dies im Detail ansehen, stellen wir uns die Frage, was der Unterschied zwischen Photokatalyse und einer photochemischen Reaktion ist.

Bei einer photochemischen Reaktion ist Licht in Form von Photonen an der Reaktion beteiligt. Die Photonen werden vor der Reaktion von einem der Reaktanten absorbiert, d. h. während der Reaktion verbraucht. Dieser ursächliche Zusammenhang von Absorption und Reaktion wurde schon von Grotthuss (1817) und ein weiteres Mal durch Draper (1842) formuliert. Photonen selbst können also der Definition von Katalyse gemäß nicht katalytisch wirken, da ein Katalysator nach der Reaktion wieder unverbraucht vorliegt. Das Licht ist in diesem Fall kein Katalysator sondern ein Ausgangsstoff. Als Beispiel betrachten wir folgende einfache Redox-Reaktion zwischen einem Akzeptormolekül A und einem Donormolekül D in Lösung:

$$A + D + h\nu \rightarrow A^* + D \rightarrow A^- + D^+$$

In Abb. 13.18 sind die zur Reaktion gehörenden Energieschemata gezeigt. Die Aktivierungsenergie für die Redoxreaktion zwischen A und B ist im Dunkeln sehr hoch, so dass unter diesen Bedingungen die Reaktion nicht abläuft. Wenn A Licht der geeigneten Wellenlänge absorbiert, erhalten wir den elektronisch angeregten Zustand A*. Hier wurde ein Elektron in ein energiereicheres, häufig antibindendes, Molekülorbial (das LUMO) angeregt. Zusätzlich verbleibt ein positives „Loch" im bis dahin voll besetzten HOMO. Im elektronisch angeregten Zustand kann Verbindung A* das „energiereiche" Elektron nun leichter abgeben und wirkt dadurch als Reduktionsmittel. Gleichzeitig kann das „Loch" ein Elektron aufnehmen. A* kann also auch als Elektronenakzeptor, als Oxidationsmittel wirken. Beides widerspricht sich nicht, A* ist im Vergleich zu A zugleich ein stärkeres Oxidations- und Reduktionsmittel. In unserer Beispielreaktion fungiert A als Akzeptor und wird reduziert.

Wenn die Freie Enthalpie G^0 der Produkte A^- und D^+ nun höher liegt als die der Edukte A und D, spricht man bei solchen Reaktionen auch von photochemischer Energiespeicherung (siehe Abb. 13.18). Diese Bedingung ist zum Beispiel bei der Photosynthese erfüllt, wo die

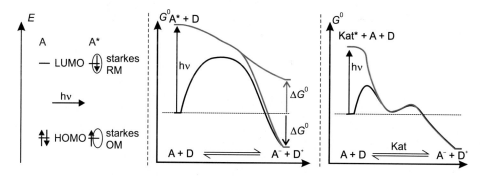

Abb. 13.18 Links: wenn ein Elektron mit Licht vom höchsten besetzten Molekülorbital (HOMO) ins niedrigste unbesetzte Molekülorbital (LUMO) angeregt wird, dann hat dieser elektronisch angeregte Zustand zugleich ein stärkeres Oxidationvermögen und Reduktionsvermögen. Mitte: Zwei mögliche Energieprofile einer solchen photochemischen Reaktion. Ausgehend vom angeregten Zustand wird ein anderer Reaktionsweg genommen als bei der thermischen Reaktion. Bei einigen photochemischen Reaktionen ist die Energie der Produkte höher ist als die der Edukte (rote Kurve). Dann spricht man auch von photochemischer Energiespeicherung, ein Beispiel hierfür ist die Photosynthese. Rechts: Vergleich des Energieprofils einer katalysierten und einer photokatalysierten Reaktion

Produkte (Sauerstoff und Zucker) energiereicher sind als die Edukte (CO_2 und H_2O). Ein weiteres Beispiel wäre die Wasserspaltung zu Wasserstoff und Sauerstoff.

Der Begriff Photokatalyse wird in der Regel im Zusammenhang mit einem Photokatalysator verwendet. Dabei ist der Photokatalysator, PK, nicht Licht, sondern ein Stoffsystem, das in Gegenwart von Licht den Zustand D-PK-A* mit induzierter Aktivität erzeugt. Katalytisch aktiv ist somit der angeregte Zustand des Photokatalysators. Dies unterscheidet die Photokatalyse grundsätzlich von thermischen Katalysatoren mit permanenter Aktivität. Die Edukte absorbieren dabei normalerweise kein Licht:

$$A + D \xrightarrow[\text{PK}]{\text{h}\nu} A^- + D^+$$

Photokatalysatoren können Moleküle oder Komplexe sein, bei denen der angeregte Zustand langlebig genug ist, um an Folgereaktionen teilzunehmen. In den meisten Fällen liegen diese Photokatalysatoren gelöst mit den Ausgangsstoffen in der Reaktionsmischung vor, es findet also eine homogene Katalyse statt. Als Photokatalysatoren können aber auch Halbleiter wie z. B. TiO_2, ZnO oder CdS für eine heterogene Photokatalyse eingesetzt werden. In Abb. 13.19 sind beide Varianten vergleichend einander gegenübergestellt. Weitgehend analog zu der Anregung eines Elektrons aus einem HOMO in ein LUMO bei molekularen Systemen, wird im Halbleiter das Elektron aus dem Valenzband (VB) in das Leitungsband (LB) angeregt. Auf diese Weise kommt es ebenfalls zu einer Elektron/Loch (bzw. Elektron/Defektelektron) Paarbildung im elektronisch angeregten Zustand, und der Halbleiter fungiert zugleich als gutes Oxidations- und Reduktionsmittel. Um für eine Umsetzung mit gelösten und/oder adsorbierten Partnern zur Verfügung zu stehen, müssen die Elektronen und die Defektelektronen zur Oberfläche des Halbleiters wandern, ein Vorgang der auch als Exitonenwanderung bezeichnet wird. Es werden räumlich voneinander getrennte Ladungen erzeugt. Bei den molekularen Systemen haben wir im Kapitel zur Lumineszenz schon die Möglichkeit der strahlungslosen Deaktivierung für die Rückkehr des Systems in den Grundzustand kennengelernt. Dieser Vorgang tritt immer als Alternative zur erwünschten chemischen Folgereaktion auf. Bei Halbleitern tritt dieser Vorgang auch auf und wird als Rekombination des Elektron/Loch-Paares bezeichnet. Diese Deaktivierung des elektronisch angeregten Zustandes führt dazu, dass nicht jedes eingestrahlte Photon auch für eine chemische Reaktion verwendet wird. Die Effizienz einer photokatalytischen Reaktion kann durch die photokatalytische Quantenausbeute bzw. die Quanteneffizienz/den Wirkungsgrad angegeben werden.

Abschließend fragen wir uns noch, was der Unterschied zwischen einem Photokatalysator und einem Photosensibilisator (PS) ist. Bei molekularen Systemen lässt sich diese Frage sehr gut beantworten. Das in Abb. 13.19 auf der linken Seite gezeigte System ist ein Photokatalysator, der direkt an den Redoxschritten der chemischen Reaktion teilnimmt. Im angeregten Zustand wird PK* zunächst vom Akzeptormolekül A zu PK$^+$ oxidiert (alternativ kann PK* vom Donor zu PK$^-$ reduziert werden), und dann in einem weiteren Schritt vom Donormolekül D wieder zu PK reduziert. Durch die erneute Absorption eines Lichtquants wird der

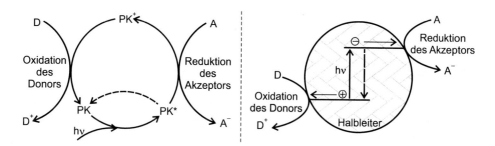

Abb. 13.19 Links: Schematische Darstellung einer Redoxreaktion mit einem molekularen Photokatalysator (PK) in homogener Phase. Die Löschung vom angeregten Zustand PK* erfolgt unter Elektronenabgabe an A. Der komplementäre Fall, die Löschung von PK* unter Elektronenaufnahme von D, ist aber genauso möglich. Man nutzt beide Wege. Rechts: Schematische Darstellung eines Halbleiter-Partikels als Photokatalysator für Redox-Reaktionen. Das Elektron und das Loch werden hier als positive und negative Ladung dargestellt, die an die Partikeloberfläche wandert und dort für Folgereaktionen zur Verfügung steht. Bei beiden Varianten führt nicht jedes absorbierte Photon zu einer chemischen Folgereaktion. Der Grund dafür ist der als gestrichelte Linie eingezeichnete Prozess, bei der das Molekül bzw. der Halbleiter wieder in den elektronischen Grundzustand zurück fällt, ohne an einer Reaktion teilzunehmen. In beiden Fällen liegt der PK nach Reaktion unverändert vor

nächste Zyklus gestartet. Letztlich fungiert PK* als Redoxvermittler im Sinne eines Paares von (Photo-)elektrolytischen Einelektronenprozessen. Bei einer photosensibilisierten Reaktion wird der Photosensibilisator PS durch Lichtanregung in den elektronisch angeregten Zustand PS* überführt. Dieser angeregte Zustand kehrt wieder in den Grundzustand zurück, wobei die Energie auf ein Antennenmolekül übertragen wird, das dann die Folgereaktionen katalysiert. Ein schönes Beispiel hierfür aus der Natur ist der Lichtsammelkomplex bei der Photosynthese, der das Sonnenlicht absorbiert und die Energie zum Reaktionszentrum der Lichtreaktion der Photosynthese weiterleitet, wo dann die eigentliche Katalyse stattfindet.

Bei Halbleitern in der heterogenen Photokatalyse wird diese Diskussion Katalyse vs. Sensibilisierung deutlich kontroverser geführt, da es schwierig ist zu zeigen, dass der Halbleiter durch Oxidation oder Reduktion vorübergehend chemisch verändert wird. Man könnte auch von einer durch Halbleiter sensibilisierten Photoreaktion sprechen. Noch komplexer wird es, wenn nicht nur ein Halbleiter, sondern eine Kombination von Halbleiter und Edelmetall (z. B. Gold-Partikel auf TiO_2) als heterogener Katalysator zum Einsatz kommt. Im genannten Beispiel könnte man davon ausgehen, dass TiO_2 für die Absorption des Lichtes verantwortlich ist, während die eigentliche Katalyse am Gold-Partikel stattfindet. Damit wäre TiO_2 der Photosensibilisator, oder auch der Absorber. Bei anderen Kompositmaterialien, zum Beispiel der Kombination von zwei Halbleitern (TiO_2 und CdS), wird die Zuordnung der einzelnen Funktionen deutlich schwieriger. Im Rahmen dieses Buchkapitels bezeichnen wir sowohl die molekularen Systeme, als auch die Halbleiter, die wie in Abb. 13.19 funktionieren, als Photokatalysatoren. Bei Kompositmaterialien bezieht sich der Begriff häufig auf das komplette Materialsystem.

13.4.2 Die Photosynthese

Die Photosynthese ist das bekannteste Beispiel für eine von der Natur optimierte photokatalytische Reaktion. Wir betrachten im Folgenden nur die Lichtreaktion, die in den Chloroplasten aller grüner Pflanzen stattfindet. Der ganze Prozess ist stark vereinfacht schematisch
in Abb. 13.20 wiedergegeben. An der Lichtreaktion sind zwei Photosysteme beteiligt, die
nach der absorbierten Wellenlänge als P700 (Photosystem, PS I) und P680 (PS II) bezeichnet
werden. Im PS II findet die Wasseroxidation am sauerstofffreisetzenden Komplex (Oxygen
Evolving Complex, OEC) statt, während im PS I NADPH (NADP = Nicotinsäureamid-
Adenin-Dinukleotid-Phosphat, Hydrid-Ionen übertragendes Coenzym) gebildet wird. Die
beiden synchronisierten Anregungen müssen miteinander gekoppelt werden, weil für den
Redox-Prozess $NADP^+$ zu NADPH ein Redoxpotential benötigt wird, das erst durch PS I
zur Verfügung gestellt werden kann. Die im Schema eingezeichneten Redoxmediatoren R

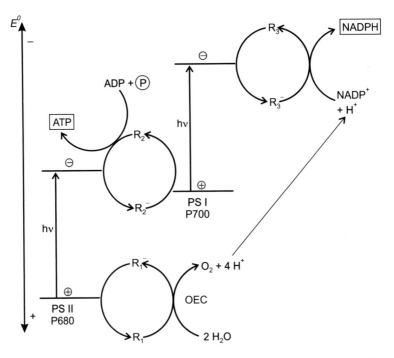

Abb. 13.20 Stark vereinfachtes Schema zum Mechanismus der Photosynthese. Die positiven Löcher
und die angeregten Elektronen der beiden Photosysteme (P680 und P700) werden über komplexe
Elektronentransferketten, hier abgekürzt als Redoxmediatoren R_n, zu den katalytisch aktiven Zentren
gebracht. Die vom P680 gebildeten Löcher werden zur Sauerstofferzeugung am Oxygen Evolving
Complex (OEC) verwendet. Die angeregten Elektronen vom P700 werden zur Speicherung von
Wasserstoff in Form von NADPH verwendet. Beim Übergang von PS II zu PS I wird zusätzlich noch
der Energieträger ATP gebildet

sind im biologischen System komplexe Elektronentransferketten, die über eine oder mehrere Stufen eine schnelle Ladungstrennung ermöglichen. Beispiele für Komplexe, die in solchen Elektronentransferketten zum Einsatz kommen, wurden im Kapitel zu Redoxreaktionen bei Komplexen (blaue Kupferproteine) besprochen. Der Redoxmediator R_2 ist das Bindeglied zwischen den beiden Photosystemen. Bei der Kopplung wird etwas Energie freigesetzt, die für die Synthese des biologischen Energieträgers ATP (Adenosintriphosphat) verwendet wird. Die Produkte ATP und NADPH sind wichtige Ausgangsstoffe für die Dunkelreaktion, bei der Kohlenstoffdioxid und Wasser unter Energieverbrauch (endergonisch) zu Kohlenhydraten umgesetzt werden, während der Sauerstoff als Nebenprodukt an die Umgebung abgegeben wird.

Wir halten fest, dass die Photosynthese ein sehr komplexer Vorgang ist, bei dem viele einzelne Schritte ineinander greifen, die genau aufeinander abgestimmt sind (räumliche Orientierung, Redoxpotentiale). Trotzdem ist der Wirkungsgrad der Photosynthese mit 0,1-1 % sehr niedrig, der größte Teil des adsorbierten Lichts wird nicht in chemische Energie umgewandelt. Die Natur löst dieses Problem durch die Masse an Blättern, welche die Pflanzen bilden. Das funktioniert, weil bei allen Prozessen auf gut verfügbare Elemente, auch bei den katalytisch aktiven Zentren, zurückgegriffen wird. Um möglichst viel Lichtenergie zu absorbieren und einen breiten Wellenlängenbereich abzudecken, kommen zusätzlich Photosensibilisatoren (Chlorophylle, Carotinoide) in den Lichtsammelkomplexen zum Einsatz.

Der sauerstofffreisetzende Komplex (OEC)

Bevor wir uns Beispielen für die künstliche Photosynthese, der photokatalytischen Wasserspaltung, zuwenden, betrachten wir den OEC vom PS II noch etwas ausführlicher. Der hier ablaufende Prozess, die Wasseroxidation, ist auch für die photokatalytische Wasserspaltung eine große Herausforderung, weil es sich um einen vier-Elektronen-Prozess handelt, bei dem der Elektronentransfer zusätzlich an einen Protonentransfer gekoppelt ist.

$$2\,H_2O \xrightarrow{h\nu} O_2 + 4\,H^+ + 4e^-$$

Der ganze Vorgang wird durch gut verfügbare Elemente (Mangan und Kalzium) katalysiert. Dementsprechend hoch ist das Interesse den ganzen Vorgang im Detail zu verstehen, um die daraus gewonnenen Erkenntnisse auf künstliche Systeme zu übertragen. In Abb. 13.21 ist der katalytische Zyklus und die Struktur des Mn_4Ca-Clusters im OEC abgebildet.

Das PS II befindet sich in der Thylakoidmembran der Chloroplasten. Schon lange bevor die Struktur des OEC aufgeklärt wurde, hat Kok 1970 ausgehend von einem Blitzlichtexperiment ein Fünf-Zustände-Modell für die Wasseroxidation vorgeschlagen. Ausgehend vom maximal reduzierten Zustand S_0 wird in vier aufeinander folgenden $1e^-/H^+$-Schritten der Cluster stufenweise oxidiert bis dann an dem am höchsten oxidierten Zustand S_4 die Sauerstofffreisetzung stattfindet. Eine sehr gut aufgeklärte Struktur vom OEC gibt es im S_1-Zustand, der auch im Dunkeln als Ruhezustand vorliegt und der Grundzustand des Systems

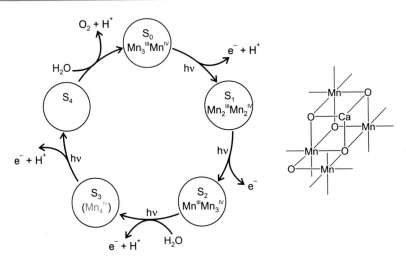

Abb. 13.21 Schematische Darstellung des katalytischen Zyklus im OEC und Struktur des Mn_4Ca-Clusters im OEC, an dem die Sauerstoffentwicklung stattfindet. Die Zuordnung der Oxidationsstufen bei S_3 und S_4 für die Magnan-Zentren ist noch nicht gesichert. Die angedeuteten weiteren Bindungen werden durch Carboxylatgruppen von Aminosäuren, ein Histidin-Rest und durch Wasser/Hydroxido-Liganden abgesättigt. Die zunehmend positiven Oxidationsstufen während des katalytischen Zykluses werden durch die Deprotonierung von Liganden (zunehmende negative Ladung) stabilisiert. Die in den Zyklus gemalten Anregungsschritte ($h\nu$) finden, wie in Abb. 13.20 gezeigt, nicht im Mangan-cluster statt. Das katalytisch wirkende Agens ist hier ein Tyrosylradikal. Dieses wird durch Abfangen des oxidierten Zustandes von PSII aus Tyrosinat erzeugt. Der Mediator R_1 in Abb. 13.20 ist also ein Tyrosylradikal

ist, siehe Abb. 13.21. Hier liegen zwei Mangan(III)- und zwei Mangan(IV)-Ionen jeweils in einer oktaedrischen Koordinationsumgebung vor. Die beiden Oxidationsstufen lassen sich aufgrund der starken Jahn-Teller-Verzerrung beim high-spin $3d^4$-Ion Mn^{3+} (die vorrangige Koordination von Schwachfeldliganden wie Carboxylat-Gruppen, Wasser und Hydroxid stabilisiert den high-spin Zustand), im Vergleich zum nahezu nicht verzerrten $3d^3$-Ion Mn^{4+}, gut zuordnen. Der Jahn-Teller-Effekt wurde bereits bei den blauen Kupferproteinen am Beispiel vom $3d^9$ Kupfer(II)-Ion besprochen (Kap. 7), bei dem ein E-Zustand vorliegt. Das Mangan(III)-Ion ist das zweite biologisch relevante Ion mit einer ausgeprägten Neigung zur Jahn-Teller-Verzerrung, die wieder auf eine zweifache Entartung des Grundzustandes zurückzuführen ist.

Die Strukturen der Zustände S_0 und S_2 sind auch noch weitgehend gesichert, die Struktur und Oxidationsstufen von S_3 werden noch in der Literatur diskutiert während die Struktur von S_4, also dem am höchsten oxidierten Zustand wo die Sauerstoffentwicklung stattfindet, noch nicht gesichert ist. Dementsprechend sind die Fragen wann (S_3 und S_4 oder nur S_4), wo (zwei Mn oder ein Mn und das Ca) und wie die beiden Wassermoleküle binden und wie der Sauerstoff gebildet wird noch ungeklärt und Gegenstand der aktuellen Forschung.

13.4.3 Die photokatalytische Wasserspaltung

Die photokatalytische Wasserspaltung ist quasi das künstliche Analogon zur Photosynthese und die am meisten untersuchte Reaktion zur Speicherung solarer Energie in Brennstoff. Wasserstoff als grüner Energieträger aus der Wasserspaltung ist eine hoch attraktive Basischemikalie. Mit solarem Wasserstoff können Brennstoffzellen betrieben werden, er kann als Ersatz für Wasserstoff aus fossilen Brennstoffen für eine Vielzahl großtechnischer chemischer Umwandlungen (Ammoniak-Darstellung, Reduktion Eisenoxiden mit H_2 als Alternative zum Hochofenprozess) verwendet werden. Damit ist das Ziel der Forschung zur photokatalytischen Wasserspaltung nicht nur die Modellierung des PS II, sondern vor allem die Entwicklung einer technisch wirksamen Katalyse für die Energiespeicherung. Wenn man das komplexe Zusammenspiel von mehreren Komponenten bei der Photosynthese bedenkt, ist es nicht überraschend, dass die photokatalytische Wasserspaltung auch nur mit gekoppelten Systemen funktioniert. Im Folgenden werden zwei Beispiele kurz vorgestellt.

Eines der ersten Beispiele für eine vollständige Wasserspaltung ist in Abb. 13.22 oben gegeben. Der Photokatalysator ist $[Ru(bipy)_3]^{2+}$, dessen Photochemie (und -physik) wir schon ausführlich bei der Lumineszenz der Komplexe (Kap. 11) besprochen haben. Als Redoxmediator für die schnelle Ladungstrennung, ähnlich zu den Elektronentransferketten im biologischen System, dient Methylviologen, die chemische Formel ist in der Abbildung gegeben. Für die Wasseroxidation wird Ruthenium(IV)oxid als Katalysator verwendet und für die Wasserstoffentwicklung kommen kolloidal verteilte Platin-Nanopartikel zum Einsatz. Der Wirkungsgrad für die vollständige Wasserspaltung (Wasserphotolyse) liegt bei dieser Reaktion bei 10^{-4} %, also noch einmal deutlich niedriger als bei der Photosynthese. [98] Wenn ein Opfer-Donor (sacrificial Donor) wie z. B. Triethanolamin oder EDTA an die Stelle des Wassers tritt und irreversibel oxidiert wird, erhöht sich die Effizenz auf 20 % (Quantenausbeute, umgesetzte Moleküle pro absorbierte Lichtquanten) für die Wasserstoffentwicklung. [99] Eine für die praktische Anwendung sehr relevante hohe Zyklenzahl wurde bei beiden Beispielen noch nicht erreicht. Sie setzt eine hohe chemische und photochemische Stabilität aller beteiligten katalytischen Komponenten voraus.

In einem sehr aktuellen Beispiel werden Platin-Nanopartikel und molekulare Ruthenium-Katalysatoren auf CdS Nanostäbchen angebracht. Auf diese Weise sind alle beteiligten Komponenten in räumlicher Nähe zueinander fixiert. Das CdS dient als Halbleiter als Absorber von Licht im sichtbaren Bereich und bewirkt die primäre Ladungstrennung. Die Pt-Nanopartikel an den Stäbchenenden katalysieren, analog zum vorhergehenden Beispiel, die Wasserstoffentwicklung (Reduktion) mit einer Quanteneffizienz von bis zu 4,9 %. Die Sauerstoffentwicklung wird von einem molekularen Katalysator, dem Komplex [Ru(tpy)(bpy)Cl], der über geeignete Ankergruppen auf den Flächen der Nanostäbchen fixiert wurde (siehe Abb. 13.22 unten) katalysiert. Bei diesem Teilschritt ist die Quanteneffizienz mit bis zu 0,27 % deutlich niedriger, die Gründe hierfür haben wir beim OEC schon diskutiert. [100] Das Beispiel zeigt, dass durch das gezielte Design von Kompositmaterialien die künstliche Photosynthese mit durchaus vergleichbarer, oder sogar besserer Effizienz möglich ist.

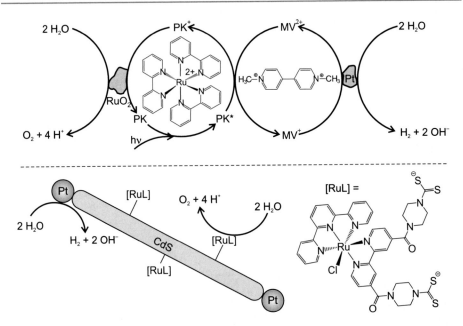

Abb. 13.22 Oben: Beispiel für eines der ersten Systeme für eine vollständige photokatalytische Wasserspaltung, das aus mehreren einzelnen Komponenten besteht. Unten: Aktuelles Beispiel für ein Komposit-Material bestehend aus CdS-Nanostäbchen, die mit Platin-Nanopartikeln und einen Ruthenium-Komplex dekoriert wurden, mit dem die vollständige Wasserspaltung mit sichtbaren Licht realisiert werden kann

13.5 Fragen

1. Unterteilen Sie den Zyklus der Polymerisationskatalyse in die Elementarreaktionen der Metallorganischen Chemie!
2. Bestimmen Sie bei allen katalytischen Zwischenstufen die Elektronenzahl der Komplexe.
3. Warum werden bei der Zieglerschen Aufbaureaktion in Gegenwart von Nickel nur kurze Olefine erhalten und in Gegenwart von Titan(IV) lange Polymere?
4. Die Photosynthese wird gerne als Beispiel für eine erfolgreiche Photokatalyse verwendet.
   - Erläutern Sie kurz die generelle Wirkungsweise eines Photokatalysators.
   - Welche Besonderheiten gibt es bei der Photosynthese? Gehen Sie dabei auf den OEC und die Funktion von PS1 und PS2 ein.
   - Gehen Sie kurz auf die Energieeffizienz ein.

Erratum zu: Koordinationschemie

Erratum zu:
B. Weber, *Koordinationschemie*
https://doi.org/10.1007/978-3-662-63819-4

Folgende Änderungen wurden vorgenommen
Die Zuordnung der Videos zu einzelnen Kapiteln (1, 5, 6, 7, 11) wurde geändert.

Die aktualisierten Versionen dieser Kapitel finden Sie unter
https://doi.org/10.1007/978-3-662-63819-4_1
https://doi.org/10.1007/978-3-662-63819-4_5
https://doi.org/10.1007/978-3-662-63819-4_6
https://doi.org/10.1007/978-3-662-63819-4_7
https://doi.org/10.1007/978-3-662-63819-4_11
https://doi.org/10.1007/978-3-662-63819-4

B. Weber, *Koordinationschemie,* https://doi.org/10.1007/978-3-662-63819-4_14

Literatur

1. Holleman, A. F., Wiberg, E., & Wiberg, N. (2007). *Lehrbuch der anorganischen Chemie* (102. Aufl.). de Gruyter.
2. Kober, F. (1979). *Grundlagen der Komplexchemie* (1. Aufl.). O. Salle.
3. Gade, L. H., & Lewis, J. (1998). *Koordinationschemie*. Wiley-VCH.
4. Kauffman, G. B. (1994). *Coordination Chemistry: A century of progress*. American Chemical Society.
5. Gade, L. H. (2002). *Chemie in unserer Zeit, 36,* 168–175.
6. Woodward, J. (1724). *Philosophical Transactions of the Royal Society of London, 33,* 15–17.
7. Brown, J. (1724). *Philosophical Transactions of the Royal Society of London, 33,* 17–24.
8. Ozeki, T., Matsumoto, K., & Hikime, S. (1984). *Analytical Chemistry, 56,* 2819–2822.
9. Izatt, R. M., Watt, G. D., Bartholomew, C. H., & Christensen, J. J. (1970). *Inorganic Chemistry, 9,* 2019–2021.
10. Heyn, B., Hipler, B., Kreisel, G., Schreer, H., & Walther D. (1990). *Anorganische Synthesechemie: Ein integriertes Praktikum* (2. Aufl.). Springer.
11. Werner, A. (1893). *Zeitschrift für anorganische und allgemeine Chemie, 3,* 267–330.
12. Neil, G. (2005). *Connelly Nomenclature of inorganic chemistry: IUPAC recommendations 2005.* RSC Publishing.
13. Weber, B., Betz, R., Bauer, W., & Schlamp, S. (2011). *Zeitschrift für anorganische und allgemeine Chemie, 637,* 102–107.
14. Florian Kraus, unveröffentlichte Ergebnisse.
15. Elschenbroich, C. (2008). *Organometallchemie,* (6. Aufl.). Teubner.
16. Zeise, W. C. (1831). *Annalen der Physik und Chemie, 97,* 497–541.
17. Hieber, W., & Leutert, F. (1931). *Naturwissenschaften, 19,* 360–361.
18. David Manthey, Orbital Viewer, Version 1.04. http://www.orbitals.com/orb.
19. Hauser, A. (1991). *The Journal of Chemical Physics, 94,* 2741.
20. Weber, B., Käpplinger, I., Görls, H., & Jäger, E.-G. (2005). *European Journal of Inorganic Chemistry, 2005,* 2794–2811.
21. Lind, M. D., Hamor, M. J., Hamor, T. A., & Hoard, J. L. (1964). *Inorganic Chemistry, 3,* 34–43.
22. Botta, M., Lee, G. H., Chang, Y., Kim, T.-J. (2012). *European Journal of Inorganic Chemistry.* 1924–1933.
23. Taube, H. (1984). *Angewandte Chemie International Edition in English, 23,* 329–339.
24. Marcus, R. A. (1956). *The Journal of Chemical Physics, 24,* 966.

B. Weber, *Koordinationschemie*, https://doi.org/10.1007/978-3-662-63819-4

25. Enemark, J. H., & Feltham, R. D. (1974). *Coordination Chemistry Reviews, 13*, 339–406.
26. Wanat, A., Schneppensieper, T., Stochel, G., van Eldik, R., Bill, E., & Wieghardt, K. (2002). *Inorganic Chemistry, 41*, 4–10.
27. Cram, D. J. (1988). *Angewandte Chemie International Edition, 27*, 1009–1020.
28. Lehn, J.-M. (1988). *Angewandte Chemie International Edition, 27*, 89–112.
29. Pedersen, C. J. (1988). *Angewandte Chemie International Edition, 27*, 1021–1027.
30. Swiegers, G. F., & Malefetse, T. J. (2000). *Chemical Reviews, 100*, 3483–3538.
31. Batten, S. R., Champness, N. R., Chen, X.-M., Garcia-Martinez, J., Kitagawa, S., Öhrström, L., O'Keeffe, M., Paik Suh, M., & Reedijk, J. (2013). *Pure and Applied Chemistry, 85*, 1715–1724.
32. Kaskel, S. (2005). *Nachrichten aus der Chemie, 2005*, 394–399.
33. Eddaoudi, M., Moler, D. B., Li, H., Chen, B., Reineke, T. M., O'Keeffe, M., & Yaghi, O. M. (2001). *Accounts of Chemical Research, 34*, 319–330.
34. Chen, B., Fronczek, F. R., Courtney, B. H., & Zapata, F. (2006). *Crystal Growth & Design, 6*, 825–828.
35. Czaja, A. U., Trukhan, N., & Müller, U. (2009). *Chemical Society Reviews, 38*, 1284.
36. Murray, L. J., Dincă, M., & Long, J. R. (2009). *Chemical Society Reviews, 38*, 1294.
37. Sun, D., Ma, S., Ke, Y., Collins, D. J., & Zhou, H.-C. (2006). *Journal of the American Chemical Society, 128*, 3896–3897.
38. Nguyen, T. (2005). *Science, 310*, 844–847.
39. Brynda, M., Gagliardi, L., Widmark, P.-O., Power, P. P., & Roos, B. O. (2006). *Angewandte Chemie International Edition, 45*, 3804–3807.
40. Wagner, F. R., Noor, A., & Kempe, R. (2009). *Nature Chemistry, 1*, 529–536.
41. Hoffmann, R. (1982). *Angewandte Chemie, 94*, 725–739.
42. Gordon, F., & Stone, A. (1984). *Angewandte Chemie, 96*, 85–96.
43. Hatscher, S., Schilder, H., Lueken, H., & Urland, W. (2005). *Pure and Applied Chemistry, 77*, 497–511.
44. Kahn, O. (1993). *Molecular Magnetism.* VCH.
45. Mabbs, F. E., & Machin, D. J. (1973). *Magnetism and transition metal complexes.* Chapman and Hall, Halsted Press.
46. Heiko Lueken Magnetochemie. (1999). *Eine Einführung in Theorie und Anwendung.* Teubner Studienbücher Chemie Teubner.
47. Landrum, G. A., & Dronskowski, R. (1999). *Angewandte Chemie, 111*, 1481–1485.
48. Kahn, O., Galy, J., Journaux, Y., Jaud, J., & Morgenstern-Badarau, I. (1982). *Journal of the American Chemical Society, 104*, 2165–2176.
49. Anderson, P. W. (1959). *Physical Review, 115*, 2–13.
50. Longuet-Higgins, H. C. (1950). *The Journal of Chemical Physics, 18*, 265.
51. Glaser, T., Heidemeier, M., Grimme, S., & Bill, E. (2004). *Inorganic Chemistry, 43*, 5192–5194.
52. Anderson, P. W., & Hasegawa, H. (1955). *Physical Review, 100*, 675–681.
53. Gütlich, P., & Goodwin, H. A. (Hrsg.). (2004). *Spin crossover in transition metal compounds*; Bd. 233–235 of *Topics in current chemistry.* Springer.
54. Halcrow, M. A. (Hrsg.). (2013). *Spin crossover materials: Properties and applications.* Wiley-Blackwell.
55. Cambi, L., & Szegö, L. (1933). *Berichte der deutschen chemischen Gesellschaft (A and B Series), 66*, 656–661.
56. Baker, W. A., & Bobonich, H. M. (1964). *Inorganic Chemistry, 3*, 1184–1188.
57. Decurtins, S., Gütlich, P., Köhler, C. P., Spiering, H., & Hauser, A. (1984). *Chemical Physics Letters, 105*, 1–4.
58. Decurtins, S., Gutlich, P., Hasselbach, K. M., Hauser, A., & Spiering, H. (1985). *Inorganic Chemistry, 24*, 2174–2178.

59. Köhler, C. P., Jakobi, R., Meissner, E., Wiehl, L., Spiering, H., & Gütlich, P. (1990). *Journal of Physics and Chemistry of Solids, 51,* 239–247.
60. Niel, V., Carmen Muñoz, M., Gaspar, A. B., Galet, A., Levchenko, G., & Real, J. A. (2002).*Chemistry – A European Journal, 8,* 2446–2453.
61. Hauser, A. (1991). *Coordination Chemistry Reviews, 111,* 275–290.
62. Hauser, A., Enachescu, C., Daku, M. L., Vargas, A., & Amstutz, N. (2006). *Coordination Chemistry Reviews, 250,* 1642–1652.
63. Létard, J.-F. (2006). *Journal of Materials Chemistry, 16,* 2550.
64. Weber, B. (2013). *Novel Mononuclear Spin Crossover Complexes.* M. A. Halcrow (Hrsg.). Wiley-Blackwell.
65. Bonhommeau, S., Molnár, G., Galet, A., Zwick, A., Real, J.-A., McGarvey, J. J., & Bousseksou, A. (2005). *Angewandte Chemie, 117,* 4137–4141.
66. Vankó, G., Renz, F., Molnár, G., Neisius, T., & Kárpáti, S. (2007). *Angewandte Chemie International Edition, 46,* 5306–5309.
67. Gütlich, P., Hauser, A., & Spiering, H. (1994). *Angewandte Chemie, 106,* 2109–2141.
68. König, E. (1991). *Nature and dynamics of the spin-state interconversion in metal complexes,* Bd. 76. Springer.
69. Real, José A., Gaspar, Ana B., Niel, V., & Carmen Muñoz, M. (2003). *Coordination Chemistry Reviews, 236,* 121–141.
70. Weber, B. (2009). *Coordination Chemistry Reviews, 253,* 2432–2449.
71. Rotaru, A., Carmona, A., Combaud, F., Linares, J., Stancu, A., & Nasser, J. (2009). *Polyhedron, 28,* 1684–1687.
72. Weber, B., Bauer, W., & Obel, J. (2008). *Angewandte Chemie, 120,* 10252–10255.
73. Létard, J.-F., Guionneau, P., Codjovi, E., Lavastre, O., Bravic, G., Chasseau, Dl., & Kahn, O. (1997). *Journal of the American Chemical Society, 119,* 10861–10862.
74. Zhong, Z. J., Tao, J-Q., Yu, Z., Dun, C.-Y., Liu, Y.-J., & You, X.-Z. (1998). *Journal of the Chemical Society, Dalton Transactions,* 327–328.
75. Förster, C., & Heinze, K. (2020). *Chemical Society Reviews, 49,* 1057–1070.
76. Valeur, B., & Berberan-Santos, M. N. (2013). *Molecular Fluorescence: Principles and applications,* (2. Aufl.). Wiley-VCH.
77. Balzani, V., Moggi, L., Manfrin, M. F., Bolletta, F., & Laurence, G. S. (1975). *Coordination Chemistry Reviews, 15,* 321–433.
78. Balzani, V., Ceroni, P., & Juris, A. (2014). *Photochemistry and photophysics: Concepts, Research, Applications.* Wiley-VCH.
79. Balzani, V., Bergamini, G., Campagna, S., & Puntoriero, F. (2007). *Photochemistry and Photophysics of Coordination Compounds: Overview and General Concepts.* in *Topics in Current Chemistry* Bd. 280, Springer.
80. Mustroph, H., & Ernst, S. (2011). *Chemie in Unserer Zeit, 45,* 256–269.
81. Förster, Christoph, & Heinze, Katja. (2020). *Journal of Chemical Education, 97,* 1644–1649.
82. Otto, S., Grabolle, M., Fçrster, C., Kreitner, C., Resch-Genger, U., & Heinze, K. (2015). *Angewandte Chemie, 127,* 11735–11739.
83. Mauro, M., Aliprandi, A., Septiadi, D., Kehra, N. S., & De Cola, L. (2014). *Chemical Society Reviews, 43,* 4144–4166.
84. Puttock, E. V., Walden, M. T., & Gareth Williams, J.A. (2018). *Coordination Chemistry Reviews 367,* 127–162.
85. Aliprandi, A., & Mauro, M. (2016). *Luisa De Cola Nature Chemistry, 8,* 10–15.
86. Kaim, W., & Schwederski, B. (2010). *Bioanorganische Chemie: Zur Funktion chemischer Elemente in Lebensprozessen,* (4. Aufl.). STUDIUM Vieweg+Teubner.

87. Herres-Pawlis, S., & Klüfers, P. (2017). *Bioanorganishe Chemie: Metalloproteine, Methoden und Konzepte*. Wiley-VCH.
88. Suslick, K. S., & Reinert, T. J. (1985). *Journal of Chemical Education, 62*, 974.
89. Collman, J. P., Boulatov, R., Sunderland, C. J., & Lei, F. (2004). *Chemical Reviews, 104*, 561–588.
90. Männel-Croise, C., Probst, B., & Zelder, F. (2009). *Analytical Chemistry, 81*, 9493–9498.
91. Pattenden, G. (1988). *Chemical Society Reviews, 17*, 361.
92. König, B. (2013). *Chemical Photocatalysis*. De Gruyter.
93. Fischer, K., Jonas, K., Misbach, P., Stabba, R., & Wilke, G. (1973). *Angewandte Chemie, 85*, 1001–1012.
94. Brintzinger, H.-H., Fischer, D., Mülhaupt, R., Rieger, B., & Waymouth, R. (1995). *Angewandte Chemie, 107*, 1255–1283.
95. Wurzenberger, X., Piotrowski, H., & Klüfers, P. (2011). *Angewandte Chemie, 123*, 5078–5082.
96. Monsch, G., & Klüfers, P. (2019). *Angewandte Chemie, 131*, 8654–8659.
97. Ampßler, T., Monsch, G., Popp, J., Riggenmann, T., Salvador, P., Schröder, D., & Klüfers, P. (2020). *Angewandte Chemie, 132*, 12480–12485.
98. Kiwi, J., & Grätzel, M. (1979). *Nature, 281*, 657–658.
99. Kalyanasundaram, K., Grätzel, M., & Pelizzetti, E. (1986). *Coordination Chemistry Reviews, 69*, 57–125.
100. Wolff, C. M., Frischmann, P. D., Schulze, M., Bohn, B. J., Wein, R., Livadas, P., Carlson, M. T., Jäckel, F., Feldmann, J., Würthner, F., Stolarczyk, J. K. (2018). *Nature Energy, 3*, 862–869.

Stichwortverzeichnis

Printed in the United States
by Baker & Taylor Publisher Services